"十四五"时期国家重点出版物出版专项规划项目

中国能源革命与先进技术丛书

储能科学与技术丛书

中国电力科学研究院科技专著出版基金资助

U0156121

电力储能用
锂离子电池技术

惠 东　金 翼　于 冉　苏岳锋

沈佳妮　贺益君　谢 佳　王青松　编著

机 械 工 业 出 版 社

本书在中国电力科学研究院有限公司首席技术专家惠东主持下，组织北京理工大学、上海交通大学、华中科技大学、中国科学技术大学等单位从锂离子电池前沿基础研究、技术产业现状、储能工程应用等方面梳理了国内外的发展情况。本书共分为7章。其中，第2~4章重点介绍了目前技术相对成熟的磷酸铁锂电池、钛酸锂电池和三元电池，阐述了每种电池的性能特点、产业化现状以及在电力储能中的应用案例；第5章对固态电池、锂硫电池、锂空气电池等新型锂离子电池体系进行了介绍，指出其未来发展方向；第6章介绍了锂离子电池建模及应用，包括锂离子电池建模、基于模型的电池设计及基于模型的电池管理，提出研究的重点与难点。最后，对各类储能用锂离子电池的特性进行了对比与评价总结。

　　本书内容丰富，数据全面，参编人员均为储能电池一线科技工作者，能够为从事电化学储能研究和生产的科研机构、企事业单位和从业者提供参考借鉴。

图书在版编目（CIP）数据

电力储能用锂离子电池技术/惠东等编著. —北京：机械工业出版社，2022.10（2024.1重印）

（中国能源革命与先进技术丛书. 储能科学与技术丛书）

"十四五"时期国家重点出版物出版专项规划项目

ISBN 978-7-111-71762-1

Ⅰ.①电…　Ⅱ.①惠…　Ⅲ.①锂离子电池　Ⅳ.①TM912

中国版本图书馆 CIP 数据核字（2022）第 187039 号

机械工业出版社（北京市百万庄大街22号　邮政编码100037）
策划编辑：付承桂　　　　　责任编辑：付承桂　闫洪庆
责任校对：陈　越　李　杉　封面设计：鞠　杨
责任印制：邓　博
北京盛通数码印刷有限公司印刷
2024 年 1 月第 1 版第 2 次印刷
169mm×239mm · 20 印张 · 2 插页 · 390 千字
标准书号：ISBN 978-7-111-71762-1
定价：119.00 元

电话服务　　　　　　　　　网络服务
客服电话：010-88361066　　机　工　官　网：www.cmpbook.com
　　　　　010-88379833　　机　工　官　博：weibo.com/cmp1952
　　　　　010-68326294　　金　书　网：www.golden-book.com
封底无防伪标均为盗版　　机工教育服务网：www.cmpedu.com

前　言

近年来全球新型储能市场累计装机规模持续上升，其中锂离子电池占据绝对主导地位。随着能源的清洁化转型，储能的应用前景也日趋广阔。本书聚焦储能用锂离子电池，结合储能工况下的应用场景，对各类锂离子电池进行了系统的介绍。

第1章对储能进行概述，包括储能的技术分类和特征，储能的定位与作用，及其应用场景和商业模式，并对储能用锂离子电池提出了技术指标要求。第2~4章重点介绍目前技术相对成熟的三种锂离子电池，分别为磷酸铁锂电池、钛酸锂电池和三元电池。针对每种类型的电池首先阐述了其原理与材料体系，电池性能特点以及产业化现状；之后将电池外部性能与内在机理相结合，重点分析了各类电池在储能工况下的性能衰退情况；最后给出了各类电池在电力储能中的应用案例。第5章对固态电池、锂硫电池、锂空气电池等新型锂离子电池体系进行了介绍，对每类电池目前最新的研究进展加以综述，指出了其未来发展方向。第6章介绍了锂离子电池建模及应用，包括锂离子电池建模、基于模型的电池设计及基于模型的电池管理，提出研究的重点与难点。第7章为全书总结，对各类储能用锂离子电池的特性进行了对比与评价。

本书的目的是为储能电池发展提供理论支撑、技术支持与前瞻性发展建议，适合需要全面了解电化学储能行业的读者，从事电力储能或锂离子电池相关工作的读者可以通过本书提高对储能用锂离子电池领域的认识，掌握储能电池的基础研究和产业应用进展。

目　　录

1.1 储能的定位与演变

1.1.1 储能的定位

储能即能量存储，是指通过某种介质或设备，把某种形式的能量存储并在未来需要时释放的循环过程，该过程往往伴随着能量的传递和形态的转化。根据不同能量载体，储能形式多种多样，传统的如煤场存煤、储气罐储气、水库存水等，新型的如核电站的核燃料、电池储电、相变蓄热等。

储能是能源生产与能源消费之间必不可少的"缓冲器"。在能源系统中，由于存在各种不可控的随机因素，能源生产与消费之间总是存在着差异，因此，能源系统需要具备调节能力来消除这些差异。储能的作用，就是在能源系统中提供抵消不可控因素的调节能力，确保能源生产与消费平衡，在保证用能安全的前提下，提升系统整体经济性水平，降低用能成本。以电力系统为例，储能能够为电力系统提供毫秒到数天的宽时间尺度上的灵活双向调节能力，并能进行功率、时间双重支撑，改变电能的时空特性，直至改变传统电力系统即发即用、瞬时平衡的属性。也正是由于储能所拥有的这一独特技术特征，其颠覆了源网荷的传统概念，通过在源网荷侧嵌入储能，提高各环节自身的自平衡与自调节能力，改变原有完全依赖大电网区域宏观调配，以供需瞬时平衡为目标的传统运行模式，降低对预测精度的依赖，减少不必要的备用冗余，提升电力系统对于可再生能源和电动汽车等强波动性电源和负荷的接纳能力，从而大大提高电力系统应对局部扰动的灵活性以及整体能量输运和分配效率，进一步降低能源生产与消费成本。

1.1.2 储能的演变

1.1.2.1 清洁化转型趋势

能源是人类赖以生存的物质基础，是社会发展和文明进步的先决条件，能源领域的技术革新和体制变革贯穿人类社会的整个发展进程。然而，社会生产力的飞速发展导致能源需求的急剧上升，传统化石能源面临过度开发与濒临枯竭的严重问题，由此引发的环境污染也日益严峻，传统的能源利用体系亟待转型与升级。当前，世界主要发达国家都高度重视能源转型，从以化石能源为主向以清洁能源为主转变。

我国是世界上第一大能源生产国和消费国，但在能源供给和利用方式上仍存在着一系列突出问题，如能源结构不合理、能源利用效率不高、可再生能源开发利用比例低、能源安全利用水平有待进一步提高、污染物排放居高不下等，能源环境问题成为制约我国经济实现高质量发展的一大难题。因此，能源清洁化转型也将是我国未来重要的发展战略。

预计未来，清洁能源将取代化石能源成为主要的一次能源，2050 年清洁能源装机占比将由目前的 39% 增至 84%，发电量占比将由目前的 35% 增至 80%。其中，风能、太阳能等不可调节电源的装机占比将达到 68%，发电量占比将达到 55%，占据主导。风能、太阳能等电源的出力特性由自然资源条件决定，呈现明显的随机性和波动性，与具有储能能力的传统电源相比，难以为系统提供调节能力。

1.1.2.2　储能形式的演变

在传统能源开发利用体系中，除核能以外，常用的能量形式包括机械能、化学能、热能和电能等，这些能量形式的存储难度各不相同。以存储 1 亿 kWh 能量为例，采用机械能形式存储，需要约 4 亿 m^3 水（100m 落差）或 2000 万 m^3 压缩空气（30~50MPa 压强）；采用电化学电池形式存储，需要 50 万 t 锂电池（200Wh/kg）；采用化学能形式存储，则只需要 2500t 氢或 7200t 天然气。煤炭、石油、天然气等碳氢化合物兼具能量密度高和有实体、易保存的优点，是被自然选择的当前最佳储能载体。

随着能源清洁化转型的不断深入，风能、太阳能等新能源将逐渐成为未来人类社会的主要一次能源，并转化为电能的形式为人们所利用。风能和太阳能存在随机性和间歇性并且无法直接存储，随着其在能源供给中的比例不断提高，造成整个能源系统中储能总量不断减少，具体表现形式就是灵活性降低，调节能力不足。因此，需要在能源系统中的其他环节新增储能能力，储能的配置将从一次能源（化石能源）逐渐向二次能源（电能）甚至三次能源（氢能、热能等）转移。

1.2　储能的技术分类和特征

按照能量存储形式不同，储能可以分为机械储能（抽水蓄能、压缩空气储能、飞轮储能等）、电化学储能（锂离子电池、铅酸电池、液流电池、钠硫电池等）、电磁储能（超级电容器储能、超导储能等）、化学储能、储热等多种技术类型。各种储能类型各有特点，根据其技术特征的差异，分别适用于不同的应用场合。截至 2021 年全球电力储能市场累计装机分布如图 1-1 所示。

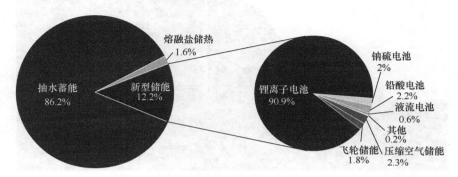

图 1-1 截至 2021 年全球电力储能市场累计装机分布（数据来自《储能产业研究白皮书》）

1.2.1 机械储能

机械储能主要是指抽水蓄能、压缩空气储能、飞轮储能等，主要应用于调峰、调频、系统备用场合，适合大规模储能场景，但部分机械储能在工程实践中往往受到地理地质资源的限制。

1.2.1.1 抽水蓄能

抽水蓄能是目前技术最为成熟的储能技术。抽水蓄能电站通常由上水库、下水库和输水发电系统组成，上下水库之间存在一定的落差。电站利用电力负荷低谷时系统难以消耗的电能把下水库的水抽到上水库内，以水力势能的形式蓄能；在系统负荷高峰时段，再从上水库放水至下水库进行发电，将水力势能转换为需要的电能，为电网提供高峰电力。图 1-2 为抽水蓄能电站工作原理。因此，抽水蓄能电站不是真正意义上的发电电源，而是电力系统的能量转换器。在电力系统的负荷低谷，抽水蓄能电站可将电网的"低谷电能→电动机旋转机械能→水泵抽水→水力势能→水轮机旋转机械能→发电机组发电→高峰电能"，在负荷高峰通过输电线路发送至电网。在所有的储能技术中，抽水蓄能技术额定功率最高（可达 2000MW），作用时长最长（可达数十小时）。

近年来，抽水蓄能技术出现了一些新的类型和发展趋势，包括海水抽水蓄能、分布式抽水蓄能等的出现，推动了技术的进一步提升。

1.2.1.2 压缩空气储能

压缩空气储能系统是基于燃气轮机技术发展起来的一种能量存储系统，工作

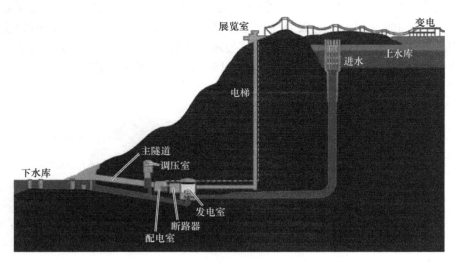

图 1-2　抽水蓄能电站工作原理示意图

原理如图 1-3 所示。空气经压缩机压缩后,在燃烧室中利用燃料燃烧加热升温,然后高温高压燃气进入透平膨胀做功。自 1949 年提出压缩空气储能技术以来,围绕提高效率和储能密度,先后发展出传统压缩空气储能、先进绝热压缩空气储能、深冷液化及超临界压缩空气储能等技术类型。

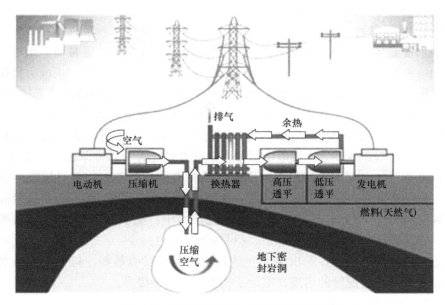

图 1-3　压缩空气储能工作原理示意图

近年来，国内外学者相继提出了带回热的压缩空气储能、液态压缩空气储能和超临界压缩空气储能等多种新型压缩空气储能技术，摆脱了对化石燃料和地下洞穴等资源条件的限制，不过目前基本还处于关键技术研究突破、实验室样机或小容量示范阶段。

压缩空气储能具有规模大、寿命长、运行维护费用低等优点。目前传统使用天然气并利用地下洞穴的压缩空气储能技术已经比较成熟，但其应用需要特殊的地理条件和化石燃料。新型地上压缩空气储能还存在效率偏低、响应速度慢、各设备和子系统协调控制复杂等问题。

压缩空气储能的额定功率可以达到 300MW，工作时长可达数十小时。近年来，以深冷液化压缩空气储能等为代表的一些新技术推动了压缩空气储能技术不断发展，效率和技术经济性进一步提升，但总体来说，技术尚处于起步阶段。

1.2.1.3 飞轮储能

飞轮储能系统通过加速转子（飞轮）至极高速度的方式，将能量以旋转动能的形式存储于系统中。当释放能量时，根据能量守恒原理，飞轮的旋转速度会降低；而向系统中存储能量时，飞轮的旋转速度则会相应地升高。飞轮储能内部结构如图1-4所示。

飞轮储能具有功率密度高、使用寿命长和对环境友好等优点，其缺点主要是储能密度低和自放电率较高，目前主要用于电能质量改善、不间断电源等应用场合。飞轮储能作为高功率储能形式，适用于备用电源和电能质量调节方面，但目前技术还处于研发初期，系统成本较高。

顶部轴承
不锈钢容器
飞轮
电动机/发电机
底部轴承

图1-4 飞轮储能内部结构示意图

1.2.2 电化学储能

电化学储能利用电池实现电能与化学能的相互转化，其主要原理是利用可逆的氧化还原反应，离子在电池内发生转移，从而带来电荷流动，最终实现电能的存储和释放。电化学电池主要由电极、电解质以及隔膜构成，不同类型电池的电极、电解液以及隔膜材料存在差异。主要电池类型包括：锂离子电池、铅酸电池、液流电池和钠硫电池等。

1.2.2.1 锂离子电池

锂离子电池伴随着近些年电动汽车行业的迅猛发展，技术和产业成熟度快速提升，目前已成为国内外储能应用的主流技术类型，已在电源侧、电网侧和用户侧开展了大量工程实践。

锂离子电池是目前比能量最高的实用二次电池,其工作原理如图 1-5 所示,电池由正极、负极、隔膜和电解液组成,其材料种类丰富多样,其中适合作正极的材料有锰酸锂、磷酸铁锂、镍钴锰酸锂,适合作负极的材料有石墨、硬(软)碳和钛酸锂等。

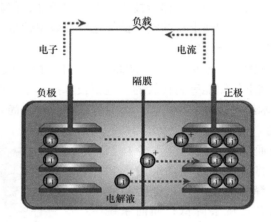

图 1-5　锂离子电池工作原理示意图

锂离子电池储能的技术特点如下:

1)适用度高,技术进步快,发展潜力大,锂离子电池综合性能较好,能够满足多样化的场景需求。可选择的材料体系多样,且从事相关科研、产业和应用的人员较多,技术进步较快。随着技术经济性的提高,将更加广泛地应用于各种场景。

2)转换效率高,能量密度大。锂离子电池单体能量转换效率可达近 100%,系统效率一般近 90%,能量密度可达约 200Wh/kg。

3)使用寿命和循环次数提高显著。随着技术更新换代加速,目前锂离子电池的使用寿命一般能达到 8~10 年,正常工况下循环次数可以达到 4000~5000 次。

虽有潜在安全隐患,但整体可防可控。当前,使用可燃性电解质的锂离子电池虽存在本征安全隐患,但随着材料体系不断改进、制作工艺迭代升级、防护理论逐渐完善,锂离子电池单体及系统的安全性能已有了大幅改善,整体已经基本满足应用需求。未来在高压高温电解液、无机化隔膜、固态电解质、新一代生产工艺、智能管理、专用消防灭火等技术手段基础上,其安全性能将得到进一步提升。

目前,锂离子电池储能系统工程建设成本为 300~400 美元/kWh,储能系统本体占 70%~80%。电池储能系统本体主要由电池单元、系统组件、管理系统等构成，其中电池单元约占 60%，系统组件约占 15%，管理系统约占 10%，其他设备约占 15%。在电池单元成本构成中，正极材料约占 40%，负极材料约占 15%，电解液约占 20%，隔膜约占 10%，生产成本约占 15%，成本构成如图 1-6 所示。总体来看，材料成本通常占电池系统本体的 50% 以上。

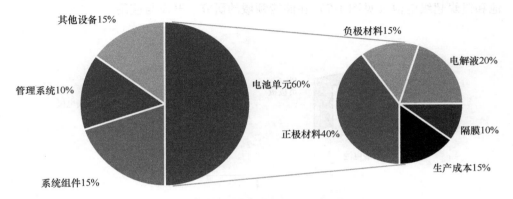

图 1-6　锂离子电池储能系统本体的成本构成

近年来，锂离子电池已经在通信电子行业和电动汽车行业全面应用。随着制造技术不断完善和成本不断降低，许多国家已经将锂离子电池用于储能系统，其研究也从电池本体及小容量电池储能系统逐步发展到大规模电池储能电站的建设应用。截至 2018 年年底，全球已建成锂离子电池储能系统约 578 万 kW，主要用于平滑新能源出力波动、跟踪新能源计划出力，为电力系统提供调峰、调频、调压、需求响应及备用等多种服务。2018 年，我国电化学储能市场出现爆发式增长，电网侧和用户侧储能应用成为主要的增长点，锂离子电池占比接近 70%。

1.2.2.2　铅酸电池

铅酸电池是由浸在电解液中的正极板和负极板组成，电解液是硫酸的水溶液，电池单元的开路电压为 2.1V，基本的电池反应如下：

正极：$PbO_2 + 3H^+ + HSO_4^- + 2e^- \underset{充电}{\overset{放电}{\rightleftharpoons}} PbSO_4 + 2H_2O$

负极：$Pb + HSO_4^- \underset{充电}{\overset{放电}{\rightleftharpoons}} PbSO_4 + 2e^- + H^+$

总反应：$PbO_2 + Pb + 2H_2SO_4 \underset{充电}{\overset{放电}{\rightleftharpoons}} 2PbSO_4 + 2H_2O$

普通铅酸电池的能量密度为 30~40Wh/kg，功率密度为 150W/kg，循环寿命为 1000 次左右（80%充放电深度），能量转换效率为 80%，电池价格为 1000 元/kW。

铅酸电池具有安全可靠、价格低廉、技术成熟、工作温度宽、再生利用率高、性能可靠和适应性强并可制成密封免维护结构等优点，目前在汽车启动电源、UPS及 EPS 等传统领域中，铅酸电池仍然在电池市场中占主导地位。但传统的铅酸电池寿命短、能量密度低、系统管理粗放的缺点使得其无法满足未来电网灵活多样的储能应用需求。目前，世界众多研究机构和公司均已重点关注长寿命铅酸电池和铅炭超级电池（见图 1-7）在储能领域的研究、开发与应用。

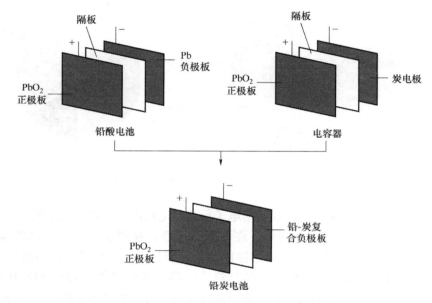

图 1-7　铅炭电池工作原理示意图

1.2.2.3　液流电池

液流电池是氧化还原液流电池的简称。液流电池的活性物质以液态形式存在，既是电极活性材料又是电解质溶液，分装在两个储液罐中，各由一个泵使溶液流经液流电池电堆，在离子交换膜两侧的电极上分别发生还原和氧化反应，如图 1-8 所示。

目前主要的液流电池研究体系有：多硫化钠/溴体系、全钒体系、锌/溴体系、铁/铬体系。其中，全钒体系发展比较成熟，具备 MW 级系统生产能力，已建成多个 MW 级工程示范项目。

液流电池作为一种专用的储能型电池，其额定功率可以达到数十兆瓦，同时其有着寿命长、容量大的显著优势，可用于备用电源、辅助可再生能源并网、削峰填谷等场合，但液流电池系统结构复杂、效率低、能量密度（特别是体积能量密度）低、成本较高，整体技术尚不成熟。

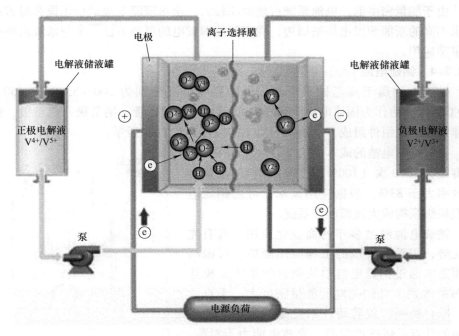

图1-8 液流电池工作原理图

目前，全钒液流电池的成本约为480美元/kWh，其构成如图1-9所示。电解液成本约占总成本的43%，易受上游钒价格波动的影响；电堆成本约占43%，其中离子交换膜占比最高。

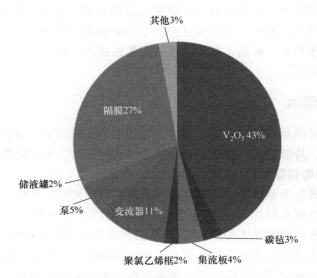

图1-9 全钒液流电池的成本构成

由于能量密度低，电池系统占地面积较大，全钒液流电池适合建设在对占地要求不高的新能源发电场站周边，提高新能源发电的可调节性，参与系统调峰等能量型应用。

1.2.2.4 钠硫电池

钠硫电池属于高温钠系电池，工作温度范围分别为 300～350℃ 和 250～300℃，主要由作为固体电解质和隔膜的 β-氧化铝陶瓷管、钠负极、硫正极、集流体以及密封组件组成，电池结构与工作原理如图 1-10 所示。

目前钠硫电池的成本约为 25000 元/kW，循环寿命为 2500 次（100% 深度充放电），能量转换效率大于 83%。根据应用需求，可由钠硫电池模块级联构成大规模储能系统。

钠硫电池经过多年的商业化应用，具有先发优势，积累了较多的工程应用经验，可根据应用需求通过钠硫电池模块组合使系统规模达到 MW 级别，且钠硫电池能量密度大、无自放电，原材料钠、硫易得，不受场地限制。钠硫电池的缺点是倍率性能差，充放电能力不对称，而且电池寿命有限，成本高。另外，钠硫电池在高温运行，金属钠和单质硫均是液态，存在安全隐患。

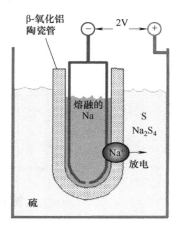

图 1-10　钠硫电池结构与工作原理示意图

钠硫电池比能量较高，技术相对成熟，在辅助可再生能源并网等场景已有一定规模的应用示范（主要在日本），但其必须运行于高温的特点，使得其存在本征的安全隐患和系统效率瓶颈，同时受制于专利布局和电解质材料，推高了推广应用的门槛和成本，在日本以外的其他国家和地区几乎没有应用。

1.2.3　电磁储能

电磁储能将能量直接以电能的形式存储在电场或磁场中，没有能量形式的转化，效率较高，持续放电时间短且难以提高，是典型的功率型储能技术。

1.2.3.1 超级电容器

超级电容器分为双电层电容器和法拉第电容器两大类。其中，双电层电容器通过炭电极与电解液的固液相界面上的电荷分离而产生双电层电容，如图 1-11 所示，在充放电过程中发生的是电极/电解液界面的电荷吸附/脱附过程，而不是电化学反应。法拉第电容器采用金属氧化物或导电聚合物作为电极，在电极表面及体相浅层发生氧化还原反应而产生吸附电容。法拉第电容器的产生机理与电池反应相似，在相同电极面积的情况下，它的电容量是双电层电容器的数倍，但瞬间大电流放电的功率特性及循环寿命不如双电层电容器。

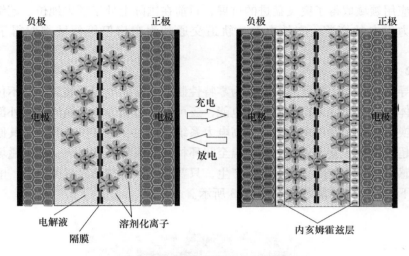

图 1-11　双电层电容器工作原理图

超级电容器单体功率密度高，可达 1500W/kg 以上，为锂离子电池功率密度的 20 倍以上；但能量密度低，仅为 10~30Wh/kg；充放电循环次数多，可达数十万次。超级电容器的单体容量小，在电力系统中的应用需要经串、并联构成模组才能满足电压和容量需求。

超级电容器系统功率成本为 7~10 美元/kW，超级电容器单元功率成本为 4~6 美元/kW，单元功率成本构成如图 1-12 所示，其中碳材料占比约 42%，箔材料占比约 16%，零部件占比约 15%，电解液和隔膜占比各约 10%，辅材占比约 7%，可见碳材料是提高超级电容器性能、降低成本的关键。

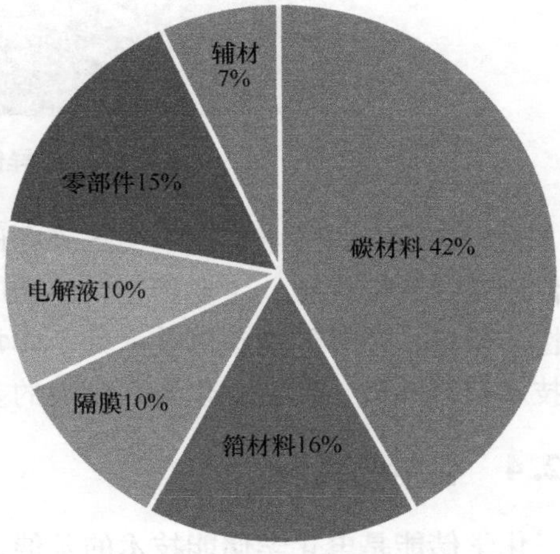

图 1-12　超级电容器成本构成

由于超级电容器的高功率、低能量的特点，目前主要应用在电动汽车、消费类电子电源、军工领域等高峰值功率、低容量的场合，电力系统中主要用于提高电能质量、平抑电压和功率波动等。

美国、日本、俄罗斯等国家在超级电容器的研发和应用方面起步较早，在电力系统中也有示范性的应用，例如，2005 年美国加利福尼亚州建造了 1 台450kW 的超级电容器，用于抑制风电的功率波动。我国近些年在超级电容器的制造和应用领域取得了突飞猛进的进展，目前在国际上处于领先地位。超级电容器在风力发电的变桨，有轨电车、轨道交通和汽车启停等领域都取得了广泛应用。

1.2.3.2　超导储能

超导储能是利用超导体的电阻为零特性制成的存储电能的装置，其不仅可以在超导体电感线圈内无损耗地存储电能，还可以通过电力电子换流器与外部系统快速交换有功和无功功率，用于提高电力系统稳定性、改善供电品质。其原理为将一个超导体圆环置于磁场中，降温至圆环材料的临界温度以下，撤去磁场，由于电磁感应，圆环中便有感应电流产生，只要温度保持在临界温度以下，电流便会持续下去。超导储能装置如图 1-13 所示。

图 1-13　超导储能装置示意图

超导储能在本质上是以电磁场来存储能量的，具有效率高、响应速度快和循环使用寿命长等优点，主要用于快速响应电网应急需求，提高电能质量和电网稳定性。目前，超导储能整体技术处于非常早期的起步阶段，储能介质和器件等关键技术有待突破，离实用化还有较大的差距。

1.2.4　化学储能

化学储能是电化学储能技术的延伸，利用电能将低能物质转化为高能物质进行存储，从而实现储能。目前常见的化学储能主要包括氢储能和合成燃料（甲烷、甲醇等）储能。这些储能载体本身是可以直接利用的燃料，因此，化学储能与前述其他电储能技术（输入输出均为电能）存在明显区别：如果终端可以直接利用氢、甲烷等物质，如氢燃料电池汽车、热电联供、化工生产等，这些储能载体不必再转化回电力系统的电能，可以提高整体用能效率，相当于从存储"二次能源"变成存储"三次能源"。因此，化学储能往往是能源形式转化过程中的重要环节。

目前，在化学储能技术中，氢储能相对成熟，依托电解水制氢设备和氢燃料电池（或掺氢燃气轮机）实现电能和氢能的相互转化。储能时，利用富余电能电解水制氢并存储，释能时，用氢燃料电池或氢发电机发电。氢能的利用涉及制取、存储、运输和应用等环节。

1. 氢的制取

氢气商业化制取主要有以煤炭、天然气为代表的化石能源重整制氢，以焦炉煤气、氯碱尾气提纯为代表的工业副产气制氢和电解水制氢三种形式，各类制氢方式的技术特征见表 1-1。化石能源重整制氢是目前最主要的制氢方法，全球占比约 95%。国外以天然气制氢为主，我国以煤制氢为主，成本为 6~10 元/kg，年供氢能力在千万吨级至亿吨级，是最为经济的方式。

近年来，电解水制氢技术成为研究热点，其在系统安全、电气安全、设备安全等方面已经形成了完善的设计标准体系和管理规范。电解水制氢成本与用电成本、设备利用率和设备造价密切相关，其中，电费在总成本中占比可达 70%~80%，随着设备利用率的下降，电解水制氢成本将会显著上升。综合考虑经济性、技术成熟度、产业体制机制等因素，按照目前的发展趋势，我国近期将以工业副产气制氢为主，中长期以可再生能源制氢为发展方向。

表 1-1　制氢方式的技术特征

制氢方式	原理概述	优点	缺点	成本
化石能源重整制氢	通过气化技术将煤炭转化为合成气，再经水煤气变换分离处理以提取高纯度氢气	技术路线成熟高效，可大规模稳定制备，是目前成本最低的方式	需要控制碳排放，目前碳捕集与封存技术尚在探索阶段	6~10 元/kg
工业副产气制氢	提纯利用钢铁、化工等行业产生的氢气	提高资源利用效率和经济效益，降低大气污染，改善环境	面临碳捕集与封存问题	10~16 元/kg
电解水制氢	利用碱性水电解槽、质子交换膜水电解槽、固体氧化物水电解槽等制氢	绿色环保、生产灵活、纯度高、副产高价值氧气	成本高，成本受电价影响很大	30~40 元/kg

2. 氢的储运

目前储氢方式主要有气态、液态和固态储氢，各类储氢方式的技术特征见

表 1-2。传统的高压气态储氢以及高压绝热的液态储氢技术，在安全性、经济性、方便性等方面都不理想。相较而言，固体储氢材料较为安全且高效，但该方法能耗高，储能效率低，需要复杂且高成本的储氢设备。短期内，高压气态储氢仍是主要的储氢手段。但从长远来看，轻质储氢材料、固态储氢材料等低压或常压储氢材料将成为未来发展的重点。

表 1-2　储氢方式的技术特征

储氢方式	单位质量储氢密度（%）	优点	缺点	技术突破点	备注
高压气态储氢	1.0~5.7	技术成熟、充放氢速度快、成本低	体积储氢密度低	提高体积储氢密度	目前车用储氢主要采用的方法
低温液态储氢	5.7 以上	体积储氢密度高、液态氢纯度高	液化过程耗能大、易挥发、成本高	降低能耗、成本、挥发	液氢主要用于航空航天领域，民用很少
有机液体储氢	5.0~7.2	储氢密度高，存储、运输、维护保养安全方便，可多次循环使用	成本高、操作条件苛刻、有发生副反应的可能	降低成本、操作条件	可以利用传统石油基础设施进行运输和加注
固体储氢	1.0~4.5	体积储氢密度高，安全，操作条件已实现不需要高压容器，具备纯化功能，可得到高纯度氢	质量储氢密度低、成本高、吸放氢有温度要求	提高质量储氢密度、降低成本和吸放氢温度	未来重要发展方向

3. 加氢技术

根据 H2 stations 发布的第 12 次全球加氢站评估报告，截至 2019 年年底，全球共有在运加氢站 432 座，其中 330 座向公众开放。根据氢气的来源，加氢站可分为外供氢加氢站和内制氢加氢站。外供氢加氢站根据氢气存储的方式不同，又可进一步分为高压气氢站和液氢站，全球约 30% 为液氢站，且主要分布在美国和日本，而我国现阶段全部为高压气氢站。站内制氢加氢站则是在站内建有制氢系统，欧洲站内制氢加氢站较多，我国由于化工用地比较紧张，内制氢加氢站几乎没有。

4. 氢气安全与检测技术

氢气与空气混合能形成爆炸性混合物，目前主要使用传感器检测微量氢气并报警。氢气泄漏带来的安全问题主要通过建立加氢站安全保护系统进行防护，包括周界、消防、监控、火焰监测等子系统，防止加氢时由于氢气泄漏带来的安全问题。氢能的安全性是社会各界关注的重点。近年来，我国积极开展氢能安全性研究和相关标准制定工作，开展了高压氢气泄漏扩散、氢气瓶耐火性能、高压氢喷射火、氢爆燃爆轰、氢泄爆、氢阻火等研究。但总体而言，国内氢安全研究刚刚起步，投入较少，安全检测能力和保障技术滞后于氢能产业发展的需要，缺乏具有第三方公正地位的实验室，与国际先进水平相比有不小的差距。

5. 氢燃料电池技术

氢燃料电池是氢能应用的重点方向，其基本原理是把燃料中的化学能通过电化学反应直接转化为电能。在各种类型的氢燃料电池中，质子交换膜燃料电池最具发展前景，其核心材料为固态离子交换膜。目前，已商业化的全氟磺酸质子交换膜有美国的 Nafion 膜、Dow 膜，日本的 Aciplex 膜和 Flemion 膜等。质子交换膜燃料电池的电堆造价为 $1000\sim3000$ 美元/kW，电堆成本约占系统总成本的 60%。而当前锂离子电池模块（类似燃料电池电堆）成本为 $300\sim400$ 美元/kW，系统成本为 $450\sim600$ 美元/kW。推高燃料电池造价的主要原因是贵金属催化剂和全氟磺酸膜价格昂贵。贵金属催化剂起到催化电化学反应的作用；全氟磺酸膜的功能是隔离氢燃料与氧化剂，传递氢质子。降低催化剂中铂的用量、开发非贵金属催化剂及价格低廉的非氟质子交换膜是降低成本的关键。

1.2.5 储热

热/冷能是重要的人类能源利用形式，占终端能源消费的 40%～50%，储热技术应用领域十分广阔。现有的能源开发利用体系中，绝大部分的能量形式转化均涉及热能，如图 1-14 所示。受限于能量转化过程的损耗，储热极少用于电能的存储（输入和输出均为电），往往作为能量形式转化过程中的一个环节，如太阳能热发电、电供热等；或者仅作为热力系统的储能，如工业余热存储后再利用等。

按照储热原理的不同，主要分为显热储热、潜热（相变）储热和化学储热三种形式。其中，显热储热（利用储热材料温度变化实现热能的吸收和释放）技术最成熟、成本最低廉，应用最广泛，在电力系统中主要用于火电厂余热的回收再利用和太阳能光热发电。目前，常用的显热储热材料主要包括水、导热油、熔融盐等，其中，熔融盐已成为高温储热领域的研究热点，在光热发电领域得到较好应用。

相比其他储能技术，储热具有技术成熟、成本低、寿命长、规模易扩展且储能规模越大效率越高等优点。目前电力系统中应用较多的熔融盐储热主要采用硝酸盐或多元硝酸盐的混合物作为储热介质，具有成本适中、温域范围广、流动性好、蒸汽压力低等优点，并且无毒、不易燃。储热效率可达 90% 左右。

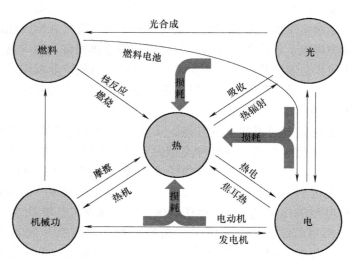

图 1-14　常见能量形式之间的关系示意图

　　熔融盐储热系统与太阳能集热设备、汽轮发电机等设备共同组成光热发电系统，可以有效克服太阳能的间歇性和波动性，使太阳能的利用具备可调节能力，增加系统的灵活性。这种应用是未来储热技术在电力系统应用的主要发展方向。另一方面，熔融盐储热也存在用于发电时热-电转化效率低（40%～50%）、热量易散失、配套的集热设施（如镜场）成本高等问题。

　　以熔融盐储热为代表的显热储热技术较为成熟。以光热电站中常用的双罐式熔融盐储热系统为例，成本为 25～40 美元/kWh，其中，熔融盐的材料成本约占 50%，如图 1-15 所示。无论熔融盐（当前价格为 500～700 美元/t）还是配套设备，成本下降空间均有限，但随着技术的进步，设备的使用寿命有望提高。

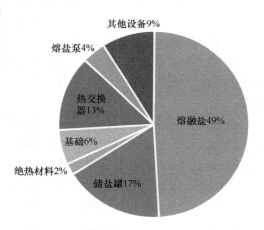

图 1-15　双罐式熔融盐储热系统成本构成

　　目前，储热技术在电力系统中最主要的应用是利用熔融盐储热实现太阳能热发电。西班牙、美国、摩洛哥等国家已经实现了光热发电的商业化运行。在我国，光热发电技术也已经步入产业化应用阶段，截至 2019 年年底，已有约 20 万 kW 投入商业运营。在太阳能-热能-电能转化的过程中，需要配置储能来实现电站出力的可调节性。太阳能本身无法存储，转化为电能后直接存储的成本较高，而利用熔融盐在热能环节实现储能，成本相对较低。

光热电站多采用双罐式熔融盐储热系统，一般由热盐罐、冷盐罐、泵和换热器组成。当充热时，低温熔融盐从冷盐罐中被泵送至太阳能集热器系统中加热后成为高温熔融盐，再被放入热盐罐存储起来；当放热时，热盐罐中的熔融盐被泵入至蒸汽发生器中释放热量，将冷凝水加热为高温高压的水蒸气后，自身温度降低再被送回冷盐罐存储。水蒸气则进入汽轮机组发电。

储热技术还广泛应用于供热、工业余热利用等领域，技术路线繁多。利用熔融盐、镁砖等材料的显热储热技术已经实现商业应用，利用混凝土等新型材料的显热储热技术还处于研究示范阶段；利用石蜡等材料的潜热储热技术开始初步商业化应用，同时不断研发其他材料；化学储热还处于实验研究阶段。

1.3　储能的应用场景与商业模式

1.3.1　储能在全球的应用情况

根据中国能源研究会储能专委会和中关村储能产业技术联盟（CNESA）发布的《储能产业研究白皮书2022》报道，截至2021年年底，全球已投运储能项目的累计装机规模为209.4GW，同比增长9%。其中，抽水蓄能占比86.2%，但相比于2020年同期有所降低，新型储能占比12.2%，锂离子电池储能占据主导，其市场份额超过90%，如图1-16所示。

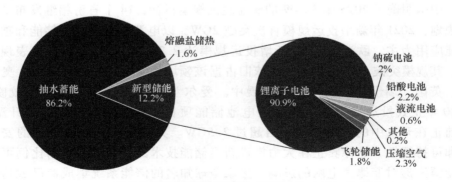

图 1-16　全球电力储能市场累计装机分布（截至 2021 年年底，
数据来自 CNESA 全球储能项目库）

从增幅上看，2021 年全球新增投运的电力储能项目装机规模为 18.3GW，其中新型储能的新增投运规模最大，并首次突破 10GW，同比增长 117%，美国、中国和欧洲的新增投运规模合计占全球新增投运总规模的 80%。

从地域分布上看，2021 年年底全球已投运的新型储能项目累计装机规模排名前十位的国家分别是美国、中国、韩国、英国、德国、澳大利亚、日本、爱尔兰、菲律宾和意大利，上述十国的新增装机规模之和占全球总新增规模的 89%，美国居于榜首，如图 1-17 所示。

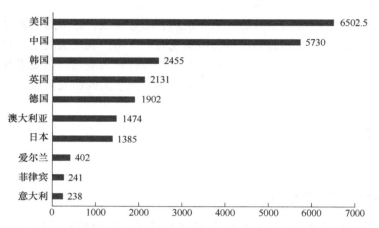

图 1-17　全球已投运新型储能项目累计装机规模排名前十位的国家
（截至 2021 年年底，单位：MW，数据来自 CNESA 全球储能项目库）

美国 2021 年新增新型储能项目规模首次突破 3GW，是 2020 年同期的 2.5 倍，其中 88% 的装机份额来自表前应用，且以电源侧光储、独立储能电站为主。中国明确了 2025 年 30GW 的储能装机规模目标，14 个省份相继发布了储能规划，2021 年新增投运规模首次突破 2GW，以电源侧新能源配储能和独立储能应用为主。欧洲 2021 年新增投运规模达 2.2GW，用户储能市场表现突出，其规模突破 1GW，其中德国依旧占据该领域的主导地位，意大利、奥地利、英国、瑞士等国也在迅速发展中。爱尔兰电网级储能市场起步较晚，2020 年正式投运了第一个电网级电池储能项目，随后储能市场开始升温，目前正在开发中的电池储能项目超过 2.5GW。为确保国家能源系统的安全性和可持续性，菲律宾正在大力推进新型储能技术部署，以缓解高比例可再生能源渗透对菲律宾电网的影响，多家全球知名的储能系统集成商已成功进入菲律宾市场。

1.3.2　我国储能技术的应用情况

根据中关村储能产业技术联盟（CNESA）全球储能项目库的不完全统计，

2016~2017 年，我国规划和在建的储能规模近 1.6GW，占全球规划和在建规模的 34%，我国储能投运规模迎来加速增长。截至 2017 年年底，我国已投运储能项目累计装机规模 28.9GW，同比增长 19%。与全球储能市场类似，我国抽水蓄能的累计装机规模所占比重最大，接近 99%，但与上一年同期相比略有下降。电化学储能的累计装机规模位列第二，为 389.8MW，同比增长 45%，所占比重为 1.3%，较上一年增长 0.2 个百分点。在各类电化学储能技术中，锂离子电池的累计装机占比最大，比重为 58%。

目前，我国应用相对比较广泛的主流储能技术为抽水蓄能、锂离子电池和铅炭电池等。如图 1-18 所示，除抽水蓄能外，目前还没有一种技术在效率、规模化程度、成本、安全性、寿命等各项指标上全面超过其他技术类型。但近年来，随着电动汽车产业快速发展和成熟，锂离子电池技术和产业进步很快，技术经济性大幅提升，已成为当前业内公认的储能发展主要技术方向。尤其是近些年以来，多个百兆瓦级电网侧储能示范项目中，均以锂离子电池作为主要储能载体，进一步释放了电力系统用户认可锂离子电池作为主流发展方向的信号。

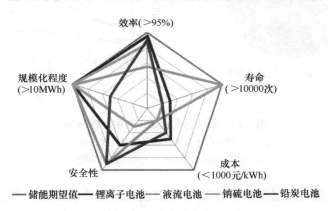

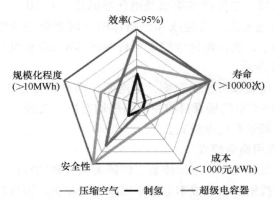

图 1-18 储能技术现状雷达图（彩图见插页）

1.3.3 应用场景与商业模式

从应用领域来看，根据美国能源部统计，储能应用于可再生能源并网的项目数占比为39%，分布式发电及微网与辅助服务的项目数占比分别为18%和12%，如图1-19a所示。储能技术在各应用领域的项目数逐年增长趋势如图1-19b所示。自2010年后，储能在用户侧分布式能源领域的应用呈现快速增长的趋势。2016年储能项目在各应用领域新增装机中，用户侧领域占比最大，为43%，居于首位。

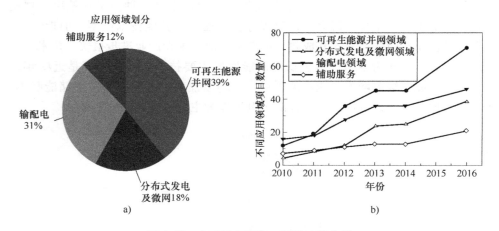

图1-19 全球已有示范工程的功能应用

a）储能在各应用领域中的项目数占比

b）储能在各应用领域中的项目数增长趋势

我国在储能应用层面来看，2018年以前主要集中在可再生能源并网、分布式发电及微网两个领域，主要技术类型是电化学储能。自2018年以来，电化学储能在电网侧应用快速推进，已建成和已招标的电网侧储能规模已达400MW，在电网侧储能的带动下，我国电化学储能项目突破GW/GWh级别。储能项目应用分类情况如图1-20所示。

上述这些储能应用领域可按电源侧、电网侧、用户侧分为3类18项应用场景（见图1-21），这些丰富的场景目前在国内外均有应用实践。下面从国内外两方面分述储能应用的场景和商业模式。

1.3.3.1 国外储能应用商业模式

储能商业模式与政策支撑、电价体系、储能类型、初始投资、运营主体、补贴方式、运行维护和投资回收期成本等诸多因素密切相关。国外储能技术起步较早，电力市场化程度较高，体制机制较为完善，因此储能在国外的商业模式较为

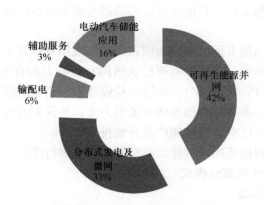

图 1-20　我国储能项目应用分类（2000~2013 年）

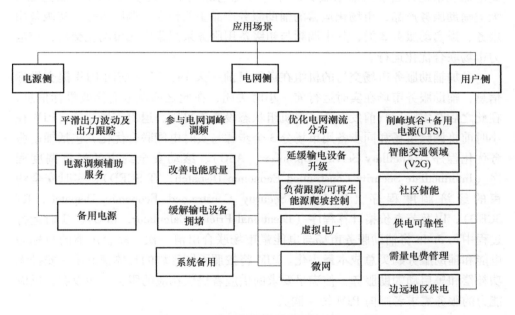

图 1-21　储能技术应用场景分类

丰富和成熟。

电网侧配置储能参与系统辅助服务可提高电网运行灵活性，提升电网安全稳定运行水平。一是参与电网调峰：储能可以根据电网负荷特性，灵活进行充放电双向调节，具备 2 倍于自身装机容量的调峰能力。二是提供快速调频资源：储能具有充放电转换时间短、响应速度快的特点，可提供优于常规燃煤机组的一次调频、AGC（自动发电控制）等辅助服务，降低区域电网控制偏差，提升新能源

21

高渗透率下的电网稳定性。目前电网侧储能参与辅助服务的商业模式在国外有丰富经验可以借鉴。

在用户侧典型储能方面，不同的国家和地区应用重点各不相同。从不同国家和地区的发展现状来看，美国加利福尼亚州拥有强有力的自发电激励计划（Self Generating Incentive Plan，SGIP）、补贴和税收政策、创新的商业模式以及强大的投融资市场的支持，商业和户用光储市场潜力大；德国拥有大量户用光伏，在出台储能补贴政策后，已有大量储能产品开始投放市场。

下面就国外电网侧及用户侧储能典型商业模式进行介绍。

1. 美国电网侧储能商业模式

（1）PJM 电力市场

PJM 是美国最大的区域供电商之一，自 2012 年起开始运营新调频市场，从此电储能系统开始参与辅助服务，并与常规电源竞争。现阶段 PJM 主要运营 5 大类辅助服务产品，市场化运营的辅助服务产品主要包含：调频服务、初级备用服务、黑启动服务 3 类，其中调频与初级备用服务采用集中式市场化交易，与电力市场联合优化运行。

参加辅助服务市场交易的机组在运行日前一天 14：15 之前向 PJM 提交投标信息，辅助服务市场在实时运行前一小时关闭，在此之前发电商修改投标信息，在此之后至实际运行前发电商可将机组状态设为不可用，退出市场竞争。PJM 在小时前将调频市场和同步备用市场分 3 个步骤与实时电能联合优化，包括辅助服务优化程序（Ancillary Service Optimizer，ASO）、滚动安全约束的经济调度程序（Intermediate Security Constrained Economic Dispatch，IT SCED）、实时安全约束的经济调度程序（Real-time Security Constrained Economic Dispatch，RT SCED），以及节点价格计算程序（Locational Pricing Calculator，LPC）。实时运行过程中每 5min 将辅助服务市场与电能量市场联合出清一次，联合出清的目标为电能和辅助服务购买总成本最小化。PJM 将按照不同区域的具体情况统一安排无功补偿和黑启动辅助服务，使满足要求的供应者提供相应的服务，而没有自供应能力的服务需求者则向 PJM 统一购买。

（2）美国加利福尼亚州市场

近年来，加利福尼亚州电网光伏装机容量增长迅猛，受制于光伏发电特性，电网在特定时段需要大量快速调节资源以维持频率稳定。加利福尼亚州电网主要依靠燃气及水电机组进行调频，其余基本由外来电源成分进行调节。由于加利福尼亚州对外部调节资源依赖严重，随着新能源装机规模不断扩大，具备调节能力的燃气发电机组装机比例将进一步下降，系统对储能等快速调节的灵活性资源需求十分强烈。

2010 年，加利福尼亚州立法机构通过了 AB 2514 法案。该法案要求加利福尼亚州最大的 3 家投资者拥有的电力公司（Investor Owned Utilities，IOU）在 2014~2020 年期间购买 1325MW 的储能系统，而这些储能系统必须在 2024 年以前部署完毕。除了要求 IOU 以外，AB 2514 也要求公共电力公司（Publically Owned Utilities）设定适当的储能采购目标。储能技术自身的快速调节能力优势给电网调频带来了有益补充，使其成为填补调频容量缺口的首选方案，加利福尼亚州政府致力于将储能用作天然气发电的无碳替代品，以满足用电高峰和电网快速调节需求，并设置了高额的储能采购框架。近几年加利福尼亚州并网储能容量快速增长，截至 2017 年年底，加利福尼亚州的固定电池储能装机功率达 30 万 kW（80 万 kWh），较 2016 年增长了一倍。

2. 意大利电网侧储能商业模式

意大利国家电网公司 Terna 开展了大规模电池储能系统试验项目，以获取长期安全稳定运行电池储能系统的经验，完善电网级的电池储能系统在提高电力系统安全和提高可再生能源发电渗透率方面的集成技术，取得了满意的效果。监管环境方面，意大利电力监管政策允许 Terna 建设和运营用于电网安全运行、提高可再生能源渗透率和用于调度服务的发电设施，并且项目在列入电网规划并经过意大利经济发展部和监管机构批准后，相应的资本性支出可以进入 RAB（受监管资产基础）享受相应的资产回报。

为提高电网可再生能源接纳能力，降低因电网原因造成的弃风、弃光电量，在意大利电网枢纽的中南部电网分 3 个地点规划安装了 6 套高储能能力的电池储能系统，规模为 3.5 万 kW（23 万 kWh），系统采用的电池均为钠硫电池。项目承担多重调节任务，包括减少电网拥塞引起的弃风弃光电量、一次调频以及二次调频等。为更好地进行调节，Terna 建设了动态天气评价系统结合超短期负荷预测（包括风电场和太阳能电场的超短期发电预测）和即时系统安全校核，对储能设备进行多模式自动运行控制：①在预测到电网安全的边界条件有可能产生拥塞，造成弃风弃光时，提前对电池储能系统进行预设，退出常规调频功能，进入降低电网拥塞，减少弃风弃光的运行模式；②由安全校核系统跟踪电网安全边界变化情况，拥塞消除或缓解到一定指标后，允许退出当前优化潮流运行模式，启动调频模式。

2016 年 12 月，安全系统共预测到 4 次电网拥塞，电池系统 4 次介入，实现了降低电网拥塞，减少弃风弃光电量的效果。上述储能系统在 2016 年应用成效如下：一是降低当地电网拥塞，直接减少弃风弃光电量共计 1770 万 kWh；二是提高了两条送电通道的输送限额，间接减少弃风弃光电量共计 4900 万 kWh；三是储能系统参与了系统一、二次调频，承担了系统调度服务的功能，降低了电网公司采购调度服务的费用。

3. 美国用户侧储能商业模式

2001 年启动的 SGIP，是美国历史最长且最成功的分布式发电激励政策之一，自 2011 年起，储能纳入 SGIP 支持范围。SGIP 由加利福尼亚州公共事业单位负责实施，每年为储能分配合计约 8300 万美元的补贴预算，一直持续到 2019 年。

目前，Tesla 和 SolarCity 是美国分布式光储发电市场上最为活跃、最具代表性的企业，两者建立了良好的合作关系，很好地推动了分布式光储发电在美国市场的发展。两者共同实现的分布式光储发电商业模式主要有以下几个要点：

（1）锁定最具商机的商业和民用领域

根据 SGIP 数据库，商业和民用领域将成为 Tesla 储能最先大规模应用的领域，其中，民用领域项目数量最多，而商业领域总储能装机规模最大。同时，SolarCity 选用 Tesla 的产品后，推出的服务产品也首先在商业和民用领域展开应用。SolarCity 和 Tesla 选择这两个市场作为目标市场是有其市场原因的。目前对电力用户的电费账单影响最大的主要是分时电价和需量电价。根据 Strategen 的测算，在加利福尼亚州商业用户的账单管理中，通过储能系统节省的需量电费给用户带来的价值比通过节能带来的价值大 14 倍。而分时电价也推动着 SolarCity 的主要居民用户（一般是中产阶级，每月用电量较高）购买储能：一方面降低电费；另一方面提供紧急电力备用。

（2）通过 B2C 模式拓展家庭用户

美国的主要屋顶光伏开发商都开通了电商平台，SolarCity 的光储产品也将通过此方式进入户用市场。用户通过网络即可实现登记需求、提交订单、选择产品、测算成本以及申请融资等功能。项目建成后，还可以通过网络平台远程监控系统状态。通过引入 B2C 模式，开发商提升了用户体验，抓住了屋顶资源和储能市场，并降低了营销和运营成本。

（3）为用户提供多种合同支付形式，促进分布式光储发电模式的应用

目前，针对包括储能系统在内的所有产品，SolarCity 为用户提供多种合同支付形式，包括买断设备、光伏租赁和购电协议（PPA），以促进光储式系统的应用。买断设备的方式在市场中比较常见，主要是指用户可选择一次性买断设备，自发自用，自行维护。光伏租赁业务是 SolarCity 的独创业务，主要应用在 SolarCity 的居民项目中。该业务与美国净计量电价（Net Metering）政策紧密相连。净计量电价政策下采用净计量电能表，居民用户只需支付净额用电量的电费。用电量超过光伏发电量时，居民用户向电力公司购买相应电力；光伏发电量超过用电量时，居民用户则会得到一个基于零售价格的信用额度（可在下期使用）。在光伏租赁模式下，SolarCity 与居民用户签订 20 年协议，为居民用户建设及维护屋顶光伏系统、提供发电服务；SolarCity 对发电量做出保证，若未达到发电量，SolarCity 需补偿。在使用 SolarCity 的光伏系统后，居民

用户大幅节省电费，并从每月节省下来的电费中拿出一部分支付给 SolarCity 作为光伏租赁费（租率根据是否提交少量安装费而定）。使用光伏系统后的净额用电量电费加上光伏租赁费，还少于之前的电费。对居民用户来说，不仅能够使用绿色电力，且每月交纳的电费得到降低，故这种免去大笔初装费用又能（实质上）享受低价绿色电力的做法大受居民用户的欢迎。PPA 业务主要应用于 SolarCity 的商业项目中，实质上也是通过提供低价绿色电力来吸引商业用户。

4. 德国分布式光储发电的商业模式

德国日益增加的可再生能源发电，以及能源体系的快速变革共同推动着储能时代的来临。目前，用户侧分布式储能已经呈现多种发展模式。

（1）SENEC. IES 公司开展的"免费午餐"模式

SENEC. IES 公司是一家德国能源供应公司，自 2009 年成立以来，在德国安装了超过 6000 个储能系统，成为光伏加储能领域的市场领导者之一。该公司的主要业务是销售电池，目前有 2000 个用户参与到他们的"Economic Grid"计划中，获取"免费的电力"。SENEC. IES 公司对电池有主要的控制权，当电网"零电价"时控制电池从电网充电。用户主要通过最大化地自我消纳屋顶光伏所发的电力，以及使用 SENEC. IES 公司提供的"免费的电力"，实现更低的电费账单，进而获益。

（2）Fenecon/Ampard 公司开展的虚拟电厂模式

Fenecon 公司是比亚迪公司的德国经销商。Ampard 公司是一家瑞士公司，主要开发和运营用于最大化自发自用并将储能聚集起来的智慧能源管理系统。两家公司合作，将 Ampard 公司的能源管理模块与 Pro Hybrid 储能系统集成起来，使其可以在用户侧被用作虚拟电厂。用户为了增加自发自用而购买储能系统，Ampard 公司利用他们的能源管理系统（Ampard Energy Manager）将这些系统管理起来，为这些储能系统增加虚拟电厂的功能，提供一次调频控制备用等服务。Ampard 公司负责控制和管理这些电池。在瑞士，Ampard 公司控制的系统首次在 2015 年 12 月以虚拟电厂的形式提供了一次调频控制备用服务。目前，Ampard 公司和瑞士 BKW 公共事业公司合作，连接了大约 150 个系统，用作虚拟电厂。2016 年第 2 季度，德国也开始效仿该做法。Ampard 公司没有与输电系统运营商（TSO）签订合同，而是利用中间人（第三方）来降低风险。Fenecon 公司的能量库可以保证 4 年时间，每年提供给用户 400 欧元的收入，Fenecon 公司声称每年还可能为用户提供 400~500 欧元的额外收益。

（3）MVV Strombank 的商业模式

MVV Strombank 是德国区域能源供应商 MVV Engergie 主导开发的一个研究项目，该项目正在寻找能够为商业和居民用户提供储能，为配电系统运营商（DSO）提供降低可再生能源自发电对电网产生影响的潜在方案。Strombank 是为相邻的用户提供的社区储能系统。目前，该项目包括 14 个居民用户（装有光伏）和 4 个商业用户（装有热电联产），总共有 16 个光伏发电机组和 3 个热电联产机组与系统相连。Strombank 的概念是指希望通过该项目帮助用户建立一个可以收支能源的"活期账户"。安装了光伏的个人用户和安装了热电联产的商业用户的需求和发电曲线被设计成互补的，以便于最大限度地利用电池。账户的限额是 4kWh，但现在需要与用户的用电情况相匹配。Strombank 在未来将呈现出来的一个优势是，这种系统规模的共享型电池的成本比在用户侧安装大量储能的成本要低很多。将电网运营商紧密地引入到这种共享型储能系统的运行中，能够使得系统具备帮助解决本地电网限制，同时获得更多服务收益的机会。

1.3.3.2 我国储能应用商业模式

我国储能应用尚处在发展初期，加之相关政策标准正在制定完善，目前国内储能应用商业模式仍处在不断探索中。下面从电源侧、电网侧、用户侧和其他商业模式分述。

（1）电源侧

电源侧储能主要商业模式分为两种。一是业主投资运营模式。发电企业投资自建的储能项目由业主自主运营，目前多为新能源电站业主投资建设，辅助跟踪计划出力、平滑发电出力波动，其收益来源以弃电存储为主，减少考核费用为辅，如国家电投集团黄河上游水电开发有限责任公司共和、乌兰风电配套储能项目。二是合同能源管理模式。发电企业和储能企业双方以合同能源管理的模式进行利益分成。电厂提供场地以及储能接入服务，储能厂商负责投资、设计、建设、运维并通过改善发电单元运行指标分享收益。如山西京玉、阳光和同达三家火电厂分别接入了容量 0.9 万 kW 的储能系统联合参与调频辅助服务市场，调节速率可提高 30%~50%，储能运营商与发电企业按照 8:2 的比例分享调频收益，预计约 4.5 年可收回投资成本。长远来看，调频市场容量有限，若未来发电企业普遍采取此种模式提高调频性能，市场收益将大幅下降。

（2）电网侧

我国电网侧储能目前尚处起步阶段，商业模式不成熟，仍处于探索阶段，主要有以下三种模式：一是电网企业辅业单位投资建设，主业单位租赁运营。如江苏镇江储能电站项目，由国网江苏省综合能源服务公司、许继集团、山东电工电气集团分别投资建设，其中，许继集团及山东电工电气集团投资建设部分由国网江苏省电力有限公司租赁运营，主要应用于提高电网灵活性、缓解局部电网尖峰时刻用电需求，租赁费用纳入国网江苏省电力有限公司经营成本，目前正积极争取核入输配电价。二是电网企业辅业单位投资建设，通过合同能源管理或"合同能源管理+购售电"模式运营。如江苏镇江储能电站项目中国网江苏省综合能源服务公司所投资建设部分，与国网江苏省电力有限公司签订合同能源管理服务，主要应用于辅助电网调峰及应急备用等服务，按照合同约定条款获益。河南电网储能项目由平高集团投资建设，主要应用于无功补偿、主变节能和线路降损等节能服务。平高集团与国网河南省电力公司签订合同能源管理服务，拟由具备资质的第三方对节能效益进行评估，对节能效益按比例进行分享，目前第三方评估机构还未明确。同时委托国网河南综合能源服务公司开展购售电业务及日常运行维护，经营效益归平高集团所有，平高集团按照委托合同支付运维费用。三是由独立运营机构投资建设，作为独立市场主体运营。如大连液流电池储能调峰电站，由大连热电集团与大连融科储能技术发展有限公司共同投资，拟通过参与调峰辅助服务市场获利，但因投资成本高，若仅通过参与市场化交易将难以实现成本回收，拟按照政府批示研究探索两部制电价模式，参照抽水蓄能模式运营，初步估算该电站容量电价将超过 2000 元/（kW·年），远高于抽水蓄能电站平均水平。目前大连液流电池储能调峰电站正在进行最后的电池单体调试和系统调试阶段，即将正式投入商业运行。

（3）用户侧

根据不同用户类型与用能需求，目前用户侧储能的商业模式主要有三类：第一类是实施削峰填谷、需求响应和需量管理。通过"谷充峰放"降低用电成本，通过响应电网调度、帮助改变或推移用电负荷获取收益，通过削减用电尖峰降低需量电费，此类模式是目前我国用户侧占比最大的商业化应用。以锂离子电池为例进行初步测算，电费峰谷价差大于 0.7 元/kWh 的省区市，用户侧储能仅通过削峰填谷即可实现盈利，其中湖北内部收益率超过 8%，北京、江苏内部收益率在 5%~8% 之间。第二类是开展光储一体应用。通过"昼存夜用"，增加光伏发电自用比例，降低弃光率，减少购电成本。第三类是应用于不间断电源（UPS）和通信基站备用电源。利用储能能量密度高、放电性能好、维护简单等优点，为用户提供不间断供电服务，或作为通信基站备用电源，保证关键负荷用电，提升供电可靠性，同时也可开展削峰填谷和参与需求响应。

（4）其他商业模式

除上述三类外，我国也在积极探索其他一些商业模式。正在开展前期规划的甘肃大规模储能项目由政府主导引入，由独立储能运营商上海仪电集团全资建设，无需增加政府和电网、电源企业投资。其设定的商业模式跨电源、电网、用户三侧，仅依靠现有政策条件和市场化机制运营，无需调整原有新能源电价和补贴政策。该项目共分为 8 个子项目，其中电源侧 5 个、电网侧 2 个、用户侧 1 个。电源侧和用户侧项目与上述模式一致。电网侧储能项目拟在新能源汇集变电站（分别为 35kV 和 110kV）接入电网，作为购电方通过直接交易购买新能源弃电电量，同时作为售电方参与市场化交易或由电网企业收购（执行新能源上网电价），利用购售价差盈利，扮演了买电、卖电的双面市场角色。

1.4 储能对锂离子电池的技术需求

目前我国储能发展总体处于起步阶段，以锂离子电池为主要载体的电化学储能发展迅速，但其应用仍以示范工程为主，为实现大规模商业化运行，储能对锂离子电池相关技术提出了更高的要求，主要表现在以下几个方面：

（1）关键技术经济指标

锂离子电池的寿命、成本、能量密度等核心技术指标需适应储能应用的需求。在寿命方面，以储能用于可再生能源消纳为例，由于风能和太阳能发电项目一般要运行 20 年，配套的储能系统至少需要高可靠性运行 10 年以上，否则无法实现整个系统的可靠性和经济性，这意味着锂离子电池储能系统的寿命应达到 10000~12000 次以上。在成本方面，目前锂离子电池储能系统工程建设成本为 1~2 元/Wh，储能系统本体占 70%~80%，为满足大规模应用需求，未来其成本需降至 0.5~0.7 元/Wh。在能量密度方面，当前模块化系统规模主要为 1~10MWh，通过集成后也只能达到 100MWh 量级，难以实现电力系统大容量、长时间调峰的应用需求，因此需要进一步提高锂离子电池的能量密度和集成效率。

（2）储能系统安全性

储能未来在电力系统中扮演重要的能量调节节点作用，其安全性不仅关系系统本身，还对局部电网安全稳定起着至关重要的作用。当前，各类储能技术都存在一定的安全隐患，为保证系统安全稳定运行，需降低储能单元自身安全风险、增强整体安全设计、开发在线预警和防护隔离技术、完善有效的防火灭火措施。此外，锂离子电池内含有机电解液，其可燃的特性造成了本征性的安全隐患，因此除预警与被动防护外，储能还要求提高锂离子电池的本征安全特性，在极端或滥用条件下能有效阻断热失控，避免系统发生起火爆炸。

（3）运行控制技术

储能电站监控与能量管理技术、储能电站提高新能源并网友好性的运行控制技术已经在数十兆瓦级锂离子电池储能电站中实现了应用。未来随着储能系统规模增大以及应用场景的增多，应从以下几个方面优化运行控制技术，以满足大规模储能系统的运行需求：①发展多元化储能系统运行目标，适应未来储能系统在电力系统多场景多目标下的应用需求；②提高储能电站响应速度与控制精度，满足特定场景下的应用需求；③提升储能系统的运行控制技术水平，充分保障

100MW～10GW 级储能系统的安全、高效、稳定运行，支撑其在电力系统发输配用各环节的全面应用。

（4）运行维护技术

储能电站运行维护工作主要包括储能电站运行状态的监视和巡检，设备调试和生产运行记录，数据统计分析和存储上报；站内建筑、辅助设施的维护和管理；制定对策预防安全事故等。储能设备维护工作目前主要包括储能变流器、储能系统、能量管理系统的清扫、接线检查等，可分为日常维护、定期维护及特殊维护。锂离子电池储能系统应逐步建成运行数据库，明确运维工作标准与规范并严格遵循，工程投运后进行现场运行维护、数据收集与挖掘、评估等。

（5）技术标准体系

储能行业规范及标准体系建设正在有序推进，我国已经成立全国电力储能标准化技术委员会，积极参与国际标准制定的同时，全面推进国家和行业标准的制定。目前我国已发布的储能标准主要包括储能设备、并网与检测、设计与运行等方面，未来应加快完善和修订锂离子电池储能在电网中的应用控制、储能电站调度运行、安全防护、启动调试、检修等方面的标准。

第2章
储能用磷酸铁锂电池

2

2.1 磷酸铁锂电池概述

"碳达峰、碳中和"是我国构建清洁低碳、安全高效的能源体系的重要举措，而构建以新能源为主体的新型电力系统是我国能源电力领域实现"双碳"目标的主要方式。风电、光伏等清洁能源具有波动性和间歇性等特点，配置大规模储能系统有利于提高这些清洁能源并网，其中锂离子电池储能是发展最迅速且有望满足大规模储能应用需求的关键技术。锂离子电池储能电站可与分布式和集中式新能源发电模式联合应用，是解决新能源发电并网问题的有效途径之一，将随着新能源发电规模的日益增大以及电池储能技术的不断发展，成为支撑我国清洁能源发展战略的重大关键技术。

锂离子电池技术的发展加速了电子设备便携化进程。自从 1991 年首次进入市场以来，锂离子电池彻底改变了我们的生活。磷酸铁锂电池具有价格低廉、环境友好、安全性高和循环寿命长等优势，现已被大规模应用于电动汽车市场和规模储能等领域（见图 2-1）。磷酸铁锂正极材料最早是由 John B. Goodenough 教授在 1997 年研发出来，鉴于 John B. Goodenough 教授在电池领域的突出贡献，在 2019 年他被授予诺贝尔化学奖（见图 2-2）。我国非常注重对磷酸铁锂电池的研发和产业化，相应的产业链已经非常成熟，据不完全统计，2021 年磷酸铁锂电池年产量已突破 100GWh 规模。目前，宁德时代基于预锂化技术所开发的磷酸铁锂电池的循环寿命已经提升到了 12000 次。

2.1.1 原理与材料体系

2.1.1.1 磷酸铁锂电池的反应原理

1. 磷酸铁锂电池正极反应原理

磷酸铁锂（$LiFePO_4$，可简写为 LFP），属于橄榄石型结构，Pnma 空间群，

磷酸铁锂电池　　　　电子设备　　　　交通运输

航空航天　　　　规模储能

图 2-1　磷酸铁锂电池的应用场景

图 2-2　磷酸铁锂材料的发明人 John B. Goodenough 教授荣获 2019 年诺贝尔化学奖

理论比容量为 170mAh/g，相对于 Li/Li^+ 的工作电压为 3.4V，具有循环稳定性好、毒性低、热稳定性高和价格低廉等优势（见图 2-3）[1,2]。磷酸铁锂和其充电产物磷酸铁的具体晶胞参数见表 2-1。但是，磷酸铁锂本征的电子电导率偏低（$10^{-10} \sim 10^{-9}$S/cm），其锂离子传导性也较差，扩散系数大约为 10^{-14}cm²/s[3]。磷酸铁锂作为锂离子电池正极材料在充放电的过程中经历着 $LiFePO_4$ 和 $FePO_4$ 两相互相转化，即 $LiFePO_4 \longleftrightarrow xFePO_4 + (1-x)LiFePO_4 + xLi^+ + xe^-$，此过程受到锂离子扩散速率和电子迁移速率的控制，磷酸铁锂充放电过程中的两相演化过程如图 2-4 所示[4,5]。橄榄石型结构使磷酸铁锂在充放电前后能够保持结构稳定，另外晶体中的 P-O 键稳固，难以分解，即便在高温或过充等条件下也不会导致结构崩塌和强氧化性物质的形成，因此具有良好的安全性和循环性能[6]。

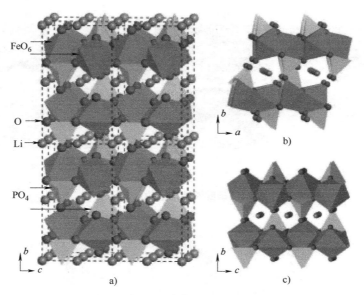

FeO₆

O

Li

PO₄

图 2-3　磷酸铁锂的晶体结构[1]

表 2-1　磷酸铁锂和磷酸铁两相的晶胞参数

材料	空间群	晶胞参数			
		a/nm	b/nm	c/nm	V/nm³
LiFePO₄	Pnma	1.03344	0.60083	0.64931	0.29139
FePO₄	Pnmb	0.98211	0.57921	0.47881	0.27236

　　关于磷酸铁锂两相反应机理研究的争论从未停止，比较主流的观点有如下几种：

　　Andersson 等利用中子粉末衍射技术对磷酸铁锂正极材料展开研究，并提出了核壳模型和马赛克模型。两种模型示意图如图 2-5 所示，图 2-5a 为核壳模型，该模型实际上和 Padhi 提出的模型相同，在充放电过程中，FePO₄/LiFePO₄ 界面推移，非活性的磷酸铁或磷酸铁锂存在于晶粒内部造成了容量损失。根据以上分析，他们在核壳模型基础上提出了新的马赛克模型。在充电时，伴随着锂离子从磷酸铁锂晶粒内部的脱出，FePO₄ 相区域不断扩展，最终分离的相区连接成片，但是颗粒内部依然残存没有参与电化学反应的磷酸铁锂，因此会造成容量损失（见图 2-5b）。在放电时，锂离子再次嵌入到磷酸铁晶粒中，逐渐形成周围嵌锂和中间没有锂离子嵌入的模型，造成容量损失。上述模型虽然能够很好地解释容量损失的机理，但是没有结合磷酸铁锂的橄榄石型结构及它仅具有一维脱嵌锂通道的事实[7]。

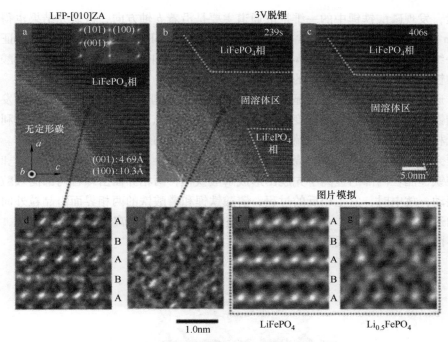

图 2-4 磷酸铁锂充放电过程中的两相演化过程[4]

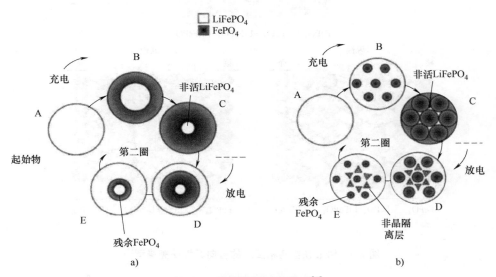

图 2-5 磷酸铁锂两相模型[7]

a）核壳模型 b）马赛克模型

基于第一性原理，Morgan 等在 2014 年对磷酸铁锂中锂离子的扩散特性进行探索，发现磷酸铁锂中的一维扩散通道主要是沿着 b 轴方向，该研究结果也得到 Islam 的证实。通过先进的高温中子衍射实验，Nishimura 等早在 2008 年证明了一维扩散通道主要是沿着 b 轴方向。因此，b 轴方向的一维扩散通道对磷酸铁锂中锂离子的扩散起着关键的作用。

通过高分辨的透射电子显微镜技术观察磷酸铁锂的嵌锂行为，Chen 等发现磷酸铁锂和磷酸铁的两相转变界面优先发生在 bc 面，主要是由于该过程有利于降低相变过程中伴随的结构畸变。此外，发现最高的迁移率发生在 b 轴方向。根据研究结果其提出了新的核壳模型，如图 2-6 所示[8]。新的模型认为在充电时，磷酸铁锂晶粒内部的锂离子先脱出形成磷酸铁相，两相界面由颗粒内部向颗粒外侧运动；放电时，发生相反的过程，磷酸铁锂和磷酸铁的两相界面由晶粒外向晶粒内逐步迁移，因此，上述研究都表明，由于 b 轴方向锂离子扩散速度最快，两相界面在晶粒内部生成并且垂直于 b 轴。

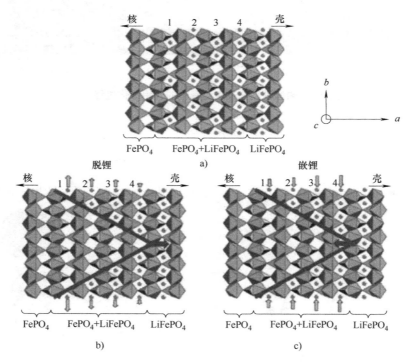

图 2-6　磷酸铁锂两相反应的各向异性核壳模型[8]

Delmas 等结合先进表征手段对 $LiFePO_4$ 纳米晶粒的脱嵌锂机制进行研究。对脱嵌锂过程中局部的磷酸铁锂观察发现，对于特定的磷酸铁锂纳米颗粒，为全部的 $FePO_4$ 相或全部的 $LiFePO_4$ 相，因此提出了适用于磷酸铁锂纳米颗粒的新模型，当锂离子发生脱出时，与较慢的成核过程相比，生成的 $FePO_4$ 新相会迅速长大，纳米颗粒也将迅速地从 $LiFePO_4$ 相变为 $FePO_4$ 相，该模型即为多米诺骨牌模型，如图 2-7 所示[9]。

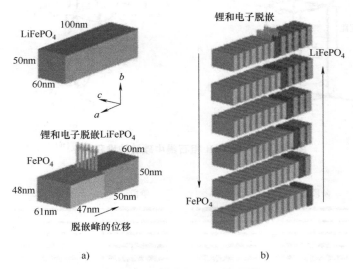

图 2-7　磷酸铁锂两相反应的多米诺骨牌模型[9]

2. 磷酸铁锂电池石墨负极反应原理

目前商业化磷酸铁锂电池中的负极大多数是采用石墨负极。Herold 于 1955 年首次发现石墨嵌锂时所形成的嵌锂态锂碳化合物（Li-GIC），这引起了对于碳材料的广泛研究。石墨呈现蜂窝状的层状结构，主要有六边形的 2H 相和菱形的 3R 相两种晶相（见图 2-8）[10]。在这两种晶相中，层内的 C-C 键长为 0.142nm，层间距为 0.336nm。这两种晶相可以通过研磨或者加热至高温实现转换。石墨的晶体参数主要有 L_a、L_c 和 d_{002}，其中 L_a 为石墨晶体沿 a 轴方向的平均大小，L_c 为石墨在垂直于 c 轴方向的厚度，d_{002} 为石墨片间距。锂离子的脱嵌主要发生在石墨的 c 轴方向上，嵌锂时形成 LiC_6 化合物，理论比容量为 372mAh/g。锂离子在石墨中的脱嵌平台为 $0 \sim 0.25V$，可与提供锂源的正极材料匹配，组成的全电池具有较高工作电压。

如图 2-9 所示，科学家对石墨中锂离子的嵌入过程进行了划分[10]。首先是阶段 1L，锂离子以固溶体的形式嵌入石墨层间；由阶段 1L 转化形成阶段 4，完成一级相变转化，出现第一个平台；由阶段 4 到阶段 3 的转变，伴随斜坡电压的降低；由阶段 3 到阶段 2 的转化，温度的影响较大，主要是石墨烯层间锂离子浓度的提升，以及层间锂离子有序性的提升；由阶段 2 到阶段 1 伴随着一个较长的反应平台，对应着石墨嵌锂的一半容量，锂离子浓度进一步增加，排列更加有序化。

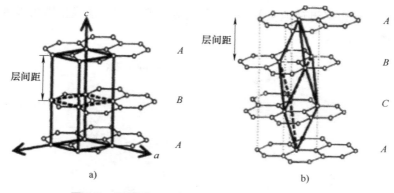

图 2-8 2H 相和 3R 相石墨中碳层的堆积顺序[10]

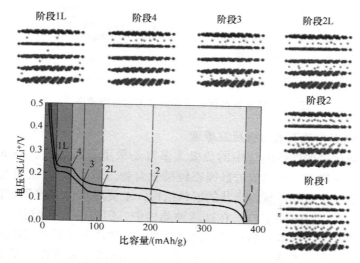

图 2-9 石墨负极的嵌锂离子原理图[10]

2.1.1.2 磷酸铁锂电池的主要材料

1. 磷酸铁锂正极材料

磷酸铁锂电池正极材料体系可以分为天然磷铁锂矿和人工合成磷酸铁锂材料。其中，天然磷铁锂矿中含有 Mn 杂质，且易风化，其电化学性能较差，一般不直接用作磷酸铁锂正极材料。人工合成的磷酸铁锂正极材料，通过合成工艺可以有效地改善磷酸铁锂导电性差和锂离子扩散慢的问题，因此具有良好的电化学活性。合成方法会直接影响材料的晶体结构、微观形貌等，从而严重影响 $LiFePO_4$ 的性能，研究者采用多种技术来合成高性能的 $LiFePO_4$ 材料。

磷酸铁锂正极材料的制备方法，根据主要原料（铁源）和合成路线的不同，主要可以分成三类[11]：

1）二价铁高温固相烧结合成法。合成方法是以二价亚铁盐为铁源，通过球磨混合均匀后，在保护气氛下加热到800℃左右，合成磷酸铁锂。受限于二价铁在制备过程中发生氧化，因此该方法的批次稳定性较差。

2）液相反应法。合成步骤包括液相反应和烧结[12]。此类方法的优势是颗粒尺寸细小，倍率性能好，技术难度低。该方法包括：溶胶凝胶法、水热法和共沉淀法等[13]。目前该工艺路线的主要缺点仍是原料中的二价铁易被氧化，严重影响材料的批次稳定性，规模化生产时废液处理负担大。其中共沉淀法是指原料以多种离子形式存在于溶液中，通过进行化学反应，生成沉淀产物再加热处理。共沉淀法的优点是制备工艺简单、成本低、条件易控制、合成时间短、产物颗粒细、粒径分布窄、形态易于控制。

3）三价铁固相合成法。该工艺路线采用三价铁化合物（Fe_2O_3 或者 $FePO_4$）为铁源，通过高温固相反应合成磷酸铁锂。此工艺路线具有原料成本低廉、生产过程无废液排放等优点，但合成技术的难度和生产过程的控制条件较高。磷酸铁锂存在着离子导电性差和电子导电性差的问题，碳包覆常常被用于磷酸铁锂体系，能够显著提升磷酸铁锂体系的倍率性能（见图 2-10）。其中碳热还原法基于三价铁固相合成法，以高分子聚合物裂解产生的还原性气体和蔗糖分别作为还原剂和碳源，通过氮气保护下的较低温度焙烧，一步完成三价铁的还原、磷酸铁锂的合成和表面碳包覆。碳热还原法是目前工业界使用最广的技术。Yang 等采用 $FeOOH$、LiH_2PO_4 和酚醛树脂为原料，通过碳热还原法制备了磷酸铁锂/聚并苯（PAS）复合材料，碳热还原法一步实现了材料的合成和碳的包覆，因此表现出优异的倍率性能。

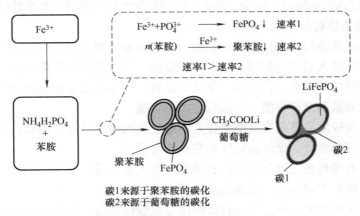

碳1来源于聚苯胺的碳化
碳2来源于葡萄糖的碳化

图 2-10 磷酸铁锂表面的碳包覆[11]

磷酸铁锂材料的不足为电子电导率和离子迁移率较低。目前对磷酸铁锂的改性主要集中在提高电子电导率和锂离子扩散速率等难点问题。磷酸铁锂材料的优化主要涉及：合成工艺优化，形貌和粒径的优化；表面结构优化（表面修饰改性）；体相结构优化（离子掺杂改性）。

1）合成工艺优化实现形貌和粒径的优化。磷酸铁锂在脱嵌过程中晶格产生膨胀和收缩，但是晶体结构中八面体之间的 PO_4 四面体限制体积变化，降低 Li^+ 扩散速率。此外，当 $LiFePO_4$ 与 $FePO_4$ 两相共存时，锂离子和电荷补偿要经过两相界面，不利于扩散。因此，颗粒的形貌和大小对材料的性能有较大影响。通过颗粒尺寸和形貌的优化，缩短 Li^+ 扩散路径，利于 Li^+ 脱出嵌入，进一步提高电化学性能。

2）表面结构优化。主要是通过碳材料的包覆提高电极材料的电化学性能。碳材料的主要作用如下：一方面，碳材料增强了 $LiFePO_4$ 颗粒间的导电性，有利于减小电池极化；另一方面，碳材料为电子传输提供了导电网络，最后合成过程中的碳包覆可以抑制晶粒长大，细化尺寸和缩短锂离子传输距离，从而提高 $LiFePO_4$ 的电化学性能。目前，碳材料包覆的方法有：①添加炭黑，使得炭黑与活性材料物理混合，改善材料的导电性。但物理混合过程很难实现均匀混合。②加入有机物，通过高温裂解，在 $LiFePO_4$ 颗粒表面形成碳包覆层，尽管这种碳包覆效果有所提高，但后续高温处理过程对产物性能具有一定的影响。③引入高电导率的石墨烯、碳纳米管等新型碳材料，通过新型碳材料构筑起具有更高导电性能的网络，提高材料的电化学性能。

3）离子掺杂改性。提高 $LiFePO_4$ 导电性能，掺杂是增强材料结构稳定性、提高材料电导率的重要手段。目前，掺杂的阳离子主要有 Nb^{5+}、Zr^{4+}、Ti^{4+}、Mo^{6+}、Mg^{2+}、Cr^{3+}、V^{5+}、Co^{2+}、Cu^{2+} 等，阴离子主要有 Cl^- 和 F^-。Chung 等对 $LiFePO_4$ 进行高价金属离子掺杂，掺杂后的材料的电导率提高了 8 个数量级[11]。

2. 石墨负极材料

石墨的层状结构适合锂离子的脱嵌，对电解液的要求高。在首次充放电过程中，溶剂会共嵌入到石墨层间，引起体积膨胀，可直接导致石墨层的塌陷，恶化电极的循环性能。因此，需要对石墨进行改性，增加石墨与电解液的相容性，提高其可逆比容量和循环性能，形成稳定的 SEI 膜。

对石墨负极的主要研究策略是提升石墨负极的倍率性能，提高石墨负极的比容量，提升石墨负极的循环稳定性和安全性等[10]。

目前的石墨负极主要分为天然石墨负极和人造石墨负极，其中对石墨负极的主要改性手段有表面氧化、表面包覆和掺杂。

表面氧化的原理是在锯齿位和摇椅位生成酸性基团，嵌锂前这些基团可以阻止溶剂分子的共嵌入并提高电极/电解液间的润湿性，减小界面阻抗，形成稳定的 SEI 膜。

石墨负极材料的表面包覆改性主要包括碳包覆、金属或非金属及其氧化物包覆和聚合物包覆等，实现提高电极的可逆比容量和首次库仑效率，改善循环性能和大电流充放电性能的目的。

目前元素的掺杂改性石墨可分为以下三类：①元素掺杂对锂无化学和电化学活性，但可以改进石墨类材料的结构；②掺杂元素是储锂活性物质，可与石墨类材料形成复合活性物质，发挥两者协同效应；③掺杂元素无储锂活性，但可以增强石墨类材料的导电性能，从而改善其大电流充放电性能。

3. 隔膜

锂离子电池隔膜的分类方法繁多，比如根据基材、结构形貌以及用途来划分。从材料的种类出发，锂离子电池隔膜材料通常分为聚烯烃隔膜、无机复合隔膜、无纺布隔膜与聚合物电解质。由于聚烯烃材料具有绝缘度好、密度小、高强度机械性能和耐电化学腐蚀等优点，目前商业化锂离子电池的隔膜都是聚烯烃基材料，比如，PP（聚丙烯）、PE（聚乙烯）以及复合隔膜 PP/PE/PP。由于 PE、PP 材料存在较大的差异，所以商业上制备 PE 隔膜一般采用湿法拉伸工艺，而 PP 隔膜多采用干法拉伸工艺制备。双层与三层复合隔膜实际上是将 PE 或者 PP 隔膜进行共挤出流延成膜，然后热拉伸，所制备的多层复合隔膜不仅具有优异的力学性能，同时还具备一定的热安全性能。主要是利用 PE、PP 熔点的差异性，当电池内部温度升高，PE 隔膜先熔化，微孔堵塞，阻止锂离子通行，使电池停止工作，有效预防热失控，此时温度还未达到 PP 熔点，所以 PP 层维持隔膜的整体形状，继续充当隔膜的功能，阻止正、负两极的接触。

商业化的磷酸铁锂电池大多采用涂陶瓷的湿法 PE 膜（陶瓷隔膜），表面涂覆一层纳米级氧化铝材料，经过特殊工艺处理，与基体粘接紧密，显著提高锂离子电池的耐高温性能和安全性能。陶瓷隔膜对表面涂覆的氧化铝一般要求颗粒尺寸均匀，能很好地粘接到隔膜上，又不会堵塞隔膜孔道，同时对氧化铝有特殊晶型结构的要求，保证氧化铝与电解液的相容性和浸润性。氧化铝涂层具有优异的耐高温性，在 180℃ 以上还能保持完整形态，同时氧化铝涂层能中和电解液中游离的 HF，提升电池耐酸性，安全性能得到提高。

4. 电解液

磷酸铁锂电池的电解液主要是由溶剂、锂盐和电解液添加剂等组成。其中溶剂主要是碳酸酯溶剂，主要包括碳酸乙烯酯（EC）、二甲基碳酸酯（DMC）、二乙基碳酸酯（DEC）和碳酸丙烯酯（PC）等，能够保证形成有效的负极钝化膜、高的离子电导率和电化学稳定性。锂盐主要采用六氟磷酸锂（$LiPF_6$），其中主要使用的添加剂是碳酸亚乙烯酯（VC），电解液中使用的添加剂相对三元材料较少。

磷酸铁锂电池根据不同的应用场景也开发了一系列的高温电解液和低温电解液，通过改变锂盐和添加剂，可以提高磷酸铁锂电池的高温性能。

LiDFOB 作为锂盐加入到电解液中对 $LiFePO_4$/石墨电池没有负面影响，在正极侧，LiDFOB 基电解液能有效地抑制 $LiFePO_4$ 在高温条件下析出铁离子，同时在石墨负极表面形成更致密、更稳定的 SEI 膜，具有更好的热稳定性。此外，LiDFOB 基电解液能抑制铁离子在负极上还原，有利于降低 SEI 膜阻抗，因此能显著提高 $LiFePO_4$/石墨电池的高温循环性能。

添加剂亚硫酸丙烯酸酯（PS）和氟代碳酸乙烯酯（FEC）也可以显著提高磷酸铁锂/石墨电池的高温性能。实验表明，在电解液中加入 PS 和 FEC 后，石墨负极表面能形成平滑致密的 SEI 膜，提高电池的高温性能。

2.1.2 性能特点

1. 磷酸铁锂正极的性能特点

与其他正极材料相比，磷酸铁锂具有循环寿命长、稳定性好、安全性高和价格低廉等优势。磷酸铁锂电池已被大规模应用于电动汽车和规模储能等领域[14]。

（1）循环寿命长

磷酸铁锂材料是橄榄石型结构，在充放电前后 $LiFePO_4$ 与 $FePO_4$ 结构相似，锂离子脱出/嵌入后，$LiFePO_4$ 晶体结构几乎不发生重排，即使在过充时也不会结构坍塌，因此具有良好的循环性能。磷酸铁锂电池的产业化基础好，电芯制备工艺先进，磷酸铁锂单体电池的循环寿命不断突破。

单体电池的循环性能与电极的面载量紧密相关，载量的增加一般会伴随着循环寿命的缩短。在厚电极情况下，电极内部的极化增大，电极内部反应不均匀性增加，导致电极内部的应力增加，出现材料脱落等问题，影响电池循环性能。在高载量的磷酸铁锂电池中多孔电极中的锂离子传输成为速控步骤。通过 3D 打印技术能够获得具有直通孔结构的锂离子传输通道，实现低迂曲度的厚电极制备。如图 2-11 所示，通过极片厚度和孔隙率，获得了一系列的样品，其中厚度为 $300\mu m$、孔隙率为 70% 的样品，具有最优的倍率性能和循环性能[13]。

通过在 $LiFePO_4$ 材料表面包碳，提高 $LiFePO_4$ 材料电子电导率是一种被验证广泛有效的方式。例如，Prosini 等先在 300℃ 下合成磷酸铁锂前驱体，与超细导电炭黑（SP）混合球磨，再在 800℃ 下高温煅烧，得到的 $LiFePO_4$ 材料导电性能大大提高，电化学性能提升明显。但是，碳包覆的磷酸铁锂的密度远小于纯相 $LiFePO_4$，碳源添加过多会导致 $LiFePO_4$ 材料振实密度急剧下降，严重降低 $LiFePO_4$ 正极的体积比容量和能量密度[15]。

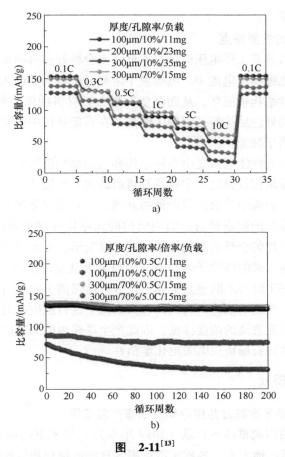

图　2-11[13]

a）3D 打印电极不同载量的倍率性能　b）3D 打印电极不同载量的循环性能

（2）安全性高

磷酸铁锂结构中的 P-O 键稳固，难以分解，即便在高温或过充时也不会像层状材料一样结构崩塌、发热或是形成强氧化性物质，因此拥有良好的安全性[16]。磷酸铁锂耐高温特性电热峰值可达 350～500℃，工作温度范围宽广（-20～75℃）。磷酸铁锂电池一般被认为是不含任何重金属与稀有金属（镍氢电池需稀有金属），无毒（SGS 认证通过），无污染，符合欧洲 RoHS 规定，为绝对的绿色环保电池。

（3）倍率性能差

LiFePO$_4$ 的缺点在于其电子电导率比较差，为 10^{-9} S/cm 量级，锂离子的活化能为 0.3～0.5eV，表观扩散系数为 10^{-15}～10^{-10} cm^2/s，导致材料的倍率性能差。因此，实现磷酸铁锂电池高速充放电的核心是提高 LiFePO$_4$ 正极材料电子电导率和锂离子扩散速率[9]。

2. 石墨负极的性能特点

石墨负极材料具有工作电压低、成本低、安全性好和价格低廉等优势，被广泛地应用到商业化锂离子电池中。电解液中溶剂分子容易共嵌入石墨材料的层状结构中，导致层状结构被破坏，从而降低石墨负极材料的库仑效率和循环性能。同时，石墨的各向异性结构特征限制了锂离子在石墨结构中的自由扩散，因此影响了石墨材料的倍率性能。

石墨类碳材料的性能衰减是由本体结构和表面结构破坏导致的。在短期的充放电过程中，本体结构较稳定，主要是其表面结构发生破坏。当石墨电极进行浅程度的脱嵌锂时，表面结构会出现严重的衰减，并且无序化程度明显增加；当石墨电极进行较深程度的脱嵌锂时，表面结构的无序化程度会增加[17]。此外，石墨的脱嵌锂反应不均匀会导致石墨片层出现严重变形，导致原来生成的SEI膜发生破裂，而新暴露出来的碳原子表面会立刻与电解液反应生成新的SEI膜[18,19]。电解液的消耗和SEI膜的不断重复生成，导致活性锂离子的不断损失，最终导致电池的容量损失，直至电池产生失效。在大电流下进行脱嵌锂时，会导致石墨材料的局部区域中出现较高的浓度梯度，因此产生晶格内的局部应力，导致石墨本体结构的破坏，使得石墨负极失去电化学活性。

2.1.3　产业化现状

1. 国家及各省区市鼓励并指导磷酸铁锂产能建设

根据《产业结构调整指导目录（2019年本）》，国家支持磷酸铁锂等电池正极材料企业的发展。地方上，各省区市根据各自产业规划和发展阶段，将磷酸铁锂等电池正极材料的生产划入重点培育产业，例如广东、广西等。此外，磷酸铁锂生产过程不涉及化工重污染，符合各地"三线一单"政策（生态保护红线、资源利用上线、环境质量底线和环境准入清单）（见表2-2）。

表2-2　磷酸铁锂相关产业政策

范围	时间	政策	内容
国家	全国	2019年	《产业结构调整指导目录（2019年本）》	鼓励类：（十九）轻工14、锂离子电池用三元和多元、磷酸铁锂等正极材料、中间相碳微球和硅碳等负极材料、单层与三层复合锂离子电池隔膜、氟代碳酸乙烯酯（FEC）等电解质与添加剂，符合国家相关产业政策。在生产过程中采用高效、节能、低污染的生产工艺，未使用国家明令禁止淘汰的落后生产工艺与装备，因此，本项目符合国家相关产业政策

（续）

范围		时间	政策	内容
省份	广东	2014年	《广东省主体功能区产业发展指导目录（2014年本）》	属于"广东省优化开发区产业发展指导目录，第一类鼓励类（十八）轻工17、锂离子电池用磷酸铁锂等正极材料、中间相碳微球和钛酸锂等负极材料、单层与三层复合锂离子电池隔膜、氟代碳酸乙烯酯（FEC）等电解质与添加剂；废旧铅酸蓄电池资源化无害化回收，年回收能力5万吨以上再生铅工艺装备系统制造"
	广西	2016年	《广西壮族自治区国民经济和社会发展第十三个五年规划纲要》	"实施战略性新兴产业倍增计划，重点发展新一代信息技术、北斗导航、智能装备制造、节能环保、新材料、新能源汽车、生物医药、大健康等新兴产业，大力推动新兴产业规模化集群化发展，加快培育成为先导性、支柱性产业"。磷酸铁锂作为高效能源，广泛利用于电动车等电源，而磷酸铁锂正极材料是电动车动力锂电池的关键材料，项目的建设符合广西产业发展政策
	湖南	2018年	《湖南省湘江保护条例》	第四十七条第二款规定"在湘江干流两岸各二十公里范围内不得新建化学制浆、造纸、制革和外排水污染物涉及重金属的项目"。磷酸铁锂生产过程不涉及重金属污水
	贵州、山东、安徽等地符合当地产业园区规划、"三线一单"（生态保护红线、资源利用上线、环境质量底线、环境准入清单）等			

国内磷酸铁锂电池的发展可以分为3个阶段：

阶段一：2009~2016年，国补支撑新能源汽车行业发展。2009年，国家推出补贴政策推动新能源汽车行业发展，早期政策偏向商用车，磷酸铁锂因其安全性、循环寿命的优势，占据优势，顺势站稳脚跟。2014~2016年，磷酸铁锂出货量从1.2万吨升至5.6万吨，市场份额维持在70%以上。

阶段二：2017~2019年，国补侧重电池能量密度考核。2017年起，国家首次将电池系统能量密度纳入考核标准，高能量密度、长续航里程成为新能源汽车企业获取补贴的重要考核指标，动力电池企业转向大力开发三元电池，磷酸铁锂市场份额大幅下滑。

阶段三：2019年至今，国补大幅退坡，电池企业陆续推出电池结构优化方案，搭载磷酸铁锂电池的爆款车型陆续推出。从单车补贴额度看，2019年相比于2018年减少50%~70%，并计划在2022年年底彻底退出。与此同时，各电池企业陆续推出电池结构优化方案，如宁德时代推出CTP电池、比亚迪推出刀片电池、国轩高科推出JTM电池，通过优化模组结构从而达到提升能量密度的效果。在此背景下，更具性价比的磷酸铁锂电池重回大众视野，2020 年下半年起，比亚迪汉、宏光 Mini EV、磷酸铁锂版 Model 3 等爆款车型陆续上市，带动磷酸铁锂电池在新能源乘用车中的渗透率不断提升。2021 年 4 月，宁德时代董事长曾毓群在上海交通大学校庆上讲话时表示，未来将加大对磷酸铁锂电池的投入。

2. 磷酸铁锂电池的市场格局

2020 年上半年，我国磷酸铁锂动力电池装机量排名靠前的企业包括宁德时代、比亚迪、国轩高科、瑞浦能源和亿纬锂能，前五名企业的市场占有率达到 93.4%，较 2019 年下降 1 个百分点。

高工产研锂电研究院（GGII）数据显示，2020 年我国磷酸铁锂正极材料市场出货竞争格局变化大。市场集中度有所提升，前六名企业的市场占有率达 92.2%。湖南裕能、德方纳米、湖北万润、贝特瑞出货量均同比上升，尤其是湖南裕能出货同比增长超过 150%，以 25.0% 市场占有率排名行业第一，出货量大幅增长主要是受宁德时代、比亚迪等电池企业需求大幅提升带动。受市场需求快速增长以及头部企业产能限制，中小企业出货增多，行业前六名企业出货量占比降至 68%，湖南裕能市场占有率为 21%，仍居行业首位，德方纳米、湖北万润分别位列第二、第三。

据中国汽车动力电池产业创新联盟发布的数据显示，2020 年磷酸铁锂电池装机量累计 24.4GWh，同比增长 20.6%，占总装机量 38.3%，同比增长 15.6%，是装机量整体增长的主要驱动力，而同期三元电池装机量同比下降 4.1%。分季度看，2020 年第四季度磷酸铁锂电池装机量共计 14GWh，同比上升 149.3%，环比上升 69.1%，同期三元电池装机量同比仅上升 32.3%，环比上升 2.2%。磷酸铁锂电池装机量占比从 2020 年年初的 12.83% 提升至 53.51%，增长趋势显著。

磷酸铁锂电池以高安全性、长循环优势成为电化学储能市场的不二之选。国内储能市场尚处发展初期，应用领域以大型电力储能为主，其中电化学储能增长潜力较大。据 CNESA 统计，2020 年全球新增已投运电化学储能装机规模为 2726.7MW，累计达 14.2GW，同比增长 49.6%，其中，锂离子电池的累计装机规模最大，达到了 13.1GW。储能电池的使用场景复杂，对电池的安全性和循环寿命的要求较高，因而磷酸铁锂电池相比三元电池更契合储能需求。

配套新能源发展，储能市场有望快速增长。储能按照应用场景主要分为发电侧、电网侧、用户侧。目前国内储能装机以大型电力储能为主，河北、河南、湖北、湖南、山东、青海等十余个省区市对配套比例出台强制要求，风光发电配套储能增长相对较快。受益于"双碳"目标的推动，配套风光发电、配套电网服务以及用户用电需求，储能市场有望快速发展。

3. 磷酸铁锂电池的技术创新

动力应用方面，磷酸铁锂电池凭借成本优势，结合 CTP、刀片、JTM 等技术创新不断突破上限，全球范围内进一步打开应用空间，打造销量爆款。非动力领域，2020 年受 5G 基站建设加快以及国外家用储能市场增长带动，储能锂电池出货同比增长超 50%。

我国电池企业凭借磷酸铁锂、CTP 技术创新引领发展趋势，进一步提升全球竞争力，加快出海速度。从技术储备来看，宁德时代凭借在结构创新和材料体系上完善的技术布局获得领先的全球竞争优势，比亚迪和国轩高科分别通过刀片和 JTM 等结构创新拓展磷酸铁锂应用范围。

（1）CTP（Cell to Pack，无模组动力电池包）技术

将电芯直接集成至电池包，省去模组环节可以有效提升电池包的空间利用率和能量密度。宁德时代率先推出的 CTP 电池包较传统电池包体积利用率提高 15%~20%，零部件数量减少 40%，生产效率提升了 50%，系统成本降低 10%，冷却性能提升 10%。在能量密度上，传统电池包的能量密度平均为 140~150Wh/kg，CTP 电池包的能量密度则可达到 200Wh/kg 以上。宁德时代研发联席总裁梁成都在 2020 世界新能源汽车大会上介绍，公司计划于 2022 年实现无热扩散的 CTP 电池技术。宁德时代 CTP 电池包现已配套北汽新能源、蔚来、戴姆勒等车企。

宁德时代的 CTC（Cell to Chassis）技术，即将电池集成至底盘，可视为 CTP 技术的进一步延伸。CTC 技术不仅对电池进行重新排布，还会纳入三电系统，通过智能化动力域控制器优化动力分配和降低能耗，目标是在 2030 年前完成技术开发。据宁德时代乘用车解决方案部总裁林永寿在第五届动力电池应用国际峰会上的介绍，采用 CTC 技术的新能源汽车整车可减重 8%，动力系统成本至少降低 20%，续航里程提升至少 40% 至 1000km，百公里电耗降低 12kWh。基于宁德时代和长安汽车、华为共同打造全新高端智能汽车品牌的合作关系，以及长安新能源规划突破 CTV（Cell to Vehicle）、MTV（Module to Vehicle）关键技术，宁德时代 CTC 技术有望加快产业化进度。

（2）刀片电池

比亚迪刀片电池改变了电芯排布方式和结构，使得电池包形状薄而长，采用无模组化设计，电芯长度范围从 435mm 到 2500mm，具有高安全、长续航、长寿命的特点，与传统电池相比，体积比能量将会增加 50%，成本下降 30%，续航里程达到 600km，寿命长达 8 年 120 万 km。比亚迪磷酸铁锂刀片电池于 2020 年 3 月量产，搭载的首款车型为 2020 年 7 月上市的比亚迪汉 EV，后续将搭载 2021 款唐 EV 和宋 Plus EV 以及滴滴定制车型 D1 等车型。

（3）国轩高科JTM（Jelly Roll to Module，从卷芯到模组）技术

作为一种全新的卷芯到模组集成技术，可大幅降低生产周期及电池成本，同时电池及模组零部件也将显著减少。据国轩高科介绍，该技术兼具低成本和高成组效率，单体到模组成组效率可超过90%。使用磷酸铁锂材料体系的模组能量密度可接近200Wh/kg，系统能量密度为180Wh/kg，可达到高镍三元电池的水平，工艺简单易形成标准化模组，具有较强适应性，可兼容不同模组的尺寸规格。

4. 前驱体与制备工艺百花齐放

磷酸铁锂行业竞争以成本为核心。磷酸铁锂材料相较三元材料技术难度较低，投产周期较短，随着下游电池厂商推动行业供给出清，行业竞争逐渐以成本为核心，高效益、低成本的产品才能拥有终极竞争力。锂源、磷源和电费是磷酸铁锂成本的主要构成部分。据德方纳米的招股说明书介绍，以碳酸锂和前驱体为主的原材料占总成本比例接近70%，磷酸铁锂成本和性能主要取决于前驱体的材料体系和制备工艺。此外，电费、水费等能源成本也是重要构成部分，其中用电成本约占总成本比例10%，主要取决于区位，例如，云南地区大工业用电单价低至0.3496元/kWh，使德方纳米位于云南曲靖的基地享有较低的用电成本。

磷酸铁锂制备工艺百花齐放（见图2-12）。根据主流磷酸铁锂企业的情况，可以将生产工艺分为固相法+磷酸铁、固相法+草酸亚铁、液相法+硝酸铁这三种路线。固相法+磷酸铁工艺简单，产品克容量较高，但相比液相法，物料混合不均匀，且较为依赖磷酸铁产能；固相法+草酸亚铁路线工艺简单，制成材料压实密度较高，循环衰减较少，具有较高的挖掘潜力，但生产安全风险较高；液相法+硝酸铁技术能够让物料在溶剂中均匀混合，产品一致性高，且缓解前驱体供应瓶颈，但生产管控难度较大。工艺路线直接决定生产成本及其下降潜力。草酸亚铁供应链配套不足，使得铁源成本高于其他路线；磷酸铁制备过程中需要氨水（氨法）或氢氧化钠（钠法）调节pH值，氨水单吨成本比氢氧化钠更低，但出于环保原因，生成的副产品硫酸铵无法直排而产生环保成本，通过硫酸铵外售可补贴部分后处理成本；液相法采用工业级碳酸锂，成本较低，但因使用硝酸，后续也会产生氮氧化物副产品，环保要求高，工艺控制难。

5. 磷酸铁锂产业链现状

磷酸铁锂的产业链涉及锂源、铁源、碳源和磷源，从磷酸铁锂正极到磷酸铁锂电池，以及应用到后端的电子设备、电动工具、新能源汽车和储能领域（见图2-13）。从经营模式上看，如能将从电池材料到电芯、电池成组技术，再到电动汽车和储能运用各个环节全部打通，将形成强大的竞争优势，但产业链过长又

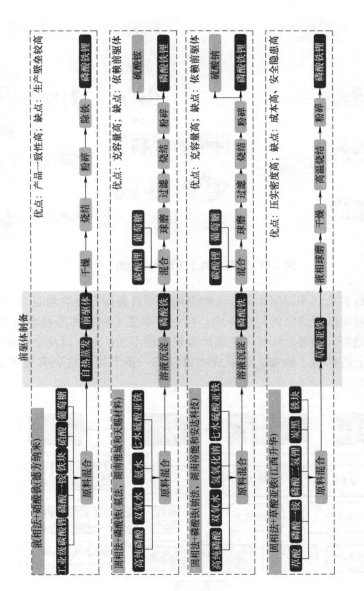

图 2-12　磷酸铁锂的制备工艺比较

将会造成技术和资本的双重压力。因此，无论从技术还是从投资和经营的角度来看，磷酸铁锂电池产业化都有一定的复杂性。

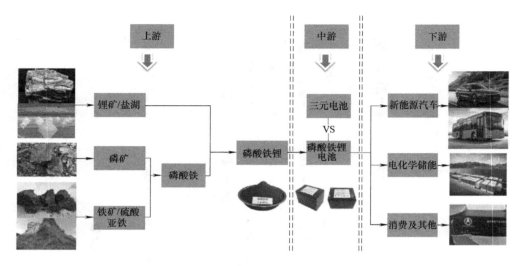

图 2-13   磷酸铁锂上下游产业链图

磷酸铁锂材料毛利率逐渐走低，降本空间打开将提振行业盈利能力。以德方纳米为例，伴随碳酸锂价格的持续下跌，行业单季度毛利率和净利率自 2019 年以来呈现下滑趋势。随着后续新工艺新产能规模的不断扩大，以及企业新工厂电费降低，贴近上游磷源、铁源，行业成本可能进一步下探，盈利有望扩张（见图 2-14）。

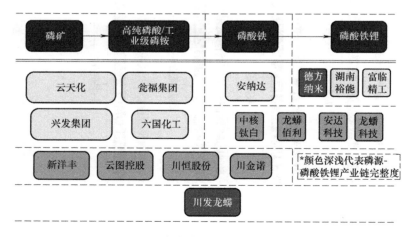

图 2-14   磷酸铁锂产业链的基本情况

6. 锂源

天齐锂业是以锂为核心的新能源材料企业。公司业务涵盖锂产业链的关键阶段，包括硬岩型锂矿资源的开发、锂精矿加工销售以及锂化工产品的生产销售。作为全球领先的锂产品生产商，天齐锂业以西澳大利亚州格林布什锂矿和四川雅江措拉锂矿为资源储备，确保公司能获得稳定的低成本优质锂原料供应。2020年公司碳酸锂生产成本为 3.75 万元/t，在业内处于较低水平。现阶段主要依托射洪天齐、江苏天齐和重庆天齐提供碳酸锂、氢氧化锂、氯化锂及金属锂产品，中期锂化工产品规划产能合计超过 11 万 t/年；泰利森锂精矿建成产能达 134 万 t/年，规划产能达 194 万 t/年。

7. 铁源

硫酸法钛白粉企业副产物硫酸亚铁是磷酸铁锂生产原料中的铁源。单吨钛白粉生产约能产生近 3t 硫酸亚铁，大量硫酸亚铁固废处理困难，堆放处理会造成环境污染问题，且浪费资源。硫酸亚铁固废经过前处理后，可用于生产电池级磷酸铁，进而生产磷酸铁锂电池材料，提高了资源利用率，降低了磷酸铁锂生产的原料成本，协同效应显著。按 2021 年上半年原料市场均价核算，相比铁源外购企业，铁源自给可节省单吨成本 1676 元。随着硫酸亚铁制备磷酸铁锂电池材料的工艺路径逐渐打通，为整个钛白粉行业带来了机遇，部分企业硫酸亚铁提纯产品外卖，而另一些企业则凭借资源优势，乘机切入新能源电池材料领域。

8. 磷源

国内磷矿石主要分布于湖北、贵州、云南、四川四省，根据百川盈孚数据，2020 年国内磷矿石产量为 8194 万 t，这四省产量分别为 3695 万 t、1871 万 t、1579 万 t、742 万 t，合计占比约 96%，产量非常集中。而国内磷矿石企业格局则较为分散，2017 年行业前四位占比仅 30%，而随着各地收紧磷矿生产开发，小型矿山逐步退出将推动行业资源集中化。

磷化工产业集中度较高。磷化工是以磷矿石为原料，经过物理化学加工制得各种含磷制品的工业，产品主要包括磷肥、含磷农药、元素磷、磷酸、磷酸盐、有机磷化物等。根据中国磷复肥工业协会数据，国内磷肥产量中 44% 是磷酸二铵，41% 是磷酸一铵，为主要磷肥。而国内磷肥第一梯队企业为云天化和贵州磷化，2019 年的市占率分别为 17.2% 和 15.8%，远高于第二梯队企业新洋丰、湖北宜化、湖北祥云等。根据卓创资讯数据，国内磷酸一铵第一梯队企业为湖北祥云、新洋丰，2020 年市占率分别为 11.5% 和 10.5%，磷酸二铵格局则更加集中，云天化、贵州磷化为第一梯队企业，2020 年市占率分别为 21.4% 和 18.7%。

2.2 磷酸铁锂电池在储能工况下的性能衰退

2.2.1 循环寿命与失效分析

磷酸铁锂电池的循环寿命主要取决于：①充放电条件：选择充电设备时，最好使用具备终止充电保护装置［例如，防过充时间装置、负电压差（-dV）切断充电和防过热感应装置］的充电设备，避免因为过充而对磷酸铁锂电池寿命产生影响。放电深度是影响磷酸铁锂电池寿命的主要因素，放电深度越高，磷酸铁锂电池的寿命就越短。换句话说，只要降低放电深度，就能大幅延长磷酸铁锂电池的使用寿命[20]。因此，我们应避免将磷酸铁锂电池过放至极低的电压。把不同电容量、化学结构或不同充电水平的磷酸铁锂电池，以及新旧不一的电池混合使用时，也会令磷酸铁锂电池放电过多，甚至会造成反极充电。如果长期没有给磷酸铁锂电池充电，会降低其寿命。磷酸铁锂电池需要在电子长期保持流动的状态下才会达到其理想的使用寿命。②工作环境：若磷酸铁锂电池长时间在高温下使用，会令其电极活性衰减，使用寿命缩短，所以，尽量保持在适宜的操作温度是延长磷酸铁锂电池寿命的优异策略。此外，电池的保养也是延长电池使用寿命的一大重点，灰尘堆积是因为电池工作引发静电吸引了灰尘，而灰尘的堆积会阻碍元件的工作，因此防止机箱里面灰尘堆积，定期保养电源里面的电池也是保障磷酸铁锂电池具有好的工作环境很重要的一个方面。根据实验结果，磷酸铁锂电池的寿命是随着充电次数的增加而不断衰减的，一般磷酸铁锂电池充电次数是 $5000 \sim 8000$ 次[21, 22]。一般能从磷酸铁锂电池的标签上得到它的理论寿命，但是实际使用寿命一般与理论寿命是有一定差距的，只有配合良好的使用习惯，才能使电池的寿命延长[21]。

分析磷酸铁锂电池的失效机理，对于提高电池性能和指导其大规模生产具有重要意义。循环使用对电池失效的影响如下：

1. 磷酸铁锂电池循环使用中的失效

对于磷酸铁锂电池循环使用时的容量损失，主要是活性锂离子的不可逆损失造成的。Dubarry 等的研究表明，磷酸铁锂电池循环使用过程中的失效包括一个复杂的活性锂离子消耗与 SEI 膜的不断破裂和生长过程。在此过程中，活性锂离子的损失会降低电池的循环性能；SEI 膜的不断破裂和生长显著增加了电池的极化，并且伴随着 SEI 膜厚度的增加，最终导致石墨负极逐渐失去电化学活性。在高温条件下，$LiFePO_4$ 正极在循环使用的过程中会伴随着 Fe^{2+} 的溶解，溶解的 Fe^{2+} 和在石墨负极表面析出的 Fe 会催化 SEI 膜的生长，如

图 2-15 所示。通过定量分析手段，Tan 等发现大部分的活性锂离子损失发生在石墨负极表面，并且在高温运行时，活性锂离子在石墨负极的损失显著加剧。他们总结了 SEI 膜的破坏与修复的三种不同的机理：①石墨负极中的电子透过 SEI 膜还原锂离子；②石墨负极的体积变化引起 SEI 膜破裂；③SEI 膜的部分成分溶解与再生成。

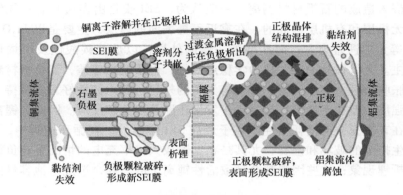

图 2-15　锂离子电池的老化和衰减机制

　　除了活性锂离子的损失之外，正、负极材料在循环过程中也会发生结构的恶化。LiFePO$_4$ 极片在循环使用中有裂缝的产生，导致活性材料与导电剂或集流体之间的接触变差，因此电极极化增加。利用扫描扩展电阻显微镜（SSRM），Nagpure 等对老化的 LiFePO$_4$ 颗粒进行半定量的分析，发现 LiFePO$_4$ 纳米颗粒的粗化及副反应在表面产生沉积物共同导致了 LiFePO$_4$ 正极阻抗的增加[23]。另外，石墨片层的剥离和表面活性的降低，以及伴随的 SEI 膜的不稳定，都会加剧活性锂离子的消耗，这被认为是导致电池老化的原因。Kim 等认为 LiFePO$_4$ 正极和石墨负极在不同倍率下的老化机理不一样，在高放电倍率下，正极的容量损失远比负极的容量损失大。低倍率循环时电池容量的损失主要是负极活性锂离子的消耗造成的，而在高倍率循环时电池的损失主要是正极阻抗的增加造成的。虽然充电电压上限对电池失效的影响不明显，但是低的上限电压，形成的钝化膜不够稳定，而太高的充电上限电压会导致电解液的氧化分解，在电极表面形成电导率低的产物，因此充电上限电压太高或太低都会使得 LiFePO$_4$ 电极的界面阻抗增加。低温下磷酸铁锂电池的放电容量会迅速下降，LiFePO$_4$ 正极和石墨负极的容量损失机理不同，其中 LiFePO$_4$ 正极离子电导率的降低占主导，而在石墨负极界面阻抗占主导。因此，LiFePO$_4$ 电极、石墨负极的退化及 SEI 膜的不断生长，不同程度地造成电池失效；另外，电池的正常使用也很重要，包括合适的充电电压、合适的放电深度等[24]。

2. 磷酸铁锂电池性能衰减老化机制的研究进展

（1）全电池容量失效因素的研究进展

当锂离子电池进行化成时，电解液中的溶剂分子和锂盐在负极材料的界面上发生反应，形成一层 SEI 膜。该 SEI 膜具有电子绝缘和离子导通的特性，将电解液溶剂分子与负极隔离，避免了电解液的持续还原分解，同时阻止了溶剂分子共嵌入造成的石墨材料剥离。一般认为，SEI 膜是由多层具有不同结构与性质的无机层和有机层组成的，在靠近石墨表面的内层，主要是以 Li_2O、LiF、Li_2CO_3 等无机锂盐为主；而在溶液一侧的外层，以烷基碳酸锂及聚烯烃等有机物为主。无机锂盐内层，热力学稳定性好，但柔韧性较差，当负极材料经历体积膨胀收缩时，容易破裂；有机物为主的外层，其柔韧性好，可维持 SEI 膜的机械强度，但稳定性差，会进一步发生还原及热分解反应。因此，锂离子电池除了在首次充放电消耗活性锂离子形成 SEI 膜以外，在循环过程中，SEI 膜也会发生持续的破坏和修复；尤其是在低温或大倍率充电的情况下，负极表面会发生析锂现象；这些因素都会导致活性锂离子的消耗，造成电池容量的持续衰减。

除了活性锂离子损失，锂离子电池衰减老化过程中还会发生活性材料损失（Loss of Active Material，LAM），根据其受影响的电极与嵌锂程度，一般又分为四种材料损失模式，包括脱锂态正极（delithiated PE，de PE）、嵌锂态正极（lithiated PE，li PE）、脱锂态负极（delithiated NE，de NE）与嵌锂态负极（lithiated NE，li NE）的损失。

总之，锂离子全电池容量衰减的老化因素可以分为活性锂离子的损失与活性材料的损失两个方面，但是对于不同使用工况，其具体的容量衰减原因需要具体分析[25]。

对磷酸铁锂电池进行全电池的循环寿命的检测[26]。一共有 3 组电池，命名为 Cell250、Cell375 和 Cell500，250、375 和 500 数值代表着 250W、375W 和 500W 放电功率，其中 500W 相当于 180A（3C）的电流密度。如图 2-16 所示，循环寿命是与放电电流密度相关的，电流越大，循环寿命越短。此外，随着放电电流密度的增加，电池内部的温度也是急剧增加的，在 Cell500W 样品中，电池内部的温度高达 60℃左右。内阻的大小和 SOC 与采样间隔相关。我们在 100% SOC 状态下的不同时间间隔内对 Cell375 进行内阻和温度的检测发现，时间间隔越大，内阻的值越大，电池内部的温度增加越明显（见图 2-17）。

（2）磷酸铁锂正极材料失效机制的研究进展

锂离子电池正极材料在全电池中提供锂源，是影响电池性能发挥的重要因素[27]。正极材料中的锂离子在脱嵌过程中会发生一定程度的结构破坏并在正极表面形成一层钝化膜，从而影响正极的性能发挥。

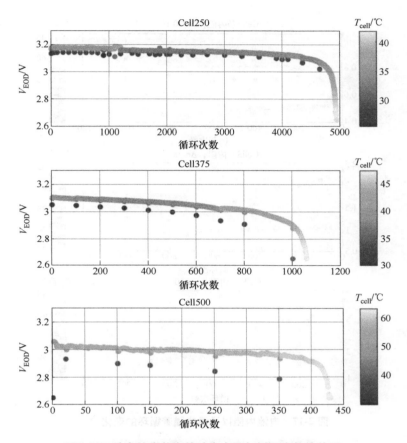

图 2-16　放电结束状态的放电电压与循环次数的关系，以及不同循环次数电池内部温度变化[26]

　　通常从非活性材料和活性材料两个角度分析锂离子电池正极材料性能的衰减机制，图 2-18 总结了具体的原因及其产生的影响。非活性材料的影响因素主要包括粘结剂分解、导电剂氧化以及集流体腐蚀，造成活性物质之间，以及与集流体之间失去电接触，引起电阻的显著增加，导致正极容量变低和倍率性能变差[28]。对于正极材料本身，主要包括相转变和过渡金属阳离子溶解等结构衰退，以及电解液分解产气在正极表面产生钝化膜。电解液的分解促进了金属阳离子的溶解，同时阳离子的溶解也导致电解液分解加快，溶解的金属离子一部分会在负极发生沉积，还有一部分会在正极表面还原形成新相。

　　以上因素中，结构衰退是影响正极容量衰退的主要因素，这主要是由于在正极表面沉积的金属和表面钝化膜的形成造成正极阻抗的增加。以上非活性材料和活性材料的衰减共同导致正极性能的下降[29]。

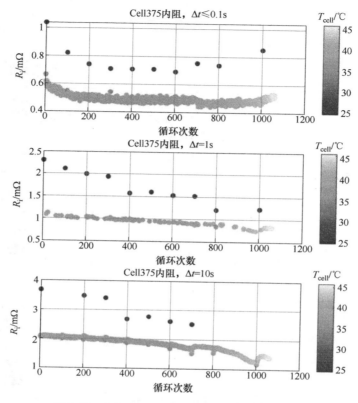

图 2-17   电池内阻以及温度随着循环的变化[26]

（3）石墨负极材料失效机制的研究进展

理想的锂离子电池负极具有比能量高、电位低、可逆性好、表面结构与电解液形成良好 SEI 膜等特性。若负极材料在脱嵌锂过程中结构尺寸变化不大且机械强度稳定，则其循环性能好；若负极材料的电子电导率与离子电导率高，则其倍率性能好。

石墨负极的老化机制如图 2-19 所示[19]，主要包括表面析锂、SEI 膜的不稳定性和石墨材料结构的破坏。析锂主要发生在大倍率充电或低温充电等较为恶劣的环境中，金属锂会在石墨表面析出，并与电解液发生反应，造成电池容量迅速下降；此外，析出的金属锂呈枝晶状生长，可能会刺破隔膜，引起内短路，造成安全问题[30]。

SEI 膜的不稳定性造成了活性锂离子的不可逆损失，由于石墨材料在脱嵌锂的过程中存在体积变化，导致 SEI 膜的不断破裂和修复修补、SEI 膜的不断增厚、活性锂离子的不断消耗和电池极化的增加，从而造成电池性能急剧恶化。

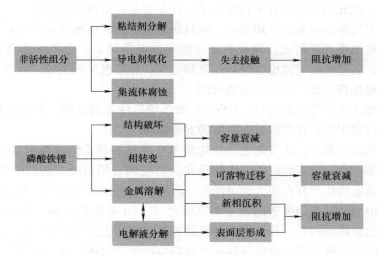

图 2-18　正极材料性能衰减失效分析[28]

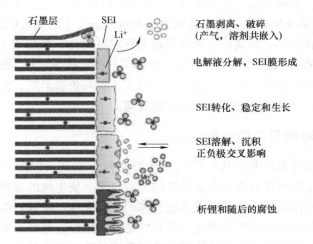

图 2-19　老化过程中石墨负极表面的演化[19]

石墨材料结构的破坏包括石墨化程度降低和石墨层剥离。经过长期的循环后，石墨材料结构也会发生一定程度的衰减，通常表现在石墨化程度的降低和层间距的增大。当大电流脱嵌锂离子时，石墨材料局部会出现较高的浓度梯度，晶格内产生局部应力，也会导致石墨结构的衰退[31]。此外，当电解液溶剂分子体积较小时，可能嵌入石墨层间，造成石墨层的剥离和石墨颗粒的破裂。

3. 磷酸铁锂电池过充工况下的失效机制的研究进展

电池在使用的过程中不可避免地会出现过充的情况，而相对来说过放的情况会少一些，过充或过放过程中释放出来的热量容易在电池内部聚集，导致电池温度上升，不仅影响电池的使用寿命，而且还有可能引起电池着火或爆炸。电池系统内部由电池串并联组成，即使在正常的充放电条件下，由于单体电池的容量不一致性，容量低的电池也会经历过充和过放，导致电池的失效。因此，非常有必要研究电池在过充工况下的失效机制。

虽然相比于其他正极材料，$LiFePO_4$ 的热稳定性是最好的，但是磷酸铁锂电池在使用过程中仍会存在因过充引发的安全隐患。

在过充的状态下，正极侧会发生电解液中有机溶剂乙烯碳酸酯（EC）的优先氧化分解，在正极表面沉积，增加极化；负极侧石墨负极的嵌锂电位非常低，锂在石墨负极的析出存在很大的可能性。因此，在过充的情况下，锂晶枝刺破隔膜引发的内短路是电池失效的最主要原因之一。Lu 等研究表明，在过充条件下石墨负极的整体结构没有什么变化，但是有锂晶枝和表面 SEI 膜的增厚，不仅消耗了更多的活性锂离子，也使得锂嵌入石墨负极变得更难，进一步促进锂在负极表面的沉积，造成容量和库仑效率的进一步降低，最终导致电池失效。

除此之外，金属杂质（尤其是 Fe）通常也被认为是电池过充失效的主要原因之一。Xu 等系统地研究了磷酸铁锂电池在过充条件下的失效机理。结果表明，在过充/放电循环时 Fe 的氧化还原在理论上存在可能性，并给出了反应机理：发生过充时，Fe 在正极侧首先氧化成 Fe^{2+} 或 Fe^{3+}；在负极侧，Fe^{3+} 最后还原成 Fe^{2+} 或 Fe；当过充/放电循环时，Fe 晶枝会同时在正极和负极形成，会刺穿隔膜造成电池的微短路，导致过充之后温度的持续升高。

2.2.2　日历寿命与失效分析

电池的日历寿命是电池从生产之日到寿命截止日期，包括工况、温度、循环、搁置、老化等因素对电池寿命的影响。系统中一块电池的寿命终结往往会影响整个系统的工作效果，甚至造成系统整体的功能失效，所以对电池健康状况的准确估计及日历寿命的研究能够进一步指导电池的运行，对延长磷酸铁锂电池的使用寿命具有重要意义，为电池的健康管理系统的建立提供数据支撑[32]。

电池的实际使用寿命与使用工况紧密相关，包括工作负荷、工作温度、放电深度和荷电状态、描述的工作区域和充电方式等。已有研究表明，锂离子电池的日历寿命与其循环寿命成非线性的关系，锂离子电池的日历寿命包括电池的使用寿命、循环寿命和存储寿命。

影响电池日历寿命的因素可以分为电池外部影响因素和电池内部结构的变化两大类。其中外部影响因素又叫加速因素，主要包括温度、SOC、充放电倍率、充电截止电压及放电窗口等因素。高温时电解液的不稳定性等因素使得电池老化速度较快，而低温充电也会引起电池性能的衰减。此外，不同倍率的充放电过程同样会加速电池的老化。电池内部结构的老化包括 SEI 膜的变化、极片活性物质的减少、结构的老化等。负极表面生成的 SEI 膜对电池内部结构的稳定具有一定的保护作用，在电池老化过程中其厚度和成分、结构的劣化是电池功率及容量衰退的主要原因。虽然目前对于电池老化的机理尚未完全明确，但是普遍认为锂离子电池的日历寿命衰减与 SEI 膜的厚度增长和循环中活性锂离子的损失有关。活性物质的减少同样会导致负极的老化，其中包括电池充放电过程中脱嵌锂离子造成负极极片的膨胀，体积的变化将会导致电极与电解液直接接触而反应，造成电解液质量下降、电导率降低，并伴随气体的产生，这些都会进一步加剧电池性能的劣化。结构老化主要是正极材料和负极材料的结构衰退等，是造成容量损失的主要原因。

概括来说，日历寿命测试使用多个电池，在一定测试条件范围之内进行。为了缩短获得有用结果所需的时间，通常设置温度和荷电量两个变量。温度和荷电量可分别作为更大寿命循环测试组合中的一部分，日历寿命测试就是一个限制的寿命循环测试。日历寿命测试程序假定单个电池和组合电池的目标测试条件是已定的。最少设置三个不同的测试温度，并且组合中不少于一个电池受每个温度控制，每个组合最少采用三个电池，以保证测试结果的再现性。根据电池性能衰退的不同表现形式，分别以容量衰减、功率下降、阻抗增加等为出发点，归纳出了以下两种不同的寿命预测模型。

1）以容量衰减为基础的存储寿命模型。

2）以阻抗增加、功率下降为基础的存储寿命模型。

为了研究温度对磷酸铁锂日历寿命的影响，选取了 25℃、35℃、45℃ 和 55℃ 进行研究。首先测试了不同温度下保存不同天数的充放电曲线，如图 2-20 所示。在 25℃ 保存时，磷酸铁锂电池的容量保持率最高，在 55℃ 保存时容量保持率最低。对在不同温度保存的日历寿命进行了简单的拟合和预测，可明显看到，55℃ 保存时容量的衰减最快，日历寿命最短，如图 2-21 所示。此外还测试了磷酸铁锂电池在不同温度下的表面阻抗值，发现在 55℃ 保存时电池的阻抗增大得最快，因为在高温情况下电池表面有更多不可逆的副反应，因此循环寿命也是最短的（见图 2-22）。

2.2.3　安全性能

随着能源问题日益突出，电化学储能电站应用日益广泛。锂离子电池具有工作电压高、能量密度高、循环寿命长、响应速度快等优点，这使应用锂离子电池配套的储能系统成为电网侧储能电站的主流选择。国内应用于储能端的锂离子电池大多是性价比高的磷酸铁锂体系。国网江苏省电力有限公司在 2018 年建设了世界范围内最大规模的电池储能电站项目，其总规模达到 101MW/202MWh，这

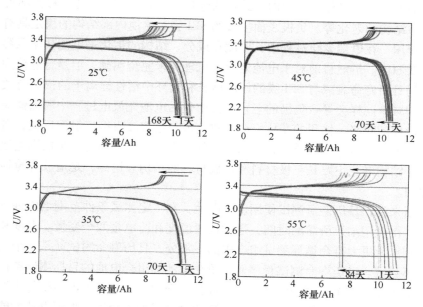

图 2-20 磷酸铁锂电池在不同温度的日历寿命测试中的充放电电压随容量衰减变化曲线

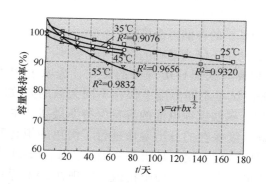

图 2-21 磷酸铁锂电池在不同温度的日历寿命测试中的容量衰减及趋势分析

有效提升了镇江东部电网的调峰调频能力。但是，磷酸铁锂电池本身存在的安全问题是不容忽视的[33]。尤其是大规模储能应用场合，电池在数量、重量以及能量密度上的增加会大幅度提升安全性事故发生的概率。另外，对安全性事故的预警不及时和处置不合理会形成波及整体系统的连锁灾害，对局部电网的电能质量和稳定性造成冲击。因此，在电化学储能项目大规模应用的过程中，电池的安全性能至关重要，必须结合储能应用的工况特点和要求对磷酸铁锂电池热失控机理及火灾特性进行深入研究[33]。

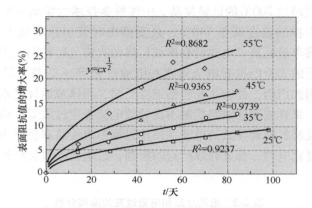

图 2-22　磷酸铁锂电池在不同温度的日历寿命测试中表面阻抗值的增大情况

为了给磷酸铁锂电池储能电站的消防设计和消防标准制定提供支撑和参考，国内外对磷酸铁锂电池的燃烧特性、储能电站预警系统中应用的锂离子电池热失控和热扩散参数以及火灾危险等级进行了研究；对电化学储能电站的灭火系统的选择进行了总结。

2.2.3.1　电池安全性

目前，对于磷酸铁锂电池的固体可燃物以及电解液可燃物的燃烧特性研究取得了一定进展。但是，研究主要集中在单体电芯和数只电芯组合的小容量模组的定性实验，对于大容量电池模组或电池簇的燃烧特性研究较少。由于电池单体的不一致性，由多只电池电芯串并联后组成的电池模组或电池簇危险性将大幅增加。研究表明，短路、过充过放以及热冲击等条件会造成磷酸铁锂电池内部一系列化学反应的发生和结构的破坏，从而引起电池升温，造成热量积累，具有潜在爆炸的危险[35]。电池 SOC 是影响锂离子电池的燃烧行为的关键因素，电池的SOC 越高，产生的射流火焰次数越多，释放的燃烧热越多。在过充情况下，磷酸铁锂电池的主要反应形式为持续释放大量的可燃烟雾，反应温度低且持续时间长[36]。磷酸铁锂电池加热引发的热失控一般不会引发主动式着火或爆炸，但是热失控过程中会产生大量 CO_2、CO、SO_2、THC（Total Hydro Carbons，排放碳氢化合物总量）等有毒可燃烟气，在封闭空间内具有爆炸的风险[34]。

现阶段，国内外对于电化学储能电站的消防规范没有一个完善的体系，不能完全满足现场需求，提升储能电站的防火设计刻不容缓。锂离子电池的火灾危险等级是开展储能电站防火设计的重要参考因素，根据燃烧特性，可以对储能电站的储能电池区域的火灾危险性进行评估。消防救援行业标准 XF/T 536.3—2005《易燃易爆危险品火灾危险性分级及试验方法　第 3 部分：易于自燃的物质分级试验方法》中规定的Ⅱ级易于自燃物质为在 140℃烘箱中保持 24h 且在 24h 内出现自燃或者温度超过 200℃ 的试验样品。中国科学技术大学研究团队发现磷酸铁锂电池发生热失控的温度低于 140℃，且受撞击时能引起电池发生燃烧甚至爆炸，因此建议将存放锂离子电池的仓库或厂房的火灾危险性归类为甲类。

电池中常见的安全隐患有电池短路和电池过充等（见表 2-3）。其中电池短路可以分为外因和内因，外因主要包括绝缘受损，箱体或插件进水，振动、碰撞引起机械损伤，采样或通信线路接触不良导致电池深度过放等。内因主要包括电池漏液，工艺及材料因素导致的电池在使用过程中内短路和负极表面析锂等。低温或大电流密度充电时，都会导致严重的析锂，这也是导致负极性能衰退的主要原因之一。

表 2-3   电池短路和电池过充的原因分析

隐患	成因
电池短路	外因：绝缘受损；箱体或插件进水 振动、碰撞引起机械损伤 采样或通信线路接触不良导致电池深度过放等 内因：电池漏液 工艺及材料因素导致的电池在使用过程中内短路负极表面析锂（低温、大电流密度充电或负极衰退）
电池过充	外因：BMS 死机或功能故障 采样或通信线路接触不良/故障 充电继电器异常等 内因：大电流充电导致的局部过充 极片涂层、电液分布不均引起的局部过充 正极性能衰减过快等

热量积累/温度上升引发的内部不可逆产热副反应，放出大量的热是电池热失控发生的根本原因。目前研究对锂离子电池在滥用条件下的热失控机理已经比较了解，其基本过程如图 2-23 和图 2-24 所示[35]。热失控过程中，随着温度的升高，电池热失控情况逐渐恶化。温度为 70~200℃ 时，SEI 膜分解（70~130℃）以及嵌锂石墨负极与溶剂反应（120~200℃）等电池负极的副反应首先发生，此时，锂盐 $LiPF_6$ 也会发生分解；温度上升至 200℃ 左右时，正极材料开始分解，释放出氧气。高温下，作为强氧化物的正极材料及其产生的氧气会与电解液和负极材料等强还原物发生反应，释放出大量的热，引起电池剧烈升温，进而引起粘结剂反应和电解液的燃烧，导致电池热失控。

一般电池的滥用主要分为机械滥用、电滥用、热滥用，最后导致电池的热失控（见图 2-25）[36]。

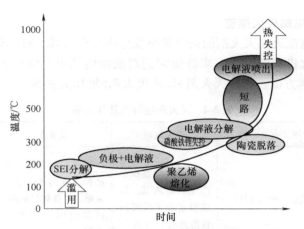

图 2-23　电池热失控过程中链式反应的定性描述[35]

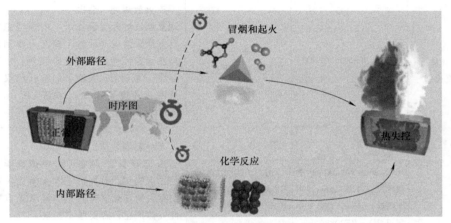

图 2-24　电池热失控的演化过程[36]

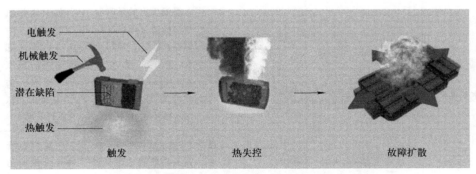

图 2-25　电池的几种滥用形式以及电池的热失控[36]

2.2.3.2 储能电站灭火措施

对锂离子电池火灾灭火剂的研究最早发生在航空领域。通过对气、液、固三类灭火剂的灭火机理的研究，来评价它们对储能电站中电池火灾的适用性（见表 2-4）。在成本方面，气体灭火剂>固体灭火剂>液体灭火剂。

表 2-4 灭火剂的种类及其效果

灭火剂种类	常用灭火剂名称	灭火机理	优缺点	实验论证
气体灭火剂	卤代烷、哈龙 1211	销毁燃烧过程中产生的游离基，形成稳定分子或低活性游离基	降温效果有限，无法抑制锂离子电池的复燃。对臭氧层破坏，已在我国全面禁止使用	美国联邦航空管理局（FAA）
	CO_2、IG-541、IG-100	稀释燃烧区外的空气，窒息灭火	灭火效果差，会出现复燃，对金属设备具有冷激效应（即对高热设备元件具有破坏性），同时对火灾场景密封环境要求高，不环保	中国应急管理部天津消防研究所、中国船级社武汉规范研究所
	洁净气体灭火剂，如 HFC-227ca/FM-200（七氟丙烷）、HFC-236fa（六氟丙烷）、Novec 1230（全氟己酮）、ZF2088	分子气化迅速冷却火焰温度，窒息并化学抑制	无冷刺激效应，不会造成被保护设备的二次损坏。燃烧初期有大量氟化氢等毒性气体产生，需要考虑灭火剂浓度设置	中国科学技术大学火灾科学国家重点实验室
水基灭火剂	水、AF-31、AF-32、A-B-D 灭火剂	瞬间蒸发火场大量热量，表面形成水膜，隔氧降温，双重作用	降温灭火效果明显，成本低廉且环境友好，但耗水量大，补救时间长。喷雾强度为 $2.0L/(min \cdot m^2)$，安装高度为 2.4m 条件下，细水雾灭火系统无效	美国联邦航空管理局、中国应急管理部天津消防研究所、德国机动车监督协会、英国民航局
	水成膜泡沫灭火剂	特定发泡剂与稳定剂，强化窒息作用	3%水成膜泡沫灭火剂无法解决电池复燃问题	中国应急管理部天津消防研究所

（续）

灭火剂种类	常用灭火剂名称	灭火机理	优缺点	实验论证
干粉灭火剂	超细干粉（磷酸铵盐、氯化钠、硫酸铵）	化学抑制或隔离窒息灭火	微颗粒、具有严重残留物、湿度大对设备具有腐蚀性。干粉灭火剂对锂离子电池火灾几乎没有效果	中国应急管理部天津消防研究所、中国船级社武汉规范研究所
气溶胶灭火剂	固体或液体小质点分散并悬浮在气体介质中形成的胶体分散体系（混合金属盐、二氧化碳、氮气）	氧化还原反应大量产生烟雾窒息	亚纳米微颗粒（霾）、金属盐、具有残留物、对设备具有腐蚀性及产生高热性损坏，伴有大量烟气污染周围环境。与水基灭火剂结合使用可有效提高锂离子电池火灾扑救效率，减少耗水量	德国机动车监督协会

1）气体灭火剂具有无腐蚀、无颗粒物、无残留等优点，但降温效果不佳，需要足够长的时间来抑制锂离子电池的复燃；灭火气体对电池初始自放热诱导阶段的抑制较明显，对快速爆燃热失控阶段的效果较弱。

2）固体灭火剂对锂离子电池火灾的抑制不明显。

3）水的降温效果最强，在锂离子电池火灾中展现的效果最好。

现在，国内储能电站中单预制舱采取的消防灭火措施都采用以七氟丙烷为灭火介质的管网全淹没的气体灭火系统。不过，七氟丙烷对电池储能电站的灭火性能尚未得到有效验证。王青松等将锂离子电池热失控引发的火灾分为五类：A类，负极材料为燃料的固体火灾；B类，电解液为燃料的液体火灾；C类，隔膜分解和副反应的气体产物为燃料的气体火灾；D类，铝集流体与内部嵌锂为燃料的金属火灾；E类，系统整体引起的电气类火灾。针对航天飞机内的锂离子电池火灾，美国国家航空航天局（NASA）提出了一种高效细水雾灭火装置。高压细水雾系统能够扑救A类、B类、D类、E类火灾，且对着火后产生的废气和烟尘具有净化作用，张青松等通过实验研究发现细水雾可以有效冷却和抑制锂离子电池的热失控行为。但是，现阶段的研究对象均是锂离子电池单体，这些实验数据远不能验证容量约为1MW/2MWh的储能电站预制舱火灾的灭火效果。但是，已发生的电池储能电站火灾事故报告显示消防大队均采用大量水扑灭电池火灾。

2001 年，美国 3M 公司推出全氟己酮灭火剂（商标名称：Novec 1230），取得 UL 和 FM 认证，并被 NFPA 2001 版标准收录为洁净气体灭火剂，国际标准化组织也制定了 1230 灭火剂的国际标准 ISO 14520-5：2016。1230 在常温常压下为液态，无色无味，容易气化，释放后不留残余物，具备高效灭火、环保、洁净等优良性能，不破坏大气臭氧层（ODP = 0），全球变暖潜能值低（GWP = 1）。1230 作为高效洁净的气体灭火剂，已被国际消防界认可并广泛使用，是目前公认的可替代七氟丙烷等氢氟碳化物灭火剂的物质。1230 的灭火设计浓度为4.5%~6%，灭火效率高。1230 灭火迅速，与七氟丙烷等类似，喷放时间不大于10s，对于需要抢救性保护的对象，具有重要意义。1230 绝缘性好，对电子设备影响较小，适用于精密电子设备。虽然 1230 在国外的应用已有近 20 年，但在国内，1230 灭火装置却刚刚起步，鲜有应用，主要受制于以下因素：

1）吸水、腐蚀性：如前所述，常温常压下，1230 属于无腐蚀、高绝缘性液体，容易挥发，短时间接触是安全的。但是，1230 属酮类物质，极易吸收空气中的水分，并与水发生裂解反应，产生酸性物质，可腐蚀金属部件及密封件。实验表明，吸水后的 1230 对铁质和铜质等金属材料、部分橡胶和塑料件均有较大的影响。这就对 1230 的生产、存储、灌装提出了更严格的要求，必须严格控制灭火剂中的水分，否则可能腐蚀存储瓶内壁和瓶头阀体。

2）雾化喷放问题：1230 灭火设计浓度低（4.5%~6%），常温常压下呈液态，不会像其他气体灭火剂一样自动扩散并渗透，在全淹没系统中，怎样让非常有限的灭火剂迅速雾化并渗透到保护对象内部（比如机柜及电气设备内部空间），这是必须面对的问题。不适当的雾化方式，将直接影响灭火效果。

2.3 应用案例

2.3.1 磷酸铁锂储能系统电源侧应用

为了促进能源结构的转型升级、实现清洁低碳发展，我国大力发展清洁能源，装机容量占比日益提高，随着清洁能源高速发展的同时，在电源侧布置储能系统能有效地改善电能质量，我们总结了在电源侧储能电站可以实现的多个功能：一是快速响应调频调压；二是平滑功率输出；三是跟踪计划出力；四是削峰填谷。

储能与风光发电联合应用提升了新能源发电的并网友好性，同时也可参与系统调频/调压等。主要应用模式有：①平滑新能源发电；②跟踪发电计划；③参与站级调频/调压；④削峰填谷。

2009 年，科技部、财政部、国家能源局和国家电网公司联合推出的"金太阳工程"首个重点项目——国家风光储输示范工程落户张北（见图 2-26）。该工程是国家电网公司建设坚强智能电网首批重点工程中唯一的电源项目，总投资额达 10 亿元。

图 2-26　张北风光储输示范工程项目

张北风光储输示范工程投产后，风光储输示范项目在智能电网的技术框架下，有针对性地进行了新能源并网的难点、重点科技攻关，初步实现了将风、光电源变成优质的绿色电源并接入大电网，主要用于平滑风光功率输出、跟踪计划发电、削峰填谷、参与系统频率等功能。

近期国家能源局公布风电平价上网示范项目名单，13 个项目（总计 70.7 万kW）完成签约，风电平价上网的探索终于迈出了实质性的步伐。几乎在同时，"业精于风"的国际风电巨头 Vestas 走出了战略转型的重要一步，宣布与 Tesla 展开风电场储能应用合作，以求降低整体发电成本。苏格兰电力可再生能源公司（ScottishPower Renewables）项目管理主管托尼·甘农（Tony Gannon）在 Solar Media 2021 年的储能峰会上解释了该公司是如何选择利用其 539MW 怀特利（Whitelee）风电场的诸多效率的。Whitelee 是一个 50MW/50MWh 的储能项目，该项目将液冷锂离子电池与苏格兰格拉斯哥附近英国最大的陆上风电场进行结合。2019 年 6 月，苏格兰政府批准了该电池计划，2020 年 7 月，逆变器制造商英格泰姆宣布成为电力电子技术提供商，而使用的电池是来自中国制造商宁德时代的磷酸铁锂（LFP）电池。

光伏储能系统是将光伏发电系统与储能电池系统相结合，主要在电网工作应用中起到负荷调节、存储电量、配合新能源接入、弥补线损、功率补偿、提高电能质量、孤网运行、削峰填谷等作用。通俗来说，可以将储能电站比喻为一个蓄水池，可以把用电低谷期富余的水存储起来，在用电高峰时再拿出来用，这样就减少了电能的浪费；此外储能电站还能减少线损，增加线路和设备的使用寿命。

储能电站（系统）主要配合光伏并网发电应用，因此，整个系统是包括光伏组件阵列、光伏控制器、电池组、电池管理系统（BMS）、逆变器以及相应的储能电站联合控制调度系统等在内的发电系统。大容量电池储能系统在电力系统中的应用已有 20 多年的历史，早期主要用于孤立电网的调频、热备用、调压和备份等。太阳能电池板吸收太阳光，产生直流电，经过储能逆变器逆变为市电优先供给家庭负载，再供给蓄电池，充满电后多余电能并入国家电网产生收益，也可根据当地峰谷电差时间设置削峰填谷产生收益。储能技术是构建能源互联网，促进能源新业态发展的核心基础，未来三大新兴产业——新能源并网、智能电网、电动汽车的发展瓶颈都指向储能技术，市场潜力巨大。

2.3.2 磷酸铁锂储能系统电网侧应用

储能电站安装在电网侧，由省级电力调度中心进行统一调度，实现调峰、调频、调压、紧急功率支撑等电网侧应用功能，增强电网可调节手段。主要的应用模式有：①紧急功率支撑；②调峰；③调频；④调压。

华润电力（海丰）有限公司与深圳市科陆电子科技股份有限公司合作的30MW/14.93MWh 储能辅助调频项目正式进入试运行阶段。这是目前国内最大规模的储能调频项目（见图 2-27）。

图 2-27 科陆-华润电力 30MW/14.93MWh 储能辅助调频项目（功率最大）

该项目不仅在装机容量上有了大幅提升，也在独立储能电站直调技术上实现关键突破，项目成功试验了独立储能一次调频、二次调频、调峰、自动电压控制、黑启动、备用等功能，为独立储能的运行夯实了技术基础，也展现出科陆在储能调频领域的硬实力。据科陆介绍，该项目采用安全性较高的磷酸铁锂电池为储能元件，应用科陆全新自主开发的 PCS 群控管理技术以及 EMS，成功在百万千瓦发电机组分别试验了辅助 AGC 调频功能、储能系统毫秒级广域直调技术、虚拟同步机技术、调度调峰功能，并首次实现了 60 台储能逆变器并离网切换、离网并机，电厂保安电源以及黑启动技术，为储能在电力系统的多元化应用打下了坚实基础。

2020 年，世界单体容量最大的电网侧电化学储能电站——江苏昆山储能电站一次性倒送电成功，其采用磷酸铁锂电池方案，以 4 回 35kV 线路接入 220kV 昆山变电站 35kV 侧，有效地弥补了磷酸铁锂储能系统电网侧的空白。昆山储能电站地面积 31.4 亩[⊖]，建设规模为 110.88MW/193.6MWh，共配置 88 组预制舱式储能电池，每套储能电池舱容量为 1.26MW/2.2MWh。为把项目打造成优质储能工程，平高集团集中优势资源成立项目攻关小组，按照项目总体规划布局方案，提出了设计技术路线，将行业内的高端技术全部应用到工程项目中，并与国网江苏省电力公司联合攻关，实现优势互补，重点突破消防灭火、通风等技术难题。为了应对电池面临的消防问题，火灾预警、自动灭火系统以及联动控制系统首次在磷酸铁锂电池预制舱中配制。其中，自动灭火系统创新地实现了七氟丙烷气体灭火系统和高压细水雾灭火系统的结合，且设置了远程手动控制、自动控制等 4 种控制模式。

2.3.3 磷酸铁锂储能系统用户侧应用

用户侧/微电网储能主要用于促进分布式电源的灵活高效应用，实现对负荷的高可靠供给，并利用峰谷差套利，容量在百千瓦到十兆瓦级。主要的应用模式有：①提高供电可靠性；②保证电能质量；③平抑新能源出力波动；④多种能源互补应用；⑤需求侧响应；⑥峰谷差套利。

用户侧的储能电站可以应用到工商业储能、海岛储能、家用储能、军方储能、偏远地区储能、社区储能、数据中心、校园微网、电动汽车充电站和其他方面。由于市场环境、政策机制、可再生能源以及分布式能源的渗透程度、发展目标等不同，不同的国家对储能的定位、储能发展路径、支持力度和方式不同，也就造成了分布式储能的应用重点、收益来源、模式以及经济性等存在差异。部分国家分布式储能项目主要应用分布见表 2-5。

表 2-5 部分国家分布式储能的收益流

国家	细分领域	主要收益流	普通投资回收期	潜在收益/风险
中国	工商业用户	峰谷电价套利	7 年以上	潜在收益：个别项目拥有容量电费管理收益、电能质量管理收益、需求响应补贴收益等。风险：全国降电价风潮带来的电价差调整风险

⊖ 1 亩 = 666.6m²。

（续）

国家	细分领域	主要收益流	普通投资回收期	潜在收益/风险
美国	家庭、商业用户	容量电费节约收益：初装补贴（无联邦补贴，只有州级，如加利福尼亚州 SGIP）；ITC 税收减免收益	6 年以上	部分项目可以通过聚合参与需求响应，并获得来自现货市场的收益
韩国	工商业用户	容量电费节约："储能电费折扣计划"带来的多倍补偿；REC 相关收益	最短可到3~4年	良好的政策激励带来储能项目爆发式增长，引发市场参与者对后期政策持续性的担忧
日本	家庭用户	初装补贴；提高光伏自发自用带来的电费节约收益；虚拟电厂补贴	—	潜在价值包括用作灾备带来的供电安全与稳定
德国	家庭用户	初装补贴（联邦级、州级，如巴登符腾堡州）；提高光伏自发自用带来的电费节约收益	7~10 年	潜在收益：目前已经有储能聚合的 VPP 项目参与到电力市场中，获得现货交易收益："隔墙售电"收益等。风险：光储补贴即将到期
澳大利亚	家庭用户	初装补贴（州级/地区级）；提高光伏自发自用带来的电费节约收益	7~12 年	澳大利亚正在示范聚合家用储能构建"虚拟电厂"，参与电力市场交易获得收益

（1）中国

以工业峰谷电价差普遍在 0.7 元左右的江苏、广东等经济条件好、优质客户较多的区域为主，项目普遍采用能源管理合同的方式，投资回收期通常在 7 年以上。主要参与主体包括浙江南都电源动力股份有限公司、江苏中天科技股份有限公司、深圳市科陆电子科技股份有限公司等储能系统供应商，为用户提供从产品供应到运维的一揽子服务。

（2）美国

在美国，加利福尼亚州是分布式储能应用的代表。加利福尼亚州工商业用户的需量电价高、屋顶光伏渗透率超过 20%，以及当地政府为储能项目提供的初装补贴等成为推动用户侧电池储能安装和模式成型的关键因素。通过借鉴原有分布式光伏的推广模式，分布式储能项目呈现出"租赁""收益共享"等多元化模式发展路径。另外，近年来，分布式储能聚合模式试验项目也开始在美国得到试验。美国分布式储能市场中参与主体较多，提供的服务也较为多元化，除了常规的储能产品供应、安装及运维等服务，还提供包括贷款、融资、储能资产管理、软件管理与控制等增值服务。

（3）德国

德国在实施创新电池储能商业模式方面处于领跑者的地位。基于区块链、电力系统 2.0（其中一个要素是聚合）等理念，德国成为第一个创建社区储能商业模式以及将储能纳入电费套餐模式的国家。从分布式储能的市场参与主体构成来看，德国本地小型家用储能系统供应商较多，家用储能的市场份额主要集中在 Sonnen、LG 化学、E3/DC、Senec、Solarwatt、Varta 等厂商手中。根据 EUPD 的数据，2017 年这些公司的市场份额占家用储能市场总额的 80%。德国以外的厂商中，除了 LG 化学，比亚迪股份有限公司、沃太能源股份有限公司、特斯拉也占据一定的家用储能市场份额。

（4）澳大利亚

澳大利亚的商业模式与德国类似。户用储能，主要是小型光储混合系统在分布式储能市场占据绝对优势地位。由于各州的电价水平、FIT 机制、光照条件的不同等，使得家用光储系统的投资回收期在 7～12 年不等。目前，澳大利亚的分布式储能系统安装商为用户提供的电池产品主要是锂离子电池产品，包括 Alpha-ESS、LG 化学、Tesla Powerwall 2、Enphase AC Battery、Sonnen Batteries、Pylontech 等电池品牌。逆变器产品包括 Redback、Sungrow、SolaX 和 Goodwe 等品牌。可以看出，澳大利亚用户侧储能市场主要被澳大利亚以外的品牌占据。在澳大利亚，分布式储能项目（主要是家用光储系统）的收益来源较为简单，主要是自发自用光伏电力，节约电费开支，在阿德莱德、堪培拉等个别州/地区，可获得一定的初装补贴，在墨尔本、阿德莱德等地，还有望参与澳大利亚公用事业公司 AGL 等主导的"虚拟电厂"计划，获得额外收益。

近两年，储能集装箱开始走入越来越多的场景，如大数据中心、石油平台、油库、煤矿等，超大"充电宝"成为工业界的能量之源。

（1）海上石油平台

国轩高科控股子公司上海国轩舞洋船舶科技有限公司获得国家重点研发计划智能电网技术与装备重点专项 2018 项目配套的 1790kWh 集装箱式储能电站订单。

该项目为"海上多平台互联电力系统的可靠运行关键技术"，由中海油研究总院牵头申报，是中海油系统利用大容量储能技术提高电网稳定性的创新实践，填补了当前大容量储能技术在中海油系统内应用的空白。

海上油田电网为典型的孤岛电网，与陆地电网没有电气连接。同时海上油田电网电源容量小，负荷容量大，大负荷启动瞬间以及电网故障会造成较大的频率波动。为保证 N-1 故障情况下电网稳定性，相对少量的储能即可有效提升电力系统调频性能，保持频率稳定。

在微电网与主电网连接，并网运行时，其电能质量必须符合国家相关标准，即功率因数、电压不对称、电流谐波畸变率、电压闪降等参数需达到相应值。微电网受本身能源特性影响，使其在无储能系统的情况下无法保证电能质量，特别是电压稳定性。储能系统通过对系统中的储能变流器控制，起到了稳定电能输出、调节储能系统向微电网输出的有功、无功功率和解决电压骤降/跌落问题的作用。储能系统一方面提升了微电网的电能质量，另一方面为微电网提供部分谐波治理功能。在微电网中，储能系统可以在负荷低谷时存储分布式能源发出的多余电能，在负荷用电高峰时释放电能，从而调节负荷需求。作为微电网中的能量缓冲环节，储能系统是不可缺少的，其在满足峰值负荷用电的同时，可以降低发电机组或变压器所需容量。

储能技术的主要应用方向有：①风力发电与光伏发电互补系统形成的局域网；②风力发电和光伏发电系统的并网电能质量调整；③通信系统中作为不间断电源和应急电能系统；④大规模电力存储和负荷调峰；⑤电动汽车储能装置；⑥国家重要部门的大型后备电源等。

通常来说，微电网的一般结构由能源流和信息流相互融合而成，分为分布式能源、储能装置、电能变换装置、保护装置和微电网能源管理系统，也可根据实际应用情况进行增减。相对于大电网，微电网表现为单一的受控单元，它可以保证用户电能的质量和供电安全，同时也是智能电网及能源互联网的重要组成部分。在微电网运行中，有两种运行模式：并网运行模式和孤岛运行模式。并网运行模式是在外部无故障时，微电网与外部电网处于连接的状态；孤岛运行模式是当外部电网发生故障或者电能质量较差时，微电网通过快速开关可以切断与外电网的连接，进入独立运行的状态，保证微电网内部重要负荷的供电可靠性。在微电网孤岛运行模式时，能量来源于分布式能源和储能电池，当分布式能源的出力小于负荷需求时，就会存在一定的功率缺额，解决功率缺额的方法就是在微电网系统中配备一定容量的储能设备。

（2）阿里措勤县微电网项目

2014 年 11 月 11 日，国家电网公司对口援建的措勤县微电网示范工程建成投产，该工程集合水电、光伏发电、风电、电池储能、柴油应急发电并网运行，智能调度。其装机量达 1400kW，并且建成的三条电源进线、四条负荷出线的 10kV 电网初步形成了检测灵活、供电可靠的县域电网，辐射了县城四条街道和周边村镇的 4000 多用户。并且，该电网是当时西藏远离大电网中最先进的县域智能微电网（见图 2-28）。

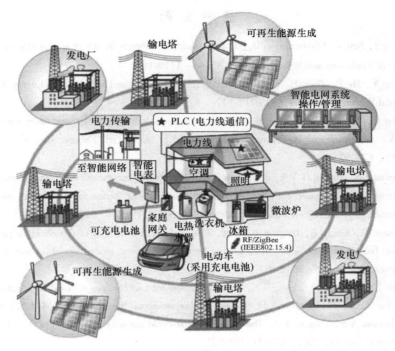

图 2-28　智能微电网示意图

2.4　本章小结

　　本章系统阐述了储能用磷酸铁锂电池的发展现状。首先介绍了磷酸铁锂电池的基本特征，磷酸铁锂电池具有工作电压高、稳定性好、安全性好和环保的特点；然后介绍了磷酸铁锂电池的产业化现状、研究和生产的主力人员、目前的技术水平、技术难题；接着对磷酸铁锂电池储能工况进行介绍，分别介绍了影响磷酸铁锂循环寿命与日历寿命的因素以及电池的失效分析；从磷酸铁锂电池角度和储能系统的角度分析了磷酸铁锂的安全性问题；同时，给出了磷酸铁锂储能系统的实际运用案例，包括电源侧的应用、电网侧的应用和用户侧的应用。磷酸铁锂电池由于其突出的优点在储能领域有广泛的应用前景，已经引起了高校和企业的极大重视，随着我国对储能用磷酸铁锂电池的持续开发和深入研究，将实现高能量密度和低成本的磷酸铁锂储能系统。

参 考 文 献

［1］ Wang J, Sun X. Olivine LiFePO$_4$: The remaining challenges for future energy storage ［J］. Energy & Environmental Science, 2015, 8 （4）: 1110-1138.

［2］ Wang Y, He P, Zhou H. Olivine LiFePO$_4$: Development and future ［J］. Energy & Environmental Science, 2011, 4 （3）: 805-817.

［3］ Chen C, Zhang Y, Li Y, et al. Highly conductive, lightweight, low-tortuosity carbon frameworks as ultrathick 3D current collectors ［J］. Advanced Energy Materials, 2017, 7 （17）: 1700595.

［4］ Meethong N, Huang H Y S, Speakman S A, et al. Strain accommodation during phase transformations in olivine-based cathodes as a materials selection criterion for high-power rechargeable batteries ［J］. Advanced Functional Materials, 2007, 17 （7）: 1115-1123.

［5］ Legrand N, Knosp B, Desprez P, et al. Physical characterization of the charging process of a Li-ion battery and prediction of Li plating by electrochemical modelling ［J］. Journal of Power Sources, 2014, 245: 208-216.

［6］ Yuan LX, Wang ZH, Zhang WX, et al. Development and challenges of LiFePO$_4$ cathode material for lithium-ion batteries ［J］. Energy & Environmental Science, 2011, 4 （2）: 269-284.

［7］ Andersson A S, Thomas J O. The source of first-cycle capacity loss in LiFePO$_4$ ［J］. Journal of Power Sources, 2001, 97-98: 498-502.

［8］ L Laffont, C Delacourt, P Gibot, et al. Study of the LiFePO$_4$/FePO$_4$ two-phase system by high-resolution electron energy loss spectroscopy ［J］. Chemistry of Materials, 2006, 18 （23）: 5520-5529.

［9］ Delmas C, Maccario M, Croguennec L, et al. Lithium deintercalation in LiFePO$_4$ nanoparticles via a domino-cascade model ［J］. Nature materials, 2008, 7 （8）: 665-671.

［10］ Zhang H, Yang Y, Ren D, et al. Graphite as anode materials: Fundamental mechanism, recent progress and advances ［J］. Energy Storage Materials, 2021, 36: 147-170.

［11］ Jugovic D, Uskokovic D. A review of recent developments in the synthesis procedures of lithium iron phosphate powders ［J］. Journal of Power Sources, 2009, 190 （2）: 538-544.

［12］ Hsieh HW, Wang CH, Huang AF, et al. Green chemical delithiation of lithium iron phosphate for energy storage application ［J］. Chemical Engineering Journal, 2021, 418: 129191.

［13］ Gupta V, Alam F, Verma P, et al. Additive manufacturing enabled, microarchitected, hierarchically porous polylactic-acid/lithium iron phosphate/carbon nanotube nanocomposite electrodes for high performance Li-Ion batteries ［J］. Journal of Power Sources, 2021, 494: 229625.

［14］ Wu H, Liu Q, Guo S. Composites of graphene and LiFePO$_4$ as cathode materials for lithium-ion battery: A mini-review ［J］. Nano-Micro Letters, 2014, 6 （4）: 316-326.

［15］ Li F, Tao R, Tan X, et al. Graphite-embedded lithium iron phosphate for high-power-energy cathodes ［J］. Nano letters, 2021, 21 （6）: 2572-2579.

[16] Zhang W J. Structure and performance of LiFePO$_4$ cathode materials: A review [J]. Journal of Power Sources, 2011, 196 (6): 2962-2970.

[17] Jiang L L, Yan C, Yao Y X, et al. Inhibiting solvent co-intercalation in a graphite anode by a localized high-concentration electrolyte in fast-charging batteries [J]. Angewandte Chemie, 2021, 60 (7): 3402-3406.

[18] Edström K, Herstedt M, Abraham P. A new look at the solid electrolyte interphase on graphite anodes in Li-ion batteries [J]. Journal of Power Sources, 2006, 153 (2): 380-384.

[19] Agubra V A, Fergus J W. The formation and stability of the solid electrolyte interface on the graphite anode [J]. Journal of Power Sources, 2014, 268: 153-162.

[20] 丁晓, 薛金花, 陈振宇, 等. 磷酸铁锂电池性能衰退与容量预测模型研究 [J]. 电源技术, 2019, 43 (6): 1013-1016.

[21] Azzouz I, Yahmadi R, Brik K, et al. Analysis of the critical failure modes and developing an aging assessment methodology for lithium iron phosphate batteries [J]. Electrical Engineering, 2022, 104 (1): 27-43.

[22] 郭东亮, 陶风波, 孙磊, 等. 储能电站用磷酸铁锂电池循环老化机理研究 [J]. 电源技术, 2020, 44 (11): 1591-1593, 1661.

[23] Omar N, Monem M A, Firouz Y, et al. Lithium iron phosphate based battery—Assessment of the aging parameters and development of cycle life model [J]. Applied Energy, 2014, 113: 1575-1585.

[24] Ruiz V, Kriston A, Adanouj I, et al. Degradation studies on lithium iron phosphate-graphite cells. The Effect of Dissimilar Charging-Discharging Temperatures [J]. Electrochimica Acta, 2017, 240: 495-505.

[25] Li R, Wu JF, Wang HY, et al. Reliability assessment and failure analysis of lithium iron phosphate batteries [J]. Information Sciences, 2014, 259: 359-68.

[26] Ceraolo M, Lutzemberger G, Poli D, et al. Experimental evaluation of aging indicators for lithium-iron-phosphate Cells [J]. Energies, 2021, 14 (16): 4813.

[27] Jung D H, Kim D M, Park J, et al. Cycle-life prediction model of lithium iron phosphate-based lithium-ion battery module [J]. International Journal of Energy Research, 2021, 45 (11): 16489-16496.

[28] Sarasketa-Zabala E, Gandiaga I, Martinez-Laserna E, et al. Cycle ageing analysis of a LiFePO$_4$/graphite cell with dynamic model validations: Towards realistic lifetime redictions [J]. Journal of Power Sources, 2015, 275: 573-587.

[29] Ouyang D, Wang J. Experimental analysis on lithium iron phosphate battery over-discharged to failure [J]. IOP Conference Series: Earth and Environmental Science, 2019, 257: 012043.

[30] Liu X, Yin L, Ren D, et al. In situ observation of thermal-driven degradation and safety concerns of lithiated graphite anode [J]. Nature communications, 2021, 12 (1): 4235.

[31] Song Y Z, Song J, Zhang L, et al. Electrochemical preparation of lithium-rich graphite anode for LiFePO$_4$ battery [J]. High Energy Chemistry, 2020, 54 (6): 441-454.

［32］ Keil P, Schuster S F, Wilhelm J, et al. Calendar aging of lithium-ion batteries ［J］. Journal of the Electrochemical Society, 2016, 163 （9）: A1872-A1880.

［33］ 张明杰, 张坚, 杨凯, 等. 磷酸铁锂电池热失控过程中释放能量分析 ［J］. 电源技术, 2020, 44 （11）: 1583-1586, 1621.

［34］ Liu P, Liu C, Yang K, et al. Thermal runaway and fire behaviors of lithium iron phosphate battery induced by over heating ［J］. Journal of Energy Storage, 2020, 31: 101714.

［35］ 陈天宇, 高尚, 冯旭宁, 等. 锂离子电池热失控蔓延研究进展 ［J］. 储能科学与技术, 2018, 7 （6）: 1030-1039.

［36］ Feng X, Ren D, He X, et al. Mitigating thermal runaway of lithium-ion batteries ［J］. Joule, 2020, 4 （4）: 743-770.

第3章

储能用钛酸锂电池

3.1 钛酸锂电池概述

3.1.1 原理与材料体系

3.1.1.1 钛酸锂晶体结构与嵌锂机制

钛酸锂电池通常以钛酸锂（LTO）为负极，三元材料为正极，LTO 对电池性能起到决定性作用。LTO 具有稳定的尖晶石结构，其分子式为 $Li_4Ti_5O_{12}$，也可以变换为 $Li(Li_{1/3}Ti_{5/3})O_4$[1]。LTO 晶体结构空间群为 $Fd\bar{3}m$，晶格常数 a 为 0.8364nm，其晶体结构如图 3-1 所示[2]。O^{2-} 在 32e 位（红色圆球），形成 FCC 点阵；1/4 的 Li^+ 和 Ti^{4+} 共同占据绿色八面体间隙的 16d 位；其余的 Li^+ 占据蓝色四面体间隙 8a 位。在图 3-1a 中，LTO 的 Li^+ 扩散系数约为 $2\times10^{-8}cm^2/s$，比普通碳负极高一个数量级，在放电阶段，从正极脱出的 3mol Li^+ 嵌入到 1mol LTO 负极中，原 8a 位点的 Li^+ 和新嵌入的 Li^+ 均迁移到 16c 空位点，晶体结构转变为岩盐相的 $Li_7Ti_5O_{12}$（见图 3-1b），同时，16d 位点 60% 的 Ti^{4+} 被还原为 Ti^{3+}，化学反应方程式为

$$Li_4Ti_5O_{12}+3e^-+3Li^+\longrightarrow Li_7Ti_5O_{12} \quad (1.0\sim3.0V \ vs \ Li^+/Li)$$

$Li_4Ti_5O_{12}$ 嵌锂转化为 $Li_7Ti_5O_{12}$ 的理论容量是 175mAh/g，电压平台为 1.55V，在电压允许的条件下，剩余的 Ti^{4+} 可以继续被还原，嵌入的 Li^+ 进入到空的 8a 位点，生成 $Li_{8.5}Ti_5O_{12}$，此时的理论容量为 262mAh/g[3]。

3.1.1.2 钛酸锂的合成方法

LTO 有多种合成方法，例如固相法、溶胶-凝胶法、水热/溶剂热法等。不同的合成方法会对 LTO 的粒径大小、微观形貌、结构等产生影响，造成其在电化学性能上的差异。以下介绍文献中报道的几种合成方法。

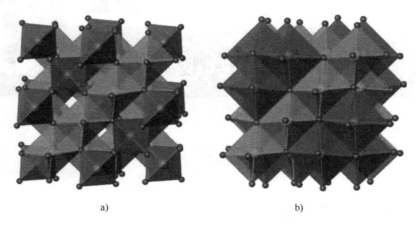

图 3-1 钛酸锂晶体结构示意图

a) $Li_4Ti_5O_{12}$ b) $Li_7Ti_5O_{12}$

1. 固相法

固相法是指通过研磨与高温煅烧，反应物固体颗粒间经接触、反应、成核、晶体生长等过程，生成最终产物的制备方法。高温固相法是一种传统的制备工艺，具有制备出的粉体颗粒无团聚、填充性好、成本低、产量大、制备工艺简单等优点，但也存在耗能大、效率低、粉体不够细、易混入杂质等缺点。高温固相法合成 LTO 负极材料一般以碳酸锂和二氧化钛为原料，按照 Li：Ti＝4：5 的化学计量比（考虑到高温下锂的挥发，通常锂源加入过量），球磨混合均匀，在高温气氛中煅烧数小时，得到 LTO 负极材料[4]。

Bai 等通过锐钛矿 TiO_2、Li_2CO_3 及 NH_4F 的固相反应，得到了 F 掺杂的 LTO 产物。制备过程为：将反应物原料分散在去离子水中，通过球磨机在 350r/min 转速下研磨混合 4h，烘干溶剂后在 800℃空气中煅烧 12h，之后在室温下退火。制备出的 $Li_4Ti_5O_{12-x}F_x$（$x＝0$，0.1，0.2，0.3）很好地保持了颗粒粒径的均匀性，其直径约为 $1\mu m$，$Li_4Ti_5O_{11.9}F_{0.1}$ 表现出突出的倍率性能和循环稳定性[5,6]。Li 等采用高温固相法合成 LTO/C 复合负极，方法为：以锐钛矿 TiO_2 和 Li_2CO_3 为原料，加入不同碳源，以丙酮为分散剂研磨混合均匀，之后在 850℃氩气气氛下预烧结 4h，研磨后再次在 850℃氩气气氛下煅烧 4h。以葡萄糖为碳源时，制备出的材料电化学性能最优，当葡萄糖含量为 2wt%时 LTO/C 复合负极表现出最高的比容量，且循环性能优异[7,8]。Hsiao 等通过固相法制备了介孔型和致密型 LTO 两种材料，并对比了两种材料在相同的充放电平台 0.5~2.5V、不同倍率下的电化学性能，发现介孔型 LTO 在 5C 时的比容量为 128mAh/g，而致密型 LTO 仅为 25mAh/g，表明介孔型 LTO 得益于更短的锂离子扩散路径、更大的接触表面积和较好的电子导电性，而展现出更加优异的电化学性能[3,9]。Michalska 等研究了研磨时间的长短对固相反应间的影响，结果表明，研磨时间长的 LTO 样品具有更小的晶格参数以及更好的电化学性能[3,10]。总体而言，影响高温固相法制备 LTO 的主要因素有原料的选择、原料混合的方式、研磨时间的长短、高温反应的温度，此外，反应物的摩尔比（$n(Li)/n(Ti)$）很大程度影响着产物的组成[3]。

2. 溶胶-凝胶法

溶胶-凝胶法主要是用含有高化学活性组分的化合物为原料，在液相条件下将原料均匀混合，经过水解、缩合等化学反应，在溶液中形成稳定的透明溶胶体系，溶胶经过陈化后在胶粒间缓慢聚合，形成具有三维网络结构的凝胶，凝胶经过干燥、烧结固化可制备出微米乃至纳米级的材料。溶胶-凝胶法制备 LTO，钛源一般选用钛酸丁酯，锂源一般选用醋酸锂或者氢氧化锂，加入柠檬酸、草酸、酒石酸等螯合剂制成溶胶-凝胶前驱体，再经干燥、煅烧之后得到目标 LTO 粉末[4]。

Zou 等采用溶胶-凝胶法制备 Cr 改性的 LTO，将 TBT、（CH_3COO）Li、$Cr(NO_3)_3$ 溶解于乙醇中，然后将去离子水逐滴滴加到上述溶液中，在 60℃下搅拌 2~3h，得到透明溶液。之后，将溶液在 80℃下干燥 10h 形成凝胶，最后依次在 400℃和 700℃下热处理，得到最终产物[5,11]。Feng 等通过传统的溶胶-凝胶法制备了嵌入到多壁碳纳米管（MWCNT）网络内的 Ce 掺杂 LTO/C 负极材料，合成过程是，首先将柠檬酸和 MWCNT 溶解在去离子水中，室温下搅拌 30min，之后将一定量的 Li、Ce、Ti 源加入到上述溶液中持续搅拌，混合均匀后在 70℃下加热干燥形成凝胶。前驱体在 90℃下干燥 12h，球磨 5h，得到的粉末在 800℃氩气中煅烧 18h，得到最终产物，其表现出良好的倍率性能和长循环稳定性[5,12]。Zhang 等采用改进后的溶胶-凝胶法制备 LTO 负极，具体过程为：使用双组分螯合剂（由柠檬酸和乙二胺四乙酸组成），以钛酸四丁酯（TBOT）和 Li_2CO_3 为反应物，经高温煅烧得到纳米 LTO 材料。LTO 纳米颗粒间无团聚，循环和倍率性能突出[7,13]。Hao 等通过溶胶-凝胶法研究了几种不同螯合剂（柠檬酸、乙酸、三乙醇胺及草酸）对 LTO 电化学性能的影响。研究发现，用三乙醇胺和柠檬酸做螯合剂合成得到的 LTO 容量更高，分别为 150mAh/g 和 137mAh/g，而用草酸和乙酸做螯合剂合成得到的 LTO 容量较低，只有 133mAh/g 和 117mAh/g[3,14]。

3. 水热/溶剂热法

水热/溶剂热法是在一个密封的压力容器中，以水或其他有机液体作为溶剂，加入锂源和钛源，经过高温高压条件下的反应，生成产物的一种制备方法。与其他的粉末制备方法相比，该方法制备的粉末样品具有晶粒生长完整、粒度细小且均匀，颗粒不易团聚的特点。通过改变实验条件，例如反应物种类、温度、时间等，可以合成具有不同微观形貌的产物。该方法对原料的要求不高，样品不需要经过高温煅烧处理，从而能够避免煅烧过程中造成晶粒长大、形成缺陷以及引入杂质，因而广泛应用于LTO合成[4,7]。

Cai等采用一锅法水热制备改性的片状LTO（2D Dy-B-LTO），合成过程为将钛酸丁酯加入无水乙醇中混合均匀，向其中滴加LiOH的水溶液，最后将$Dy(NO_3)_3 \cdot 5H_2O$加入到上述混合溶液中，搅拌混合2h后转移到100mL水热釜中，在180℃下反应24h，得到的产物$Li_{3.99}Ti_{4.98}Dy_{0.02}O_{12}$在20C下可获得181.8mAh/g的比容量[5,15]。水热法合成LTO通常以钛酸四丁酯为钛源，氢氧化锂或碳酸锂为锂源，在聚四氟乙烯内衬的不锈钢反应釜中，一定温度下反应数小时，最后经过煅烧制备得到纳米级LTO材料[4]。Zhou等使用过氧化氢辅助水热的方法，以相同的原料量合成含有不同比例的LTO/TiO_2复合材料，仅通过调节过氧化氢的量即可制备出不同比例的LTO/TiO_2复合材料。结果表明，过氧化氢能诱导更多的二氧化钛形成中间体$Li_{1.81}H_{0.19}Ti_2O_5 \cdot 2H_2O$，最终经过煅烧转变为LTO。添加4mL过氧化氢时所制备的样品具有最好的倍率性能和稳定性，与其他方法制备的样品的电化学性能相当，这种新颖简单的方法为材料大规模制备提供了可能[4]。水热/溶剂热法中，影响产物性质的因素有很多，比如，前驱体的制备温度、原料的添加顺序、pH值、溶剂的选取、辅助剂的选取、水热反应时间、热处理温度、热处理时间等。

4. 其他合成方法

共沉淀法主要是在原料溶解的状态下，将原料溶液混合，再向溶液中加入特定的沉淀剂，从而使溶液中的各组分沉淀出来的方法。该方法因具有制备工艺简单、成本低、制备条件易控制、合成周期短等优点被广泛应用。Liu等使用共沉淀法制备出Yb^{3+}和Sm^{3+}掺杂的$Li_4Ti_{5-x}Yb_xO_{12}$、$Li_4Ti_{5-x}Sm_xO_{12}$样品，Yb^{3+}的引入能够在抑制LTO晶体生长的同时提高导电性，Sm^{3+}的引入能够抑制样品团聚，还能够降低材料的电阻。Li等使用共沉淀法制备出CaF_2修饰的LTO材料，以研究氟化物修饰过程的反应机理。改性后，微米级的CaF_2晶体堆叠在LTO颗粒表面，不仅可以减少电极极化，而且可以部分抑制还原分解，形成更薄的SEI膜[4]。

喷雾干燥法也被用于LTO的合成，该方法操作简便，易于大规模生产，可制备出亚微米与微米级的材料。合成过程中可以通过喷雾干燥技术，在短时间内完成元素掺杂，反应物原料之间也可以获得良好的接触[5]。Park等利用喷雾干燥法辅助LTO的碳包覆，在前驱体材料的混合液中加入聚合物分散剂，经超声分散后喷涂在150℃的钛基板上，蒸发溶剂后煅烧得到最终产物[16]。该方法能将LTO粒径控制在100nm以下且形态均匀。Chang等采用喷雾干燥法，以TiO_2

为前驱体实现了 LTO 的大规模生产[17]。

此外，微波加热、静电喷涂、静电纺丝等方法也都被用于 LTO 负极材料的制备。

3.1.2　性能特点

3.1.2.1　钛酸锂的优缺点

近年来，LTO 作为储能电池的新型负极电极材料日益受到重视。LTO 的主要优点如下：

1) Li^+ 的嵌入和脱出过程中发生尖晶石结构（$Li_4Ti_5O_{12}$）和岩盐结构（$Li_7Ti_5O_{12}$）之间的两相变化，这两相间的晶体参数十分接近，变化程度小于 1%，LTO 因此被称为"零应变"电极材料，结构上的稳定性使得其具有超长的循环寿命[18]。

2) LTO 的嵌锂电位约为 1.55V（vs Li^+/Li），较高的嵌锂电位可以有效防止低温循环负极表面发生析锂现象，因此具有非常好的安全性能，满足人们对锂离子动力电池安全性日益增高的需求。

3) Li^+ 在材料体相中的扩散系数为 $2×10^{-8}cm^2/s$，比碳负极高一个数量级，因此大电流充放电能力要比碳负极出色[19]。

但 LTO 也存在以下一些缺点：

1) LTO 的嵌锂电位较高，理论容量较低，这对提高电池整体的能量密度是不利的，较高的电压也导致钛酸锂电池在化成时难以形成稳定致密的 SEI 膜，造成电池高温循环易发生产气现象[20]。

2) LTO 是一类半导体材料，材料本征的电子电导率非常低（$10^{-13}S/cm$），大大削弱了其大倍率充放电性能与低温性能，为提高 LTO 的导电性，通常采用纳米化的方法，这也增加了 LTO 的生产和加工成本，导致钛酸锂电池价格偏高。

3) 钛酸锂电池在循环与搁置期间都会出现严重的产气行为，在软包电池中表现尤为明显，产气不仅会造成电池容量的损失，还会带来安全隐患，研究产气的机理、过程、影响因素等问题对理解和改善钛酸锂电池的产气现象具有重要意义，本章将在 3.2 节中对该问题进行具体分析。

3.1.2.2　钛酸锂的改性方法

LTO 的改性方法主要包括表面包覆、元素掺杂、粒径尺寸调控等，通过这些方法可以提高 LTO 负极的电子导电性，促进锂离子的扩散。

1. 表面包覆

为了有效提高 LTO 的导电性，在其表面包覆一层导电性能较好的材料，使其均匀分散或包覆在 LTO 样品颗粒表面充当导电物质，可以明显降低材料的电荷转移阻抗并提升其电子电导率。用于表面包覆的材料主要有碳材料、金属单质、无机化合物、有机化合物等[4]。碳包覆是一种最常见的包覆方式，通常是在制备过程中加入碳源，进行高温处理，将碳源热分解，然后就会在钛酸锂的颗粒表面均匀包覆一层碳层。碳包覆还可有效地改善钛酸锂颗粒间的团聚现象，极大地降低颗粒尺寸，从而促进了倍率性能的提高。目前常用的固相碳源有蔗糖、葡萄糖、麦芽糖、乙炔、沥青等，气相碳源有甲烷、乙烷、乙烯等。可通过高温固相法、溶胶-凝胶法和水热法等方法实现钛酸锂的碳包覆[5]。

Wang 等用聚苯胺（PANI）为碳源，TiO_2 和 CH_3COOLi 分别作为钛源和锂源，制备出了表面具有导电性 Ti^{3+} 和碳层的钛酸锂材料，此法制得的钛酸锂材料具有较高的导电性，从而显示出较好的倍率性能[5,21]。Luo 等以葡萄糖作为碳源，采用水热法制备碳包覆的 LTO 纳米棒，碳包覆层厚度为 1~3nm。实验结果表明，产物在 10C 倍率下放电比容量为 92.7mAh/g[4]。Cheng 等采用热蒸汽分解法成功在 LTO 表面包覆了一层厚 3~5nm 的碳层，包覆后 LTO 的电子电导率提高到了 2.05S/cm，电池的倍率性能有明显改善，在 24C 的大电流下，其容量保持率高于 50%，而纯 LTO 仅为 29%。Wang 等采用球磨法制备 LTO 前驱体，干燥后直接固相烧结合成石墨包覆的 LTO，其在 12C 倍率下可逆容量达 102mAh/g，在 7C 下 300 周循环后，容量保持率高于 90%。Kellerman 等发现表面包覆对 LTO 的内部结构也有可能产生影响。在 800℃ 空气中煅烧锐钛矿 TiO_2、Li_2CO_3、Cr_2O_3、V_2O_5 的混合物制得 Cr-V 掺杂的 LTO，然后用体积比 40∶1 的氩气/乙炔混合气体处理该样品，发现乙炔不仅能在 LTO 颗粒表面形成碳包覆层，还能通过诱导锂从四面体 8a 位置向 16c 位置的空穴转移，使 LTO 的晶体结构发生变化，增加材料的导电性[22,23]。

除碳包覆外，Ag、Cu 等金属也可作为 LTO 表面包覆材料，利用金属良好的导电性，提高 LTO 的电子导电性能。Li 等用乙二醇和硝酸银作为前驱体，采用溶胶-凝胶法成功地将 Ag 包覆在 LTO 表面，当 Ag 含量为 5wt% 时，电池在 0.5C 下的比容量达 186mAh/g，并在 20C 下 100 周循环后获得超过 89% 的容量保持率[7,24]。

2. 元素掺杂

元素掺杂是提高 LTO 导电性的重要方法之一，这种方法主要是主要通过锂、钛和氧的位置掺杂离子到晶体结构中，部分 Ti^{4+} 转化为 Ti^{3+}，Ti^{4+}/Ti^{3+} 作为电荷补偿，增加了自由电子的数目，从而提高了 LTO 材料的内部电子电导率。多种离子都可以作为掺杂对象[4]，Li^+ 位常见的掺杂离子有：Na^+、K^+、Mg^{2+}、Ca^{2+}、Zn^{2+}、La^{3+} 等；Ti^{4+} 位常见的掺杂离子有：Fe^{3+}、Al^{3+}、Gd^{3+}、Sn^{4+}、Zr^{4+}、V^{5+}、Ta^{5+}、W^{6+} 等；O^{2-} 位常见的掺杂离子有：F^- 和 Br^-[5]。

Wang 等采用水热法制备了一系列 Ca^{2+} 掺杂的样品 $Li_{4-x}Ca_xTi_5O_{12}$（$x = 0$，0.1，0.15，0.2），掺杂后样品（111）晶面向低角度移动，说明 Ca^{2+} 的引入引

起了 LTO 的晶格膨胀，同时，为弥补电荷平衡，部分 Ti^{4+} 还原为 Ti^{3+}，$x = 0.2$ 时，最优样品在 20C 和 40C 的放电倍率下，比容量分别可达 151mAh/g 和 143mAh/g，在 20C 下循环 300 周后，容量保持率为 92%[3,25]。Yi 等通过固相法制备了 Zr 掺杂的 LTO 材料。实验结果表明，Zr 的掺杂可以使 LTO 材料的粒径减小，形貌均匀，粒径分布变窄。掺 Zr 的 LTO 材料的晶格参数略大于未掺杂材料，有利于锂离子的脱嵌，改善了 LTO 材料的循环与倍率性能[5,26]。Ni 等通过简单的液相沉积技术合成了 Br 掺杂的尖晶石 $Li_4Ti_5Br_xO_{12-x}$（$x = 0$，0.1，0.2，0.3，0.4），LTO 的晶格参数和颗粒尺寸随掺杂量的增加而增大，适量的 Br 掺杂能大大增强 LTO 的倍率性能，Br 在 O 位的部分取代，同样可以增强 Ti^{4+}/Ti^{3+} 的转变，从而提高材料的电导率，实验结果表明，$Li_4Ti_5Br_xO_{12-x}$ 表现出了更高的放电容量和更好的循环稳定性[3,27]。除了单一元素掺杂外，两种离子的共掺杂也可改善 LTO 的电化学性能。Wang 等采用传统的固相法实现了 Mg^{2+} 和 Zr^{4+} 的共掺杂，讨论了 Mg-Zr 共掺杂对 LTO 结构和电化学特性的影响，揭示了 Mg-Zr 共掺杂的协同作用。研究发现，Mg-Zr 共掺杂，使得 Li-O 键长增大，Ti-O 键长收缩，有助于降低 Li^+ 的扩散阻碍，提高材料的稳定性[3,28]。

3. 粒径尺寸调控

通过纳米化能将 LTO 材料粒径控制在 1～100nm 之间，这种方法可以缩短锂离子的扩散路径，减小离子扩散距离，同时使材料的比表面积显著增大，电解液能够更好地浸润电极材料。但比表面积增加也可能提高电极材料与电解液之间发生副反应的概率，降低材料的容量，此外，纳米化会造成 LTO 振实密度较低。

He 等采用三步水热法制备出一种由超薄纳米片组成的分层 LTO 负极，具有高达 $178m^2/g$ 的比表面积，显著提高了电极与电解液之间的接触面积，极大地缩短了锂离子扩散距离，采用该负极的电池呈现出优异的循环稳定性和倍率性能[3,29]。Lim 等以二甘醇为溶剂，采用水热法合成 LTO 纳米颗粒，其平均晶粒尺寸约为 15nm，比表面积为 $37.605m^2/g$，在 1C 下可逆容量接近 175mAh/g，在 30C 下可逆容量仍能保持在 159mAh/g，在 60C 大电流下也能获得高达 137mAh/g 的比容量，展现出了卓越的电化学性能[30,31]。Yu 等在 SiO_2 表面包覆一层 TiO_2，并与 LiOH 进行水热反应，最后在空气中烧结得到 LTO 空心球，在 20C 的大电流下可逆容量能保持在 104mAh/g[30,32]。Yagi 等通过水热法合成了钠离子嵌入的钛酸盐纳米管，将其洗涤烘干后在 LiOH 溶液中进行回流，得到 LTO 纳米管。其在 0.1C 下首次放电容量达到 170mAh/g，即使在 10C 下，容量也保持在 100mAh/g 以上，远高于传统固相法制备出的大粒径 LTO 样品[30,33]。Xi 等通过熔盐法合成了单晶 LTO 纳米棒，其在 0.1C 下的容量可达 176.4mAh/g，在 10C 和 20C 下的可逆比容量也可分别达到 113.7mAh/g 和 69.7mAh/g[30,34]。需要注意的是，虽然纳米材料较小的晶粒尺寸有助于提高其电化学性能，但晶粒尺寸并非越小越好，

Borghols 对比了 12nm 和 31nm 的 LTO 晶粒,发现 31nm 的 LTO 晶粒电化学性能明显优于 12nm 的样品,并认为过多的表面 Li 存储会引起表面结构重组,导致不可逆容量损失[30,35]。

3.1.3 产业化现状

3.1.3.1 行业标准

2014 年,钛酸锂材料行业国家标准 GB/T 30836—2014《锂离子电池用钛酸锂及其炭复合负极材料》发布,在标准中,规定了不含碳的钛酸锂负极材料 LTO 和炭复合钛酸锂负极材料 LTO@ C 的理化性能、电化学性能、磁性物质含量、残碱量、阴离子含量以及限用物质含量等相关的技术指标。不含碳的钛酸锂负极材料 LTO 分为三个类别,分别用 LTO-Ⅰ、LTO-Ⅱ、LTO-Ⅲ 表示,炭复合钛酸锂负极材料 LTO@ C 分为三个类别,分别用 LTO@ C-Ⅰ、LTO@ C-Ⅱ、LTO@ C-Ⅲ 表示,具体技术要求见表 3-1。

表 3-1 钛酸锂及其炭复合负极材料技术指标

技术指标		产品代号					
		LTO			LTO@ C		
		LTO-Ⅰ	LTO-Ⅱ	LTO-Ⅲ	LTO@ C-Ⅰ	LTO@ C-Ⅱ	LTO@ C-Ⅲ
理化性能	粒径 D_{50}/μm	0.5~10			0.5~10		
	水分含量/(mg/kg)	≤1000	≤1000	≤1500	≤1000	≤1500	≤2000
	pH 值	10.5±1.0			10.5±1.0		
	振实密度/(g/cm³)	≥1.00	≥0.95	≥0.90	≥0.90	≥0.80	≥0.70
	粉末压实密度/(g/cm³)	≥2.1	≥2.0	≥1.9	≥2.0	≥1.9	≥1.8
	真密度/(g/cm³)	≥3.4			≥3.1		
	BET 比表面积/(m²/g)	≤10			≤18		
	碳含量(%)	—			≤10.0		
	锂含量(除碳含量之外)(%)	6.0±1.0			6.0±1.0		
	铁含量/(mg/kg)	≤30	≤50	≤80	≤30	≤50	≤80
	晶体结构	符合 JCPDS 卡 00-049-0207			符合 JCPDS 卡 00-049-0207		
	锐钛型 TiO_2 峰强比 I_{101}/I_{111}	≤0.01			≤0.01		
	金红石型 TiO_2 峰强比 I_{110}/I_{111}	≤0.03			≤0.03		
电化学性能	首次不可逆比容量/(mAh/g)	≥165.0	≥160.0	≥155.0	≥165.0	≥160.0	≥155.0
	首次库仑效率(%)	≥93.0	≥92.0	≥90.0	≥94.0	≥93.0	≥92.0

（续）

技术指标		产品代号					
		LTO			LTO@ C		
		LTO- Ⅰ	LTO- Ⅱ	LTO- Ⅲ	LTO@ C- Ⅰ	LTO@ C- Ⅱ	LTO@ C- Ⅲ
磁性物质含量	（铁+铬+镍）/（mg/kg）	≤20			≤20		
残碱量	（CO_3^{2-} +HCO_3^- +OH^-）/（mg/kg）	≤800	≤1000	≤1200	≤800	≤1000	≤1200
阴离子含量	Cl^-/（mg/kg）		≤30			≤30	
	SO_4^{2-}/（mg/kg）		≤30			≤30	
限用物质含量	镉及其化合物/（mg/kg）		≤5			≤5	
	铅及其化合物/（mg/kg）		≤100			≤100	
	汞及其化合物/（mg/kg）		≤100			≤100	
	六价铬及其化合物/（mg/kg）		≤100			≤100	

注：首次可逆容量和首次库仑效率测试条件：充电限制电压为 2.5V，放电终止电压为 1.0V，充放电电流倍率为 1C。

3.1.3.2　钛酸锂材料产业化现状

目前，国内外能够生产钛酸锂材料的公司主要有以格力钛新能源股份有限公司、深圳贝特瑞新能源材料股份有限公司为代表的规模化量产企业，以及安徽科达和深圳周边的多家规模较小的钛酸锂生产厂家。国际上对钛酸锂材料研究及产业化方面比较领先的有格力钛控股的美国奥钛纳米科技公司、日本石原产业株式会社、日本大内新兴化学工业株式会社、英国庄信万丰公司等。以下以格力钛新能源股份有限公司为例，对其产业化现状进行介绍。

格力钛新能源于 2011 年收购了美国锂离子电池制造商奥钛纳米科技公司 53.6% 的股份，取得这家美国锂电池上市公司的控股地位，获得了奥钛公司在钛酸锂材料、钛酸锂电池制造技术及钛酸锂电池在电动汽车和储能方面应用的相关核心技术。北方奥钛纳米技术有限公司生产的纳米级钛酸锂材料具有以下特性：

1）纳米尺寸的晶粒：钛酸锂材料晶粒大小在纳米尺寸范围，纳米尺寸的材料减小了锂离子嵌入/脱嵌过程中材料所产生的应变，有利于提高材料的循环稳定性；同时，纳米尺寸的材料还可以有效地缩短电子和锂离子的传输路径，有利于减小电荷的传输阻抗，解决材料电子电导率低的问题，提高材料的快速充放电性能。

2）比表面积大：增大了电解液与电极之间的接触面积，提高了电化学反应速率，有利于提高材料的快速充放电性能。

　　3）球状形貌：在保持钛酸锂材料晶粒具有纳米尺寸的同时，通过造粒工艺获得微米级球状形貌的颗粒。这种材料形貌可以在保持纳米钛酸锂优良电化学性能的同时，有效地避免纳米电极材料在加工制造过程中普遍存在的压实密度低、极片厚度反弹率高等缺点。

　　国内外目前能够批量生产稳定钛酸锂材料的企业并不多，纳米钛酸锂材料的生产工艺对设备、环境控制要求较高，原材料质量要求也较高，所以生产成本仍相对较高。国内公司技术团队目前主要致力于原材料国产化开发、材料掺杂改性和加工性能提升、合成工艺路线优化，以及量产线产品直通率提升等方面的研究，随着钛酸锂材料应用市场需求量增加、材料技术发展以及未来原材料利用水平提高，有望推动钛酸锂全产业领域生产成本进一步降低。

3.1.3.3　钛酸锂电池产业化现状

　　目前行业内能够批量生产钛酸锂电池的厂家主要以格力钛新能源股份有限公司和日本东芝株式会社为代表，深圳博磊达、天津捷威、山东圣泉以及荣盛盟固利等公司也占有少部分市场份额。钛酸锂电池产品应用市场主要有电动车（巴士、轨道交通等）、储能（调频、电网质量、风电场等）及工业应用（港口机械、叉车等）。

　　格力钛新能源股份有限公司目前量产的钛酸锂电池产品按照应用需求分为功率型（见表 3-2）和能量型（见表 3-3），主要有 22Ah 和 33Ah 方形电池、70Ah 软包电池以及 9Ah、30Ah、35Ah、40Ah、45Ah 和 50Ah 圆柱电池等系列类型，可根据客户需求进行定制化产品开发。大容量圆柱电池采用全覆盖全集流体、中空中心管、三维立体多通道集流体、自约束卷绕等创新结构设计，解决了大倍率与散热兼顾、大电流与电解液通道兼顾等技术难点，产品具备 10C 以上的大倍率充放电能力，循环寿命超过 30000 周，已成功应用于快充型纯电动客车、混动客车、轨道交通、通信基站等领域。

表 3-2　功率型钛酸锂电池性能参数

产品名称	25Ah	30Ah	35Ah	40Ah	22Ah
标称电压/V	2.3	2.3	2.3	2.3	2.3
电池型号	圆柱 66160	圆柱 66160	圆柱 66160	圆柱 66160	方形 2717397
质量能量密度/(Wh/kg)	52	60	66	76	60
体积能量密度/(Wh/L)	82	98	112	128	112
最大充放电电流/A	250	300	350	400	330
循环寿命	16000	16000	25000	25000	16000

表 3-3　能量型钛酸锂电池性能参数

产品名称	30Ah	33Ah	45Ah	50Ah	100Ah	150Ah
标称电压/V	2.3	2.3	2.3	2.3	2.3	2.3
电池型号	方形	方形	圆柱	圆柱	方形	方形
质量能量密度/(Wh/kg)	67	65	82	88	83	87
体积能量密度/(Wh/L)	144	150	144	160	169	182
最大充放电电流/A	180	198	240	240	300	450
循环寿命	16000	16000	16000	16000	16000	16000

目前，钛酸锂电池在规模化应用中面临的主要问题是成本问题，钛酸锂电池价格居高不下，虽然性能显著优于现有锂离子电池，但是经济性因素限制了钛酸锂电池的市场推广。钛酸锂电池要实现大规模储能应用，需要在现有的电动汽车用钛酸锂电池的基础上进行技术性能改进，包括材料体系、电池设计、生产工艺等方面，在保证钛酸锂电池长寿命本征特性的同时，大幅降低成本，从而满足应用需求目标。

国内钛酸锂电池性能总体与国外差距不大，钛酸锂电池具有快速充电、长寿命、高安全和良好的低温特性等优点，除了新能源汽车领域，作为未来推动新能源产业发展的前瞻性技术，储能产业在新能源并网、新能源汽车、智能电网、微电网、分布式能源系统、家庭储能系统等方面都将发挥巨大作用。

3.2　钛酸锂电池在储能工况下的性能衰退

钛酸锂电池在热安全性能、低温性能、循环性能和倍率性能等方面具有明显优势[36-38]，能够较好地满足快充型电动汽车以及电力系统大规模储能等领域的应用需求，具有广阔的市场空间。目前阻碍钛酸锂电池在储能领域大规模商业化的主要原因是高温环境下电池会发生产气现象，严重影响到电池的寿命与安全[39-42]。

钛酸锂电池的产气原因存在争议，本节介绍钛酸锂电池在循环和搁置两种状态下的产气机理研究现状，分为非原位研究与原位研究两类。非原位研究关注电池在开始和终止两种状态下的参数变化，通常在电池经过循环或搁置以后对其进行拆解，分析产生的气体种类、产气量、电极结构与形貌等；原位研究关注电池中间状态的动态变化规律，利用特制的装置，在电池循环或搁置的过程中直接搜集产气信息。原位研究能实时采集数据，明确电池的动态产气过程，给钛酸锂电

85

池产气机理研究提供了新的思路，本节将结合具体的文献，对该部分进行详细介绍。

3.2.1 钛酸锂电池的循环产气机理

1. 非原位研究

目前，产业界普遍认为钛酸锂电池的胀气主要是材料自身容易吸水所导致的，但没有确切证据。学术界一般认为 LTO 受其充放电电压区间限制，无法像石墨负极一样形成稳定的固态电解质中间相（SEI 膜），因此 LTO 电极表面始终与电解液接触，造成产气问题的加剧。

从钛酸锂电池产生气体的种类来看，H_2 是主要的气体成分之一。有研究者认为电解液中残余的 H_2O 和 LTO 材料结晶水是产气的主要原因。Bernhard 等[43]研究了钛酸锂电池电解液中水含量与产气的关系，发现 H_2O 分解是 H_2 的主要来源，H_2O 分解产生的羟基与电解液溶剂反应生成 CO_2。Fell 等[44]研究了在电解液和电极材料中加入不同含量的重水 D_2O，分析了产气与重水 D_2O 含量的关系。结果表明，气体体积随 D_2O 含量呈线性变化，因此认为水的分解是产气的主要因素，而不是电解液的分解。Belharouak 等[45]认为产气是由电解水产生的。虽然电池的电压是可以发生电解水反应的，但从常规电池含水量和电池循环后 H_2 产气量的比较来看，电解水应当不是产生 H_2 的主要原因。

另一种观点认为，LTO 电极/电解液界面处溶剂分解是产气的主要原因。Liu 等[46]研究了钛酸锂电池不同类型电解液的产气行为，发现产生的气体种类不依赖于电极中的水分，而是电解液溶剂。Hoffmann 等[47]通过对不同溶剂组分的钛酸锂电池产气研究发现，绝大部分气体是在 LTO 表面溶剂分解产生的，而残留水分分解是气体形成的第二来源。吴凯等研究了钛酸锂电池循环后的产气情况，发现在可探测的气体组分中，H_2 在所有混合气体中占比超过 80%。为探究 H_2 产生的原因，吴凯等选用三元电池（$LiNi_{1/3}Co_{1/3}Mn_{1/3}O_2$ 正极/石墨负极）进行了对比试验，发现在不同的放电电压下，三元电池同样表现出了胀气现象，负极电压是 1.56V（与 LTO 接近），膨胀比例达到 141%，并且产生 H_2 的体积与 LTO 相同条件下产生 H_2 的体积也较为接近，结合气相色谱（GC）和红外光谱（IR）分析结果，提出了可能的电解液分解机制，认为 H_2 是由直链的碳酸酯溶剂分解产生的。

He 等[48]为了研究钛酸锂电池胀气的根本原因，设计了多组对比试验。在没有进行电化学测试的电池中（LTO 浸泡在溶剂或者电解液中），通过气相色谱测得气体中只有 CO_2，而循环的电池的气体成分有 H_2、CO_2、CO 及烷烃类气体，其中 H_2 超过了 50%。He 等同时测试了碳包覆的 LTO，发现碳包覆可以抑制产气，电池循环 400 周容量没有衰减，并且没有观测到电池膨胀[49]。由这一结果可以推断，在钛酸锂电池中 H_2 的产生不是由锂离子与少量 H_2O 或者 HF 的反应产生的。除 H_2O 和 HF 之外只有碳酸酯中的烷基含有 H，所以可能是 LTO 在循环过程中促进了烷基的脱氢反应从而产生 H_2。脱氢反应的中间产物进一步得到电子和锂离子发生脱羰反应生成 CO，另外 CO_2 也可得到电子而被还原生成 CO，反应机理如图 3-2 所示。

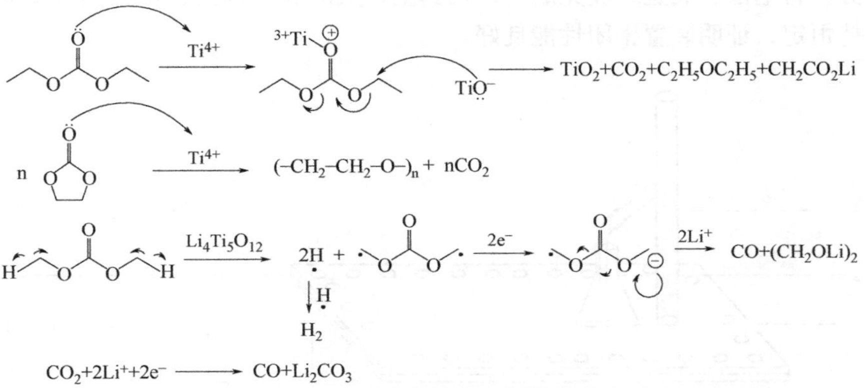

图 3-2　钛酸锂电池胀气反应机理[48]

2. 原位研究

为了获取实时胀气数据，动态研究钛酸锂电池胀气机理，Wang 等[50]设计了钛酸锂电池产气原位测量装置，以在线定量检测的方式重点研究了钛酸锂电池 55℃循环过程内部压力、胀气体积，以及各组分气体含量的变化规律，并推导了可能的产气反应，提出初期以 H_2O 分解为主，后续以电解液溶剂分解为主的混合型产气机理。以下介绍气体原位测量的设备原理、测试方法和产气机理分析。

（1）气体原位测量装置

根据气体状态方程（$PV=nRT$）可知，对于特定温度 T 下运行的电池，如果能够原位测量电池产气过程的实时体积 V 和压强 P，就可以计算出电池产气的实时总物质的量 n。通过气相色谱定时取样分析出气体组分的含量，可以计算出钛酸锂电池胀气过程中，任一气体组分的物质的量变化。这样就可以计算气体组分的生成速率和可能发生的产气反应。

Wang 等采用的电池产气原位测量装置如图 3-3 所示。借鉴排水法测量体积的方法，将待测钛酸锂电池样品放置于一个有机玻璃箱体内，箱体内部充满绝缘且高温不易挥发的硅油，电池胀气时，硅油被排出，通过称量硅油的重量，可计算出排出硅油的体积，即胀气的体积。为测算硅油挥发给实验带来的误差，将装有硅油的广口瓶放置在 85℃ 的环境中暴露 72h 后，实验前后重量损失小于 0.1%，说明本实验过程硅油挥发产生的误差可以忽略不计。由于整个实验在恒温箱内进行，硅油的温度基本保持恒定，由于温度变化产生的硅油体积变化误差较小，可以忽略。电池的导气管通过四通阀与压力传感器、气体采样口、真空阀连接，可随时记录电池内部压力，也可以通过气密针随时采取气体样品，分析气体组分。将电池和装置组装完成后，抽真空，关闭真空阀门，常温搁置 24h，压力保持恒定，证明装置密闭性能良好。

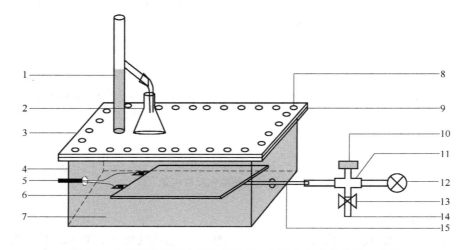

图 3-3 自制原位测量电池气体体积、压力和组分的装置示意图

1—排液管 2—锥形瓶 3—盖板 4—有机玻璃容器 5—电池充放电测试线 6—软包钛酸锂电池样品
7—绝缘液体 8—螺栓 9—硅胶垫 10—气体样品取样口 11—四通连接件 12—压力传感器
13—气体阀门 14—真空抽气口 15—导气管

设定环境温度后，静置 2h，保证整个装置和电池的温度与环境温度一致。对电池进行充放电循环，并开始记录实验时间、电池压力和产气体积变化。间隔一定时间采用气密针（1mL/10μL）取样 0.5mL，转移至气相色谱进行气体组分分析。该实验采用的电池正极是 3M 公司生产的 $LiNi_{1/3}Co_{1/3}Mn_{1/3}O_2$ 三元材料（NCM），负极是贝特瑞公司生产的亚微米级 LTO，电解液为 1mol/L $LiPF_6$ 的 EC+DMC（质量比为 1∶1）溶液，采用 Celgard 2500 聚丙烯隔膜。电池设计容量为 4.5Ah，厚度为 5mm，宽度为 130mm，长度为 170mm，通过排水法测得电池体积为 115mL（包含极耳及电池边缘铝塑膜）。电池封装时，在极耳对侧预留气体导管，并用橡胶帽密封，该导管具有电池注液、抽真空和气体样品采集等作用。

（2）高温循环产气行为原位研究

钛酸锂电池胀气过程气体的体积、压力将会发生变化，气体组分可能也会发生改变。在线同时测量胀气的体积、压力以及气体组分含量的变化，推导出可能的产气反应，是准确阐述钛酸锂电池胀气机理的关键。图 3-4 是电池产气原位测量装置记录的钛酸锂电池在 55℃下，1C 电流充放电循环过程中，电池产气体积、电池体积膨胀率和电池内部压力随测试时间的变化曲线。从胀气体积随时间的变化曲线图中可以看出，整个胀气过程可以分三个阶段：

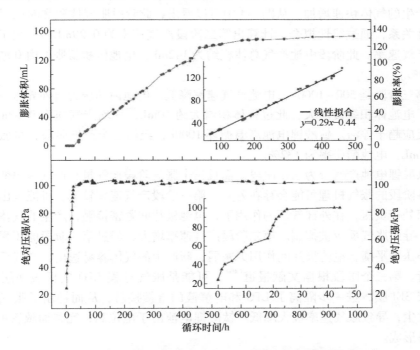

图 3-4　55℃下 1C 循环过程，电池胀气体积、体积膨胀率和电池内部压力随时间变化的曲线

第一阶段是产气初始阶段的 0~25h，结合电池内部压力随时间变化曲线图可以发现，这一阶段气体产生主要表现为电池的内压增大。由于电池内部压力仍然小于电池外部的压力，因此此阶段电池的体积没有发生变化。在电池高温循环之前，采用先抽真空、后补充定量氩气至常压的方法，测得电池内部、排气管和四通阀等部件的总体积为 1.3mL。通过气体状态方程，可计算出在胀气第一阶段，电池内压由 22kPa 增大到 100kPa 过程中，产气量约为 1.0mL，因此第一阶段 25h 内，平均产气速率为 0.04mL/h。此阶段产气过程伴随电池内部组件由紧密接触转化为非紧密接触，负极与电解液活性界面被气体层隔离，严重影响了锂离子的迁移，导致容量快速下降。同时，由于此阶段电池内压仍然小于电池外部压力，电池内部组件间仍然存在接触力，与电池外部施加压力效果类似，有效抑制内部气体的自由逸出，因此此阶段产气速率相对较小。

第二阶段是 25~500h，电池内部压力与外界压力平衡，电池产气反应也达到稳定状态，电池产气速率保持恒定。此过程的主要特点是，电池压力基本保持稳定，仅在微小范围内出现波动，这可能与电池充放电产热有关；电池体积不断膨胀，产生的气体快速增加。从图 3-4 中可以看出，此阶段胀气体积和时间呈良好的线性关系，通过线性拟合，计算出第二阶段产气速率为 0.29mL/h，大于第一阶段产气速率。此阶段电池产气总体积约为 142mL，电池体积膨胀率由 0 增大到约 120%。

第三阶段是 500~1000h，电池产气速率降低，电池内部压力与外界压力仍然平衡，电池体积缓慢增大，此过程体积增大约 10mL，平均产气速率 0.02mL/h，胀气反应趋于停滞。钛酸锂电池高温循环 1000h，经历三个产气阶段，总胀气量为 152mL，电池膨胀率为 132%。

钛酸锂电池产气分为三个阶段，而且三个胀气阶段产气量和产气速率变化较大，各阶段的胀气机理可能会存在差异。第一阶段产气速率较低，可能是由于电池内部处于负压，在外部气压的作用下，电池极片间紧密接触，产生的气体不易逸出，导致胀气反应被抑制。第二阶段产气速率增大，经过第一阶段的积累，电池内外压力平衡，电池极片间作用力减弱，新产生的气体容易逸出，产气反应持续进行。第三个阶段根据文献报道[49]，可能是胀气过程 LTO 负极表面缓慢生成一层 SEI 膜，进一步隔离了 LTO 和电解液的直接接触，从而抑制了胀气副反应的发生，导致胀气速率极大降低。钛酸锂电池由于电位高，完整而致密的 SEI 膜不易形成。

在原位定量测量钛酸锂电池胀气体积和内压的同时，对钛酸锂电池长寿命周期内，不同时间点的胀气组分和含量也进行了 GC 分析。表 3-4 是钛酸锂电池各胀气组分含量随电池循环时间的变化，从表中可以看出，胀气各气体组分以 H_2 和 CO_2 含量最大，两者总计占总气体量的 85% 以上；C_2H_4 和 CO 次之；甲烷和乙烷含量最小，均不到 1%。值得注意的是，在钛酸锂电池整个胀气过程中，H_2 的含量逐渐降低，最初在各气体组分中含量最高，由 48.64% 经 553h 后下降到 19.35%。与此同时，CO_2 组分含量逐渐升高，由最初的 40.11%，经过 553h 后上升到 66.88%，成为气体中含量最高的组分。气体组分趋势性变化规律表明，钛酸锂电池胀气现象在最初阶段和后续过程存在不同的产气机理，初始阶段以 H_2 产生为主，后续过程以 CO_2 为主。

表 3-4 钛酸锂电池各胀气组分含量（％）随电池循环时间的变化

电池循环时间/h	H_2	CO_2	CO	CH_4	C_2H_4	C_2H_6
75	48.64	40.11	4.99	0.58	5.21	0.48
135	36.18	51.28	5.10	0.78	5.86	0.40
205	28.87	58.84	5.13	0.82	6.05	0.30
278	23.58	63.15	5.21	0.79	6.32	0.95
427	21.16	66.10	4.90	0.85	6.37	0.62
510	19.82	65.75	5.80	0.90	7.08	0.65
553	19.35	66.88	5.62	0.93	6.76	0.46

（3）循环产气机理分析

通过 GC 分析，已经知道钛酸锂电池胀气不同时间点的组分和含量，如果能计算出不同气体组分的生成速率，可反向推导出气体生成反应。首先把某一时间点的胀气总体积 V 和压强 P，代入理想气体状态方程式（3-1），计算出该时间点总胀气物质的量 n；然后将某一气体组分含量 φ_i 代入式（3-2），计算出该时间点该气体组分物质的量 n_i，进而计算出该气体组分的生成速率。其中 V 是某时间点胀气总体积，P 是该时间点的压强，T 是环境温度，R 是气体状态常数。

$$PV = nRT \tag{3-1}$$

$$n_i = n\varphi_i \tag{3-2}$$

图 3-5 是高温循环过程该时间段内，LTO 胀气各气体组分物质的量随时间的变化曲线。从图中可以看出，在该时间段内，各组分物质的量均发生类似线性增长，增长速度由高到低的气体组分依次为 CO_2、H_2、C_2H_4、CO、CH_4 和 C_2H_6。在反应的初始阶段也可以发现，H_2 的物质的量最大，由于 CO_2 的增长速率较快，在较短的时间内 CO_2 的物质的量超越 H_2 的物质的量。对图 3-5 中各曲线进行线性拟合得到直线的斜率，即各气体组分的生成速率，进行归一化处理后，得到各气体组分生成速率比例，见表 3-5。进一步分析发现，钛酸锂电池高温循环过程，在 75～553h 时间段内持续稳定地发生产气反应，各气体组分均以固定的速率保持增长，这与以石墨为负极的锂离子电池差异很大，石墨基锂离子电池化成后，会生成致密的 SEI 膜阻止产气副反应持续发生。

表 3-5 钛酸锂电池 55℃循环 75～553h 时间段各气体组分生成速率比例

气体组分	气体生成速率/（μmol/h）	速率比值
CO_2	6.74	74.9
H_2	1.19	13.2

（续）

气体组分	气体生成速率/(μmol/h)	速率比值
C_2H_4	0.56	6.2
CO	0.54	6.0
CH_4	0.09	1.0
C_2H_6	0.09	1.0

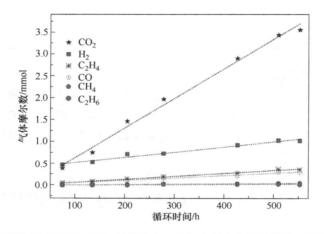

图3-5　高温循环过程75~553h时间段内，各气体组分物质的量随时间变化的曲线

图3-6是钛酸锂电池高温下可能发生的产气反应方式。基于各气体生成速率的分析，Wang等推导了生成速率较大的 CO_2、H_2、CO 和 C_2H_4 等气体组分生成反应（见图3-6）。生成速率较小的 CH_4 可能主要来源于链状酯 DMC 的裂解反应；C_2H_6 可能来源于氢自由基和 C_2H_4 的加成反应[51]。

钛酸锂电池胀气中 H_2 气有两个来源分两个阶段产生，初始阶段主要来源于电池内部残留水分的分解[44]；后续阶段来源于水分解产生的 OH^- 和 Ti^{4+} 协同催化链状酯脱氢反应[52]，如图3-6反应式（b）、（c）和（d）所示。由此可见，钛酸锂电池中残留水的影响并不是初始阶段分解产生 H_2 后就会停止，而是影响整个胀气过程，因此对于钛酸锂电池生产过程控制水分非常重要。

在 Ti^{4+} 催化下，LTO 和电解液的界面发生的环状酯脱羧分解反应，是 CO_2 的主要来源。C_2H_4 和 CO 的生成机理如图3-6反应式（f）和（g）所示[51]。在钛酸锂电池高温循环 75~553h 时间段内，CO_2 保持 6.74μmol/h 生成速率不变，大于 H_2 的 1.19μmol/h 生成速率，然而在 75h 的气体组分含量分析中 H_2 的却最高，这也说明了在钛酸锂电池胀气最初阶段和后续阶段，存在不同的产气机理。

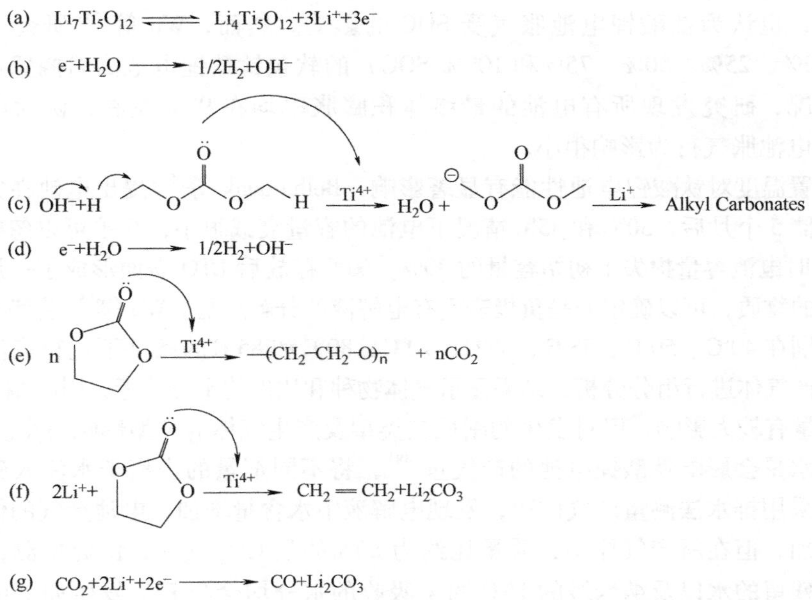
(a) Li7Ti5O12 ⇌ Li4Ti5O12+3Li++3e−
(b) e−+H2O ⟶ 1/2H2+OH−
(c) OH−+H
Ti4+
H2O+
Li+
Alkyl Carbonates
(d) e−+H2O ⟶ 1/2H2+OH−
(e) n
Ti4+
+ nCO2
(f) 2Li++
Ti4+
CH2 = CH2+Li2CO3
(g) CO2+2Li++2e− ⟶ CO+Li2CO3

图 3-6　钛酸锂电池可能发生的产气反应

初始阶段 H_2 生成速率大于 CO_2 生成速率，图 3-6 反应式（b）和（d）的速率之和大于图 3-6 反应式（e）的反应速率。随着电池中残留的水分解完成，CO_2 生成速率大于 H_2 生成速率，从而 CO_2 含量很快超过 H_2 含量。

3.2.2　钛酸锂电池的搁置产气机理

1. 非原位研究

一般锂离子电池所选用的电解液体系是 $LiPF_6$/EC：EMC，其中 $LiPF_6$ 在电解液中存在如下平衡：

$$LiPF_6 \longrightarrow Li^+ + PF_6^- \longleftrightarrow LiF + PF_5$$

PF_5 是一种很强的酸，PF_5 引起碳酸酯类的分解以及 PF_5 与微量水的反应，均被认为是钛酸锂电池产气的原因。为研究 $LiPF_6$ 对电池产气的作用，Liu 等[53] 将 LTO 浸泡在纯有机溶剂，以及含 1mol/L $LiPF_6$ 的有机电解液中，搁置 3 个月后发现 LTO 在没有 $LiPF_6$ 的 DEC 中浸泡产生 CO_2 的量要多于浸泡在 1mol/L $LiPF_6$/DEC 电解液中的，证明 $LiPF_6$ 并没有促进产气反应，钛酸锂电池胀气并非由 PF_5 或 HF 催化产生。

钛酸锂电池搁置产气的影响因素较多，目前的研究也存在一些分歧。对于电池荷电状态（SOC）是否会影响钛酸锂电池高温搁置过程的产气速率，文献报道的研究结论是不一致的。He 等[54]原位研究表明不同的气体组分在不同的电位区间生成，也认为钛酸锂电池胀气受 SOC 的影响。然而，Wu 等[55]研究了不同 SOC（0%、25%、50%、75%和100% SOC）的软包钛酸锂电池高温搁置过程的胀气情况，研究发现所有电池的最终体积膨胀率均在 97%左右，认为电池的 SOC 对电池胀气行为影响很小。

搁置温度对钛酸锂电池性能有显著影响，Belharouak 等[56]提出电池在完全充电态存储 5 个月后，30℃和 45℃情况下电池的容量衰减很小，几乎可以忽略，但在 60℃时电池容量损失了初始容量的 30%，60℃存放后 LTO 表面形成了一层几十纳米厚的物质，可以确定的是负极表面有电解液的分解产物。Wu 等[57]将满充电的电池分别在 40℃、50℃、55℃、60℃、70℃、80℃和 85℃的条件下进行高温搁置并对所产气体进行组分分析，结果显示气体物种和比例均十分接近，因此搁置温度对产气量有较大影响，但对发生的副反应类型及产生气体的类型影响很小。

含水量会影响钛酸锂电池的产气量[48]，将不同剂量的去离子水注入到电解液中，采用排水法测量产气体积，发现电解液中水含量增加，电池产气的体积也随之增加，但在所产气体中，质量比约为 80%的是 CO_2 气体，由此推测，电解液里面残留的水以及纳米级的 LTO 粉末吸收的水分均会与 PF_6^- 发生如下所示的化学反应：

$$H_2O+LiPF_6 \longrightarrow POF_3+LiF+2HF$$

POF_3 是一种很强的 Lewis 酸，易催化碳酸酯溶剂分解，但是所产生的气体主要成分是 CO_2。

吴凯等[58]研究了不同充电深度下钛酸锂电池的产气情况，发现电池胀气的比例均保持在 97%左右，与充电深度无关。这种对充电深度不敏感的现象可能与 LTO 的放电曲线是平台有关。不同的电解液溶剂体系对产气有一定影响，通过对比采用 DMC、DEC、EMC、EC/DMC、PC/DMC、PC/DEC、PC 溶剂时钛酸锂电池的产气情况发现，在 PC/DMC（1:1）相互作用下，胀气比例最小，只有 50%。可能的机理是直链状碳酸酯类溶剂的分解产物除了 H_2 之外还有一些可溶性物质，而环状碳酸酯类溶剂发生还原反应的产物主要是烷烃及一些不溶性物质。这些不溶性物质会在 LTO 电极表面沉积。这种表面沉积物可以部分地阻隔电极与电解液的接触，从而可以部分地抑制 Ti 的催化作用。当选用 PC/DMC（1:1）溶剂时，两者协同作用，似乎可以在 LTO 表面形成相对有效的保护膜。

2. 原位研究

为了研究 SOC 对钛酸锂电池胀气过程的影响，Wang 等利用图 3-3 所示的装置，将不同 SOC 的钛酸锂电池在 55℃下搁置，原位研究不同 SOC 的钛酸锂电池的胀气行为。图 3-7 是 0%、50%和 100% SOC 钛酸锂电池样品 55℃搁置过程中，胀气体积（包括电池体积膨胀率）和电池内部压力在 2000h 内的变化曲线。不同 SOC 的钛酸锂电池胀气体积和内部压力的变化趋势非常接近。整个胀气过程，可以分为两个阶段。第一阶段是 0~70h，电池体积不变，随着气体的产生，电池内部压力逐渐增大。第二阶段是 70~2000h，电池内外压力平衡，随着气体的产生，电池的体积不断增大，但是电池的产气速率逐渐降低，直到最后产气反应趋于停止。

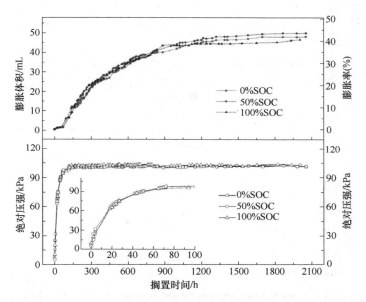

图 3-7　不同 SOC 的钛酸锂电池 55℃搁置过程，胀气体积和压力随时间变化的曲线

不同 SOC 的钛酸锂电池 55℃搁置 2000h，电池的胀气体积比较接近，0% SOC 的电池胀气总体积为 48.00mL，体积膨胀率为 41.7%；50% SOC 的电池胀气总体积为 49.80mL，膨胀率为 43.3%；而 100% SOC 的电池胀气总体积为 46.47mL，膨胀率为 40.4%。因此钛酸锂电池高温搁置过程，电池产气体积受电池的 SOC 影响不大。

图 3-8 是钛酸锂电池 55℃搁置过程中不同 SOC 的电池胀气组分随时间的变化曲线。图 3-8a 对应的电池状态是 0% SOC，电池产气组分包括 H_2、CO、CH_4、CO_2、C_2H_4 和 C_2H_6。产气初始阶段以 H_2 为主，但是随着实验时间的延长，产气反应持续进行，H_2 的含量逐渐降低，由起始阶段的约 50% 下降到 2000h 的 25% 左右。而整个过程 CO_2 的含量逐渐升高，由 25% 上升到 50% 左右。其他气体组分变化相对较小，CO 含量缓慢下降，CH_4、C_2H_4 和 C_2H_6 则缓慢增加。整个产气过程可以分为两个阶段：第一个阶段以 H_2 生成为主，这个过程在产气反应的初始阶段，而且时间较短；第二个阶段是以 CO_2 的生成为主。

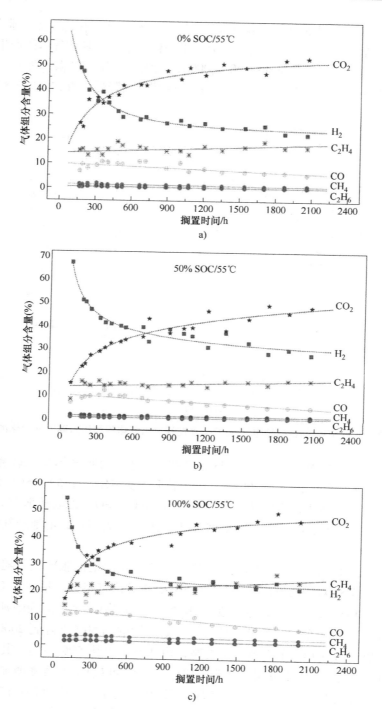

图 3-8　不同 SOC 的钛酸锂电池 55℃搁置过程中胀气组分随时间的变化曲线

图 3-8b、c 分别对应的电池状态是 50% SOC 和 100% SOC，其胀气组分含量和对应的变化趋势一致，气体组分均为 H_2、CO_2、CO、CH_4、C_2H_4 和 C_2H_6，各胀气组分的变化趋势也非常接近，以 H_2 和 CO_2 为主，搁置过程中 H_2 组分含量逐渐减小，CO_2 含量逐渐升高。因此钛酸锂电池高温搁置过程，胀气行为受 SOC 影响较小。SOC 主要影响 Ti^{4+} 的含量，LTO 表面微量的 Ti^{4+} 就可催化电解液分解正常进行[55]。

3.3　应用案例

1. 乌拉特发电厂储能辅助 AGC 调频项目

乌拉特发电厂位于内蒙古自治区巴彦淖尔市乌拉特前旗，发电厂通过建设配套电池储能系统辅助机组进行 AGC 调频，大幅度提升机组综合性能指标，获取辅助调频收益，项目建设装机容量为 10MW/4MWh，首次大规模采用高倍率全钛酸锂储能系统。

乌拉特前旗地区每年有 5 个月平均气温位于 0℃ 以下，极端最低气温为 -30.8℃，该项目利用钛酸锂电池的宽温性能及耐低温特性，有效降低储能系统辅助用电量，整体提升系统效率。格力能源公司在乌拉特发电厂储能调频电站顺利通过 168h 试运行，期间各系统运行稳定，各项运行指标优良，机组 AGC 综合性能指标显著提升，为乌拉特发电厂扭亏增盈做出贡献，同时为蒙西电网提供优质高效的 AGC 调节服务。

2. 国电投（珠海横琴）热电有限公司电池储能系统项目

珠海横琴岛多联供燃气能源站项目（简称横琴热电厂）地处珠海市南部横琴岛的小横琴山西侧。电厂一期新建的 2×390MW 燃气-蒸汽联合循环机组于 2015 年正式投产。为进一步确保机组在应对抗灾应急能力，灾害条件下厂网协同保障对澳门供电，横琴热电厂规划在厂内配套#1、#2 机组建设储能系统，通过应用储能系统联合机组开展电网 AGC 调频辅助服务的同时，储能系统作为机组在恶劣天气下的黑启动电源，进一步提升保电能力。

通过对市面现有技术路线的调研与设计，项目最终决定采用"钛酸锂+磷酸铁锂"的方案，主要通过磷酸铁锂系统充当短时的功率支撑，钛酸锂负责全过程的功率配套调节，从而减少磷酸铁锂系统的磨损，相对延长磷酸铁锂系统的寿命周期。配置储能系统规模为 22MW/20.49MWh，分为 12MW 和 10MW 两个子系统，接入电厂#1 和#2 机组高厂变 6kV 母线 A 段或 B 段备用间隔，可分别为 #1、#2 机组提供调频辅助服务，或同时输出 22MW 为#1 或#2 机组提供调频辅助服务。该储能系统将显著提升机组 AGC 调频辅助服务能力，通过为电网提供优质高效的 AGC 调频辅助服务，避免 AGC 考核并获得补偿经济收益。同时作为机组在恶劣天气的黑启动电源，保障横琴热电厂供电可靠性。

3.4 本章小结

钛酸锂电池通常以钛酸锂 $Li_4Ti_5O_{12}$（LTO）为负极，三元材料为正极，LTO 对电池性能起到决定性作用。LTO 有多种合成方法，例如固相法、溶胶-凝胶法、水热/溶剂热法等，不同的合成方法会对 LTO 的粒径大小、微观形貌、结构等产生影响。LTO 晶体结构稳定，具有超长的循环寿命，其嵌锂电位较高，可以有效防止低温循环负极表面发生析锂现象，具有优异的安全性能，Li^+ 在 LTO 体相中的扩散系数比碳负极高一个数量级，大电流充放电性能突出。钛酸锂电池在循环和搁置过程中的产气现象阻碍了其在储能领域的大规模应用，关于电池产气的机理，目前的研究存在一定的分歧。非原位研究主要有两种结论，一种认为电解液中残余的水和 LTO 材料结晶水是产气的主要原因，另一种认为 LTO 电极/电解液界面处溶剂分解是产气的主要原因；原位研究则提出初期以 H_2O 分解为主，后续以电解液溶剂分解为主的混合型产气机理。

在产业化方面，纳米钛酸锂材料的生产工艺对设备、环境控制要求高，同类型原材料标准要求较高，所以生产成本相对较高，经济性因素限制了钛酸锂电池的市场推广，国内外能够批量生产稳定钛酸锂材料的企业并不多，国内公司技术团队目前主要致力于原材料国产化开发、材料掺杂改性和加工性能提升、合成工艺路线优化，以及量产线产品直通率提升等方面的研究。在应用方面，钛酸锂电池要实现大规模储能应用，需要在现有的电动汽车用钛酸锂电池的基础上进行技术性能改进，目前钛酸锂电池储能系统已开展辅助 AGC 调频服务，尤其是在高寒环境与恶劣天气条件下，钛酸锂可发挥低温特性和倍率优势。

参 考 文 献

[1] Ohzuku T, Ueda A, Yamamoto N. Zero-strain insertion material of Li $[Li_{1/3}Ti_{5/3}]O_4$ for rechargeable lithium cells [J]. Journal of the Electrochemical Society, 1995, 142 (5): 1431-1435.

[2] Sorensen E M, Barry S J, Jung HK, et al. Three-dimensionally ordered macroporous $Li_4Ti_5O_{12}$: effect of wall structure on electrochemical properties [J]. Chemistry of Materials, 2006 (18): 482-489.

[3] Hou L N, Qin X, Gao X J, et al. Zr-doped $Li_4Ti_5O_{12}$ anode materials with high specific capacity for lithium-ion batteries [J]. Jouranl of Alloy and Compounds, 2019, 774: 38-45.

［4］　Yan G, Xu X, Zhang W, et al. Preparation and electrochemical performance of P^{5+}-doped $Li_4Ti_5O_{12}$ as anode material for lithium-ion batteries ［J］. Nanotechnology, 2020, 31: 205402.

［5］　Kong X Z, Li D L, Wang Z Y, et al. Effect of W-doping on electrochemical performance of $LiNiO_2$ cathode for lithium-ion batteries ［J］. Chinese Journal of Inorganic Chemistry, 2019, 35: 1169-1175.

［6］　Hsiao K C, Liao S C, Chen J M. Microstructure effect on the electrochemical property of $Li_4Ti_5O_{12}$ as an anode material for lithium-ion batteries ［J］. Electrochimica Acta, 2008, 53: 7242-7247.

［7］　Kong W Q, Yu J Y, Shi X R, et al. Encapsulated red phosphorus in rGO-C_3N_4 architecture as extending-life anode materials for lithium-ion batteries ［J］. Journal of the Electrochemical Society, 2020, 167: 060518.

［8］　Wang L, Shan Y, Liang G C, et al. Enhanced electrochemical performance of $Li_4Ti_5O_{12}$/C composite prepared by solid-state method ［J］. Advanced Materials Research, 2012, 427: 38-44.

［9］　Bai X, Li W, Wei A J, Chang Q, et al. Preparation and electrochemical performance of F-doped $Li_4Ti_5O_{12}$ for use in the lithium-ion batteries ［J］. Solid State Ionics, 2018, 324: 13-19.

［10］　Zou H L, Liang X, Feng X Y, et al. Chromium-modified $Li_4Ti_5O_{12}$ with a synergistic effect of bulk doping, surface coating, and size reducing ［J］. ACS Applied Materials & Interfaces, 2016, 8: 21407-21416.

［11］　Michalska M, Krajewski M, Ziolkowska D, et al. Influence of milling time in solid-state synthesis on structure, morphology and electrochemical properties of $Li_4Ti_5O_{12}$ of spinel structure ［J］. Powder Technology, 2014, 266: 372-377.

［12］　Venkateswarlu M, Chen C H, Do J S, et al. Electrochemical properties of nano-sized $Li_4Ti_5O_{12}$ powders synthesized by a sol-gel process and characterized by X-ray absorption spectroscopy ［J］. Journal of Power Sources, 2005, 146 (1/2): 204-208.

［13］　Zhang C M, Zhang Y Y, Wang J, et al. $Li_4Ti_5O_{12}$ prepared by a modified citric acid sol-gel method for lithium-ion battery ［J］. Journal of Power Sources, 2013, 236: 118-125.

［14］　Cai Y J, Huang Y D, Jia W, et al. Two-dimensional dysprosium-modified bambooslip-like lithium titanate with high-rate capability and long cycle life for lithium-ion batteries ［J］. Journal of Materials Chemistry A, 2016, 4 (45): 17782-17790.

［15］　Hao Y J, Lai Q Y, Lu J Z, et al. Influence of various complex agents on electrochemical property of $Li_4Ti_5O_{12}$ anode material ［J］. Journal of Alloys and Compounds, 2007, 439 (1): 330-336.

［16］　Kong D, Ren W, Luo Y, et al. Scalable synthesis of graphene-wrapped $Li_4Ti_5O_{12}$ dandelion-like microspheres for lithium-ion batteries with excellent rate capability and long-cycle life ［J］. Journal of Materials Chemistry A, 2014, 2 (47): 20221-20230.

［17］　Zhang Z, Li G, Peng H, et al. Hierarchical hollow microspheres assembled from N-doped carbon coated $Li_4Ti_5O_{12}$ nanosheets with enhanced lithium storage properties ［J］. Journal of Materials Chemistry A, 2013, 1 (48): 15429-15434.

[18] Ferg E, Gummow R J, Kock A D, et al. Spinel anodes for lithium-ion batteries [J]. Journal of the Electrochemical Society, 1994, 141: L147-L150.

[19] Wu K, Yang J, Liu Y, et al. Investigation on gas generation of $Li_4Ti_5O_{12}/LiNi_{1/3}Co_{1/3}Mn_{1/3}O_2$ cells at elevated temperature [J]. Journal of Power Sources, 2013, 237: 285-290.

[20] Chen Z H, Belharouak I, Sun Y K, et al. Titaniumbased anode materials for safe lithium-ion batteries [J]. Advanced Functionl Materials, 2013, 23: 959-969.

[21] Wang Y, Liu H, Wang K, et al. Synthesis and electrochemical performance of nano-sized $Li_4Ti_5O_{12}$ with double surface modification of Ti (Ⅲ) and carbon [J]. Journal of Materials Chemistry, 2009, 19 (37): 6789-6795.

[22] Abouimrane A, Belharouak I, Amine K, et al. Sulfone-based electrolytes for high-voltage Li-ion batteries [J]. Electrochemistry Communications, 2009, 11 (5): 1073-1076.

[23] Kellerman D G, Gorshkov V S, Shalaeva E V, et al. Structure peculiarities of carbon-coated lithium titanate: Raman spectroscopy and electron microscopic study [J]. Solid State Sciences, 2012, 14 (1): 72-79.

[24] Li J, Huang S, Xu S J, et al. Synthesis of spherical silver-coated $Li_4Ti_5O_{12}$ anode material by a sol-gel-assisted hydrothermal method [J]. Nanoscale Research Letters, 2017, 12 (1): 576.

[25] Wang L, Zhang Y M, Guo H Y, et al. Structural and electrochemical characteristics of Ca-doped "flower like" $Li_4Ti_5O_{12}$ motifs as high-rate anode materials for lithium-ion batteries [J]. Chemistry of Materials, 2018, 30: 671-684.

[26] Yi T F, Chen B, Shen H Y., et al. Spinel $Li_4Ti_{5-x}Zr_xO_{12}$ $(0 \leqslant x \leqslant 0.25)$ materials as high-performance anode materials for lithium-ion batteries [J]. Journal of Alloys and Compounds, 2013, 558: 11-17.

[27] Ni H, Song W L, Fan L Z, et al. Enhanced rate performance of lithium titanium oxide anode material by bromine doping [J]. Ionics, 2015, 21: 3169-3176.

[28] Wang Z Y, Sun L M, Yang W Y, et al. Unveiling the synergic roles of Mg/Zr Co-doping on rate capability and cycling stability of $Li_4Ti_5O_{12}$ [J]. Journal of the Electrochemical Society, 2019, 166 (4): A658-A666.

[29] He Y S, Muhetaer A, Li J M, et al. Ultrathin $Li_4Ti_5O_{12}$ nanosheet based hierarchical microspheres for high-rate and long-cycle life Li-ion batteries [J]. Advanced Energy Materials, 2017, 7: 1700950.

[30] Zhang B, Han H P, Wang L Y, et al. Combined modification by $LiAl_{11}O_{17}$ and $NaAl_{11}O_{17}$ to enhance the electrochemical performance of $Li_4Ti_5O_{12}$ [J]. Applied Surface Science, 2018 447: 279-286.

[31] Lim J, Choi E, Mathew V, et al. Enhanced high-rate performance of $Li_4Ti_5O_{12}$ nanoparticles for rechargeable Li-ion batteries [J]. Journal of the Elereochemical Society, 2011, 158 (3): A275-A280.

［32］ Yu L, Wu H B, Lou X W. Mesoporous $Li_4Ti_5O_{12}$ hollow spheres with enhanced lithium storage capability ［J］. Advanced Materials, 2013, 25 (16): 2296-2300.

［33］ Yagi S, Morinaga T, Togo M, et al. Ion-exchange synthesis of $Li_4Ti_5O_{12}$ nanotubes and nano-particles for high-rate Li-ion batteries ［J］. Materials Transactions, 2015, 57 (1): 42-45.

［34］ Xi L J, Wang H K, Yang S L, et al. Single-crystalline $Li_4Ti_5O_{12}$ nanorods and their application in high rate capability $Li_4Ti_5O_{12}/LiMn_2O_4$ full cells ［J］. Journal of Power Sources, 2013, 242 (35): 222-229.

［35］ Borghols M, Wagemaker M, Lafont U, et al. Size effects in the $Li_4Ti_5O_{12}$ spinel ［J］. Journal of the American Chemical Society, 2009, 131 (49): 17786-17792.

［36］ Sun Y, Dong H, Xu Y, et al. Incorporating cyclized-Polyacrylonitrile with $Li_4Ti_5O_{12}$ nanosheet for high performance lithium ion battery anode material ［J］. Electrochimica Acta, 2017, 246: 106-114.

［37］ Yi T F, Jiang L J, Shu J, et al. Recent development and application of $Li_4Ti_5O_{12}$ as anode material of lithium ion battery ［J］. Physics and Chemistry of Solids, 2010, 71: 1236-1243.

［38］ Ohzuku T, Ueda A, Yamamota N. Zero-strain insertion material of $Li[Li_{1/3}Ti_{5/3}]O_4$ for rechargeable lithium cells ［J］. Journal of the Electrochemical Society, 1995, 142: 1431-1436.

［39］ Wu K, Yang J, Zhang Y, et al. Investigation on $Li_4Ti_5O_{12}$ batteries developed for hybrid electric vehicle ［J］. Journal of Applied Electrochemistry, 2012, 42: 989 -995.

［40］ Belharouak I, Koenig G M, Tan T, et al. Performance degradation and gassing of $Li_4Ti_5O_{12}/LiMn_2O_4$ lithium-Ion cells ［J］. Journal of the Electrochemical Society, 2012, 159: A1165- A1172.

［41］ Guo J, Zuo W, Cai Y, et al. A novel $Li_4Ti_5O_{12}$-based high-performance lithiumion electrode at elevated temperature ［J］. Journal of Materials Chemistry A, 2015, 3 (9): 4938-4944.

［42］ Gao J, Gong B, Zhang Q, et al. Study of the surface reaction mechanism of $Li_4Ti_5O_{12}$ anode for lithium-ion cells ［J］. Ionics, 2015, 21 : 2409-2416.

［43］ Bernhard R, Meini S, Gasteiger H A. On-Line electrochemical mass spectrometry investigations on the gassing behavior of $Li_4Ti_5O_{12}$ electrodes and its origins ［J］. Journal of the Electrochemical Society, 2014, 161: A497-A504.

［44］ Fell C R, Sun L Y, Hallac P B, et al. Investigation of the gas generation in lithium titanate anode based lithium ion batteries ［J］. Journal of the Electrochemical Society, 2015, 162: A1916- A1922.

［45］ Belharouak I, Koenig G M, Tan T S, et al. Performance degradation and gassing of $Li_4Ti_5O_{12}/LiMn_2O_4$ lithium-ion cells ［J］. Journal of the Electrochemical Society, 2012, 159 (8): A1165-A1170.

［46］ Liu J, Bian P, Li J, et al. Gassing behavior of lithium titanate based lithium ion batteries with different types of electrolytes ［J］. Journal of Power Sources, 2015, 286: 380-387.

［47］ Hoffmann J, Milien M S, Lucht B L, et al. Investigation of gas evolution from $Li_4Ti_5O_{12}$ anode for lithium ion batteries ［J］. Journal of the electrochemical Society, 2018, 165:

101

A3108-A3113.

[48] He Y B, Li B H, Liu M, et al. Gassing in $Li_4Ti_5O_{12}$-based batteries and its remedy [J]. Scientific Reports, 2012, 2: 913-922.

[49] Wang Q, Zhang J, Liu W, et al. Quantitative investigation of the gassing behavior in cylindrical $Li_4Ti_5O_{12}$ batteries [J]. Journal of Power Sources, 2017, 343: 564-570.

[50] Wang S J, Liu J L, Rafiz K, et al. An on-line transient study on gassing mechanism of lithium titanate batteries [J]. Journal of the Electrochemical Society, 2019, 166 (16): A4150-A4157.

[51] Gachot G, Ribière P, Mathiron D, et al. Gas chromatography/mass spectrometry as a suitable tool for the Li-ion battery electrolyte degradation mechanisms study [J]. Analytical Chemistry, 2011, 83 (2): 478-485.

[52] Iwama E, Ueda T, Ishihara Y, et al. High-voltage operation of $Li_4Ti_5O_{12}$/AC hybrid supercapacitor cell in carbonate and sulfone electrolytes: Gas generation and its characterization [J]. Electrochimica Acta, 2019, 301: 312 -319.

[53] He Y B, Liu M, Huang Z D, et al. Effect of solid electrolyte interface (SEI) film on cyclic performance of $Li_4Ti_5O_{12}$ anodes for Li ion batteries [J]. Journal of Power Sources, 2013, 239: 269-276.

[54] Liu W, Liu H, Wang Q, et al. Gas swelling behavior at different stages in $Li_4Ti_5O_{12}$/$LiNi_{1/3}Co_{1/3}Mn_{1/3}O_2$ pouch cells [J]. Journal of Power Sources, 2017, 369: 103-110.

[55] Wu K, Yang J, Liu Y, et al. Investigation on gas generation of $Li_4Ti_5O_{12}$/$LiNi_{1/3}Co_{1/3}Mn_{1/3}O_2$ cells at elevated temperature [J]. Journal of Power Sources, 2013, 237: 285.

[56] Belharouak I, Koening G M, Tan T S, et al. Performance degradation and gassing of $Li_4Ti_5O_{12}$/$LiMn_2O_4$ lithium-ion cell [J]. Journal of the Electrochemical Society, 2012, 159 (8): A1165-A1170.

[57] Wu K, Yang J, Qiu XY, et al. Study of spinel $Li_4Ti_5O_{12}$ electrode reaction mechanism by electrochemical impedance spectroscopy [J]. Electrchimica Acta, 2013, 108: 841-851.

[58] Wu K, Yang J, Liu Y, et al. Investigation on gas generation of $Li_4Ti_5O_{12}$/$LiNi_{1/3}Co_{1/3}Mn_{1/3}O_2$ cell at elevated temperature [J]. Journal of Power Sources, 2013, 237: 285-290.

第4章

储能用三元电池

4.1 三元电池概述

三元电池指的是采用层状镍钴锰或层状镍钴铝复合材料作为正极，石墨或硅碳复合材料作为负极而构筑成的一种储能电池。其中，正极材料是锂离子电池的重要组成部分，对锂离子电池的性能有很大的影响，其成本占锂离子电池成本的 30%~40%，直接决定锂离子电池成本的高低。2008 年起，金属钴价格的大幅上涨导致钴酸锂价格飙升，加之企业对电池能量密度的要求不断提高，三元材料由此进入了快速发展阶段，2019 年三元材料总产能已达到 45 万吨，其在动力电池及储能领域均有重要应用。

4.1.1 原理与材料体系

4.1.1.1 三元电池的运行机理

三元电池一般部件包括外壳、绝缘材料、安全阀、正/负极引线、正极、电解质、隔膜、负极等组分，其中正极一般使用粘结剂 PVDF（聚偏二氟乙烯）将三元材料及导电剂粘合在铝集流体上，构成正极极片；负极则使用粘结剂 PVDF 将碳材料粘合在铜集流体上，构成负极极片；电解液一般以锂盐为溶质，有机碳酸酯类为溶剂组成，其中溶质使用最多的是 $LiPF_6$，溶剂为 PC（碳酸丙烯酯）、EC（碳酸乙烯酯）、DEC（碳酸二乙酯）、DMC（碳酸二甲酯）等的混合溶液；一般以聚丙烯和聚乙烯微孔膜作为隔膜。

三元电池的工作原理与钴酸锂电池相同，具体原理示意图如图 4-1 所示。在电池充电过程中，Li^+ 从正极脱出，释放一个电子，$Ni^{2+/3+}$ 氧化为 Ni^{4+}；Li^+ 经过电解质嵌入碳负极，同时电子的补偿电荷从外电路转移到负极，维持电荷平衡；电池放电时，电子从负极流经外电路到达正极，在电池内部，Li^+ 向正极迁移，嵌入到层状三元正极材料内部，并由外电路得到一个电子，三元材料中的 Ni^{4+} 还原

为 $Ni^{2+/3+}$，具体发生的化学反应如式（4-1）、式（4-2）及式（4-3）所示，式中 TM 指过渡金属元素中的 Ni 和 Co。需要注意的是，在电池充放电循环过程中，三元材料中的 Mn 元素一般不参与反应，而在充电过程中如果出现脱锂量较大且截止电压较高的情况下（>4.4V vs Li/Li^+），Co 元素会参与电荷补偿，从而出现 Co^{3+} 氧化为 Co^{4+} 的现象。

正极： $$LiTMO_2 \longleftrightarrow Li_{1-x}TMO_2 + xLi^+ + xe^-$$ (4-1)

负极： $$6C + xLi^+ + xe^- \longleftrightarrow Li_xC_6$$ (4-2)

总反应： $$6C + LiTMO_2 \longleftrightarrow Li_{1-x}TMO_2 + Li_xC_6$$ (4-3)

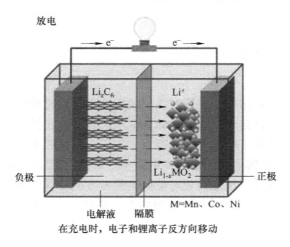

图 4-1 三元电池工作原理图

4.1.1.2 三元材料体系简介

三元电池因正极材料为层状镍钴锰或层状镍钴铝复合材料而得名。三元正极材料通常指结构式为 $LiNi_{1-x-y}Co_xMn_yO_2$（$0<x<0.5$，$0<y<0.5$，NCM）或 $LiNi_{1-x-y}Co_xAl_yO_2$（$0<x<0.5$，$0<y<0.5$，NCA）的镍钴锰/铝三元过渡金属复合氧化物，通常被认为是 $LiNiO_2$ 材料的过渡金属掺杂改性材料，于 1999 年由 Liu 等[1]首次报道。通过 Ni-Co-Mn 的协同作用，使得材料具有高比容量（$LiNiO_2$），良好的循环稳定性（$LiCoO_2$），高安全性、低成本（$LiMnO_2$）等优点。因此，层状三元材料综合了层状材料 $LiNiO_2$、$LiCoO_2$、$LiMnO_2$ 的优点，且成本更加低廉，能量密度更大，循环稳定性、热稳定性更好，大量的研究表明[2]，三元正极材料具有单一的 α-$NaFeO_2$ 型层状结构，属于 R3m 空间结构群，其中 Li 原子占据 3a 位，Ni、Mn、Co 等过渡金属元素占据 3b 位，氧元素占据 6c 位，每个过渡金属原子由 6 个氧原子包围形成 TMO_6 八面体结构，其结构示意图如图 4-2 所示。这种二维的超晶格结构可以降低材料的整体晶格能，结构稳定，具有良好的电化学

性能，理论容量高达 278mAh/g。

　　由于三元材料含有三种过渡金属离子，其性能随着 Ni-Co-Mn 含量的不同而不同，并因此衍生出多种正极材料，一般可分为 Ni-Mn 等量型和高镍型。Ni-Mn 等量型是指过渡金属元素中的镍和锰的摩尔比相同，如 $LiNi_{1/3}Co_{1/3}Mn_{1/3}O_2$ 型（NCM333）和 $LiNi_{0.4}Co_{0.2}Mn_{0.4}O_2$ 型（NCM424），其中 Ni 为 +2 价，Co 为 +3 价，Mn 为 +4 价，充放电过程中，Mn^{4+} 价态不变，起到稳定材料晶体结构，提高热稳定性的作用，Ni^{2+}/Ni^{4+} 氧化还原提供 2 个电子，提供材料高比容量；高镍型是指镍含量超过 50% 的三元材料，如 $LiNi_{0.5}Co_{0.2}Mn_{0.3}O_2$ 型（NCM523）、$LiNi_{0.6}Co_{0.2}Mn_{0.2}O_2$ 型（622）和 $LiNi_{0.8}Co_{0.1}Mn_{0.1}O_2$ 型（NCM811）等材料，其中，Ni 为 +2/+3 混合价态，Co 为 +3 价，Mn 为 +4 价，一般认为，充电电压在 4.4V 以下时，$Ni^{2+/3+}$ 发生氧化生成 Ni^{4+}，继续提高充电电压，Co^{3+} 发生氧化生成 Co^{4+}，Mn^{4+} 价态同样保持不变，稳定材料结构。因此，一般情况下，三元材料中镍提供放电比容量，钴提高材料导电性，锰改善材料结构稳定性。目前研究较为成熟的三元材料为 NCM111 及 NCM523 体系，图 4-3 显示了部分主要嵌锂正极材料的平均放电电压和放电比容量，可以看出三元材料具有最高的放电比容量，是目前动力锂离子电池正极材料的最佳选择。上海卡耐新能源有限公司在参评 2017 年高工锂电 & 电动车金球奖年度创新产品时便宣布已经可以量产 26Ah 的 NCM111 体系三元软包电池（比能量为 170Wh/kg），量产的 NCM523 三元软包电池比能量可达 220Wh/kg。

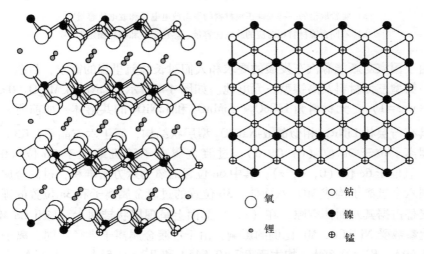

图 4-2　$LiNi_{1/3}Co_{1/3}Mn_{1/3}O_2$ 超晶格结构示意图[3]

　　此外，三元材料中的 NCA 材料（典型分子式为 $LiNi_{0.8}Co_{0.15}Al_{0.05}O_2$）也属于高镍三元材料中的一种，用充放电过程中同样不发生变价的 Al^{3+} 取代了 NCM 中的 Mn^{4+}，用以稳定材料结构。NCA 材料中的 Ni、Co、Al 的价态均为+3 价，不仅可逆比容量高，材料成本较低，同时掺铝（Al）后增强了材料的结构稳定性和安全性，提高了材料的循环稳定性，因此也是目前研究最热门的三元材料之一。需要注意的是，NCA 材料的制备技术难度较高，并且需要纯氧气氛制备，因此对生产设备的要求较高，我国 NCA 材料研发起步较晚，现有技术专利大多掌握在日本、韩国等国家手中，严重影响了国内 NCA 材料的生产制备。

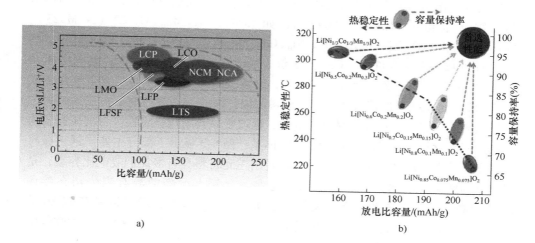

图 4-3

a) 实验取得的一些嵌锂正极材料的平均放电电压和放电比容量[4]

b) 不同含镍材料相对应的放电比容量、热稳定性和循环稳定性[2]

由于国家对新能源汽车发展的要求和人们对长续航里程的需求，目前研究热点为高镍型三元材料及高镍型三元电池。如图 4-4 所示，LiNi$_x$Co$_y$Mn$_z$O$_2$（0<x,y,z<1,x+y+z=1）三元材料为 LiCoO$_2$、LiMnO$_2$ 和 LiNiO$_2$ 的共熔体。如前所言，该材料具有与层状 LiNiO$_2$ 相似的 α-NaFeO$_2$ 型层状结构，属于六方晶系，R$\bar{3}$m 空间群，锂离子位于 3a 位（0，0，0），过渡金属离子随机地位于 3b 位（0，0，1/2），氧位于 6c 位（0，0，z），其中 6c 位置的氧为六方密堆积，过渡金属离子与周围六个氧离子构成 MO$_6$ 八面体，3b 位置的过渡金属离子和 3a 位置的锂离子分别交替占据其八面体空隙，在（111）晶面上呈现层状排列[5]。LiNi$_x$Co$_y$Mn$_z$O$_2$ 的晶胞参数受 Ni、Co、Mn 比例的影响，由于过渡金属离子半径不同，离子半径 R_{Ni}^{2+}=0.69Å，R_{Ni}^{3+}=0.56Å，均大于 R_{Co}^{3+}=0.545Å 和 R_{Mn}^{4+}=0.53Å，因此当 Ni 含量升高时，材料晶胞参数相对增大[6]。

一般对于三元材料而言，当镍含量超过 50%时，即称为高镍三元材料，由于三元材料 LiNi$_x$Co$_y$Mn$_z$O$_2$ 的放电比容量随着组分中 Ni 含量的升高而升高，高

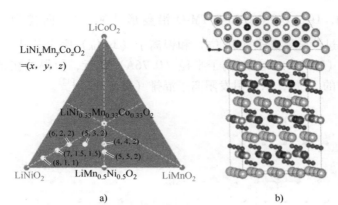

图 4-4（彩图见插页）

a）层状三元材料 $LiNi_xMn_yCo_zO_2$（NCM）的组合相图

b）$LiNi_{0.5}Mn_{0.3}Co_{0.2}O_2$ 晶体结构的俯视图和侧视图，绿色代表 Li，

红色代表 O，银色代表 Ni，紫色代表 Mn，蓝色代表 Co[7]

镍三元材料普遍具有很高的放电比容量。Sun 等[2]利用半电池（锂片为负极）测试了不同组分三元材料 $LiNi_xCo_yMn_zO_2$（$x=1/3, 0.5, 0.6, 0.7, 0.8, 0.85$）的放电比容量。测试结果表明，在 25℃、3～4.3V、0.1C（1C=200mA/g）的测试条件下，放电比容量随着 Ni 含量的增加而增大，$x=1/3$、0.5、0.6、0.7、0.8 和 0.85 的三元材料首周放电比容量分别是 163mAh/g、175mAh/g、187mAh/g、194mAh/g、203mAh/g 和 206mAh/g。然而随着镍含量的提升，材料的化学计量比、晶体结构和物化性质也不断接近 $LiNiO_2$ 材料，随之出现了特定化学计量比合成困难，欠锂态结构，热稳定性较差，以及由此导致的高温高电压环境下容量衰减过快，易析氧，安全问题突出等诸多难题。

4.1.1.3　三元材料衰减机理

三元材料存在的问题主要是随着 Ni 含量的增大，结构稳定性变差，表面 LiOH 和 Li_2CO_3 含量增高，热稳定性变差以及与电解液的匹配问题和表面副反应等[5]。造成这些问题的原因基本可以归结为三个方面：①材料晶体结构不稳定（阳离子混排），阻碍 Li^+ 传输，导致材料发生相转变；②高表面反应活性，在材料充电后期形成高反应活性 Ni^{4+}，与电解液发生副反应，消耗活性物质，导致释氧和容量衰减；③长循环后，沿着晶界形成微裂纹，阻碍离子、电子传输，同时产生更多的反应活性位点，副反应加剧[8,9]。

1. 阳离子混排

与 $LiNiO_2$ 相同，高镍三元材料也面临着严重的阳离子混排问题，其结构稳定性与阳离子混排息息相关。阳离子混排一般是指位于八面体 3b 位的过渡金属离子和位于八面体 3a 位的锂离子出现混排[10]。一般层状材料（见图 4-4）具有重复 O3 结构，O-Li-O-TM-O-Li-O-TM-O 沿菱形［001］方向排列[11]，完美的 $R\bar{3}m$ 结构中，过渡金属离子（3b 位）和锂离子（3a 位）完全分开。然而，由于 Ni^{2+} 离子半径（0.69Å）与 Li^+ 离子半径（0.76Å）相近，使得处在 3b 位的 Ni^{2+} 易占据锂层中的 3a 位，从而引发阳离子混排（见图 4-5）[12]。

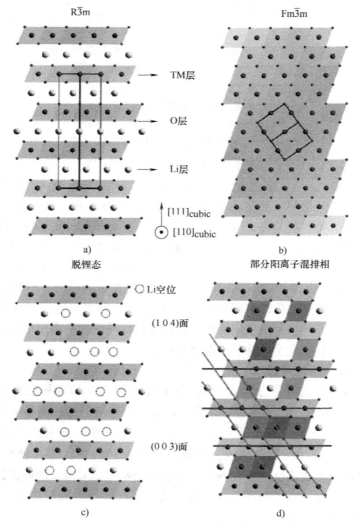

图 4-5 层状 $LiMO_2$ 材料有序相和无序相以及结构转变示意图（彩图见插页）
（黄色代表锂，红色代表过渡金属，深蓝色代表氧）[8]
a）$R\bar{3}m$ 有序结构 b）$Fm\bar{3}m$ 阳离子无序或阳离子混排结构
c）具有锂空位的高充电态 $R\bar{3}m$ 结构 d）部分阳离子混排相

对于阳离子混排度的分析，最常用的方法是通过 X 射线衍射（XRD）分析，当阳离子混排发生时，如图 4-5 所示，部分过渡金属离子占据锂位会导致（003）峰强度降低，而（104）峰强度增大，所以可以利用（003）与（104）峰强度比值来表示阳离子混排度，一般认为当（003）/（104）大于 1.2 时，材料具有较低的阳离子混排度[13]。阳离子混排不仅仅发生在材料的合成阶段，在材料充放电循环中，也会发生阳离子混排[10,14]。Li 等[15]通过透射电子显微镜（TEM）分析，发现在电化学循环过程中，过渡金属离子会向锂层迁移。在高脱锂状态下，由于过多锂空位的存在，促进过渡金属离子向锂层迁移，从而引起材料发生相转变（层状相向类尖晶石相和岩盐相转变）[16]，由于阳离子之间的静电排斥作用，过渡金属离子趋向于隔一个空位占据一个锂位，如图 4-5 所示[8]。阳离子混排使得锂层的层间距减小，Li^+ 扩散势垒增大，同时锂层中的过渡金属离子也会阻碍 Li^+ 扩散，严重影响高镍材料的电化学性能[17]。

2. 高表面反应活性

在高镍三元材料表面，经常会存在一些污染物，这些污染物来自于材料表面与空气中水和二氧化碳反应生成的产物。这些污染物与电解液反应会生成绝缘物质沉积在电极表面。另外，高电压充电后，材料表面会生成具有强反应活性的 Ni^{4+}，易与电解液发生副反应，加速活性物质和电解液分解消耗，以及形成厚的固体电解质膜。材料表面特性以及与电解液的副反应对高镍材料的电化学性能起到决定性的作用。在高镍材料合成过程中，为了提高材料的有序度，往往会加入过量的锂盐来补偿锂在高温下的挥发，导致材料表面残留的锂过高，表面残留的锂与空气中的水和二氧化碳反应，生成 $LiOH$ 和 Li_2CO_3，如图 4-6a 所示[18]，导致高镍材料的 pH 值一般都会高过 12，在混浆过程中易产生凝胶，不利于高镍三元材料的工业生产。

如图 4-6b 所示，电解液易与高镍材料表面发生副反应，破坏材料表面结构，生成有害副产物。当用 $LiClO_4$ 作为锂盐，PC 为溶剂的电解液时，主要产物是碳酸锂类；当用 $LiPF_6$ 作为锂盐，EC 和 DMC 作为溶剂的电解液时，主要产物为包含 P/O/F 的化合物[19]。这些产物，如 LiF、LiOH 等共同沉积在电极表面，阻碍 Li^+ 传输，从而使得材料性能衰退。高脱锂态的三元材料表面具有非常高的反应活性，易发生从层状 $R\bar{3}m$ 相向类尖晶石 $Fd\bar{3}m$，再向岩盐相 $Fm\bar{3}m$ 的转变。为了达到电荷平衡，Ni^{4+} 还原为 Ni^{2+} 伴随着氧气的释放。随着 Ni 含量的升高，高镍材料发生相转变的温度降低，且释氧量显著增多，表现出差的热稳定性[20]。

3. 内部裂纹问题

2016 年，Zheng 等[21]分析了 NCM333 材料裂纹产生的机理，包括裂纹的成核和生成机理。高电压是晶粒内部裂纹形成的驱动力，在 Li^+ 的脱嵌过程中，晶胞参数随之变化，虽然有些变化在一定范围内是可逆的，但是太大的晶胞体积变化，比如高电压下的变化，会加大晶粒内应力的变化，导致不可逆地形成错位和裂缝。由于三元材料 Ni 含量越高，其在相同电压循环下，晶胞参数变化越大，导致高镍材料更易产生裂纹[9]。微裂纹的产生，一方面不断产生新的表面，产生更多的活性位点与电解液发生副反应，表面相转变加强，降低材料的热稳定性；另一方面，可能会导致二次颗粒与集流体分离，颗粒之间接触变差，增加电池电阻，导致容量降低。

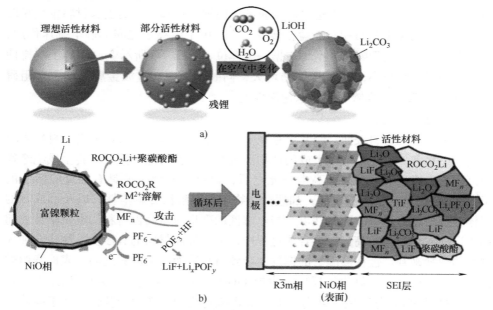

图 4-6　高镍材料表面变化示意图

a）高镍材料暴露在空气中后表面的变化[18]　　b）高镍材料表面固体电解质膜的组成[8]

韩国汉阳大学 Yang-Kook Sun 等[22]对高镍 NCM 三元材料 $Li[Ni_xCo_yMn_{1-x-y}]O_2$（$x=0.6,0.8,0.9,0.95$）进行测试，来分析高镍三元材料的容量衰减机理。研究发现，随着 Ni 含量的增大，材料容量也会随着提高。在 2.7~4.3V、0.1C 下，$Li[Ni_{0.6}Co_{0.2}Mn_{0.2}]O_2$ 材料为 192.9mAh/g，$Li[Ni_{0.8}Co_{0.1}Mn_{0.1}]O_2$ 为 205.7mAh/g，$Li[Ni_{0.9}Co_{0.05}Mn_{0.05}]O_2$ 为 227.2mAh/g，$Li[Ni_{0.95}Co_{0.025}Mn_{0.025}]O_2$ 为 235.0mAh/g，但是循环稳定性会大幅度降低。Sun 等分析认为，材料容量保持率相对较差（$x>0.8$）的原因在于接近充电结束阶段时发生的相转变，造成了突然性的各异向性收缩（放电时则是膨胀），而当 $x<0.8$ 时，这种情况会受到抑制。由于相转变产生的剩余应力会使材料内部的微裂缝失去稳定，然后通过微裂缝传播到材料表面，为电解液的浸入提供通道，那些由微裂缝形成的内表面会暴露在电解液中，

从而出现衰减（见图 4-7）。

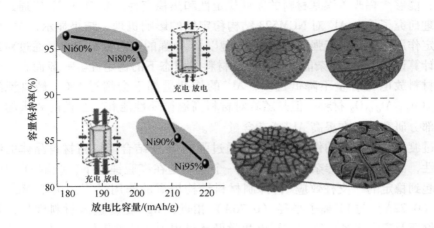

图 4-7　容量衰减与微裂缝关系示意图[22]

4. 1. 1. 4　三元材料的改性研究

针对上述造成三元材料衰退的原因，为了提高材料的电化学性能和安全性能，必须对三元材料进行改性，其中离子掺杂、表面包覆以及结构优化是最常用的三元材料改性的方法。

1. 离子掺杂

阳离子混排导致的材料结构稳定性差，以及循环过程中的相转变是导致三元材料循环稳定性和热稳定性差的重要原因[8,23]，为了稳定材料结构，研究者们已经采用了多种离子对三元材料进行掺杂处理。其作用大致可分为以下三个方面：①降低不稳定元素含量，比如利用具有电化学活性和结构稳定作用的离子代替 Li 和 Ni[24,25]；②抑制 Ni^{2+} 向锂层迁移，比如稳定镍的价态或增大对过渡金属离子的静电斥力[26]；③增大材料结构稳定性，减少氧释放，比如增大金属离子和氧的结合能[27]。常见的掺杂元素有 Mg[28,29]、Al[30-32]、Zr[27,33]、Ti[10,34,35] 等。

对三元材料的掺杂按掺杂阳离子进入晶体结构的位置分为过渡金属位掺杂和锂位掺杂。大部分阳离子掺杂为过渡金属位掺杂，如 Al^{3+}、Ti^{4+} 等，锂位掺杂一般发生在掺杂阳离子半径与锂离子半径相近的阳离子（如 Mg^{2+}）或者碱金属离子（如 Na^+、K^+、Rb^+）上。一般而言，由于掺杂的阳离子没有电化学活性，当掺杂阳离子浓度提高时，虽然材料结构稳定性提高，但是材料的放电比容量却会下降[25]。因此，对离子掺杂的研究很多都会集中到优化掺杂浓度，使之在最大限度地提高材料结构稳定性的基础上，保持材料的高放电比容量[34]。Al^{3+} 对层状结构有着非常好的稳定作用，且价格低廉，是最常用的过渡金属位掺杂阳离子之一，能够大幅改善镍基材料的循环稳定性和热稳定性。M. Dixit 等[30]通过第一性原理研究了掺杂 Al^{3+} 对 NCM523 结构稳定性的影响机理，结果显示，Al^{3+} 的结构稳定作用主要是由于强的 Al-O 共价键以及 Al 强的电荷转移能力。通过对形成能的计算证明，Al^{3+} 掺杂能够提高三元材料脱锂态下的稳定性。一般而言，为了保证材料放电比容量不降低过多，Al^{3+} 的掺杂量都不会超过 5%，最典型的如 $LiNi_{0.8}Co_{0.15}Al_{0.05}O_2$ 材料。但是随着对材料高温循环性能和安全性的要求越来越高，部分研究者也在提高 Al^{3+} 掺杂含量[36]。

过渡金属位掺杂的作用之一为，通过强的 M-O 结合能提高材料晶体的结构稳定性，而对于锂位掺杂，最主要的一个作用是在高脱锂态下，缓解 O^{2-}-O^{2-} 斥力，起到稳定的"支柱效应"，抑制材料结构坍塌的作用[25,37]。由于 Mg^{2+} 离子半径（0.72Å）与 Li^+ 离子半径（0.76Å）相近，Mg^{2+} 更易进入材料锂位，其稳定的价态及离子半径能够在材料电化学循环过程中有效地提供"支柱效应"，稳定材料结构，抑制材料发生相转变[25,38]。由于 Ni^{2+}（0.69Å）也具有与 Li^+ 相近的离子半径，Ni^{2+} 也可以作为支撑离子，对高镍材料进行锂位掺杂。但是一方面，在充放电过程中，镍离子价态会发生变化，导致其离子半径发生变化，不能起到稳定的"支柱效应"；另一方面，Ni^{2+} 进入锂位，是导致三元材料阳离子混排的最主要原因，会加速材料结构坍塌，在循环过程中加速发生相转变[15,39]。所以，利用 Ni^{2+} 进行锂位掺杂，不能进行全结构的体相掺杂，由于材料相转变从材料表面开始并向内部扩展，Cho[37]等通过电荷补偿机理，只在高镍材料表面形成 Ni^{2+} 进入材料锂位的阳离子混排层即"支柱层"，降低掺杂离子浓度，控制容量下降范围，同时最大限度地提高材料结构稳定性。如图 4-8 所示，Ni^{2+} 进入材料表层的锂位，形成 NiO 型岩盐相结构，支柱层厚度仅在 10nm 左右。由于支柱层的存在，材料表现出优越的结构稳定性，3~4.5V、60℃循环 100 周后，材料容量保持率达到 85%，热产生量也降低了 40%。碱金属离子由于与锂离子具有相同的化合价，也能实现锂位掺杂。由于碱金属离子相对于 Li^+ 具有更大的离子半径，碱金属离子掺杂一方面起到支撑锂层的作用，另一方面也能扩大锂层间距，减小 Li^+ 扩散势垒，从而改善材料的电化学性能[40,41]。

2. 表面包覆

三元材料，尤其是高镍三元材料表面高的反应活性加速了材料表面与电解液的副反应，从而加速材料表面相转变以及降低了热稳定性。研究者们采取了各种措施来修饰活性材料表面，其中采取最多的策略是包覆，一般能够达到分离材料活性表面与电解液的目的，或者包覆层作为 HF 清除剂，消耗电解液中的酸，抑制活性物质与电解液的副反应，以及过渡金属离子的溶解，从而提高材料的电化学性能和热稳定性[8,9]。常见的包覆物质有作为材料表面与电解液隔离层的惰性物质，如

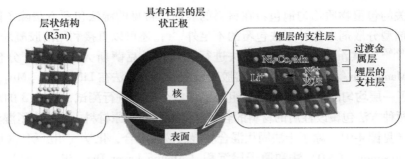

图 4-8　高镍层状材料表面支柱层示意图[37]

ZrO_2[42,43]、Al_2O_3[44-46] 等，为了提高材料离子导电性的高离子导电性材料，如 Li_3PO_4[47-49]、Li_2ZrO_3[50,51] 等，为了提高材料电子导电性的碳材料以及有机物等[52-54]。

Al_2O_3 被认为是惰性氧化物包覆层中最好的氧化物，Al_2O_3 包覆层是离子和电子的绝缘体，该包覆层会抑制电解液中 HF 对活性材料表面的腐蚀，改进材料循环稳定性和热稳定性。由于金属氧化物多为绝缘体，其形成的包覆层会增大材料本身的阻抗，因此具有离子/电子导电性的材料也被广泛应用于包覆层。利用离子/电子导体材料对高镍材料进行包覆能够在抑制副反应的基础上，有效提高材料的导电性、循环稳定性、倍率性能和热稳定性。其中 Li_3PO_4 和石墨烯材料是常用的具有离子/电子导电性的包覆材料，Li_3PO_4 作为包覆材料还能有效降低材料表面残留的锂[47]，降低材料在混浆过程中出现凝胶的风险并抑制电解液中 HF 的产生。Yoon[55] 通过高能球磨合成 $LiNi_{0.8}Co_{0.15}Al_{0.05}O_2$-石墨烯复合材料，10C 和 20C 放电时，其放电比容量还分别能达到 152mAh/g 和 112mAh/g，基本是本体材料的两倍。

目前常用的包覆方式包括固固混合的干法包覆，引入溶液以增强混合均匀性的湿法包覆和湿化学法包覆，还有为了生成薄而均匀包覆层的化学气相沉积法及原子层沉积法等气相法包覆，以及添加电解液添加剂构筑人造 CEI（正极电解质界面）/SEI（固体电解质界面）膜的界面包覆。干法包覆是目前工业生产应用最广泛的包覆方式。通过简单机械球磨的方式，将正极材料和包覆材料或者包覆材料的前驱体（如 Cr、C、La 等物质的氧化物或化合物）均匀混合，之后通过高温烧结，可以在正极材料表面形成一层包覆物质[57-59]。由于包覆层的作用，包覆改性材料的电化学性能和热稳定性都可以得到相应的改善，而且为了提高效果，包覆材料可以选择纳米级的细小颗粒，以尽量降低包覆层的厚度。为了解决干法包覆不够均匀的问题，科研工作者们又研发出湿法包覆的方法。顾名思义，湿法包覆过程中引入了溶剂作为材料的分散剂，使得正极材料和包覆物质可以充分地均匀混合，或者利用包覆物的前驱体在溶液中水解[60,61]或者发生反应[62,63]，产生相关的包覆物质均匀地包覆在材料的表面。常见的湿法包覆方法除了简单地加入溶剂型分散剂来弥补干法包覆的不足外[64]，还可以直接利用溶胶凝胶法[65]、水热法[66,67]和共沉淀法[56]等液相法进行包覆。得克萨斯大学奥斯汀分校 Arumugam Manthiram 等[56]分别利用了溶胶凝胶法和共沉淀法在 LiNi$_{0.7}$Co$_{0.15}$Mn$_{0.15}$O$_2$ 表面包覆了一层均匀的 Li$_2$ZrO$_3$，之后组装了袋状全电池进行测试，在 C/3 的放电速率下，两种方法包覆改性后的材料的容量保持率均高于原材料，体现出了湿法包覆的效果（见图 4-9）。除了干法固相混合和湿法液相混合，化学气相沉积（Chemical Vapor Deposition，CVD）法和原子层沉积（Atomic Layer Deposition，ALD）法也逐步应用到高镍三元材料的包覆中。CVD 法是一种在中温或高温下，通过气态的前驱体的气相化学反应而形成固体物质沉积在基体上的技术，而 ALD 法是一种可以将物质以单原子层的形式逐层沉积在基底表面的方法，是由 Suntola 等在 20 世纪 70 年代提出的一种气相沉积的方法[68]。

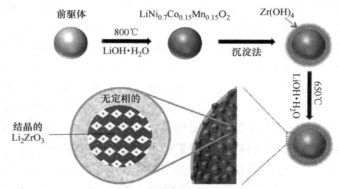

图 4-9　锆酸锂包覆改性高镍材料示意图[56]

尽管包覆物质和包覆方法多种多样，但是包覆的目的是一致的，即为了在材料表面生成一层保护膜，提高材料结构稳定性。随着对三元材料尤其是高镍材料各项指标的要求越来越高，单一的包覆层或者单一的改性手段已经较难满足越来越高的需求，部分研究者集合了不同包覆材料的优点，对高镍材料进行双层包覆，或者将掺杂和包覆结合起来对材料进行改性研究。如图 4-10 所示，Lee 等[69]对 LiNi$_{0.6}$Co$_{0.2}$Mn$_{0.2}$O$_2$ 采用双包覆层修饰，包覆层内层为 Al$_2$O$_3$ 纳米颗粒，外层是导电聚合物 PEDOT-co-PEG（聚乙烯二氧噻吩与聚乙二醇的复合物），与本体材料以及单层包覆材料相比，双层包覆材料更好地抑制了电解液与活性材料表面的副反应，过渡金属离子的溶解量明显减少，材料的电化学性能和安全性能得到了进一步的提高。

3. 结构优化

材料结构优化是在不加入其他杂质离子的前提下，通过优化材料形貌、结

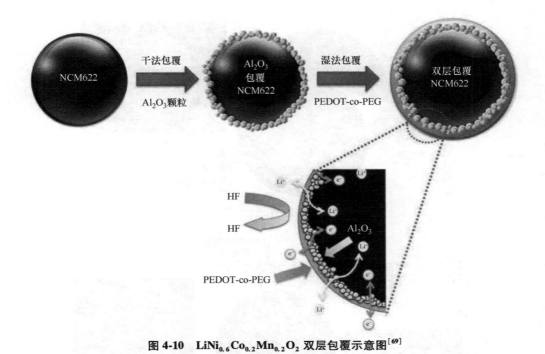

图 4-10　$LiNi_{0.6}Co_{0.2}Mn_{0.2}O_2$ 双层包覆示意图[69]

构，以及主体元素的分布来提高材料的电化学性能。目前材料结构优化包括核壳结构[70-73]、浓度梯度结构[74-79]、异质结构[80-82]、晶体晶面的定向生长[83-87]等。

　　为了满足高镍材料对容量、结构稳定性和热稳定性的要求，一种新的结构设计应运而出，这就是核壳结构。利用具有高容量的镍含量高的材料作为核，提供材料的高比容量，同时利用具有高稳定性的镍含量低的材料作为壳，提高材料的循环稳定性和热稳定性[88]。Sun 等[70]最早提出高镍材料作为核、高锰含量材料作为壳的核壳结构，如图 4-11a 所示，其中 $Li[Ni_{0.8}Co_{0.1}Mn_{0.1}]O_2$ 作为核，具有高比容量，然而与电解液易发生副反应，导致差的结构稳定性；$Li[Ni_{0.5}Mn_{0.5}]O_2$ 作为壳，具有良好的热稳定性和结构稳定性，但是比容量相对较低。核壳结构材料综合了以上两种材料的优点，具有高比容量和高热稳定性。材料组装为全电池，在 3.0~4.3V、1C 下进行充放电测试表明，材料在循环 500 周后，容量保持率高达 98%，表现出良好的循环稳定性。

　　对于核壳材料，由于核壳不同的体积膨胀率，导致核壳之间结构不协调，一定周数循环后，核与壳之间存在明显的分界，物理阻断了电子和 Li^+ 的传输，降低材料电化学性能。为了解决这个问题，一种新的核壳结构被设计出来，其中的壳材料采用具有浓度梯度的材料，中心组分为高镍材料，提供高能量密度和高功率密度。如图 4-11b 所示，Sun 等[74]改进核壳结构，核材料外层与浓度梯度材料

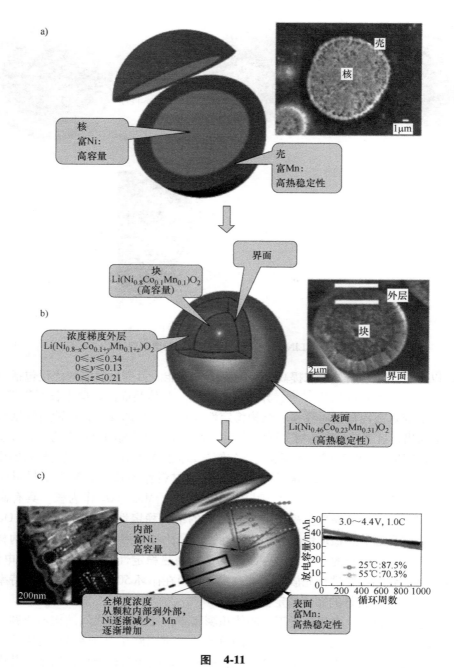

图 4-11

a）核壳结构示意图[70]　　b）核为高镍材料、壳为浓度梯度材料的结构示意图[74]

c）全浓度梯度高镍材料结构示意图[78]

相连，使得材料组分在核壳之间实现连续的变化，有效地避免了核壳之间裂缝的产生。材料最外层组分为 $Li[Ni_{0.46}Co_{0.23}Mn_{0.31}]O_2$，与电解液接触时，比中心材料更加稳定，提供良好的循环稳定性和安全性。在 $3.0 \sim 4.4V$、$0.5C$、$55℃$ 下充放电，材料首周放电比容量为 $209mAh/g$，50 周后容量保持率达到 96%，基本与壳材料的容量保持率持平。核为高镍，壳为浓度梯度材料（CSG 材料）的结构设计改善了高镍材料本身的结构稳定性，但是，这种材料的结构还是不够稳定，尤其是高温下循环时。当 CSG 材料具有比较薄的壳时，会影响材料的结构稳定性和热稳定性；当 CSG 材料具有厚的壳时，材料结构稳定性和热稳定性都会提高，但是材料总的能量密度却会降低[88]。这促进了全浓度梯度材料（FCG 材料）的开发。如图 4-11c 所示，Sun 等[78] 合成 FCG 材料 $Li[Ni_{0.75}Co_{0.10}Mn_{0.15}]O_2$，在 $0.2C$、$2.7 \sim 4.5V$ 下充放电时，首周放电比容量达到 $215mAh/g$，同时其在室温（$25℃$）和高温（$55℃$）下都具有良好的循环稳定性。FCG 材料最大的特点就是过渡金属离子呈现浓度梯度分布，一般从中心到表面，Ni、Co 浓度不断降低，Mn 浓度不断升高。同时，FCG 材料在一定程度上还能够降低晶粒间裂纹的产生。Chen 等[89] 通过多相共沉淀方法合成出具有横向堆积结构的 FCG 材料 $Li[Ni_{0.6}Co_{0.2}Mn_{0.2}]O_2$，有效抑制了晶粒间裂纹的产生。

层状结构材料具有高比容量特性，但是热稳定性和倍率性能欠佳；尖晶石材料具有三维通道，比容量偏低，但是热稳定性和倍率性很好，异质结构就是综合层状材料和尖晶石材料的优点，合成出具有高比容量、高倍率性能、高循环稳定性和安全性的锂离子电池正极材料。如图 4-12 所示，Cho 等[80] 制备出核为层状结构 $Li[Ni_{0.54}Co_{0.12}Mn_{0.34}]O_2(R\bar{3}m)$、壳为厚度小于 $0.5\mu m$ 的尖晶石结构 $Li_{1+x}[CoNi_xMn_{2-x}]_2O_4(Fd\bar{3}m)$ 的具有异质结构的高镍材料。材料在 $3 \sim 4.5V$、$0.1C$、$60℃$ 下充放电，可逆放电比容量为 $200mAh/g$，40 周后，容量保持率超过 95%。另外，具有异质结构的材料从晶格中的释氧量比参比材料 $Li[Ni_{0.5}Co_{0.2}Mn_{0.3}]O_2$ 降低了 70%。

三元材料具有层状六面体结构，在脱嵌锂过程中，Li^+ 只在锂层内脱嵌，即只在固定晶面脱嵌[83,87]。如图 4-13 所示，（001）晶面垂直于 c 轴，而（100）晶面和（010）晶面分别垂直于 a 轴和 b 轴（对于 Li^+ 传输，具有相同性质）。对于具有 α-$NaFeO_2$ 结构的层状材料，只有（010）晶面系（包括（010）、（100）等晶面）能够成为 Li^+ 扩散通道。因此，提高层状材料（010）晶面系的含量，有利于 Li^+ 扩散，从而提高材料的倍率性能。然而，晶体生长时，（010）晶面系作为高能面生长较快，导致材料中暴露的（010）晶面系较少，不利于提高材料的电化学性能。Tian 等[83] 通过加入表面活性剂进行共沉淀反应和水热反应相结合，控制材料晶面生长，经过混锂煅烧得到（010）晶面系占优的 $LiNi_{0.7}Co_{0.15}Mn_{0.15}O_2$ 高镍材料。该材料在 0.2C 和 2.7～4.3V、2.7～4.5V、2.7～4.6V 下充放电，容量保持率（80 周）分别为 92.5%、88.1%、76.3%，表现出良好的循环稳定性。倍率性能测试表明，材料在 2.7～4.5V 下充放电，10C 放电比容量还能达到 143.0mAh/g，展现出了良好的倍率性能。

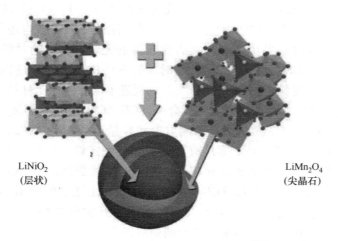

图 4-12　高镍材料异质结构示意图[80]

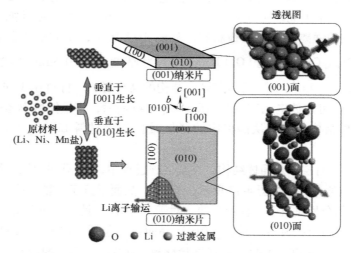

图 4-13　两种纳米片晶面及锂离子扩散路径示意图[90]

4.1.1.5　三元材料的资源化利用

自从 1991 年，Sony 公司推出商品化锂离子电池以来，其凭借着高能量密度、良好的循环性能和环境友好等优点被广泛应用在各个领域，如移动电源、航空航天、车用动力电池等[91,92]。随着时间的推移，锂离子电池的需求量和产量不断加大。据统计，2000 年锂离子电池全球消费量为 5 亿只，到 2016 年时，仅我国就已经达到了 78.4 亿只。由于电池寿命的有限性，高消费量意味着高的报废量，据预测，我国废旧锂离子电池数量在 2020 年将达到 250 亿只，重 50 万吨[93,94]。一方面，废旧锂离子电池作为固体废弃物，将对自然环境造成极大的污染；另一方面，电极中含有大量的稀有金属，如钴、锂等，如果不进行资源化利用将造成大量的资源浪费。因此，无论从环境保护角度还是经济角度出发，开发高效、绿色的废旧锂离子电池资源化方法势在必行。

锂离子电池作为一个系统，其失效原因是多方面的，可以分为内因和外因。内因主要是电池本身电极、电解液等的性能衰退，外因主要涉及电池的使用环境以及使用条件，包括充放电倍率、温度等[93,95]。

锂离子电池的核心为电极、电解液和隔膜，同时也是锂离子电池失效的主要内部因素。电极是由粘结剂将活性材料和导电剂的混合物粘贴在集流体上形成的，其电化学性能主要受活性材料的影响。在锂离子电池使用过程中，即充放电过程中，活性物质结构的不稳定性以及活性物质受到电解液的腐蚀等都将导致活性物质电化学性能降低，从而造成电池失效[96-98]。锂离子电池的电解液主要由溶质（如 LiPF$_6$、LiClO$_4$ 等）、溶剂（碳酸乙烯酯、碳酸二甲酯等）和添加剂组成。在充放电过程中，电解液发生分解反应并与活性材料表面发生副反应，生成 LiF 等惰性物质覆盖在活性材料表面并伴随着气体的产生，同时，电解液也不断被消耗，加大电池内阻，从而导致电池失效[99-101]。隔膜在电池中起着分开正负极，避免电极短路的作用，在锂离子电池充放电过程中，隔膜逐渐老化失效也是造成锂离子电池失效的原因。集流体铝箔、铜箔被腐蚀溶解也会造成锂离子电池失效[95]。锂离子电池失效的外部原因主要与电池的使用环境和使用条件有关，如在高温下，活性物质电化学性能衰退加剧导致锂离子电池失效。与活性材料的倍率性能相对应，充放电电流增大时，会加大材料极化，加速锂离子电池失效。

近年来，针对废旧锂离子电池的资源化利用，研究者们开发了很多工艺流程，其中以湿法冶金技术研究最多，应用最广[102-105]。同时，由于正极材料上集中了废旧锂离子电池大部分的过渡金属和锂元素等贵重金属元素，因此对三元正极材料的资源化利用是整个废旧三元电池资源化利用的重点和核心。

如图 4-14 所示，在对废旧三元电池展开进一步处理之前需要对电池进行放电或失活处理，以降低在后续操作过程中面临的爆炸风险。经过放电或失活的废旧三元电池有三种资源化利用途径：

1）重复利用，主要是针对电池拆解后能够直接再次利用的铜箔、铝箔、塑料等。

2）对三元正极材料进行修复，其最大的优点是缩短了回收过程，从而降低贵重金属的损耗，增大效益。

3）通过湿法冶金实现资源化利用，目前对废旧三元电池的资源化利用主要还是通过这种途径，这种方法一般包括以下三个步骤：①废旧三元电池预处理；②溶解三元正极材料，富集金属离子；③分离提纯，获得最终产物。各步骤均有多种处理方式，且各方式可以单独也可以联合使用[106,107]。

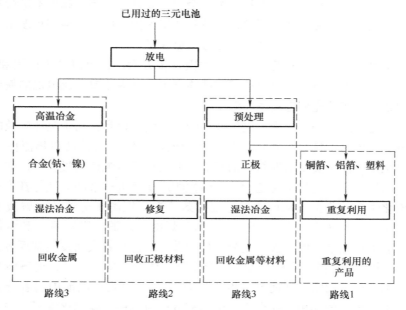

图 4-14　废旧三元电池资源化利用的一般流程[106]

预处理过程一般包括电池拆解、破碎、材料筛选、热处理、溶解等，有研究者也把三元电池放电和失活处理归结到预处理里面，主要是实现废旧三元电池材料的分选，对三元电池的预处理越好，后续的过程就越方便。经过预处理后，由于一些金属或材料具有非常不同的物理性质，很容易被分选出来直接回收利用，如铜、铝和负极材料。同时预处理在分离三元正极材料和铝箔、粘结剂上也起着重要作用，一般可以采用热处理[108,109]、超声清洗[110]和有机溶液溶解[111]等方法。

在对废旧锂离子电池进行预处理之后，通过溶解正极材料、金属离子富集和金属离子分离提纯（湿法冶金）来回收金属材料。这种方法具有高提取率、低能耗、低有毒气体排放、低成本等优点，具有大规模工业化应用的潜质。图 4-15 总结了湿法冶金的过程，主要包括金属离子富集（溶解）和金属离子分离提纯。

利用酸浸出是目前研究最多、应用最为广泛的三元正极材料溶解方法。在前期的研究当中，基本采用无机酸作为溶浸剂，如 HCl（盐酸）[112,113]、HNO_3（硝

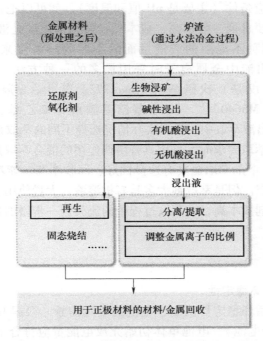

图 4-15　废旧锂离子电池湿法冶金回收过程[106]

酸)[114,115] 和 H_2SO_4（硫酸)[116,117] 都具有比较好的效率和可行性。其缺点是会产生二次污染，且分离和纯化步骤比较复杂[103,118]。除了无机酸作为溶浸剂外，为了降低浸出过程的二次污染，环境友好的有机酸作为溶浸剂得到了大量的研究，如苹果酸[119]、柠檬酸[119]、草酸[105] 等。相对于无机酸，有机酸更环保（无有毒气体产生，无强酸性废液），但是成本较高，且后续从浸出液中分离提纯金属离子更加困难，限制了其应用。除了利用酸作为溶浸剂外，电极中金属离子的浸出也可以利用微生物，如氧化亚铁硫杆菌、氧化硫硫杆菌等，通过代谢产生特定物质（铁离子和硫酸），使得金属溶解进入浸出液中[120,121]。利用微生物浸出金属能耗低、无污染，是很具有发展潜力的一种回收方法，但是该方法存在菌种易被污染、培养困难、周期长、条件难以控制等缺点，现在还处在实验研究阶段。

　　经过浸出处理后，废旧电池后续的回收就集中在从浸出液中分离过渡金属和锂，采用的主要方法有电化学沉积法、化学沉淀法和溶剂萃取法等。其中，由于能耗过大，电化学方法研究相对较少[122,123]。化学沉淀法就是在浸出液中加入特定的沉淀剂，使特定离子沉淀，从而达到分离金属离子的目的，成功的关键是要选择适当的沉淀条件和沉淀剂。常用的沉淀剂包括草酸[105]、氢氧化钠[115,124]、碳酸钠[125,126] 等。操作简便是化学沉淀法的最大优势，实际操作中只需要控制沉淀剂的加入量和反应条件（主要是 pH 值和温度），就可以把特定金属离子分步沉淀分离，对设备要求低、效率高、成本低。溶剂萃取法是液-液萃取法，是利用不同化合物在两种不混溶的溶液里面的不同的溶解度来分离不同的化合物[106]，是分离浸出液中金属离子时采用最多的一种方法。常用的萃取剂有二（2,4,4-三甲基戊基）次磷酸（Cyanex272）[124,127]、2-羟基-5-壬基苯甲醛肟（N902，Acorga M5640）[124]、2-乙基己基膦酸单-2-乙基己酯（P507，PC-88A）[128]等。在浸出液萃取中，根据实际情况选择不同的萃取剂和萃取条件。当单一萃取剂达不到萃取要求时，采用具有协调作用的混合萃取剂的效果一般会高于单一萃取剂[129]。溶剂萃取法具有选择性好、回收率高、能耗低、反应条件温和、操作简单等优点。但是萃取剂大多是有机溶液，大量使用会不可避免地造成环境污染，且萃取剂成本高，在萃取过程中的流失进一步增加成本，局限了该方法的应用。

4.1.2 性能特点

4.1.2.1 容量与循环稳定性

电池的容量与循环稳定性决定了电池的应用前景。根据 GB/T 36276—2018《电力储能用锂离子电池》，电池单体初始充放电能量应符合下列要求：①初始充电能量不小于额定充电能量；②初始放电能量不小于额定放电能量；③能量效率不小于 90%；④试验样品的初始充电能量的极差平均值不大于初始充电能量平均值的 6%；⑤试验样品的初始放电能量的极差平均值不大于初始放电能量平均值的 6%。

三元电池的容量和循环稳定性受三元正极材料组分的影响，一般而言，在 2.7~4.2V（vs Li/Li$^+$）范围内，电池容量随着三元正极材料中镍含量的增加而增加。韩国汉阳大学 Yang-Kook Sun 团队[2]将不同镍含量的三元正极材料组成半电池进行电化学性能测试，在 25℃、3.0~4.3V、0.1C（1C = 200mA/g）测试条件下，放电比容量随着 Ni 含量的增加而增大，$x = 1/3$、0.5、0.6、0.7、0.8 和 0.85 的三元材料首周放电比容量分别是 163mAh/g、175mAh/g、187mAh/g、194mAh/g、203mAh/g 和 206mAh/g。无论是在常温下（见图 4-16a）还是在 55℃的高温下（见图 4-16b），随着三元材料中镍含量的增加，三元电池的比容量均有所提高，但是材料的循环稳定性则会出现明显下降。

事实上，比容量损失的增加可以作为判断 NCM 和 NCA 在高充电电位下结构开始发生变化的一个敏感性指标。

德国明斯特大学物理化学研究所 Martin Winter 课题组同样研究了锂离子脱出比例对不同镍含量的 NCM 材料的结构稳定性和热稳定性的影响[130]。该课题组首先对 NCM111 材料（即 NCM333 材料）组成的三元半电池进行 4.1V、4.3V 和

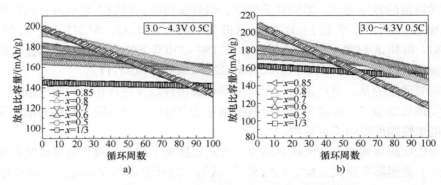

图 4-16　不同三元材料的容量及循环稳定性关系图[2]

4.6V 的不同截止电压下的循环，发现 4.1V 和 4.3V 循环下不可逆容量相同，而 4.6V 下的不可逆容量则由 22mAh/g 增加到了 36mAh/g（见图 4-17）。由于电池比容量的损失是由不完全的锂化导致的，而且大部分可逆，此外电解液的分解电压应该大于 5.5V 才会发生，所以不可逆容量可以排除电解液分解的影响。因此我们可以得出不同 NCM 电极的结构稳定性极限与电荷截止电位之间的关系（从较不稳定到较稳定）为 NCM532，NCM622（4.2V vs Li/Li$^+$）< NCM111，NCA，NCM811（4.3V vs Li/Li$^+$）。另外首周循环过程中锂脱出量的比例可以简单地使用充电比容量/理论比容量的归一化处理来表示，即充电比容量如果等于理论比容量，那么代表锂脱出量为 100%，作者测试的 NCM333 三元电池在 4.3V 下的充电比容量为 170mAh/g，理论比容量为 278mAh/g，那么锂的脱出量为 170/278 = 61%。计算得到的材料在相同电压下的脱锂量为 NCM111（61%）< NCM532（62%）< NCM622（65%）< NCA（74%）< NCM811（81%），这同样解释了为何高镍材

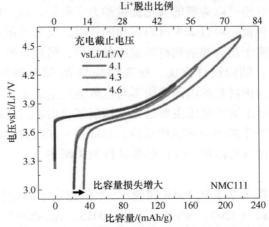

图 4-17　NCM111 三元半电池在不同截止电压下的容量损失曲线[130]

料三元电池的容量更高，即同样条件下，镍含量越高，锂脱出量越高；而在热稳定性比较方面，作者使用 TGA 测试并对比了 NCM333、NCM523、NCM622、NCM811 和 NCA 材料（充电到 4.3V）在 180~370℃下的曲线，发现脱锂后材料的热稳定性排序为 NCM811<NCA<NCM622<NCM532<NCM111。

需要注意的是，通过调控三元材料的合成条件以及进行相应的改性措施，也可以实现低镍型三元电池容量高于高镍型三元电池的现象，因此材料的结构调控对于电池性能的影响不可忽视。

如前面所提到的，三元材料的改性方式包括离子掺杂、表面包覆和结构设计等方式。美国陆军研究实验室张胜水[131]认为，三元电池的实际应用主要受限于性能的衰减以及安全性存在问题，性能衰减主要体现在电池容量的衰减、工作电压的下降、电池鼓包以及阻抗的增加；安全性问题主要体现在过充、过热、电子短路等虐待环境下发生的热失控。张胜水认为这些问题几乎都可以归结于氧的损失，尤其是 H3 相中晶格氧的氧化（此时容量由 Ni 和 O 的氧化还原对提供）。GB/T 36276—2018 指出，过充电是指将电池单体充电至电压达到充电终止电压的 1.5 倍或时间达到 1h，不应起火、爆炸；过放电是指将电池单体放电至时间达到 90min 或电压达到 0V，不应起火、爆炸；短路是指将电池单体正、负极经外部短路 10min，不应起火、爆炸。针对上述标准，进行一系列改性措施，可以通过掺杂、包覆以及使用阻燃性或者可以清除氧的电解液。对于掺杂而言，阳离子掺杂的位点决定了掺杂改性到底是用于稳定层状结构还是增强 Ni-O 键强度，在众多可行的掺杂阳离子中，恒价态的 Al^{3+} 和 Mg^{2+} 等元素以及还原电位超出正极工作电位范围以外的 Zr^{4+} 和 Ti^{4+} 等元素在抑制阳离子混排和增强 Ni-O 键强度方面比变价的元素更有效果（变价的元素存在价态降低并迁移到锂层中的趋势）；对于包覆而言，包覆层的主要作用是物理性隔绝，从而减少电极和电解液组分之间发生的副反应，同时还可以为氧的演化提供动力学阻碍，减少释氧问题。除了上述的主要功能外，包覆还可以减少材料表面的残碱，同时当阳离子的电荷以及粒径合适时，部分阳离子还会掺杂到材料表面晶格中，另外包覆前驱体的成本要低于包覆成品的成本；结构设计方面，核壳结构与 Ni 浓度梯度结构的本质和包覆一样，都是为了保护材料的内部结构不与电解液发生副反应以及释氧；阻燃性或者可以清除氧的电解液的使用主要是为了抑制氧自由基的蔓延，减少材料和析氧反应（OER）中产生的中间体发生反应，从而进一步阻碍自加速的 OER 和 H3 相的转变。下面将针对具体单一改性措施进行相关阐述。

1. 离子掺杂

加拿大达尔豪斯大学 J. R. Dahn 课题组[132]研究了不同比例镁离子在不同类型的高镍正极材料（LNO、NA9505、NCA9055、NCA8893）中的掺杂作用（LNO 中的掺杂量为 1mol%，2.5mol%，5mol%；NA 和 NCA9055 中取代 Al 或/

和 Ni 掺杂量为 1mol%，2mol%；NCA8893 中取代 Ni 掺杂量为 1mol%，2mol%，4mol%）以及 Al 和 Co 元素的存在对 Mg 掺杂效果的影响。研究结果显示，所有材料中（包括无钴材料）都有少量的 Ni 占据 Li 层。增加 Mg 的掺杂量会降低材料初始的放电容量，但是会提高材料的容量保持率。作者认为容量的减少与不具备电化学活性的 Al/Mg 困住的锂离子数量有关，容量保持率则与被电化学惰性掺杂物 Mg 取代的镍离子的数量或被这些掺杂物捕获的锂离子的数量有关，Mg能够改善容量保持率的原因作者归结于掺杂降低了循环过程中阻抗的增加。此外通过性能对比，作者并未发现 Mg 掺杂和 Co、Al 元素协同作用。

　　湘潭大学王先友课题组[133]使用碲（Te）元素对 NCA 材料进行表面掺杂改性，利用 Te-O 键之间的强键能来稳定 NCA 材料的氧骨架，如图 4-18 所示。作者结合实验和 DFT（密度泛函理论）计算发现，Te^{6+} 占据了过渡金属层，从而可以通过强的 Te-O 键来束缚 TM-O 层，抑制氧从 NCA 材料表面的逸出，同时 H2-H3 相变的可逆性也得到了提高，促进了锂离子传输动力学，有效降低了循环过程中的容量衰减和结构转变。当 Te 掺杂量为 1wt% 时，材料的电化学性能最佳，而且 4.5V 和 4.7V 高压循环性能、10C 倍率（159.2mAh/g）性能和热稳定性（放热峰位置为 258℃）也得到了改善。

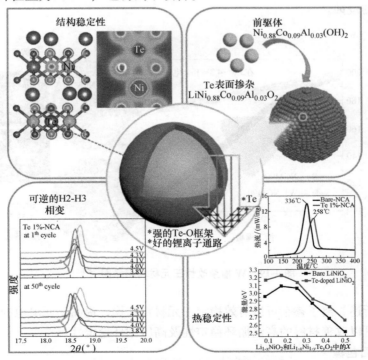

图 4-18　Te 掺杂改性 NCA 效果示意图[133]

山东理工大学化学化工学院周朋飞课题组[134]使用不同量的镁（0.01，0.03，0.05和0.06）对 NCM811 材料进行掺杂。与传统掺杂方式不同的是，作者将硫酸镁溶解到溶液中与 NCM811 氢氧化物前驱体进行混合，之后再加入 NaOH 进行沉淀，在材料表面生成 Mg(OH)$_2$ 沉淀，之后再混锂烧结形成成品。作者认为，无电化学活性的 Mg 掺杂可以在晶体结构中起到柱效应，提高锂离子扩散动力学和电子导电性，降低阳离子混排，稳定材料结构，从而提高 4.5V 高压循环稳定性，其中 0.03 掺杂改性样品性能最好，且匹配中间相炭微球组成全电池后在 0.5V 可以达到 595.3Wh/kg 的能量密度（基于正极材料计算）。

韩国汉阳大学 Yang-Kook Sun 课题组[135]则使用 W 掺杂改性高镍材料的研究，如图 4-19 所示。作者分别使用 0.5mol% 和 1.0mol% 的 W 对 NCM9055 材料进行掺杂（前驱体混锂过程加入）改性，研究结果显示，1mol% 的 W 掺杂可以有效提高材料的 4.3V 循环稳定性和 4.4V 高压循环稳定性（全电池性能改善更为明显），而且作者还通过加速热老化测试（高脱锂态材料浸入到电解液中以 60℃ 进行存储）验证了改性材料的优越热稳定性。作者认为改性的原因主要在于 W 掺杂可以稳定材料内部结构，有效降低内部应变，抑制微裂缝的形成；不仅如此，作者还在一次颗粒表面观察到了类尖晶石相，这种缓冲层保护了颗粒内部不受电解液的侵蚀。

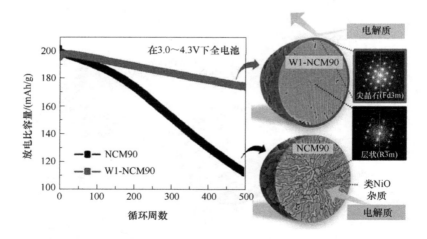

图 4-19　W 掺杂改性三元材料示意图[135]

综上所述，离子掺杂可以有效稳定三元材料结构，提高三元电池的循环稳定性，甚至可以改善材料的高温循环稳定性及高压循环稳定性。

2. 表面包覆

中南大学胡国荣团队曹雁冰等[136]使用碳修饰的 LiVPO$_4$F 对 NCM811 材料进

行包覆改性，用于改善三元电池在 4.4~4.5V 的高压下的循环稳定性和高倍率性能。研究结果显示，这种混合包覆可以提高材料的界面稳定性，抑制不可逆副反应的发生，同时使材料在高压下保持相对较快的电荷传输。虽然改性材料对应三元电池的首周放电比容量发生了降低，而且要在 160 周循环之后才接近原材料匹配电池的容量，但是性能确实得到了改善。同样地，北京科技大学能源与环境工程学院李从举课题组[137]提出了一种低温原位碳包覆修饰 NCM622 材料的方法，即作者先对 $CF_x(x~1.13)$ 进行 12h 球磨以降低粒径，然后按照 CF_x：NCM622＝90wt%：10wt% 和 95wt%：5wt% 的比例混合，并制备成电极。在放电过程中，CF_x 会与锂金属反应并转变成 C 和 LiF，从而实现均匀的碳包覆，提高材料的电子导电性，并减少电解液的侵蚀。不仅如此，作者指出，CF_x 作为一次电池的正极材料，还可以提供一定的容量。但是需要注意的是，由于 CF_x 锂离子发生了反应，因此对应的三元电池甚至出现了首周库仑效率超过了 100% 的情况。

南京航空航天大学机电学院周飞团队孔继周课题组[138]研究了不同测试温度（-20℃、-10℃、0℃、10℃、25℃、40℃、50℃和60℃）对 NCM622 材料性能的影响，以及 $Ti_3C_2(OH)_2$ 修饰对三元电池在不同温度下电化学性能的改善，如图 4-20 所示。研究结果显示，当测试温度为 40℃ 时，NCM622 三元电池在 0.5C 倍率下具有最高的放电比容量，但是循环稳定性会出现极快的衰减；当测试温度为 60℃ 时，电解液和正极之间的副反应变得更加严重，并且 NCM622 出现不能正常循环的情况。此外，随着温度的降低，电化学阻抗会增大，而且 0℃ 之后的放电比容量随着温度的降低而降低，但是当使用 $Ti_3C_2(OH)_2$ 包覆修饰后，材料在高温或低温下的循环性能和倍率性能都得到了改善。作者的高温测试结果说明，并不是温度越高，初始电化学容量越好。

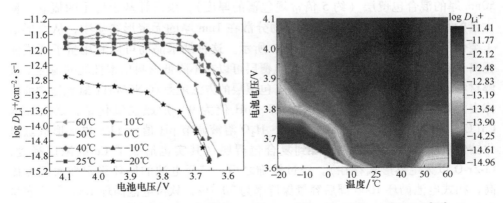

图 4-20　不同温度下的 NCM622 三元电池电位及锂离子扩散系数关系图[138]

中南大学唐新村课题组[139]以 $(NH_4)_6(H_2W_{12}O_{40})$ 为原料，利用其与 LiOH

之间发生的反应，在 NCM811 材料表面包覆了不同质量比的 Li_2WO_4（1wt%、2wt%和3wt%），具体包覆过程是在混锂过程中同时加入钨盐前驱体，然后一步烧结。这里作者考虑到了钨酸锂形成过程中需要锂的情况，因此除了前驱体：$LiOH=1:1.05$ 外，$W:Li=1:2$ 的摩尔比也考虑在内了，从而提高了材料的高压性能以及存储性能。电化学测试结果显示，在 2.8~4.6V、2C 倍率下，500 周容量保持率由 26.95%提高到 60.62%，并且平均放电电压保持在 3.62V。在存储性能测试方面，当在空气中存储 60 天后，改性材料的容量保持率仍然较为可观。作者认为钨酸锂的包覆抑制了高压条件下电解液在电极材料表面上的氧化分解，从而降低了电极材料的界面极化，提高了锂离子扩散和表面稳定性。

桂林理工大学化学与生物工程学院肖顺华教授课题组[140]以十二烷基苯磺酸盐为表面活性剂，利用碳酸盐水热法制备了 NCM333 碳酸盐前驱体材料，之后作者以 NH_4VO_3 水溶液为原料，在混锂过程中加入适量的溶液，制备出了 2wt% V_2O_5 包覆改性的 NCM333 材料。表面活性剂和 V_2O_5 的协同作用可以有效抑制颗粒的生长，降低阳离子混排，减少锂离子在电极/电解液界面传输的阻抗，提高锂离子扩散系数等，从而提高了三元电池的首周放电比容量、循环性能和倍率性能。该工作实际是钒的表面包覆工作，另外作者使用碳酸盐水热法制备出来的材料，其二次颗粒形貌得到了较好的维持，而且材料的高压性能（容量保持率及放电比容量）也相对较高，2wt%包覆改性材料在 2.5~4.6V 时 0.5C 倍率首周可以提供 214.89mAh/g 的容量。

3. 结构设计

美国西北太平洋国家实验室张继光等联合中国科学院宁波材料技术与工程研究所王德宇、加拿大西安大略大学孙学良等[141]共同在 NCM811 表面构筑了 40~50nm 厚的混合包覆层（约 5 倍常规包覆的厚度），该设计基于仿生的概念，使大量的晶体层状物质——纳米氧化物分散在 1nm 厚的无定形物质中，从而形成了类似于植物细胞的结构，如图 4-21 所示。这种纳米晶岛可以利用量子通道使锂离子和电子通过厚厚的膜，因此包覆层可以在不降低材料倍率性能的情况下缓解材料的表面敏感度。作者具体制备包覆层的方法就是在 NCM811 氢氧化物前驱体表面利用硫酸锆 $Zr(SO_4)_2$ 的水解（pH 值为 9）形成氢氧化锆，之后加入 $Co(CH_3COO)_2 \cdot 4H_2O$ 和 $LiOH/NH_4 \cdot H_2O$ 溶液调节 pH 值到 11，再次形成氢氧化钴包覆层，混锂烧结之后得到复合包覆层（其实也形成了 Co 的浓度梯度，Li-Zr-O 以无定形形式存在）。经过修饰之后，三元电池的循环稳定性大幅度提高，扣式电池循环 1000 周后容量保持率为 90.1%，软包电池循环 1000 周后容量保持率为 88.3%，虽然扣式电池达到了标准，但是软包电池在循环 1000 次后却低于 90%的标准，同时电池的热稳定性和存储性能得到了改善，改性材料热失控环境下释放的热量降低了 55.3%，55℃下潮湿环境存储 4 周后仍然具有良好的电化学稳定性。该工作为结构设计研究开辟了一种新思路，即厚包覆层之间的离子/电子扩散可以通过所谓的量子隧穿（quantum tunneling）进行。

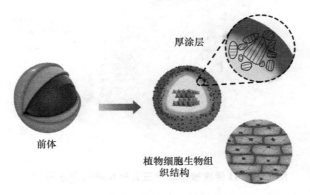

厚涂层

前体

植物细胞生物组织结构

图 4-21　仿生纳米晶岛改性三元材料示意图[141]

北京大学深圳研究生院潘锋课题组[142]认为高镍材料表面岩盐相 NiO 和碳酸锂残碱的存在降低了材料的离子和电子导电性，阻碍了锂离子的自由脱嵌，甚至加速二次颗粒微裂缝的形成，造成了性能的恶化，因此使用 Ti 元素（TiO_2 为前驱体，混锂时加入）对 NC82 材料进行浓度梯度的掺杂，形成一种新"三元"材料，如图 4-22 所示。新材料的倍率性能、循环性能、存储性能、高压性能（4.5V）和高温性能（45℃）均得到了显著改善。改性材料的阳离子混排程度出现了提高，且掺杂之后锂层出现了 0.026% 的收缩。HRTEM（高分辨率透射电子显微镜）显示，原材料在经过掺杂改性之后，表面出现了一层 6nm 厚的无序斜方六面体相（阳离子混排相），其形成与电化学取向相关，而且潘锋等认为改性材料的高倍率性能和优越的循环稳定性来源于该表面层的形成。之后利用第一性原理计算进行假设的验证，发现这种无序结构主要是通过 Ti 的掺杂，提高了氧骨架的稳定性（计算了 LNO 模型中表面和内部氧原子的结合能，掺杂之后氧原子的结合能得到了显著提高），从而提高了材料的电化学/结构稳定性以及 60 天的存储性能。

韩国汉阳大学 Yang-Kook Sun 课题组[143]使用共沉淀法合成了平均组分为 $Li[Ni_{0.9}Co_{0.05}Mn_{0.05}]O_2$ 的核壳材料，其中材料核心组分为 $Li[Ni_{0.94}Co_{0.038}Mn_{0.022}]O_2$，外壳为 1.5μm 厚的浓度梯度外壳，其中最外层的组分为 $Li[Ni_{0.841}Co_{0.077}Mn_{0.082}]O_2$。Sun 等在核壳结构的基础上设计了一种分级结构，即内部核心组分单一且一次颗粒随机排布，外壳为浓度梯度，但是一次颗粒呈现辐射状向外定向排列，这种外部辐射状颗粒面有助于锂离子扩散同时还可以使 H2 到 H3 相转变过程中产生的内部应变消散，从而有害的 H2 到 H3 相转变可以得到抑制，提高三元电池的循环稳定性和热化学稳定性，如图 4-23 所示。

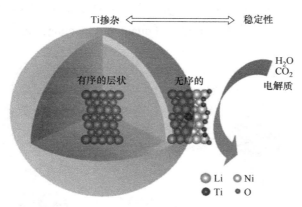

图 4-22 Ti 梯度掺杂改性三元材料结构示意图[142]

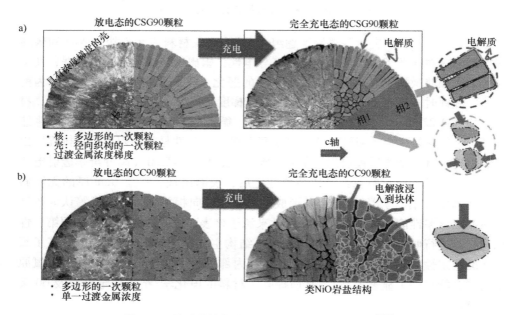

图 4-23 特殊结构梯度三元材料性能改善机理图[143]

　　虽然上述的离子掺杂、表面包覆和结构设计有效改善了三元电池的循环稳定性，但是事实上，我们不能指望仅仅使用一种方法就能解决三元材料所有存在的问题，协同改性是必要的三元材料改性措施，只有经过多种改性方法，三元电池才能在真正意义上实现商品化。

4.1.2.2　倍率性能

　　三元电池的倍率性能较好，其倍率性能主要由三元正极材料中的钴含量所决定，钴含量越高，材料的倍率性能越好[144]，这是由于 Co^{3+} 的引入可以有效降低三元材料的阳离子混排程度，稳定锂层间距，从而保证快速的锂离子脱嵌速率。但是由于钴价上涨，人们希望可以研发出高倍率性能的低钴甚至无钴三元材料，因此有相关工作试图通过离子掺杂、表面包覆以及结构设计等方法，加速锂离子脱嵌速度，从而提高三元电池的倍率性能。

除了与材料相关之外，三元电池的倍率性能与电极的参数也息息相关，小颗粒正极材料和薄电极更容易实现高倍率性能，但是可能会导致低的库仑效率和质量能量密度。国家标准 GB/T 36276—2018 指出，电池单体初始充放电能量效率要求不低于 90%。就目前而言，商品化的能量型电池的面容量为 $3 \sim 4mAh/cm^2$，所以测试的电池中 1C 倍率的电流密度应该设定为 $3 \sim 4mA/cm^2$，3C 倍率则为 $9 \sim 12mA/cm^2$，而目前文献报道中的面密度往往低于该数值，而使用 mA/g 或 A/g 时则需要提供面密度单位 mAh/cm^2。有的文章提供了 100C 的倍率性能，这种倍率性能实际上并无必要，因为实际电池中这种倍率会导致严重的热失控，真正有意义的倍率性能应该是该倍率下的电池容量可以达到低倍率下 80% 的电池容量。

1. 镍钴含量调整研究

新泽西理工学院 Dibakar Datta 等[145]认为 NCA 材料（$Li_{1-x}Ni_{0.80}Co_{0.15}Al_{0.05}O_2$，$x=0 \sim 1$）中的 Co 含量太高，而 Co 本身既昂贵又有毒，所以使用 DFT 计算了四种 Co 含量的 NCA 材料（Co 含量减少的同时，增加了 Ni 的含量，Co 含量分别为 16.66%、12.5%、8.33% 和 4.16%）的电化学性质、电子性质和结构性质，材料在全锂化状态和全脱锂状态的晶体结构如图 4-24 所示。作者的计算结果显示，即使 Co 的含量从 16.7% 降低到 4.2%，材料的嵌入电势和比容量变化却不是非常明显。不仅如此，作者还研究了 Na 掺杂到嵌入位（即锂位）后对两种钴含量为极值的 NCA 材料电化学、电子和结构性质的影响，发现在脱锂过程中可以降低阳离子混排，而且脱锂态过程中结构内层的层间距更均匀，证明了 Na 掺杂到锂位后有助于缓解 NCA 材料结构坍塌。国轩高科的李道聪等[146]研发出一种低钴高镍的三元正极材料，该材料匹配硅碳负极组成的三元电池同样展现出了良好的倍率性能，如图 4-25 所示，在 $2.5 \sim 4.2V$、0.5C 倍率下，循环 200 周后容量保持率为 80%，600 周容量保持率高达 60%，具有相当大的应用前景。

加拿大达尔豪斯大学 J. R. Dahn 课题组使用共沉淀法系统合成了不同组分的 NCM 材料，包括 $LiNi_{0.6}Mn_{0.4-x}Co_xO_2$（$x=0$、0.1、0.2，即 NM64、NCM631 和 NCM622）、$LiNi_{0.9-x}Mn_xCo_{0.1}O_2$（$x=0.1$、0.2、0.25，即 NCM811、NCM721 和 NCM652510）和 $LiNi_{0.8}Mn_{0.2-x}Co_xO_2$（$x=0$、0.1、0.2，即 NM82、NCM811 和 NC82），通过固定镍和钴的含量，分别进行比较，用来研究不同元素对于低钴高镍型三元材料结构和对应三元电池电化学性能的影响。研究结果显示，三元电池的电化学性能确实与三元材料组分相关，而阳离子混排等结构性质可以用来解释

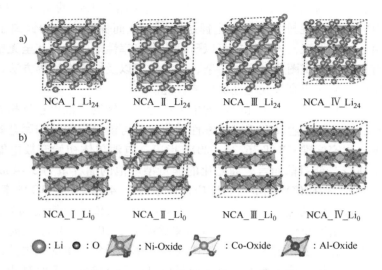

图 4-24 不同锂化状态下的不同钴含量 NCA 三元材料晶体结构示意图

a）全锂化状态 b）全脱锂状态

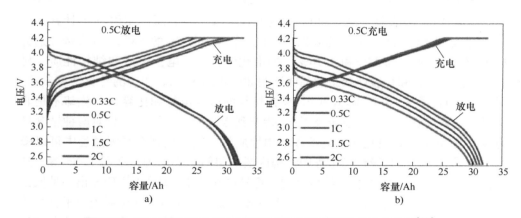

图 4-25 NCM811/Si-C 型三元电池在不同倍率下的充放电曲线[146]

不同组分的材料不可逆容量不同，即增加 Co 元素可以降低阳离子混排，但是高昂的价格会影响材料的进一步使用。作者还发现了 NCM631、NCM652510 和 NCM721 电池的电化学性能与 NCM622 相近，但是钴含量却只有后者的一半，对比相关的表征结果发现，最大的不同在于微分容量曲线中 4.2V 处峰强的量级不同，由 NCM721 到 NCM652510 到 NCM631 呈现递减的趋势，因此充电到 4.2V 以上时后者可能比 NCM721 具有更高的容量保持率。而 ARC（加速量热法）实验显示，在高温下，脱锂态的 NCM631 与电解液的反应活性要低于 NCM721，而

NCM721 的活性与 NCM622 相近。

中国原子能科学研究院韩松柏课题组[147]使用 Al 对 NCM622 材料进行掺杂改性，利用 0.05mol% 的 Al 分别取代 Ni、Co 和 Mn，得到了 LiNi$_{0.55}$Al$_{0.05}$Co$_{0.2}$Mn$_{0.2}$O$_2$、LiNi$_{0.6}$Co$_{0.15}$Al$_{0.05}$Mn$_{0.2}$O$_2$ 和 LiNi$_{0.6}$Co$_{0.2}$Mn$_{0.15}$Al$_{0.05}$O$_2$ 材料，并结合中子粉末衍射及对应的精修来分析材料的结构变化，表征了 Al 的不同过渡金属元素取代对电化学性能的影响。研究结果显示，Al 的不同取代对材料的结构产生的影响存在明显的不同，主要体现在降低阳离子混排程度方面：取代 Ni 得到的样品材料阳离子混排程度最低，其次是取代 Mn，但是取代 Co 之后反而会出现阳离子混排程度增高的情况；在电化学性能方面，取代 Mn 的样品具有最佳的倍率性能和循环稳定性，而且当 Al 取代 Mn 和 Ni 时，电池的平均工作电压有所提升，并且显著降低了充放电过程中存在的极化；但是当 Al 取代 Co 时对电池的工作电压却几乎没有改善，反而会加重电池的极化问题。

北京大学深圳研究生院潘锋课题组联合美国阿贡国家实验室陈宗海等[148]在合成 NCM 材料的过程中采用淬火工艺而不是常规冷却的方法，得到了倍率性能获得改善的 LiNi$_{0.7}$Mn$_{0.15}$Co$_{0.15}$O$_2$ 材料，如图 4-26 所示。潘锋等结合原位同步辐射 XRD 和相关的表面分析，发现材料在冷却过程中，颗粒表面存在碳酸锂等残碱的聚集、锂缺陷层的形成以及镍的还原过程。进一步的研究发现，这种表面结构重构主要发生在较高温度的情况下（>350℃），并且与冷却速率相关，因此采用快速冷却的淬火工艺来抑制这种表面结构重构，可以提高材料的表面稳定性和倍率性能。

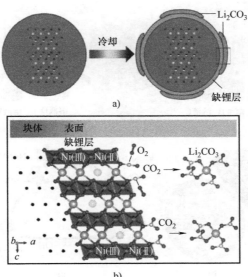

图 4-26　淬火冷却三元材料改性及晶体结构变化示意图[148]

2. 锂离子扩散改善方法

事实上，与 4.1.2.1 节中改善电池容量和循环性能的方法相似，目前改善三元电池倍率性能的方法同样为离子掺杂、表面包覆和结构设计。但是与改善循环稳定性不同的是，在离子掺杂方面，更多的是希望通过拓宽锂层间距，提高锂离子传导系数；在表面包覆方面，更多的是通过快离子导体的包覆，加速正极材料表面锂离子的传输；而结构设计方面差距最大，往往是希望通过缩短锂离子扩散通道、增大特定晶面面积等方式，提高材料的锂离子扩散系数。

例如，在离子掺杂方面，南开大学陈军课题组[149]在共沉淀前驱体制备过程中直接加入硫酸镁，合成出了 Mg 元素浓度梯度掺杂的 $LiNi_{0.90}Co_{0.07}Mg_{0.03}O_2$ 材料，如图 4-27 所示。该材料组成的三元电池在 10C 下可以提供 167.4mAh/g 的放电比容量，1C 循环 300 周后仍然具有 80.9% 的容量保持率，即 3% 的添加量就可以实现高容量和高循环稳定性，证实了少量的掺杂可以起到很好的效果。在机理解释方面，我们可以认为与全浓度梯度材料的机理相似，即低 Mg 的核材料负责提供高容量，高 Mg 的壳材料层间距得到了扩大，可以在减少界面副反应以稳定材料结构的同时保证高锂离子扩散系数。该工作的亮点是 Mg 离子直接在共沉淀过程中加入，而调控氢氧化物平衡常数的方法就在于控制进料速度的同时还加设了一个去离子水串联设备以降低 Mg 盐浓度，而不是直接将 Mg 盐注入金属盐溶液中去。而且，作者还制备了一个不串联去离子水的恒浓度 Mg 掺杂材料，并进行了对比，发现浓度梯度的 Mg 掺杂效果更好。

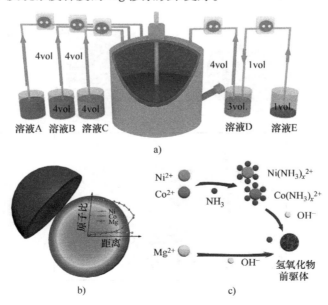

图 4-27　Mg 浓度梯度掺杂改性三元材料流程示意图[149]

类似地，福州大学化学学院 Ruo Wang 等[150] 在混锂 NCM811 氢氧化物前驱体的同时加入了硝酸镧，不仅实现了 La 的结构性掺杂，同时还实现了 La_2O_3 的表面包覆，之后作者将改性材料和 NH_4F 混合烧结，进一步对表面进行氟修饰，将氧化镧转变为 LaF_3，从而进一步提高了材料的表面稳定性。Wang 等结合 XRD、EDS、HRTEM 等表征发现，少量的 La 元素掺杂会起到柱离子的作用，同样可以稳定材料结构，因此，材料的循环稳定性和倍率性能都得到了大幅度提高。

在表面包覆方面，中南大学郑俊超课题组[151] 使用硝酸铟对 NCM811 材料进行表面处理。如图 4-28 所示，二次烧结过程中硝酸铟消耗三元材料表面的残碱并自身发生分解，原位转化为 In_2O_3 和 $LiInO_2$ 双包覆层，这种混合双包覆层可以共同稳定材料的层状结构，促进锂离子扩散，同时还消耗残碱，从而提高循环稳定性和倍率性能。作者进一步研究发现双包覆层的紧密贴合可以有效缓解颗粒结构性衰减和晶粒间微裂缝的产生，从而解释了为何在改善倍率性能的同时改善循环稳定性。作者还利用 DFT 计算了 NCM 中的 In_2O_3 和 $LiInO_2$ 的物理特性和电化学性质，发现 In 在 NCM 中的掺杂会存在结构稳定性问题，因此更倾向于在材料表面附着，从而证实了该方法实现的是双包覆而不是包覆掺杂共改性。

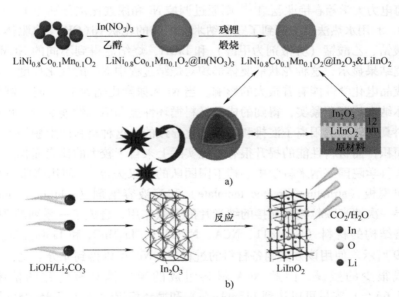

图 4-28　$LiInO_2$ 双包覆层制备过程及改性机理示意图[151]

而济南大学物理科学与技术学院黄金昭课题组[152] 则采用了特别的方法进行包覆改性，即先对 NCM701515 材料进行氢氧化铝包覆，之后烧结形成富铝的表面层，从而使三元材料在 4.5V 的高截止电压下具备了高放电容量、高循环稳定性和高倍率性能；作者还同时使用盐酸腐蚀法，刻蚀掉了碳酸锰烧结后形成的三氧化二锰，从而制备了振实密度为 $1.06g/cm^3$ 的多孔钛酸锂（$Li_4Ti_5O_{12}$）负极材料，此材料具有高放电比容量和倍率性能。作者将正负极组成三元全电池后，得到了可逆容量为 217.3mAh/g、平均电压为 2.26V（1.5~2.9V 循环）、能量密度为 147Wh/kg 的电池，循环 4000 次后容量保持率达到 98.7%，满足超过 10 年的寿命；不仅如此，该电池在 20C 和 50C 的倍率下，同样展现出了 110Wh/kg 和 95Wh/kg 的能量密度，证实了材料优越的倍率性能。

在形貌设计方面，中南大学胡国荣团队[153]使用水热法制备具有橄榄石形状的 NCM811 碳酸盐前驱体，并利用奥斯瓦尔德熟化和晶体刻蚀过程的协同晶体演变过程，通过控制反应时间（1h、2h、4h 和 8h）实现了前驱体形貌的可调控，通过尿素/过渡金属元素比例实现了粒径和元素的轻度调控。另外胡国荣等还发现，碳酸盐前驱体在不同温度下烧结成的氧化物一次颗粒粒径也发生了变化，烧结温度的提高会增加一次颗粒的粒径。该特殊形貌的材料在 0.2C 倍率下具有 193.4mAh/g 的放电比容量，1C 倍率下循环 100 周容量保持率达 85.4%，作者将其归结于该形貌降低了电荷转移阻抗，同时提高了锂离子扩散系数。

上海电力大学赖春艳课题组[154]则通过调控 Ni 和尿素比例分别为 1:3、1:5 和 1:10，利用水热法制备得到了三种纳米片组装的花状 $Ni(OH)_2$ 前驱体，之后混入乙酸钴、乙酸锰（分散剂为甲醇）和 LiOH，烧结后得到不同的 NCM811 材料。研究结果显示，这种花状前驱体形貌对烧结过程中 Ni^{2+} 的氧化程度、阳离子混排和成品电化学性能有着很大的影响。当 Ni 和尿素比例为 1:3 时，制备得到的前驱体纳米片沉积紧实，得到的成品材料循环性能和倍率性能最佳，可能是由于该材料具有较低的阳离子混排和弱的极化导致的。这种材料的形貌增大了材料的比表面积，而材料性能的提升很有可能实际上来自于较大的比表面积。

中国科学院国家纳米科学中心褚卫国团队的王汉夫等[155]使用膨胀石墨作为结构定向模板（structure-directed template）和溶液容纳剂（solution container），利用单层一次纳米颗粒相互连接的纳米片的交联作用，合成了一系列的 3D 多孔分级网络结构的材料（NCM811、NCA、NCM333、Li_2MnO_4 和 $LiMn_{1.9}Co_{0.1}O_4$），如图 4-29 所示。使用该方法制备材料的过程中，Ni^{2+} 可以得到充分氧化，并且表面会形成很少的残碱，因此 NCA 材料组成的半电池具有优越的倍率性能（20C（5.6A/g）容量可以达到 118mAh/g）和循环稳定性（1C 循环 1000 周容量保持率为 71.6%），与石墨负极构成三元全电池后，1C 循环 1400 周容量保持率达到 79.9%，5C 循环 3000 周后容量保持率达 80.0%。如此优越的电化学性能实际上归结于材料的 3D 多孔分级结构网络，以及材料同时还具有的稳定表面和稳定结构。

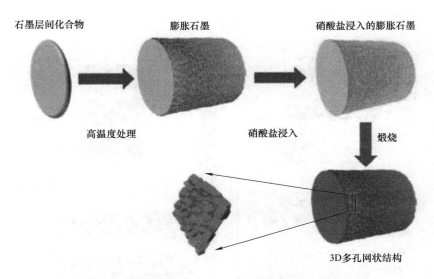

石墨层间化合物 膨胀石墨 硝酸盐浸入的膨胀石墨

高温度处理 硝酸盐浸入 煅烧

3D多孔网状结构

图 4-29 膨胀石墨制备 3D 多孔正极材料流程示意图[155]

3. 电极水平

如前面所述，电极的厚薄会影响三元电池的倍率性能，但是考虑到电池的能量密度问题，电极密度有着严格要求。为了对电极厚度进行减薄，最简单的方式是进行辊压，但是辊压会导致极片的孔隙率以及三元材料颗粒发生变化，因此不同组分的三元材料需要进行不同程度的压实。

德国巴登符腾堡太阳能和氢能源研究中心（ZSW）Verena Müller 等联合德国拜罗伊特大学 Michael A. Danzer 等[156] 从电极和电池水平上探究了机械压力对 1.4Ah 的 NCM622/石墨全电池电化学性能及老化的影响。研究结果显示，机械压力可以提高锂离子电池的电接触，但是会增加离子孔阻抗和电荷转移阻抗，而不可逆容量损失则与倍率相关（见图 4-30）。在 0.84MPa 的压力下，正负极的离子孔阻抗分别增加了 6% 和 2.9%。可压缩性测量显示可压缩性和电极叠层数之间存在非线性关系，因此这一点必须考虑到电池的应用中。在三元电池电化学性能方面，当循环倍率大于 0.8C 时，压缩电池的极化损失由未压缩的 2.1% 提高到了 7.3%，但是当循环倍率小于 0.8C 时，压缩电池的容量反而增加了 2.0%，这可能是由于未压缩电池缺少均匀的压力分布所导致的负面影响，即在该种条件下更容易发生锂沉积现象。

卡尔斯鲁厄理工学院 Penghui Zhu 等[157] 同样认为实现能量密度和功率密度的同步增加是一个巨大的挑战，因此提出对电极采用超快激光结构处理的厚电极方法来提高锂离子扩散系数，从而增加电池的功率密度和能量密度。Zhu 等以厚

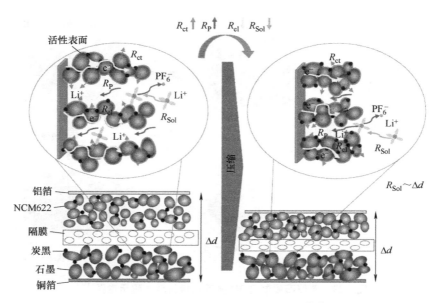

图 4-30　压缩电极对电池性能的影响[156]

度从 91μm 到 250μm 的 NCM622 材料为例，使用激光（两条激光线刻蚀距离为 200~600μm）进行处理，并组装成三元半电池进行测试。测试结果显示，91μm 的处理电极具有更低的高倍率容量损失，而 250μm 的处理电极在低倍率下具有更高的放电比容量。该方法为提高厚电极倍率性能提供了一种思路，但是，需要注意的是，由于在此种处理条件下，活性物质和电解液接触面积有所增加，所以所有的电极均会出现随着循环倍率的增加而出现容量衰减的情况。与此工作相类似的还有韩国光州科学技术院 Hyeong-Jin Kim 课题组[158]和美国加利福尼亚大学圣地亚哥分校刘平教授课题组[159]的相关研究成果。Hyeong-Jin Kim 等同样认为由于内阻的增加，同时增加能量密度和功率密度存在一定的限制。因此 Hyeong-Jin Kim 使用飞秒激光束，在超厚电极（100~210μm）上均匀地开辟了微槽，并对比了不同厚度以及不同孔隙率（26%和50%）电极和传统工业上所采用的未处理电极的相关性能。结果显示，厚度为 175μm、孔隙率为 26% 的激光处理电极在 0.5C 下的比能量大约为传统 100μm、孔隙率为 50% 的常规电极的两倍，而且 1C 下的倍率性能也得到了提高。Hyeong-Jin Kim 将性能的改善归结于激光处理极片之后提高了锂离子扩散系数和降低了电池的极化。而刘平教授等为了探究最佳电极厚度，找到了负载量为 25mg/cm² 时，0.3~1C 充放电速率下（选择这种速率是因为与电动车的应用相关），电子导电性能和电化学性能之间有很强的关联。为了证明两者的关联，刘平等在制作电极的过程中利用了干裂现象（常见的技术为激光打孔技术和冷冻干燥技术，使用这种方法主要是为了降低成本和易控制），从而获取了狭窄垂直的通道，在减小电极弯曲的同时减小了厚电极中液相离子阻抗。而对于这种厚电极而言，倍率性能和循环性能与电子导电性能的关联强于离子导电性能，后续的工作应该重视厚电极的电子导电性能（见图 4-31）。

图 4-31　厚电极的锂离子及电子扩散方式示意图[159]

事实上，三元电池的衰减主要源于副反应导致的活性锂的损失及电池阻抗的增加，而且这种衰减行为在电池与电池之间具有不一致性，尤其是在高压或者高倍率下循环更是如此。对于电极而言，SOC（荷电状态）的不一致性在最开始的时候是微不足道的，但是随着后期循环中阻抗的不一致性而不断增加。目前认为减小阻抗不一致性的方法包括：①使用足够强度的一次颗粒，而且该颗粒在高压力下不容易断裂（至少经得住电极制备过程中的滚压步骤）；②设计多孔性二次颗粒形貌以缓解体积膨胀和收缩，尤其是缓解 4.3V 以上高压下的体积收缩与膨胀，多孔结构还可以使一次颗粒在电极压片过程中有足够的空间重新排列，从而减少二次颗粒的破碎；③设计多孔电极以充分利用所有电极材料，避免过度利用隔膜附近处的电极区域，这种设计对于用来提高电池能量密度的厚电极（>100μm）尤为重要。这种多孔电极的设计可以让孔呈梯度分布，即表面孔隙多一点，靠近集流体附近的孔隙少一些，从而使电极的利用更加充分，而且尽量减少颗粒之间 SOC 的不一致性；④设计合适的循环方式以保证电极的充分利用，尤其是在大电流（6C 以上）循环时，要保证整体 SOC 的一致性，在这样的理想条件下，三元电池的倍率性能才能够得到充分的发挥。

4.1.2.3　存储性能

存储性能作为检测电池性能的一项重要指标，同样影响着电池的应用前景。

根据 GB/T 36276—2018 标准，电池单体存储性能应符合：①充电能量恢复率不小于 90%；②放电能量恢复率不小于 90%。三元电池的存储性能更多受到自放电电流及正负极活性物质损失的影响，包括负极 SEI 膜的破坏，正极过渡金属离子的溶出-迁移-沉积，以及活性锂离子的损失。德国慕尼黑工业大学的 I. Zilberman 等[160]曾经探究过 LG 化学公司 18650 柱状三元电池的老化和自放电情况（正极为高镍型 NCM 三元材料，负极为硅碳材料，规格为 3.5Ah，能量密度为 259.6Wh/kg）。在将电池放电至 SOC 为 10%～90% 范围后存储 11 个月（330 天），测试电池电压和电阻，使用微分电压曲线分析电池衰减机理，发现三元电池负极上活性物质的损失是存储过程中容量衰减的主要原因，并建议将高镍型 NCM 三元 18650 电池在低 SOC 下存储，这样可以避免电池过早的衰减老化，同时考虑到自放电电流的影响，可以将三元电池的存储 SOC 设置为 15% 以下。

除了 SOC 之外，三元电池的存储性能还受到其他电池组件的影响，包括隔膜、集流体、电解液等其他部分。

美国橡树岭国家实验室 Jianlin Li 课题组曾经对三元电池用的隔膜进行过相关研究[161]。Celgard2325 和 Celgard2500 隔膜作为常用的两种三元电池隔膜材料，其性能对比具有一定的意义。研究结果显示，Celgard2500 隔膜具有更好的电解液浸润性，对应电池的倍率性能也比 Celgard 2325 隔膜更好，证实了隔膜对锂离子电池快充以及能量密度都有重要的作用。而自放电研究结果表明，Celgard2500 隔膜可以在更大程度上阻止电池发生自放电现象，从而可以在一定程度上提高三元电池的存储性能。

高镍三元正极材料的镍的含量一般来说均大于 0.5，高镍正极可以赋予三元电池超高的能量密度，当镍含量超过 0.9 时，电池比容量可轻易达 200mAh/g，可以为当前的电动汽车提供 300mile[⊖]的续航。但在电池运行过程中，电解液会发生歧化分解，从而在正极上形成一层复杂的界面——正极电解质界面（CEI），从而对电池造成有害影响。事实上，每种正极都存在这个问题，而且正极材料的退化机理没人说得清，但有一点值得肯定，界面的稳定给电池的高性能一定会起到保驾护航的作用。尽管采用惰性材料包覆和电解液添加剂的方法可以提高一部分电池寿命和存储寿命，但电极-电解液界面是一个非常复杂且对空气极度敏感的环境，它的结构和组成是怎么样的，添加组分到底如何对它产生影响，仍是一个悬而未决的问题。

中南大学洪波课题组[162]从电解液添加剂的角度探究了电解液对三元电池存储性能的影响。该课题组使用 $LiPO_2F_2$ 来稳定电解液中的 $LiPF_6$，同时对比了 $LiPO_2F_2$、三（三甲基硅烷）硼酸酯（tris（trimethylsilyl）borate，TMSB）

⊖ 1mile=1609.344m。

和三（三甲基硅烷）磷酸酯（tris（trimethylsilyl）phosphate，TMSP）作为锂盐的稳定剂对电池存储性能的影响。研究结果显示，当电解液中存在 FEC 时，传统的 TMSB 和 TMSP 添加剂反而会加速 $LiPF_6$ 的分解，但是 $LiPO_2F_2$ 却可以抑制其分解，减少副反应的发生并且抑制电池自放电，从而提高了软包全电池的 55℃ 循环稳定性和 7 天的高温存储性能。中南大学李运姣课题组[163]则利用 LiF 作为电解液添加剂，用来改善 NCM622/Li 半电池的倍率性能、55℃高温性能、4.6V 高压性能和电池的存储性能。研究结果显示，在添加 LiF 之后，电池的自放电行为、电极表面的副反应均得到了抑制，在添加剂含量仅为 100×10^{-6} 的情况下，电池的相关性能便得到了极大的改善。作者还测试了 3.0~4.6V 下循环 100 周后的电极的 SEM 和 XRD，发现添加了 LiF 的材料具有更稳定的层状结构和二次颗粒的完整度。韩国蔚山科学技术院 Sung You Hong 和 Nam-Soon Choi 等[164]使用 4,4,4-三氟丁酸乙酯（ETFB）作为电解液添加剂，用于 $LiNi_{0.7}Co_{0.15}Mn_{0.15}O_2$/石墨电池，改善高镍 NCM 正极材料和石墨负极材料的界面。如图 4-32 所示，该物质可以作为双功能添加剂，同时在正极和负极界面上构筑保护层，有效降低 NCM 二次颗粒微裂缝的产生以及高温下过渡金属离子的溶出；在石墨负极上，形成的热稳定性界面结构可以有效抑制三元全电池在 60℃ 下的自放电过程。研究发现，1% 的 ETFB 可以提高全电池的容量保持率到 84.8%，并且 45℃ 下 300 周循环后仍然有 167mAh/g 的容量。

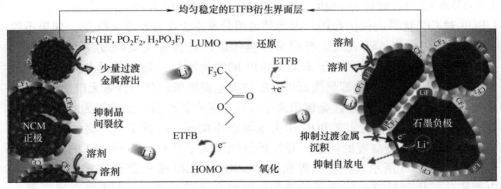

图 4-32　4,4,4-三氟丁酸乙酯改善全电池存储性能示意图[164]

美国得克萨斯大学奥斯汀分校 Arumugam Manthiram 课题组[165]针对高镍正极循环寿命短的缺点，采用二草酸硼酸锂（LiBOB）作为添加剂，通过调控 CEI，即采用 LiBOB 添加剂修饰 CEI 和负极电解质界面（AEI），将高镍正极 500 周循环后的容量保持率稳定在 80%。同时利用飞行时间二次离子质谱仪（TOF-SIMS）对界面结构进行了探索，尤其是针对 AEI，提出了 "three-layer" 和 "two-layer"

两种结构。Arumugam Manthiram 等通过半电池测试发现随着 LiBOB 的量增加，电池的首次充电容量也随之增加；TOF-SIMS 表征结果表明 LiBOB 在 CEI 处均匀分布；通过全电池数据也会发现加入 LiBOB 后，电池在 2.0V 左右出现了新的平台，而没有 LiBOB 加入的电池，在 3.0V 处有个小平台；这一微小的差别，足以引起我们的重视，通过微分处理后可以发现，3.0V 的平台对应着电解液碳酸乙烯酯（EC）的还原，而 2.1V 的峰对应着 BOB^- 离子的还原分解，同时证明 LiBOB 的加入可有效抑制电解液的分解。进一步对高镍正极的自放电测试，发现在 55℃ 下，加入 LiBOB 的电池充电后的自放电率非常低，而未加 LiBOB 的电池在 72h 后电压就降至 4.0V 以下了，这也进一步证明了 LiBOB 可以抑制高压情况下的副反应。高镍正极在锂化和去锂过程中，伴随着 R3m 相和 NiO（Fm3m）相的不断转变。一般来讲，XRD 花样中的 I(003)/I(104) 值越高，形成的 NiO 相越少。当 LiBOB 加入后，I(003)/I(104) 值变低，这表示 LiBOB 可提高电池长期循环时的结构可逆性。当采用超高化学选择性的 TOF-SIMS 表征分析 CEI 的组成时，CEI 的结构在 LiBOB 加入前后没什么太大变化，均表现出"two-layer"结构，外层为含磷物质，内层大多为有机组分。唯一的不同是过渡金属溶解组分的分布不太一样。当溅射时间为 175s 时，$^{58}NiF_3^-$ 和 CoF_3^- 的峰强度到达最高值，随着溅射时间的增加，加入 LiBOB 的电池的峰信号快速衰减，而未加入 LiBOB 的电池的峰信号衰减较慢。与 CEI 类似，AEI 也表现出富氧和富硼特性，通过 TOF-SIMS 对 AEI 的组分分析，可以发现 AEI 的外层大多为含硼组分，由于 LiBOB 对 CEI 优异的保护作用，因此其他组分基本上不存在于 AEI 层。如果不加 LiBOB，可以看出 AEI 表面上有很多死锂形成，且含有大量的过渡金属活性组分，极度损害电池寿命。对于未加 LiBOB 的电池而言，石墨负极上的 AEI 表示出"three-layer"结构，即最表面由正极过渡金属溶解组分与含氟无机组分组成，中间层包含渗透进来的过渡金属阳离子以及富氧有机组分，最内层为富锂层或死锂层。综上所述，作者以 LiBOB 作为电解液添加剂，改善了其对高镍正极在锂离子电池中循环寿命短的问题，并且系统地研究了其对 CEI 和 AEI 的协同促进作用。如图 4-33 所示，在正极界面处，LiBOB 使 CEI 变得富硼富氧，有效缓解电解液的氧化和过渡金属离子的流失；同时在负极界面处，AEI 也变得富硼富氧，因此具有更高的锂离子迁移率，减少锂离子传输扩散动力学能垒。当加入 LiBOB 添加剂后，CEI 变得更加牢固，可有效抑制电极与电解液在循环时发生的副反应，而且"two layer"结构也赋予石墨负极 AEI 良好的结构稳定性，因此，高镍正极在 500 周循环时的容量保持率得到较大的提升（61%~80%），倍率性能和比容量也得到一定程度的改善。同样地，美国西北太平洋国家实验室张继光、王重民等[166]也使用 LiBOB 作为电解液添加剂（2%），提高了 NCM 三元半电池的循环稳定性（0.3C，200 周循环容量保持率为 96.8%）。张继光等同样认为，LiBOB 可以同时稳定 CEI 和 AEI，并促进稳定的 CEI 膜和 SEI 膜的形成，有效阻止正极材料界面的腐蚀，抑制循环过程中无序岩盐相的形成。

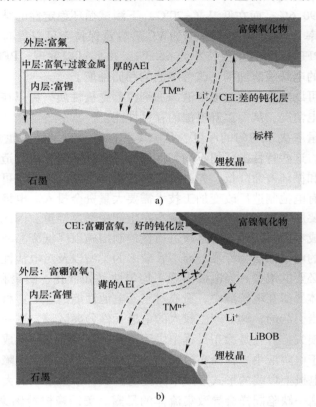

图 4-33　LiBOB 抑制三元电池自放电机理示意图题[165]

华南师范大学南俊民课题组[167]使用 2,3,4,5,6-Pentafluorophenyl Methanesulfonate（2,3,4,5,6-甲磺酸五氟苯基酯，PFPMS）作为电解液添加剂，用以提高 NCM523/石墨电池的性能（侧重点为宽温度范围下的性能测试），并和常见的碳酸亚乙烯酯（VC）添加剂进行了比较。研究发现，PFPMS 可以同时在正极和负极界面上形成一层稳定的界面膜，从而降低了电池的阻抗，减少了活性材料和电解液的副反应。作者在室温下循环 400 周，发现纯电解液的容量保持率为 74.9%，加入 1wt% 的 VC 后容量保持率可以提高到 76.7%，而加入 1wt% 的 PFPMS 后容量保持率为 91.7%。除了改善容量保持率外，该工作还在 60℃ 下存储 7 天后测试三元电池的存储性能，具体做法为将电池充满电后置于 60℃ 下存储 7 天，之后室温下循环 3 周以进行容量恢复，其中容量保持率是指室温恢复循环的首周放电比容量/（高温存储前）在室温下循环的放电比容量，容量恢复率是指室温恢复循环的第三周放电比容量/（高温存储前）在室温下循环的放电比容量。测试结果发现，含有1wt% PFPMS的电池容量保持率最佳，高达86.3%，容量恢复率为90.6%。而在低温（-20℃）下测试循环稳定性的结果是，纯电解液的容量保持率为55%，加入1wt%的VC后容量保持率可以提高到62.1%，而加入1wt%的PFPMS后容量保持率为66.3%。由此可以发现，PFPMS同样可以作为一种有效的电解液添加剂，改善电池的存储性能。

由此我们可以确定，通过电解液添加剂改善电极性质，可以在很大程度上缓解电池的自放电情况，从而提升电池的存储性能。

极片的质量取决于均匀的厚度、孔隙率、材料分布（面积重量）和与集流体的粘合程度。这些特性的任何不均匀性都会导致缺陷的生成，造成电极局部衰退，以及容量和循环寿命降低。先进的材料加工和材料处理技术可以有效降低成本，但是在现有电池制造厂改变加工技术需要大量资金投入。电极涂层的缺陷是电极报废的主要原因之一，而电极的成本在生产中举足轻重。因此，在没有投资的情况下降低成本的另一种方法是改进质量控制措施以降低废品率。目前的质量控制仅以理想的电极涂层为标准，而不管缺陷的类型以及对电池性能的影响，这可能会导致不必要的浪费。当电极出现不均匀性（如针孔、团聚和线缺陷）时，会因为将集流体暴露在电解液中，造成对三元电池性能的影响：材料的团聚可能是由于混合不当引起的，这会产生较大的电极元件分离区域，进一步导致局部阻抗上升和容量损失；针孔是涂布过程中由于浆料中存在气泡而形成的，其最容易将集流体暴露于电解液中；在涂布过程中，当槽模涂布机中存在障碍物时，会形成线缺陷，在电极上以线的形式形成未涂覆的区域，暴露区域的大小取决于障碍物的大小，而这一缺陷同样会导致集流体的暴露。美国橡树岭国家实验室David L. Wood Ⅲ教授课题组[168]使用0.5Ah的$LiNi_{0.5}Mn_{0.3}Co_{0.2}O_2$/石墨型软包三元电池探究上述不均匀性对电池的电化学性能的影响（见图4-34）。当使用软包电池进行测试时，可以有效缓解扣式电池中缺陷占电极面积过大造成的偏差。实验中空白电池（正极无任何缺陷，作为对比参照）和正极中具有针孔的电池的放电容量几乎相互重叠，直到循环结束。但与空白（89.34%）相比，有针孔的电极表现出较低的能量效率（88.88%），接近国标GB/T 36276—2018中初始充放电的能量效率要求。具有团聚电极的电池最初具有比空白电池更低的可逆容量，但是它们的长期容量保持异常稳定。循环过程中，正极缺陷处所对应负极SEI膜与其他区域相比更薄。具有正极线缺陷的电池测试表征表明，与缺陷相对的负极区域不参与电化学循环，而正极在缺陷附近局部过充电。这一研究结果显示，用这些含缺陷的极片制成的电池的电化学循环表明，针孔和团聚不会导致容量的明显损失。然而，具有线缺陷形式的不均匀涂层的电池显示出严重的容量衰减。具有一个3mm线缺陷电极的后循环表征显示，在缺陷区域附近有显著的正极衰退迹象，这是这些电池中容量损失更高的主要原因。根据循环分析的结果，作者认为源自缺陷附近的正极材料衰退是加速电池寿命降低的主要原因。作者还提出缺陷区域的初始尺寸影响正极材料在重复循环中衰退的速率。具有针孔、团聚和小线缺陷的电极可以被挽救，从而降低废品率并降低总体制造成本。这些电极可用于其他应用，如电网存储等对功率和能量密度的需求不像汽车或电子行业那样严格的方面。

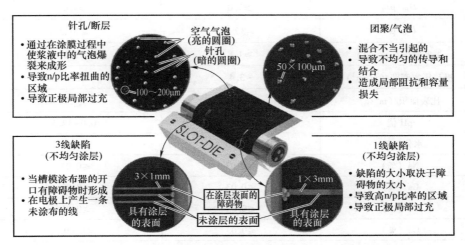

图 4-34　电极制备过程中容易造成集流体暴露的几种缺陷[168]

4.1.3　产业化现状

4.1.3.1　国内外行业标准

1. 我国现行三元材料行业标准

早在 2012 年，我国全国有色金属标准化技术委员会便组织起草、审核并发布了针对 NCM 三元材料的行业标准 YS/T 798—2012 和针对 NCA 三元材料的行业标准 YS/T 1125—2016[169]。在标准中，我国规定了 NCM 和 NCA 三元材料中的主元素含量要求，同时划分了低镍-中镍-高镍三类材料，其中镍含量小于 50% 的 NCM 被定义为低镍三元材料，镍含量在 50%~65% 之间的 NCM 材料被定义为中镍材料，镍含量超过 65% 的材料被定义为高镍材料。低镍 NCM 材料的特点是几乎全部以空气中稳定的 $LiNi_{1/2}Mn_{1/2}O_2$ 和 $LiCoO_2$ 形式存在，不含稳定性差的 $LiNiO_2$ 组分或 $LiNiO_2$ 组分占比 10% 以下，容易在空气中制备；中镍 NCM 材料的特点是 $LiNiO_2$ 组分增多，但是仍处在 50% 以下，在特定条件下仍然可以在空气中制备；高镍 NCM 材料中 $LiNiO_2$ 组分占大多数，必须在氧气条件下制备得到，NCA 材料与 NCM 材料情况类似。此外，针对 NCM 和 NCA 三元材料，标准对于

145

材料的粒径分布、振实密度、极片压实密度、比表面积、pH 值、水分含量、杂质含量、比容量及常温循环寿命的要求，具体见表 4-1。

表 4-1　我国 NCM 材料及 NCA 材料现行行业标准的要求

材料参数	NCM	NCA
$D_{50}/\mu m$	5.0~15.0	4.0~18.0
$D_{10}/\mu m$	≥2.0	≥1.0
$D_{90}/\mu m$	≤30.0	≤30.0
振实密度/(g/cm^3)	≥1.8	≥2.0
极片压实密度/(g/cm^3)	~3.4	~3.4
比表面积/(m^2/g)	≤1.0	≤0.7
pH 值	10.0~12.5	10.0~12.5
水分（%）	≤0.05	≤0.05
Na（%）	≤0.03	≤0.03
Ca（%）	≤0.03	≤0.03
Fe（%）	≤0.03	≤0.01
Cu（%）	≤0.03	≤0.005
比容量/（mAh/g）	≥140	≥175
首次效率（%）	≥85	≥86
电压范围/V	3.0~4.3	2.7~4.2
常温循环寿命/次	≥500	≥500

需要注意的是，随着研究的不断深入，实际制备的材料性能有了很大的提升，目前较为认可的三元材料电化学性能实际高于行业定义的相关标准，具体见表 4-2。

表 4-2　常规三元材料电化学性能对比[170]

三元正极材料性能	NCM111	NCM523	NCM622	NCM811	NCA
0.1C 放电容量（3.0~4.3V)/(mAh/g)	166	172	181	205	205
0.1C 中值电压/V	3.8	3.8	3.8	3.81	3.81
1C/1C 100 周容量保持率（3.0~4.5V）（%）	98	96	92	90	90
能量密度/（Wh/kg）	180	200	230	280	280
安全性能	较好	较好	中等	稍差	稍差
成本	最高	较低	较高	较高	较高

2. 国际现行三元材料行业标准

国际上对动力电池也有相应制定标准的组织，包括国际标准化组织（International Organization for Standardization，ISO）、国际电工委员会（International Electrotechnical Commission，IEC）、美国机动车工程师学会（Society of Automotive Engineers，SAE）和美国保险商实验室（Underwriter Laboratories Inc.，UL）等。其中ISO 制定的关于动力电池的标准有 ISO 12405-1：2011（电动道路车辆-锂离子牵引电池组和系统的试验规范-第 1 部分：大功率应用）、ISO 12405-2：2012（电动道路车辆-锂离子牵引电池组和系统的试验规范-第 2 部分：高能应用）和 ISO 12405-3：2014（电动道路车辆-锂离子牵引电池组和系统的试验规范-第 3 部分：安全性能要求）等；IEC 制定的关于动力电池的标准有 IEC 62660-1：2010（电气公路用车的驱动用辅助锂电池-第 1 部分：性能试验）和 IEC 62660-2：2010（电气公路用车的驱动用辅助锂电池-第 2 部分：可靠性和滥用试验）等；而 SAE 制定的关于动力电池的标准有 SAE J 2929：2013（电动和混合动力汽车推进电池系统安全性标准-锂基可充电电池）。UL 作为美国在世界上最有权威的民间安全检测机构，同样发布了 UL 2580：2011（电动车用电池）的标准。上述国际机构发布的标准在促进新能源汽车发展的同时也促进了高比能量动力电池的发展，美国、日本、欧盟等结合自身新能源汽车发展的具体情况参考国际标准建立了适合自己发展道路的动力电池标准体系，我国也针对自身情况参考国外的一些技术和规范标准不断完善标准体系，让动力电池的研发和使用更加有序健康。

4.1.3.2　国内外动力型三元电池产业化现状

目前三元正极材料主要用于小型动力电池，在国内外电动汽车上有着广泛的使用，见表 4-3，国内外主流车企大部分选择三元材料作为动力电池正极材料。同时受到国内车用动力电池、电动工具用电池、电动自行车用电池等快速增长，以及 3C 电池的低钴化影响，2017 年 NCM 三元正极材料已替代磷酸铁锂，成为国内占比最大的锂电池正极材料。2018 年我国锂电池正极材料市场总产值达 535 亿元，其中 NCM 三元正极材料的市场规模便高达 230 亿元，同比增长 33%，更有大量机构预测 2022 年我国 NCM 三元正极材料的市场规模将突破 600 亿元，2023 年甚至突破 800 亿元。

表 4-3　国内外主流车企与电池类型选择相关信息[170]

车企	比亚迪	北汽	吉利	特斯拉	宝马	通用	日产
电动车种类	PHEV	纯电动	纯电动	纯电动	纯电动	增程式混动	纯电动
正极材料种类	NCM	NCM	NCM	NCA	NCM	LMO+NCM	LMO+NCA

（续）

电池供应商	自主	孚能科技、国轩高科	宁德时代	松下	三星 SDI	LG 化学	AESC
电池系统能量密度/（Wh/kg）	60~100	150~250	150~250	156~170	130	81	140
续航里程/km	60~200	200~400	200~400	>400	160	64	160

目前国内电池制造企业重点发展对象为高镍 NCM 三元材料，2019 年已经基本实现 300Wh/kg 的能量密度。而国内的企业如比亚迪、国轩高科、孚能科技等正在加快高镍 NCM811 产品的开发与量产。到 2020 年，仅宁德时代、比亚迪、LG 化学三家电池巨头的规划产能就达 204GWh。而天津力神、万向一二三、捷威动力、松下、SKI、三星 SDI 等国内外电池企业也都在积极扩大产能。这将会释放出巨大的高镍 NCM811 正极材料产品的需求。据新闻报道，国轩高科量产的三元电池单体电芯能量密度提升至 200Wh/kg，采用高镍正极材料匹配硅基负极材料，实现能量密度达 281Wh/kg 的单体电池，该电池在 1C 倍率充放电、室温循环 350 次，容量保持率为 80%。而国内电池龙头企业宁德时代也宣布已经完成 304Wh/kg 能量密度的 NCM811 型三元电池样品开发，电池样品采用高镍正极和硅碳负极，容量高达 65.9Ah，常温 1C/1C 循环 580 次后容量保持率为 97%。由力神电池研制的电池容量为 77Ah 的三元软包电池，能量密度也已达到 303Wh/kg，60℃满电存储 60 天后残余容量保持率为 94.2%，已到达国标 GB/T 36276—2018 中规定的要求；常温 1C 充放循环 941 次，容量保持率达到 88.1%；45℃下 1C 充放循环 645 次，容量保持率仍能达到 87.4%。尽管国内电池企业生产的动力电池取得了极大的进展，且截至 2019 年上海车展时，多家车企发布装配 NCM811 型三元电池的纯电动汽车（见表 4-4），其 NEDC（欧洲续航测试工况标准）续航里程基本都在 500km 以上，但是动力电池大多只占据国内市场，且电池能量密度仍然有待进一步提高。

表 4-4　国内整车厂拟推出搭载 NCM811 电池的新能源车部分参数

车型	电池正极材料	系统能量密度	电池供应商	NEDC 续航
蔚来 ES6	NCM811	170Wh/kg	宁德时代	510km
小鹏 P7	NCM811	—	比克	600km
广汽新能源 Aion S	NCM811	170Wh/kg	宁德时代	510km
广汽新能源 Aion LX	大概率 NCM811	—	—	600km

（续）

车型	电池正极材料	系统能量密度	电池供应商	NEDC 续航
合众新能源 U	NCM811	180Wh/kg	宁德时代	500km
金康 SERES SF5	NCM811	160Wh/kg	比克	500km 以上
吉利几何 A	NCM811	142Wh/kg	宁德时代	500km

对于高镍 NCA 三元材料而言，我国目前实现 NCA 量产的企业主要包括天津巴莫、贝特瑞、长远理科等少数几家公司，短期内很难占据高镍三元材料市场较大份额。但 NCA 三元材料的开发和使用在日韩企业中已经成熟并进入大规模量产阶段，例如，日本化学产业株式会社、户田化学（Toda）和住友金属（Sumitomo），韩国的 Ecopro 和 GSEM 是 NCA 三元材料的主要供应商。在众多材料供货商中，户田化学主要供应日本 AESC 和韩国 LG 化学，住友金属主要供应松下（Panasonic）和 PEVE，韩国的 Ecopro 对应客户为三星 SDI，而上述电池制造公司中，日本的 AESC 为日产（Leaf）、松下为美国 Tesla、PEVE 为丰田（普锐斯 α）等车型提供的动力电池，其正极材料全部或部分为 NCA 材料。美国 Tesla Model S 电动汽车更是因为采用了松下的 21700 型 NCA 圆柱电池，使汽车续航里程大幅提升。由于多种因素的影响，NCA 材料未在国内形成批量生产及销售，因此国内发展更多倾向于 NCM 型三元材料。国内也有部分企业如贝特瑞的 NCA 技术已具备量产条件，目前在深圳有 3000 吨高镍正极材料产能，已实现向松下等客户销售，后续将在江苏常州新建 1.5 万吨高镍正极材料生产线。另外，上海德朗能、杉杉能源和容百科技也都对外宣称，具备规模化生产 NCA 材料的能力。

对于国外企业动力电池市场而言，如前面提到的，日本松下主要生产高镍 NCA 三元材料并主供美国 Tesla 使用；韩国三星 SDI 相对比较保守，但也已经在小型电池使用了 NCM811，并公布下一代（3.5 代）产品能量密度目标为 630Wh/L（240~260Wh/kg），而研发的第 4 代电池能量密度将达 700Wh/L（270~280Wh/kg）；韩国 LG 化学量产的 NCM811 电芯已经在韩国现代发布的 Kona EV 纯电动 SUV 上正式应用，续航里程高达 470km，其批量生产的 INR18650-MJ1 型电池容量可达 3.5Ah，能量密度为 259.6Wh/kg，其正极材料正是采用高镍 NCM 三元材料，负极则为 Si/石墨复合。而根据 LG 化学规划，2021 年开始研发的第三代电芯能量密度为 650~750Wh/L（250~300Wh/kg），采用镍含量为 80%~88% 的高镍 NCM 和 NCA 三元材料为正极，Si/石墨为负极，以达到 500km 的续航里程；将于 2025 年研发的第四代电芯能量密度则超过第三代，采用的是镍含量超过 90% 的高镍 NCM 和 NCA 三元正极，并匹配容量超过 500mAh/g 的 Si/石墨负极材料。表 4-5 为国外电池生产商部分量产三元电池型号及供货情况，可以看出，国外电池企业生产的电池类型多样，而且占据了国际电动车动力电池市场大部分份额。

表 4-5 国外部分电池生产商电池组成及搭载车型参数[171]

电池类型	电极组成		电芯性能				实际应用		
	正极	负极	容量 /Ah	电压 /V	比能量 /(Wh/kg)	能量密度 /(Wh/L)	电池蓄能 /kWh	续航里程 /km	对应车型
方形电池									
Li Energy Japan	LMO-NCM	C	50	3.70	109	218	16	160	Mitsubishi i-MIEV (2008)
Toshiba	NCM	LTO	20	2.30	89	200	20	130	Honda Fit EV (2013)
三星 SDI	LMO-NCM	C	63	3.65	172	312	24	140	Fiat 500e (2013)
三星 SDI	LMO-NCA-NCM	C	60	3.70	122	228	22	130	BMW i3 (2014)
松下/三洋	NCM	C	25	3.70	130	215	24	190	VW e-Golf (2015)
三星 SDI	LMO-NCA-NCM	C	37	3.70	185	357	36	300	VW e-Golf (2016)
三星 SDI	LMO-NCA-NCM	C	94	3.70	189	357	33	183	BMW i3 (2017)
软包电池									
AESC	LMO-NCA	C	33	3.75	155	309	24	135	Nissan Leaf (2010)

厂商									车型
A123	LFP	C	20	3.30	131	247	21	130	Chevrolet Spark EV (2012)
LG 化学	LMO-NCM	C	16	3.70	—	—	35.5	160	Ford Focus EV (2012)
LG 化学	LMO-NCM	C	36	3.75	157	275	26	150	Renault Zoe (2012)
Li-Tec	NCM	C	52	3.65	152	316	17	145	Smart Fortwo EV (2013)
SK Innovation	NCM	C	38	3.70	—	—	27	145	Kia Soul EV (2014)
AESC	LMO-NCA	C	40	3.75	167	375	30	172	Nissan Leaf (2015)
LG 化学	NCM	C	56	3.65	186	393	60	383	Chevrolet Bolt (2016)
LG 化学	NCM	C	59	3.70	241	466	41	400	Renault Zoe (2017)
圆柱电池									
松下	NCA	C	3.2	3.60	236	673	60~100	330~500	Tesla S (2012)
松下	NCA	Si 或 SiO-C	3.4	3.60	236	673	60~100	330~500	Tesla X (2015)
松下	NCA	Si-C 或 SiO$_x$-C	4.75	3.60	260	683	75~100	490~6300	Tesla 3 (2017)

4.1.3.3　国内外储能型三元电池应用现状

虽然三元电池具有高能量密度、高工作电压、高安全性和较长的寿命等优点，是一部分电动汽车的主要动力来源，但是由于储能系统要求电池具有成本低、安全性高以及循环寿命长等优势，所以成本较高以及存在安全问题的三元电池材料在储能方面的应用受到了一定的影响，因此磷酸铁锂电池和三元电池谁更适合应用于储能领域的讨论经久不息。例如在我国，多个电网侧储能项目在江苏、河南、湖南、甘肃以及浙江等地展开招标，大多配套磷酸铁锂电池或退役三元电池，为磷酸铁锂电池或退役三元电池提供新的消纳空间；而在国外，包括美国、英国、日本、澳大利亚、韩国的大型电网侧和用户侧储能项目也在增多，配套电池则以三元电池为主。

目前三元电池储能可应用到家用、商用及通信基站方面，其示意图如图4-35所示。在家用领域，三元电池可以与家庭屋顶光伏系统相结合，将白天日照高峰时光伏系统所发的电量存储起来，到晚间用电高峰时再放出来使用，这种"动力电池能量墙+光伏+储能套利"的模式在未来家用三元电池储能方面会很有发展前景。经过高工产研锂电研究所（GGII）调研，在家用光伏储能领域，由于安装区域限制，能量密度较高的三元圆柱电池和三元方形电池受到广泛关注，目前国内已有圆柱电池企业将使用NCM+石墨的18650电池应用于国外光伏储能；在商用储能领域，三元电池主要可以用于商业用电和工业用电中，同时电化学储能电站的大规模推广，还可以促使电池模块化，兼容不同厂家、不同老化程度、不同类型的三元电池的使用寿命，降低后期运维成本，这也可能成为未来电力企业新的发展方向；除此之外，目前我国已经在大规模可再生能源并网、辅助服务、电力输配、用户侧储能应用等相关领域陆续展开梯次利用示范项目的运行工作，其中包括千瓦级的户用储能产品、十千瓦级至百千瓦级的光储微网、电动汽车充电站储能系统、数据中心备用电源，及兆瓦级大型储能电站等。

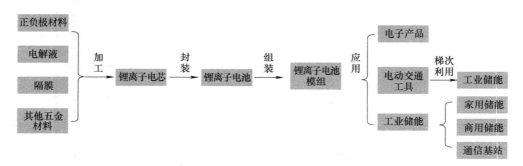

图4-35　三元电池制备及应用示意图

事实上，随着新能源汽车产业的蓬勃发展，动力电池的更换和退役数量越来越多。尤其是退役动力电池的剩余容量为初始容量的 80% 左右时，便不再满足电动车续航里程的要求，如果直接对其进行拆解，不仅会造成一定的资源浪费，还可能会对环境造成一定的影响[172]。因此，使用退役动力电池进行梯次储能利用，而不是直接使用新出厂的三元电池，已经渐渐成为企业研发的方向。将退役电池转化为储能单元，不仅被企业视为节约资源，提高利用率的有效方法，也是一种增加效益的新模式。深圳比克动力电池有限公司与南方电网综合能源服务公司于 2019 年 8 月联合完成国内首个 2.15MW/7.27MWh 电池整包梯次利用储能项目，该项目将 B 品磷酸铁锂电池与退役三元电池整包利用混合集成，为行业提供了电池回收梯次利用的全新方向，尤其是对于即将大面积退役的三元电池而言，具有重要意义[173,174]。

从电动汽车上退役的电池主要以包括若干串联的电池模组的电池包形式回收，目前针对这样的电池包梯次利用的方案主要有三种：一是拆成单体电池利用；二是拆解模组后利用；三是不拆解，整包利用。第一种利用方法，需要将电池包拆解成模组后，再将模组拆解成单体电池，然后经过测试分选后，重新包装，形成梯次产品。但是不同型号的电池包的结构不同，难以实现全自动化拆解，而且包装自动化主流技术逐渐转变为激光焊接，拆解方案可行性变差，另外拆解完成后，还需要对全部电池进行测试、分选和配组，整个梯次再生过程复杂、耗时和成本高，且存在较多的不安全因素，一般不采用该方法。第二种利用方法是将电池包拆解成电池模组，目前也是一种比较主流的梯次利用方法，但和第一种方法一样，拆解难以实现全自动化，而且测试分选重组的成本较高。第三种是整包利用，包括利用其底盘、采样线和从控电池管理系统，只需要对电池包进行测试分选，不涉及配组，整体来讲该方法过程简单，成本低，资源利用率高。当前动力锂电池梯次利用的主要领域包括：一是电力储能市场，退役动力电池用于分布式发电储能系统，有效解决分布式发电随机性问题，或用于储能电站，以降低建设成本；二是变电站或者通信基站，退役动力电池可以作为备用电源用于通信基站、电站直流屏等。

目前我国电网级电化学储能爆发，中国铁塔从 2015 年以来也开展了大量退役动力电池用于基站备电的试验[175]。2018 年上半年我国电化学储能装机量同比增长 127%，其中电网侧、辅助服务领域装机量占比超过 60%，且全部为锂离子电池，其中三元电池和磷酸铁锂电池占据了主要部分。从公开的项目看，仅宁德时代在福建的储能规划第一期项目就达到 100MWh，江苏、河南共 300MWh 的电网侧储能项目也已开工，"火电+储能"合计需求也将突破 100MWh。预计到 2025 年全球锂电池需求量将达到 1672GWh，对于锂离子电池，尤其是退役三元电池的需求快速扩大。

4.2 三元电池在储能工况下的性能衰退

锂离子电池具有比能量大、输出电压高、循环寿命长、环境污染小等优点，已被广泛应用于微电子领域。同时，在电动汽车、光伏工程、军事、空间技术等领域也有着广泛的应用前景。大容量锂离子电池的安全性则是其能否在动力与储能领域应用的决定性因素，锂离子电池在正常使用条件下通常是安全的，但是其耐热扰动能力差，在各种复杂的应用条件下，锂离子电池体系存在发生爆炸和燃烧的危险，有着严重的安全隐患。近年来，锂离子电池爆炸、着火等事件屡有发生，在很大程度上制约了动力与储能用锂离子电池的发展，所以储能条件下的性能衰退问题成为锂离子电池深入大型化亟待解决的问题之一。

锂离子电池产生安全问题可以归结为两大方面的原因：一是由锂离子电池自身特点决定的；二是由极端条件或电池使用不当造成的。其中，储能用三元电池的安全性与储能工况密切相关，当电池受到外界不良因素影响时（包括热滥用、电滥用和机械滥用等），电池内部会发生一系列放热反应，从而导致热失控事故的发生。以下分别从锂离子电池的几种滥用条件出发讨论三元电池在储能工况下的性能衰退情况。

目前三元电池最常用的三元正极材料为 $LiNi_xCo_yMn_zO_2$。过渡金属 Ni、Co 和 Mn 在正极材料的性能中具有不同的作用。Ni 元素含量较高可以提高三元电池比容量；Co 元素含量较高可以减轻正极材料的阳离子混排程度；Mn 元素含量较高可以提高正极材料结构的稳定性。因此三元电池具有比容量高、稳定性好的优点，从而被广泛应用。在电池的使用过程中，其循环性能一直是人们关注的问题。

在三元电池的循环过程中，不仅发生锂离子嵌入与脱出的可逆的氧化还原反应，许多副反应，如电解液的分解、过渡金属的溶解、正负极集流体的腐蚀、正负极材料粘结剂的分解等也同时发生[176]。此外，锂离子在正负极的嵌入与脱出的过程中还会产生应力，破坏三元电池电极材料的结构。这一系列的副反应造成了三元电池性能的衰退，包括容量的衰减和阻抗的增加。当其容量衰减至初始容量的 70%~80% 或者阻抗增加至初始阻抗的两倍时，三元电池即到达其寿命终点。

三元电池的运行条件，如充放电倍率、运行温度、循环区间、充放电截止电压等对其循环性能具有重要影响。其中高温、低温、高充放电倍率、高充电截止电压和低放电截止电压等会加速电池性能的衰退过程。Su 等[177]定量研究了充放电电流（i_1，i_2），充放电截止电压（V_1，V_2）及其持续时间（t_1，t_2）和温度（T）对电池循环寿命的影响。结果表明其对循环寿命的影响程度排序为 $i_1 > V_1 > t_2 > T > V_2 > i_2 > t_1$。储能行业需要调峰调频，三元电池运行条件更加复杂，性能衰退问题也更令人重视。

恶劣的运行条件，如高温、低温、高充电电压等不仅会加速三元电池性能的衰退还会导致电池的安全问题，使电池发生热失控，从而导致火灾甚至爆炸事故的发生。Liu 等[178]使用增量容量分析和电化学阻抗谱方法分析了不同电压过充后锂离子电池老化行为及衰减机理，指出正极材料在 70% SOH（健康状态）之后对电池稳定性起主导作用。Huang 等[179]针对镍钴锰酸锂体系的大尺寸锂离子电池开展了过充和过热诱导下的锂离子电池热失控传播实验研究，根据温度、温升速率、热释放速率、质量损失、产气等参数系统地比较了这两种触发条件下的热失控及传播特性。Lu 等[180]分析了锂离子电池的安全运行区间，如图 4-36 所示，在该区间以外，电池则会发生性能迅速衰退甚至安全问题。

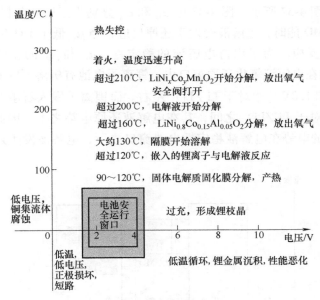

图 4-36　三元锂离子电池安全运行窗口[180]

4.2.1　不同温度下三元电池循环失效分析

三元电池的循环性能易受到温度的影响。我国南北温度差异大，并且四季变换。三元电池可能会长期在高温或者低温中循环使用。在高温条件下，锂离子电池固体电解质膜被破坏并重新生长，造成了锂离子损失。此外，过渡金属可能会分解，从而导致活性材料损失。在低温条件下，三元电池充电过程会发生锂金属沉积，消耗锂离子，造成锂离子损失。以上各种反应都会导致三元电池循环性能衰退。下面将详细分析高温和低温条件下三元电池循环性能衰退。

4.2.1.1 三元电池高温循环失效分析

1. 固体电解质界面膜生长

固体电解质界面（SEI）膜的概念最早由 Peled 等[181] 在 1979 年提出。他们的研究表明，碱金属在与电解液接触后会生成一层界面膜，具有离子导电性和电子绝缘性，性能与固体电解质类似，因此称为固体电解质界面膜。三元电池 SEI 膜的形成主要发生在首次充放电过程中。由于电解液与嵌入的锂离子之间的热力学不稳定性，电解液会在固液表面发生还原反应，生成的物质形成了一层钝化膜，即 SEI 膜。形成 SEI 膜后，锂离子电池的容量大约降低 10%。Goodenough 等[182] 指出，电解液的稳定性窗口由其最低未占分子轨道（LUMO）能级和最高占据分子轨道（HOMO）能级决定，即 E_g。锂离子电池正极、负极和电解液的相对电子能如图 4-37 所示。图 4-37 中 μ_C 和 μ_A 分别为正极和负极的电化学势。当 μ_A 高于 LUMO 能时，电解液会发生还原反应，当 μ_C 低于 HOMO 能时，电解液会发生氧化反应。为了保持电解液的稳定性，μ_C 和 μ_A 的差值，即开路电压（V_{oc}）需要在电解液氧化还原窗口内。锂离子电池有机溶剂的氧化还原电势分别在 4.7V 和 1.0V（相对于 Li^+/Li）左右。而锂离子嵌入石墨负极的电势在 $0\sim0.25V$（相对于 Li^+/Li）之间，其在电解液还原电势之下。因此，充电过程中，石墨负极的电势在电解液稳定性电势窗口之下，电解液发生还原反应生成 SEI 膜。

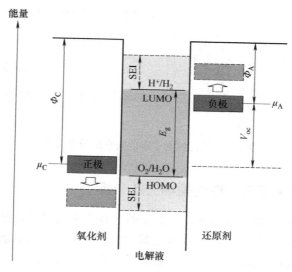

图 4-37　SEI 膜生成机理能量关系[182]

生成 SEI 膜的反应及其成分与有机溶剂及锂盐的成分等相关。当电解液中含有痕量水时，$LiPF_6$ 还原分解生成 LiF 和 $Li_xPO_yF_z$，$LiBF_4$ 还原分解生成 LiF；LiTFSI 则与铝集流体生成 $Al(TFSI)_x$[183]。具体反应以 EC/DEC+1mol/L $LiPF_6$ 为例，发生的反应如下所示[184]：

1）痕量水发生的反应为

$$H_2O+Li^++e \rightarrow LiOH+\frac{1}{2}H_2 \uparrow$$

$$LiOH+Li^++e \rightarrow Li_2O+\frac{1}{2}H_2 \uparrow$$

2）溶剂发生的反应为

$$EC+2Li^++2e \rightarrow LiCH_2CH_2OCO_2 \downarrow$$

$$2EC+2Li^++2e \rightarrow LiCH_2CH_2OCO_2 \downarrow +CH_2=CH_2$$

$$DEC+2Li^++2e \rightarrow CH_3CH_2OLi+CH_3CH_2OCO$$

$$DEC+2Li^++2e \rightarrow CH_3CH_2OCO_2Li+CH_3CH_2$$

3）锂盐 $LiPF_6$ 发生的反应为

$$LiPF_6 \rightarrow LiF \downarrow +PF_5$$

$$PF_5+H_2O \rightarrow 2HF+POF_3$$

$$LiPF_6+H_2O \rightarrow LiF \downarrow +HF+POF_3$$

$$PF_6^-+ne+nLi^+ \rightarrow LiF \downarrow +Li_xPF_y$$

$$HF+Li_2CO_3 \rightarrow LiF \downarrow +H_2CO_3$$

$$HF+(CH_2OCO_2Li)_2 \rightarrow LiF \downarrow +(CH_2OCO_2H)_2$$

根据 SEI 膜的成分，其结构分为两层。一层大部分由电解液还原生成的有机物组成，该层靠近电解液，多孔，疏松，空隙内由电解液填充；另一层大部分由电解液还原生成的无机物组成，该层靠近电极表面，空隙较少，结构紧凑。

生成 SEI 膜虽然消耗了锂离子，使三元电池的容量降低，阻抗增加。但是其可以阻止电解液进一步的分解。SEI 膜的主要功能如下[185,186]：

1）具有有机溶剂不溶性，能阻止有机溶剂到达负极表面，避免了因溶剂分子共嵌入对负极材料造成的破坏。

2）具有较高的锂离子电导率和可忽略的电子电导率，阻止了电解液的溶解。

3）与负极表面之间有足够大的分子力，避免了进一步的极化反应。

SEI 膜在三元电池循环过程中虽然很大程度上减少了电解液的还原反应，但并不能完全阻止。因此，在电池循环过程中，副反应在不断地缓慢发生。生成的气体使 SEI 膜破裂，电解液在负极表面仍会发生还原反应。此外，锂离子嵌入与脱出也会导致 SEI 膜的破裂，从而使 SEI 膜不断缓慢生长。循环过程中负极固液表面的变化如图 4-38 所示。

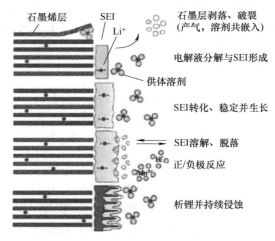

石墨烯层　SEI　Li$^+$　石墨层剥落、破裂（产气，溶剂共嵌入）

电解液分解与SEI形成

供体溶剂

SEI转化、稳定并生长

SEI溶解、脱落

正/负极反应

析锂并持续侵蚀

图 4-38　锂离子电池循环石墨负极表面变化[187]

在高温循环过程中，三元电池的容量会加速衰减。邓爽等的研究表明，三元电池在 60℃条件下循环性能衰减比常温循环加速约 325%[188]。SEI 膜的生长在其中具有重要作用。Andersson 等[189]的研究指出，当温度超过 60℃时，SEI 膜的结构遭到了严重的破坏。因此，电解液被不断地还原分解，消耗了大量的锂离子，加速了电池循环性能的衰减。高温循环对锂离子电池性能衰退的主要影响也是加速了 SEI 膜的生长[187]。

2. 活性材料损失

一般认为 SEI 膜的生长是三元电池容量衰减的主要原因。但是在循环过程中，三元电池的正极材料和负极材料也会被破坏，造成活性材料的损失，如石墨的剥离、三元正极材料中过渡金属的溶解等。正负极材料性能的衰退也会导致整个电池性能的衰退。

负极活性材料损失主要包括负极材料结构的破坏、石墨负极的剥离等。在三元电池循环过程中，锂离子的嵌入会导致石墨体积的膨胀，而脱出又会使石墨体积缩小。产生的应力会使石墨负极结构破坏，石墨粒子破裂。此外，副反应生成的气体以及电解液溶剂的共嵌入也会导致石墨粒子的破裂和石墨剥离。结果导致石墨粒子之间的接触降低，石墨粒子与集流体、粘结剂的接触也会降低，妨碍了电子的传递，增加了电池的阻抗，降低了负极材料的活性。

正极活性材料的损失主要包括过渡金属的溶解、结构的破坏等。三元电池的充放电也会导致正极材料体积的膨胀与收缩，从而产生应力，使正极材料粒子破裂；在充放电过程中，三元正极材料会发生相变，从而导致晶格畸变，也会产生应力；正极材料粒子破碎，结构的破坏会隔绝一部分正极材料，降低了正极材料的活性。三元电池正极材料中过渡金属锰最容易发生溶解，锰离子运动到负极发生还原反应生成金属锰还会导致负极性能的衰退。

高温循环不仅会加速 SEI 膜的生长，还会加速正极材料的相变和过渡金属的溶解，从而导致正极活性材料的损失。Liang 等[190]分析了高温下正极材料的相变过程及过渡金属元素的价态变化，定量分析了材料由层状结构到尖晶石相以及岩盐相的相变过程中释放的氧气，正极材料在高温下的不稳定性是导致电池安全性下降的主要原因。此外，高温循环也会破坏负极的结构。吴小兰等[191]研究了复合三元电池在 55℃ 高温条件下的循环性能。研究结果表明，石墨的表面结构被破坏，其体相发生了膨胀。石墨本征结构的变化是复合三元电池性能衰退的主要原因。

4.2.1.2 三元电池低温循环失效分析

在低温条件下，三元电池循环性能衰退的主要原因是锂金属沉积。在锂离子电池中，锂金属沉积是指充电过程中，锂离子没有嵌入负极中，而是在负极得到电子生成锂金属。从电化学的角度，产生锂金属沉积的原因是负极的电势低于 0V（相对于 Li^+/Li）。低温使电解液的离子电导率降低，SEI 膜的阻抗增加，增加了电荷传递阻抗，降低了锂在石墨负极中的扩散，从而增加了过电势，使石墨负极的电势低于 0V（相对于 Li^+/Li）。其中电荷传递阻抗的增加和锂在石墨负极中扩散是过电势过高的主要原因[192]。

三元电池充电过程中，负极主要发生以下反应：

$$xLi^+ + Li_zC_6 + xe \rightarrow Li_{z+x}C_6$$

在锂金属沉积中，负极表面发生的反应如下：

$$yLi^+ + ye \rightarrow yLi$$

该反应与锂离子嵌入石墨负极的电化学反应会同时发生，两者相互竞争。在充电过程中，充电电流由锂嵌入负极和锂离子生成锂金属两个过程决定。随着温度的降低，锂在负极中的扩散降低，锂嵌入负极反应的电流降低，则锂离子生成锂金属反应的电流增加，锂金属沉积更多。在锂金属沉积形成后，主要发生两个反应：第一个是锂金属再次成为嵌入负极中的锂，一般发生在恒压充电和搁置阶段；第二个是锂金属和电解液发生反应成为 SEI 膜的成分。这一过程如图 4-39 所示。

此外，生成的锂金属沉积一部分仍与负极有电化学接触，这一部分锂金属沉积在放电过程中会剥离，通过电解液回到正极，因此称为可逆锂。还有一部分锂金属与负极失去了电化学接触，这一部分锂金属沉积在放电过程中无法发生氧化反应回到正极，因此称为不可逆锂或者"死锂"。锂金属与电解液反应生成 SEI 膜和不可逆锂的产生是低温条件下锂离子电池循环性能衰退的主要原因。这一过程如图 4-40 所示。

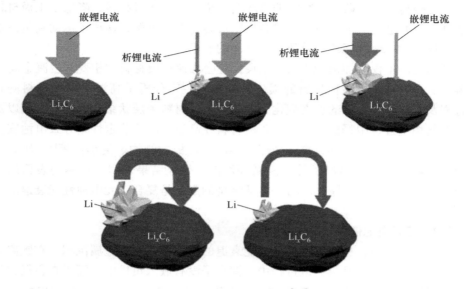

图 4-39　锂金属沉积过程[193]

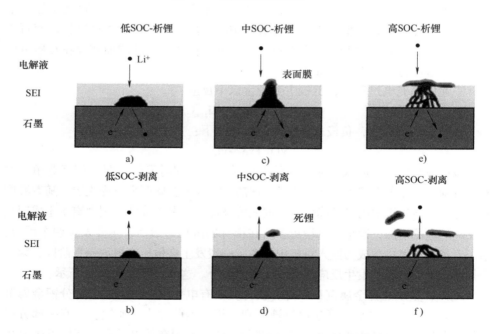

图 4-40　不同 SOC 条件下锂金属沉积和剥离过程[194]

a）锂金属沉积　b）在低 SOC 条件下锂金属沉积剥离　c）锂金属沉积
d）在中等 SOC 条件下剥离　e）锂金属沉积　f）在高 SOC 条件下剥离

王洪伟等[195]研究了锂离子电池在-20℃条件下的性能衰退。研究结果表明，低温条件下电池阻抗增加，极化增强，充电过程中产生锂金属沉积。Waldmann等[196]的结果表明，随着温度的降低，锂离子电池容量衰减速率增加，其中主要原因是锂金属沉积的不断加剧。低温条件下锂金属沉积的主要原因是锂在石墨负极中扩散系数的大幅降低以及电荷传递阻抗的增加。有研究表明，-20℃条件下，锂离子在石墨负极的扩散系数 D_{Li^+} 降低到常温条件下的12%[22]。而在-32℃条件下，D_{Li^+} 从室温条件下的 $10^{-8}\,cm^2/s$ 降至 $10^{-13}\,cm^2/s$[192]。对于电荷传递阻抗，有研究表明，在0℃以下，无论何种负极材料，电荷传递动力学受到了严重的抑制[192]。Mei 等[198,199]从石墨电压曲线中提取析锂信号，定义了完全析锂和不完全析锂，并基于有限元模型重构析锂过程，量化了循环过程中的锂沉积/剥离可逆效率。

此外，研究者们提出，可通过优化电解液成分和负极材料[192]，以及对电池进行预加热的方法来缓解低温造成的锂金属沉积。

4.2.2　电流过载与微过充循环三元电池失效分析

4.2.2.1　三元电池快速充电

三元电池因其良好的性能而被广泛运用在各个领域中，但其在使用过程中存在一个问题就是充电时间较长。为了减少充电时间，最有效的方法是提高充电倍率。在储能领域，由于调峰、调频的需要，储能用三元电池可能会经历大倍率充电的情况。但是，大倍率充电会加速电池的性能衰退。首先，锂离子快速从正极脱出并嵌入负极，会产生较大的应力，破坏三元电池电极材料结构。同时，大倍率充电会使电池产热增加，也会加速电池内部副反应的发生，从而加速三元电池性能的衰退。此外，大倍率快速充电所带来的一个严重后果是锂离子在负极积累，使电池负极发生极化。当锂离子积累到一定程度时，会在负极表面生成锂金属。生成的锂金属进一步积累可能产生锂枝晶，造成电池内短路，进而导致电池热失控，发生火灾甚至爆炸事故。

Purushothaman 等[200]对电池快速充电的机理进行分析后认为锂离子在负极的还原以及后续在石墨负极内的扩散是限制锂离子电池快速充电的主要因素。其锂离子在负极表面的反应及提出的负极内部的扩散模型如图 4-41a 所示。由于高倍率充电，因此电解液与电极表面会形成浓差极化，而锂在石墨负极内部扩散也会形成浓差极化，如图 4-41b 所示。由于锂离子从三元正极材料脱出与在电解液中运动的速度高于锂在负极的扩散，锂会在负极表面累积。大倍率充电条件下，锂累积速度较快，会生成锂金属，甚至形成锂枝晶导致内短路发生事故。为了减少锂在负极表面的累积，Purushothaman 等[200]指出可以采用脉冲充电的方式，即使用大倍率充电一段时间然后静置甚至放电一段时间，然后再次充电，如此反复进行。该种方法不仅减少了充电时间，还可以减少锂金属沉积，从而避免事故的发生。

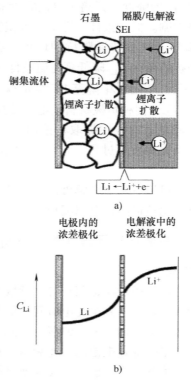

图 4-41　负极锂离子传递和浓度梯度示意图[200]

a）负极表面示意图　b）电解液及负极内浓度梯度

大倍率充电会破坏电池电极材料结构，加速副反应的发生，甚至导致电池内短路，发生火灾甚至爆炸事故。为了减少电池充电时间，延长电池使用寿命，防止发生事故，已有大量研究提出了各种充电优化方法。为了获得有效的充电优化方法，可以分为两个步骤：第一个步骤是确定充电方式；第二个步骤是确定相关参数值。目前的充电方式包括传统的恒流恒压充电、脉冲充电、快充以及多重充电方式结合。

恒流恒压充电即使用一定充电倍率将电池充电至充电截止电压，然后在该电压下进行恒压充电。该方法恒压充电过程浪费了大量的时间，并且电池长期处于高电压条件下，会加速电池内部副反应的发生。脉冲充电又分为方波脉冲充电、多阶段恒流充电和正弦波脉冲充电。方波脉冲充电即使用恒定倍率对电池充电一段时间，然后搁置或者恒流放电一段时间，然后再恒流充电，如此反复；多阶段恒流充电即分为几个阶段恒流充电，如第一阶段采用 i_1 充电至截止电压，然后再使用 i_2 进行恒流充电至截止电压，接着使用 i_3 恒流充电至截止电压，如此反复（$i_1 > i_2 > i_3$），当多段恒流充电超过 5 段时，其对充电过程的优化性能就会降低；正弦波脉冲充电即使用正弦波电流对电池进行充电。快充是首先使用高电压对电池进行恒压充电，然后再采用恒流恒压方式充电。各种充电方式如图 4-42 所示。

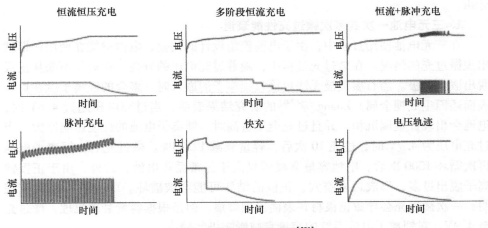

图 4-42　各种充电方式[201]

在第二个步骤中，恒流恒压充电方式主要确定恒流充电倍率，恒压充电电压。方波脉冲充电主要确定方波的幅度和频率，即充电时间、搁置时间和放电时间；多阶段恒流充电主要确定每阶段充电倍率；正弦波脉冲充电主要确定正弦波的幅度和频率。快充主要确定恒压充电电压和时间。在多阶段恒流充电中，Liu 等[202-204]使用田口法、连续正交阵列、蚁群算法等获得各阶段的充电倍率。

4.2.2.2　三元电池微过充循环失效分析

储能用锂离子电池一般组成模组运用于储能领域。该模组由大量锂离子电池串联、并联形成。由于电池的不一致性，电池管理系统的不适当设计，以及充电控制系统的失效，锂离子电池可能会发生过充行为。由于大量额外的容量被存储进入锂离子电池，过充电池发生热失控后将造成严重的事故后果。因此目前有大量研究来分析锂离子电池过充热失控行为、机理，以及电池过充的预警和预防[205,206]。

在锂离子电池的使用过程中，电池也可能发生过充但并不会发生热失控。Ouyang 等[207]研究了不同荷电状态（SOC）对三元电池的影响。他们的结果表明，当三元电池 SOC<120% 时，电池的性能并不会受到影响；在 120% <SOC< 140% 范围内，由于锂离子和活性材料的损失，三元电池的容量会衰减；当 SOC>

140%时，三元电池正负极活性材料遭到破坏，电池会发生膨胀；当SOC>167%时，三元电池破裂，内短路发生，从而导致热失控。由此表明，只有当电池SOC超过某一临界值时，电池才会发生热失控。我们将没有导致电池热失控，而只导致电池容量衰减的过充称为微过充。在三元电池的使用过程中，电池可能发生一次或多次微过充行为，而被电池管理系统发现，电池不再进行微过充；电池也有可能一直发生微过充循环。下面主要对这两种情况导致的三元电池性能衰退进行分析。

1. 三元电池一次或多次微过充性能衰退

在三元电池使用过程中，由于电池模组设计的偏差，电池可能在使用初期就出现微过充的情况。在微过充过程中，随着过充电压的升高，锂离子不断从正极脱出嵌入负极。当石墨负极无法再接收锂离子的嵌入时，多余的锂离子就在负极表面还原生成锂金属。Zhang等[208]的研究结果表明，当过充电压超过4.6V时，电池会出现锂金属沉积，并且过充电压过高时对锂离子电池的性能影响巨大。当过充电压为4.7V时，过充10次后，容量衰减12.75%。微过充后，锂离子电池再次循环1000次后，电池容量衰减明显高于正常循环电池。此外，由于正极锂离子脱出过多，形成过多空穴，正极的结构可能会被破坏。Liu等[209]的研究表明，一次微过充会导致正极材料表面出现裂痕。但是根据容量衰减机理，微过充至4.9V，对锂离子电池后续的容量衰减影响仍然较小。

三元电池在循环使用过程中，循环性能不断衰退，电池之间的不一致性会被加大，单个锂离子电池发生微过充的可能性会增加。Devie等[210,211]在三元电池正常循环125次后使用3.6V（正常充电截止电压2.8V）进行微过充，结果表明，电池循环至700次后，电池容量已经衰减至其初始容量的77%。容量衰减的主要原因是过充生成的气体在电池内部形成了气泡。通过挤压的方式将气泡消除后，电池的容量有所恢复。微过充后锂离子电池产气气泡的过程如图4-43所示。

2. 三元电池持续微过充循环性能衰退

由于锂离子电池单体及系统的原因，三元电池也有可能一直微过充循环。微过充循环过程中，三元电池充电截止电压高于正常循环充电截止电压，加速了电池充电过程副反应（如电解液的分解）的进行。当微过充电压过高时，负极表面还会产生锂金属沉积。微过充也会导致正极材料的破坏。不断进行微过充循环，锂离子电池的性能不断衰退，其对过充的抵抗性能会有所降低。微过充所带来的以上后果会不断加剧。经过不断地微过充循环，正极材料中的过渡金属，特别是Mn有可能发生溶解，正极材料的结构损坏会不断加剧。

Jung等[212]研究了$LiNi_xCo_yMn_zO_2$正极材料在不同充电截止电压条件下的性能衰退。研究结果表明，以$LiNi_{0.5}Co_{0.2}Mn_{0.3}O_2$（NCM523）为正极材料，锂金属为负极材料，充电截止电压为4.3V、4.5V和4.8V时，循环后电解液中发现了

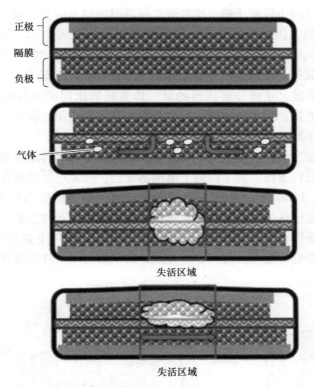

正极
隔膜
负极

气体

失活区域

失活区域

图 4-43　微过充后锂离子电池产气气泡的过程[210]

过渡金属 Ni、Co 和 Mn。但是在三个电压下循环，这三种过渡金属在电解液中的含量变化不大，即过渡金属的溶解不是正极性能衰退的主要原因。通过 X 射线衍射和透射电子显微镜对 NCM523 正极材料结构及表面形貌进行分析表明，NCM523 正极材料性能衰退的主要原因是表面结构的破坏。Kong 等[213]研究了 $LiNi_xCo_yAl_zO_2$（NCA）为正极、石墨为负极的锂离子电池在不同电压条件下微过充循环的性能衰退行为。结果表明，锂离子损失是三元电池性能衰退的主要原因。在高电压条件下循环，三元电池的电解液被分解生成 SEI 膜，消耗了大量锂离子。Liu 等[178]的研究表明，以 NCM 为正极材料、石墨为负极材料的三元电池在 4.5V 条件下循环，开始循环阶段，锂离子损失、阻抗增大和活性材料损失对电池容量衰减的影响相同。但随着循环的进行，三元电池正极材料结构被破坏，活性材料损失对电池容量的影响增加，成为电池容量衰减的主要内在机理。

4.2.3　三元电池安全性能分析

　　三元电池虽然具有良好的性能，但是相对于磷酸铁锂电池，三元电池的安全性较低。三元材料中锂离子做二维脱嵌，在高温或过充时会出现结构坍塌或是形成强氧化性物质，因此自加热起始温度低，热稳定性差[214]。当环境温度超过160℃时，$LiNi_{0.8}Co_{0.15}Al_{0.05}O_2$ 分解，放出氧气；超过210℃时，$LiNi_xCo_yMn_zO_2$ 开始分解，放出氧气。而磷酸铁锂在温度高达310℃后才开始分解[180]。三元电池是一个密闭的系统，正极分解放出的氧气作为强氧化剂可以与电解液和负极反应，放出大量的热，加速电池热失控的进程。在实际应用过程中，三元电池发生的火灾事故也相对较多。

三元电池发生热失控，从而导致火灾甚至爆炸事故，其原因是电池处于滥用条件下。前面已经指出，为了锂离子电池的安全，三元电池需要在一定电压和温度范围内运行。Li 等[215]也指出，当作用于锂离子电池的应力超过一定界限后，锂离子电池会发生热失控。导致电池热失控发生的滥用条件主要分为力学、电学和热学的滥用条件，如图 4-44 所示。其中力学的滥用条件主要包括挤压和针刺；电学的滥用条件包括过充、过放和外短路；热学的滥用条件主要指过热。

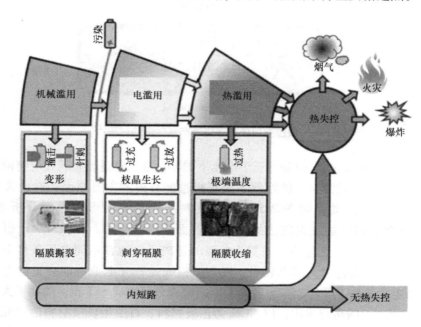

图 4-44　不同滥用条件导致的电池热失控[216]

4.2.3.1　力学的滥用条件

1. 挤压

储能用三元电池在使用过程中会成组，电池在循环过程由于副反应的发生（如电解液的分解）会产生气体导致电池膨胀，并且储能行业需要调峰、调频，三元电池运行条件复杂，有可能加速电池的副反应的进程，从而使电池膨胀加速。此外，锂离子在正负极的反应也会使正极或者负极体积增大，从而膨胀产生应力。单个三元电池的膨胀将会对附近的三元电池产生应力，并且在三元电池运行过程中难免会发生碰撞挤压的问题。如果应力超过一定限度，则电池隔膜会受到破坏，从而导致电池内短路，进而发生热失控及火灾，甚至爆炸事故。另一方面，由于电池受到应力作用，可燃电解液可能会泄漏，从而导致潜在的火灾事故。

Li 等[215]分析了不同形状的物体，如圆盘、圆球、圆柱和圆锥以不同的角度和不同的速度作用于锂离子电池的反应。他们的结果得出了导致电池热失控发生的"安全极限"，即只有超过一定的临界条件，电池才会发生内短路，进而发生热失控。他们建立了电池挤压模型，将形状、应力、角度等作为输入，电池的反应作为输出，判断了电池在不同挤压情况下是否会发生热失控。

2. 针刺

针刺是一种特别危险的滥用条件，它能够直接导致电池内部发生内短路，从而导致热失控的发生，造成火灾甚至爆炸事故。针刺甚至在一些标准中被列为了强制性安全测试，如 GB 38031—2020、SAE J2464—2009 等。针刺测试一般被认为是内短路安全测试的替代，但也有人认为高能量密度的锂离子电池永远无法通过针刺测试，因此对在标准中出现强制性针刺测试仍然存在分歧[216]。

Mao 等[217]提出了"微短路单元"结构来解释针刺引发内短路的机理，分析了针刺位置、深度、速度等因素对针刺后电池热行为的影响。Yamauchi 等[218]则是建立了锂离子电池模型用以模拟电池内短路的产热，并进行了针刺实验，与模型模拟结果进行了比较。他们的研究表明，锂离子电池"果冻卷"由 n 个子电芯组成，针刺导致了 $2n$ 个区域的内短路。内短路产生大量电流，在这些区域产生大量热量，从而导致热失控的发生。

4.2.3.2　电学的滥用条件

1. 过充

由于电池管理系统和充电控制系统的失效，三元电池会发生过充滥用。有研究指出，过充滥用导致的热失控是这些滥用条件导致事故后最严重的[216,219]。这是由于大量额外的能量被存储进了锂离子电池中，则失控释放的能量将大大增加，也增加了事故后果的严重性。

如前文所述，只有过充电压或者容量达到一定临界值，电池才会发生过程热失控。过充热失控的主要特点是产生大量的气体和热量。产生的气体是由于高电压条件加速了电池内部副反应的发生。产生的热量来自于欧姆产热和副反应产热。随着过充的进行，负极表面锂金属沉积逐渐增加，最后形成锂枝晶刺破隔膜导致电池内短路的发生，从而产生大量热是电池过充热失控发生的主要原因。此

167

外，由于锂离子不断从正极脱出，导致正极结构的坍塌，并且高电压、高温条件下，正极分解产生氧气也加速了过充热失控的进程。Liang 等[220]基于等温条件下三元电池的原位动态产热行为量化了可逆热与不可逆热，并提出锂离子嵌入过程为主要的产热阶段，且电池运行时正负极的总产热量几乎相等。Ye 等[205]研究了三元电池在绝热条件下的过充行为。研究结果表明，电池过充热失控分为四个阶段。第一个阶段，电池过充至 5.1V，电池温度缓慢增加；第二个阶段，电压迅速增加至 5.3V，电池温升速率增加；第三个阶段，电池电压降低到 5V 后迅速降低至 0V，电池温度迅速升高；第四个阶段，电池发生热失控。为了防止过充热失控的发生，进行提前预警，从而采取措施非常有必要。Jiang 等[206]提出电压、阻抗和温度相互结合的预警方式，从而能够有效地防止过充热失控的发生。

2. 过放

由于电池管理系统的失效，在三元电池使用过程中也会发生过放。过放过程中，锂离子电池的能量被不断放出，有人认为因此导致的事故灾害不大，过充也因此会被人们忽视。但是锂离子电池各组成部分如电解液、正极材料和负极材料等都具有发生火灾事故的潜在可能。

首先过放会导致 SEI 膜的分解，从而产生一氧化碳和二氧化碳气体，导致电池的膨胀[221]，对其他电池产生应力，也有可能导致电池漏液。随着过放的进行，Cu 集流体会被氧化。Cu 离子运动到负极表面被还原生成 Cu 枝晶刺穿隔膜，会导致电池内短路的发生，从而产生大量的热，导致电池热失控，最终发生火灾甚至爆炸事故。

3. 外短路

三元电池模组有很多线路、螺钉等部件。在使用过程中，模组部件的掉落或者外来导体使电池正负极接触，则会导致电池外短路的发生。此外，浸水也是外短路发生的一个因素。Zhang 等[222]通过开展锂离子电池浸没实验，研究了溶液盐浓度和电压对锂离子电池电化学性能的影响，并基于加速量热仪对浸水后电池的热稳定性进行了探究。研究表明，由于浸水后电池安全阀破损，内部材料遭受破坏，热失控起始温度与最大温度随着盐浓度的增加而降低。而轻度的外短路产生的热量一般不会使电池发生热失控。有研究表明，只有外短路电流达到一定临界值时，热失控才会发生，这个临界值一般为 20~30C[223]。Spotnitz 和 Franklin[224]研究了外短路导致的锂离子电池热失控。他们的研究结果表明，外短路产生的热量主要是欧姆产热。外短路过程中的峰值电流受到锂离子在负极中的扩散限制。负极的扩散系数和负极的表面积过大将会增加外短路产热，从而导致电池热失控。

4.2.3.3　热学的滥用条件

三元电池模组是一个较为密闭的系统，电池在充放电过程中会产生热量，如果热管理系统性能不佳会导致电池模块局部过热，从而导致电池热失控的发生。

此外，其他滥用条件都会导致产热增加，电池模组出现局部过热的情况。也有研究指出，电池模组中连接器的松动也会导致局部过热的发生[216]。最后，如果邻近电池发生热失控，则会产生大量热量，从而导致电池热失控的发生。

总而言之，过热是三元电池热失控的直接原因。其他滥用条件虽然有其独特的行为特征和机理，但其最终结果都是产生大量热量，引发一系列链式反应，产生更多的热量，最终发生热失控，从而导致火灾甚至爆炸事故的发生。

目前有一些研究分析了随着温度的升高，电池热失控发生的行为特征和内在机理。Feng 等[225]指出，电池热失控的行为特征参数主要包括三个温度（T_1，T_2，T_3）。T_1是锂离子电池的初始放热临界温度，一般是由于 SEI 膜的分解导致的；T_2是锂离子电池的热失控临界温度，当电池温度超过T_2时，电池的热失控进程将无法终止，T_2是一系列链式反应综合产热的结果；T_3是锂离子电池热失控的最高温度，一般与电池所存储的能量有关。对于锂离子电池热失控的内在机理，可以认为是电池模组局部过热引发了电池内部的一系列链式反应，最后导致电池热失控进程无法终止，从而导致火灾甚至爆炸事故的发生。随着温度的升高，锂离子电池热失控的内在机理如下：首先 SEI 膜分解产生热量。当 SEI 膜被破坏后，电解液与负极接触反应，进而生成新的 SEI 膜。SEI 膜的分解与再生反复发生，直至负极中的锂被消耗完为止。在 130℃左右，锂离子电池隔膜收缩溶解，此时电池的温度稍微有下降。随后，正极材料开始分解放出氧气与电解液发生反应，产生热量。并且随着温度的升高，隔膜被完全破坏，从而导致内短路的发生，放出大量的热量，从而导致电池热失控的发生[226]。

4.3　应用案例

退役动力型三元电池的梯次利用主要集中在用户侧、电网侧和新能源侧等电力系统储能项目中，动力型三元电池梯次利用不仅可以有效降低电动汽车用户和电力系统储能的成本，还可帮助缓解大量动力电池退役所带来的电池回收和环境污染压力。本节结合相关资料和新闻报道[172]，主要针对江苏南通 2MWh 退役三元电池用户侧储能项目实例进行相应介绍。

4.3.1　项目介绍

该项目位于江苏南通，项目装机容量为 360kW/2MWh，一期建设为 1.5MWh；电池采用退役三元电池，共 36 个电池包，单个电池包初始电量为 52.56kWh。该项目以 380V 低压接入电网，储能系统峰期以 120～240kW 放电来为企业调峰，除通过峰谷价差赚取收益之外，尽可能减少企业出现超容情况来减免每月电费罚

款。运行模式为每天一充一放，储能系统充电和放电时间段示意图如图 4-45
所示。

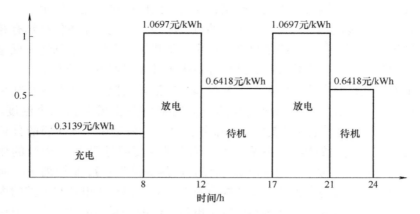

图 4-45　储能系统充电和放电时间段示意图[172]

4.3.2　关键技术

4.3.2.1　三元电池的筛选检测及利用

该项目主要采用的退役三元电池利用方式为整包利用方式，通过对电池包进
行外观检测、总压检测、耐压检测和容量检测等一系列筛选检测，降低电池包与
电池包之间的不一致性造成的影响。

4.3.2.2　三元电池管理系统及控制

由于该项目共需要 36 个电池包，因此电池管理系统中为每个电池包配置
了一个高压箱，通过高压箱分别接入集控链储能变流器的每路输入，以实现独立
控制电池包进行充放电，同时保证当某个电池包出现故障时不会影响其他电池包
的运行。

4.3.2.3　集控链储能变流器

该项目共采用 3 台 120kW 的集控链储能变流器，共 360kW，可实现独立工
作，其原理如图 4-46 所示。能量管理系统会根据电力需求，制定相应策略，下
发至各部件执行。通过对三元电池的充放电来实现电力调控的目的。该项目采用
的储能变流器针对每一支路电池对接一个电池控制器，实现电池的精细化管理，
多支路汇流后通过集中式功率变换单元，并入交流电网，从根源提高电池的安全
性，解决电池因一致性差和 SOC 估算不准等带来的安全隐患问题。

4.3.2.4　消防安全管理

由于三元电池能量密度高，存在热稳定性差等原因，因此所有三元电池储能
项目中均需配备合适的灭火系统。该项目采用七氟丙烷柜式气体灭火系统，系统

设有自动控制、手动控制及机械应急操作三种启动方式。电池室内配置两个手持干粉灭火器，同时电池室配置一套烟雾报警传感器、温度报警传感器，并结合警铃、声光报警器、勿入指示灯等设备提醒现场人员注意安全。当消防控制器发生火灾报警时，会同时将报警信号上传能量管理系统，系统停止运行。

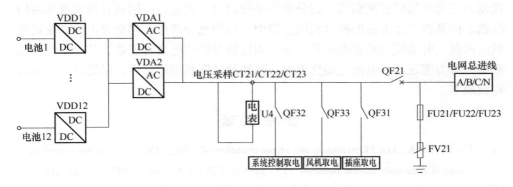

图 4-46　集控链储能变流器原理图[172]

4.3.3　项目小结

本节对南通退役三元电池储能项目进行了实例阐述。该项目将退役三元电池应用到用户侧储能项目中，通过应用于梯次利用储能项目各设备的协同工作，实现了对整个储能系统运行的实时监测、完善管控及安全管理。因此，开展退役三元电池在储能项目的应用，将同时促进电动汽车和电力系统行业的进步，对智能化电网的发展具有较重要的意义。

4.4　本章小结

目前三元电池的应用领域包括动力电池领域及储能领域，受到电池成本、寿命以及安全性的影响，目前三元电池更多地应用在动力电池领域。由于三元材料制备的核心工艺主要掌握在韩国、日本等国家，目前国内三元材料的发展受到了很大的限制，尽管国内三元材料产能不断增加，但是国外市场占有率偏低，产品质量有待进一步提高；为进一步提升三元材料性能，提高动力电池能量密度，同时降低电芯成本，基础研究领域应侧重于高镍NCM/NCA 三元材料的改性，在深入研究循环过程中高镍材料结构衰减机制的同时，提出合适的改性机理，改善三元材料的结构稳定性和热稳定性，尽可能提升材料的放电比容量；产业化方面则应该开展企业与高校联合的方式，打破技术垄断，形成我国独有的技术和知识产权，同时合理布局 NCM/NCA 三元材料产能，积极占据国外市场。

除了在动力电池领域的发展，三元电池由于具有能量密度高、占地面积小等优点，同样也应积极在储能领域方面进行布局，而储能领域的研发重点应转向退役动力三元电池的梯度利用，充分解决退役动力三元电池的回收处理及成本高的问题。但是在三元电池的梯度利用过程中，应当充分考虑不同动力电池企业制备的电池包、电池模组甚至电芯的区别，积极研发储能电池管理系统及一致性筛选系统，努力实现三元电池自动化拆解、筛选及梯度利用的目标，降低储能电站的建设成本。

参 考 文 献

[1] Liu Z, Yu A, Lee JY. Synthesis and characterization of $LiNi_{1-x-y}Co_xMn_yO_2$ as the cathode materials of secondary lithium batteries [J]. Journal of Power Sources, 1999, 81-82: 416-419.

[2] Noh HJ, Youn S, Yoon CS, et al. Comparison of the structural and electrochemical properties of layered $Li[Ni_xCo_yMn_z]O_2$ ($x=1/3$, 0.5, 0.6, 0.7, 0.8 and 0.85) cathode material for lithium-ion batteries [J]. Journal of Power Sources, 2013, 233: 121-130.

[3] Yabuuchi N, Makimura Y, Ohzuku T. Solid-State chemistry and electrochemistry of $LiCo_{1/3}Ni_{1/3}Mn_{1/3}O_2$ for advanced lithium-ion batteries [J]. Journal of the Electrochemical Society, 2007, 154 (10): A314-A321.

[4] Nitta N, Wu F, Lee JT, et al. Li-ion battery materials: present and future [J]. Materials Today, 2015, 18 (5): 252-64.

[5] 王伟东，仇卫华，丁倩倩，等. 锂离子电池三元材料——工艺技术及生产应用 [J]. 北京: 化学工业出版社，2015.

[6] Yabuuchi N, Ohzuku T. Novel lithium insertion material of $LiCo_{1/3}Ni_{1/3}Mn_{1/3}O_2$ for advanced lithium-ion batteries [J]. Journal of Power Sources, 2003, 119-121: 171-174.

[7] Wei Y, Zheng J, Cui S, et al. Kinetics Tuning of Li-Ion Diffusion in Layered $Li(Ni_xMn_yCo_z)O_2$ [J]. Journal of the American Chemical Society, 2015, 137 (26): 8364-8367.

[8] Liu W, Oh P, Liu X, et al. Nickel-rich layered lithium transition-metal oxide for high-energy lithium-ion batteries [J]. Angewandte Chemie, 2015, 54 (15): 4440-4457.

[9] Schipper F, Erickson EM, Erk C, et al. Review—Recent advances and remaining challenges for lithium ion battery cathodes [J]. Journal of The Electrochemical Society, 2017, 164 (1): A6220-A6228.

[10] Lin F, Markus IM, Nordlund D, et al. Surface reconstruction and chemical evolution of stoichiometric layered cathode materials for lithium-ion batteries [J]. Nature communications, 2014, 5: 3529.

[11] Hinuma Y, Meng YS, Kang KS, et al. Phase transitions in the $LiNi_{0.5}Mn_{0.5}O_2$ system with

temperature [J]. Chemistry of Materials. 2007, 19 (7): 1790-1800.

[12] Huang Z, Gao J, He X, et al. Well-ordered spherical LiNi$_x$Co$_{(1-2x)}$Mn$_x$O$_2$ cathode materials synthesized from cobolt concentration-gradient precursors [J]. Journal of Power Sources. 2012, 202: 284-290.

[13] Cheng C, Tan L, Liu H, et al. High rate performances of the cathode material LiNi$_{1/3}$Co$_{1/3}$Mn$_{1/3}$O$_2$ synthesized using low temperature hydroxide precipitation [J]. Materials Research Bulletin, 2011, 46 (11): 2032-2035.

[14] Lee J, Urban A, Li X, et al. Unlocking the potential of cation-disordered oxides for rechargeable lithium batteries [J]. Science, 2014, 343 (6170): 519-522.

[15] Li HH, Yabuuchi N, Meng YS, et al. Changes in the cation ordering of layered O3 Li$_x$Ni$_{0.5}$Mn$_{0.5}$O$_2$ during electrochemical cycling to high voltages: An electron diffraction study [J]. Chemistry of Materials, 2007, 19 (10): 2551-2565.

[16] Jung SK, Gwon H, Hong J, et al. Understanding the degradation mechanisms of LiNi$_{0.5}$Co$_{0.2}$Mn$_{0.3}$O$_2$ cathode material in lithium ion batteries [J]. Advanced Energy Materials, 2014, 4 (1): 1300787.

[17] Kang K, Ceder G. Factors that affect Li mobility in layered lithium transition metal oxides [J]. Physical Review B, 2006, 74 (9): 094105.

[18] Cho DH, Jo CH, Cho W, et al. Effect of residual lithium compounds on layer Ni-rich Li[Ni$_{0.7}$Mn$_{0.3}$]O$_2$ [J]. Journal of the Electrochemical Society, 2014, 161 (6): A920-A926.

[19] Edström K, Gustafsson T, Thomas JO. The cathode-electrolyte interface in the Li-ion battery [J]. Electrochimica Acta, 2004, 50 (2-3): 397-403.

[20] Bak SM, Hu E, Zhou Y, et al. Structural changes and thermal stability of charged LiNi$_x$Mn$_y$Co$_z$O$_2$ cathode materials studied by combined in situ time-resolved XRD and mass spectroscopy [J]. ACS Applied Materials & Interfaces, 2014, 6 (24): 22594-22601.

[21] Hua W, Liu W, Chen M, et al. Unravelling the growth mechanism of hierarchically structured Ni$_{1/3}$Co$_{1/3}$Mn$_{1/3}$(OH)$_2$ and their application as precursors for high-power cathode materials [J]. Electrochimica Acta, 2017, 232: 123-131.

[22] Ryu H-H, Park K-J, Yoon CS, et al. Capacity fading of Ni-rich Li[Ni$_x$Co$_y$Mn$_{1-x-y}$]O$_2$ ($0.6 \leqslant x \leqslant 0.95$) cathodes for high-energy-density lithium-ion batteries: bulk or surface degradation? [J]. Chemistry of Materials, 2018, 30 (3): 1155-1163.

[23] Chikkannanavar SB, Bernardi DM, Liu L. A review of blended cathode materials for use in Li-ion batteries [J]. Journal of Power Sources, 2014, 248: 91-100.

[24] Whittingham MS. Lithium batteries and cathode materials [J]. Chemical Reviews, 2004, 104 (10): 4271-310.

[25] Wu YP, Rahm E, Holze R. Effects of heteroatoms on electrochemical performance of electrode materials for lithium ion batteries [J]. Electrochimica Acta, 2002, 47 (21): 3491-507.

[26] Cai L, Liu Z, An K, et al. Probing Li-Ni cation disorder in Li$_{1-x}$Ni$_{1+x-y}$Al$_y$O$_2$ cathode materials by neutron diffraction [J]. Journal of the Electrochemical Society, 2012, 159 (7):

A924-A928.

[27] Wang D, Li X, Wang Z, et al. Role of zirconium dopant on the structure and high voltage electrochemical performances of $LiNi_{0.5}Co_{0.2}Mn_{0.3}O_2$ cathode materials for lithium ion batteries [J]. Electrochimica Acta, 2016, 188: 48-56.

[28] Liang C, Kong F, Longo RC, et al. Site-dependent multicomponent doping strategy for Ni-rich $LiNi_{1-2y}Co_yMn_yO_2$ ($y=1/12$) cathode materials for Li-ion batteries [J]. Journal of Materials Chemistry A, 2017, 5 (48): 25303-25313.

[29] Yu A, Rao GVS, Chowdari BVR. Synthesis and properties of $LiGa_xMg_yNi_{1-x-y}O_2$ as cathode material for lithium ion batteries [J]. Solid State Ionics, 2000, 135 (1-4): 131-135.

[30] Dixit M, Markovsky B, Aurbach D, et al. Unraveling the effects of Al doping on the electrochemical properties of $LiNi_{0.5}Co_{0.2}Mn_{0.3}O_2$ using first principles [J]. Journal of the Electrochemical Society, 2017, 164 (1): A6359-A6365.

[31] Aurbach D, Srur-Lavi O, Ghanty C, et al. Studies of aluminum-doped $LiNi_{0.5}Co_{0.2}Mn_{0.3}O_2$: Electrochemical behavior, aging, structural transformations, and thermal characteristics [J]. Journal of the Electrochemical Society, 2015, 162 (6): A1014-A1027.

[32] Ju SH, Jang HC, Kang YC. Al-doped Ni-rich cathode powders prepared from the precursor powders with fine size and spherical shape [J]. Electrochimica Acta, 2007, 52 (25): 7286-7292.

[33] Schipper F, Dixit M, Kovacheva D, et al. Stabilizing nickel-rich layered cathode materials by a high-charge cation doping strategy: Zirconium-doped $LiNi_{0.6}Co_{0.2}Mn_{0.2}O_2$ [J]. Journal of Materials Chemistry A, 2016, 4 (41): 16073-16084.

[34] Han E, Du X, Yang P, et al. The effects of copper and titanium co-substitution on $LiNi_{0.6}Co_{0.15}Mn_{0.25}O_2$ for lithium ion batteries [J]. Ionics, 2018, 24 (2): 393-401.

[35] Nurpeissova A, Choi MH, Kim J-S, et al. Effect of titanium addition as nickel oxide formation inhibitor in nickel-rich cathode material for lithium-ion batteries [J]. Journal of Power Sources, 2015, 299: 425-433.

[36] Guilmard M. Structural and electrochemical properties of $LiNi_{0.70}Co_{0.15}Al_{0.15}O_2$ [J]. Solid State Ionics, 2003, 160 (1-2): 39-50.

[37] Cho Y, Oh P, Cho J. A new type of protective surface layer for high-capacity Ni-based cathode materials: nanoscaled surface pillaring layer [J]. Nano letters, 2013, 13 (3): 1145-1152.

[38] Pouillerie C, Perton F, Biensan P, et al. Effect of magnesium substitution on the cycling behavior of lithium nickel cobalt oxide [J]. Journal of Power Sources, 2001, 96 (2): 293-302.

[39] Boulineau A, Simonin L, Colin JF, et al. First evidence of manganese-nickel segregation and densification upon cycling in Li-rich layered oxides for lithium batteries [J]. Nano letters, 2013, 13 (8): 3857-3863.

[40] Xie H, Du K, Hu G, et al. The role of sodium in $LiNi_{0.8}Co_{0.15}Al_{0.05}O_2$ cathode material and

its electrochemical behaviors [J]. The Journal of Physical Chemistry C, 2016, 120 (6): 3235-3241.

[41] Yang Z, Guo X, Xiang W, et al. K-doped layered LiNi$_{0.5}$Co$_{0.2}$Mn$_{0.3}$O$_2$ cathode material: Towards the superior rate capability and cycling performance [J]. Journal of Alloys and Compounds, 2017, 699: 358-365.

[42] Park K, Park JH, Hong SG, et al. Enhancement in the electrochemical performance of zirconium/phosphate bi-functional coatings on LiNi$_{0.8}$Co$_{0.15}$Mn$_{0.05}$O$_2$ by the removal of Li residuals [J]. Physical Chemistry Chemical Physics, 2016, 18 (42): 29076-29085.

[43] Kim J-Y, Kim SH, Kim DH, et al. Electronic structural studies on the improved thermal stability of Li(Ni$_{0.8}$Co$_{0.15}$Al$_{0.05}$)O$_2$ by ZrO$_2$ coating for lithium ion batteries [J]. Journal of Applied Electrochemistry, 2017, 47 (5): 565-572.

[44] Liao J-Y, Manthiram A. Surface-modified concentration-gradient Ni-rich layered oxide cathodes for high-energy lithium-ion batteries [J]. Journal of Power Sources, 2015, 282: 429-436.

[45] Wang J, Du C, Yan C, et al. Al$_2$O$_3$ coated concentration-gradient Li[Ni$_{0.73}$Co$_{0.12}$Mn$_{0.15}$]O$_2$ cathode material by freeze drying for long-life lithium ion batteries [J]. Electrochimica Acta, 2015, 174: 1185-1191.

[46] Du K, Xie H, Hu G, et al. Enhancing the thermal and upper voltage performance of Ni-rich cathode material by a homogeneous and facile coating method: Spray-drying coating with nano-Al$_2$O$_3$ [J]. ACS Applied Materials & Interfaces, 2016, 8 (27): 17713-17720.

[47] Jo C-H, Cho D-H, Noh H-J, et al. An effective method to reduce residual lithium compounds on Ni-rich Li[Ni$_{0.6}$Co$_{0.2}$Mn$_{0.2}$]O$_2$ active material using a phosphoric acid derived Li$_3$PO$_4$ nanolayer [J]. Nano Research, 2015, 8 (5): 1464-1479.

[48] Lee S-W, Kim M-S, Jeong JH, et al. Li$_3$PO$_4$ surface coating on Ni-rich LiNi$_{0.6}$Co$_{0.2}$Mn$_{0.2}$O$_2$ by a citric acid assisted sol-gel method: Improved thermal stability and high-voltage performance [J]. Journal of Power Sources, 2017, 360: 206-214.

[49] Tang Z-F, Wu R, Huang P-F, et al. Improving the electrochemical performance of Ni-rich cathode material LiNi$_{0.815}$Co$_{0.15}$Al$_{0.035}$O$_2$ by removing the lithium residues and forming Li$_3$PO$_4$ coating layer [J]. Journal of Alloys and Compounds, 2017, 693: 1157-1163.

[50] Sun S, Du C, Qu D, et al. Li$_2$ZrO$_3$-coated LiNi$_{0.6}$Co$_{0.2}$Mn$_{0.2}$O$_2$ for high-performance cathode material in lithium-ion battery [J]. Ionics, 2015, 21 (7): 2091-2100.

[51] Liang H, Wang Z, Guo H, et al. Improvement in the electrochemical performance of LiNi$_{0.8}$Co$_{0.1}$Mn$_{0.1}$O$_2$ cathode material by Li$_2$ZrO$_3$ coating [J]. Applied Surface Science, 2017, 423: 1045-1053.

[52] Wang D, Li X, Wang Z, et al. Co-modification of LiNi$_{0.5}$Co$_{0.2}$Mn$_{0.3}$O$_2$ cathode materials with zirconium substitution and surface polypyrrole coating: Towards superior high voltage electrochemical performances for lithium ion batteries [J]. Electrochimica Acta, 2016, 196: 101-109.

[53] Shim JH, Kim YM, Park M, et al. Reduced graphene oxide-wrapped nickel-rich cathode materials for lithium ion batteries [J]. ACS Applied Materials & Interfaces, 2017, 9 (22):

18720-18729.

[54] Xiong X, Ding D, Wang Z, et al. Surface modification of $LiNi_{0.8}Co_{0.1}Mn_{0.1}O_2$ with conducting polypyrrole [J]. Journal of Solid State Electrochemistry, 2014, 18 (9): 2619-2624.

[55] Yoon S, Jung K-N, Yeon S-H, et al. Electrochemical properties of $LiNi_{0.8}Co_{0.15}Al_{0.05}O_2$-graphene composite as cathode materials for lithium-ion batteries [J]. Journal of Electroanalytical Chemistry. 2012, 683: 88-93.

[56] Song B, Li W, Oh S-M, et al. Long-Life nickel-rich layered oxide cathodes with a uniform Li_2ZrO_3 surface coating for lithium-Ion batteries [J]. ACS Applied Materials and Interfaces, 2017, 9 (11): 9718-9725.

[57] Yang J, Yu Z, Yang B, et al. Electrochemical characterization of Cr_8O_{21} modified $LiNi_{0.5}Co_{0.2}Mn_{0.3}O_2$ cathode material [J]. Electrochimica Acta, 2018, 266: 342-347.

[58] Zhang C, Liu S, Su J, et al. Revealing the role of NH_4VO_3 treatment in Ni-rich cathode materials with improved electrochemical performance for rechargeable lithium-ion batteries [J]. Nanoscale, 2018, 10 (18): 8820-8831.

[59] Zhang L, Fu J, Zhang C. Mechanical composite of $LiNi_{0.8}Co_{0.15}Al_{0.05}O_2$/carbon nanotubes with enhanced electrochemical performance for lithium-ion batteries [J]. Nanoscale Research Letters, 2017, 12 (1): 376.

[60] Yoo K, Kang Y, Im K, et al. Surface modification of $Li(Ni_{0.6}Co_{0.2}Mn_{0.2})O_2$ cathode materials by nano-Al_2O_3 to improve electrochemical performance in lithium-ion batteries [J]. Materials, 2017, 10 (11): 1273.

[61] Li L, Ming X, Qi Y, et al. Alleviating surface degradation of nickel-rich layered oxide *cathode material by encapsulating with nanoscale Li-ions/electrons superionic conductors* hybrid membrane for advanced Li-ion batteries [J]. ACS Applied Materials and Interfaces, 2016, 8 (45): 30879-30889.

[62] Dong M, Wang Z, Li H, et al. Metallurgy inspired formation of homogeneous Al_2O_3 coating layer to improve the electrochemical properties of $LiNi_{0.8}Co_{0.1}Mn_{0.1}O_2$ cathode material [J]. ACS Sustainable Chemistry and Engineering, 2017, 5 (11): 10199-101205.

[63] Gao P, Jiang Y, Zhu Y, et al. Improved cycle performance of nitrogen and phosphorus Co-doped carbon coatings on lithium nickel cobalt aluminum oxide battery material [J]. Journal of Materials Science, 2018, 53 (13): 9662-9673.

[64] Wang H, Ge W, Li W, et al. Facile fabrication of ethoxy-functional polysiloxane wrapped $LiNi_{0.6}Co_{0.2}Mn_{0.2}O_2$ cathode with improved cycling performance for rechargeable Li-ion battery [J]. ACS Applied Materials and Interfaces, 2016, 8 (28): 18439-18449.

[65] Longwei L, Chen W, Xiaofei S, et al. Sur-/Interface engineering of hierarchical $LiNi_{0.6}Mn_{0.2}Co_{0.2}O_2$ @ $LiCoPO_4$@ Graphene architectures as promising high-voltagecathodes toward advanced Li-ion batteries [J]. Advanced Materials Interfaces, 2017, 4 (14): 1700382.

[66] Xiao Z, Hu C, Song L, et al. Modification research of $LiAlO_2$-coated $LiNi_{0.8}Co_{0.1}Mn_{0.1}O_2$ as a cathode material for lithium-ion battery [J]. Ionics, 2018, 24 (1): 91-98.

［67］ Liu W, Li X, Xiong D, et al. Significantly improving cycling performance of cathodes in lithium ion batteries: The effect of Al_2O_3 and $LiAlO_2$ coatings on $LiNi_{0.6}Co_{0.2}Mn_{0.2}O_2$ ［J］. Nano Energy, 2018, 44: 111-120.

［68］ Suntola T, Antson J. Method for producing compound thin films: United States, 4058430 ［P］. 1977-11-15.

［69］ Lee YS, Shin WK, Kannan AG, et al. Improvement of the cycling performance and thermal stability of lithium-ion cells by double-layer coating of cathode materials with Al_2O_3 nanoparticles and conductive polymer ［J］. ACS Applied Materials & Interfaces, 2015, 7 (25): 13944-13951.

［70］ Sun YK, Myung ST, Kim MH, et al. Synthesis and characterization of $Li[(Ni_{0.8}Co_{0.1}Mn_{0.1})_{0.8}(Ni_{0.5}Mn_{0.5})_{0.2}]O_2$ with the microscale core-shell structure as the positive electrode material for lithium batteries ［J］. Journal of the American Chemical Society, 2005, 127 (38): 13411-13418.

［71］ Sun YK, Myung ST, Park BC, et al. Synthesis of spherical nano- to microscale core-shell particles $Li[(Ni_{0.8}Co_{0.1}Mn_{0.1})_{1-x}(Ni_{0.5}Mn_{0.5})_x]O_2$ and their applications to lithium batteries ［J］. Chemistry of Materials, 2006, 18 (22): 5159-5163.

［72］ Park BC, Bang HJ, Amine K, et al. Electrochemical stability of core-shell structure electrode for high voltage cycling as positive electrode for lithium ion batteries ［J］. Journal of Power Sources, 2007, 174 (2): 658-662.

［73］ Sun Y-K, Myung S-T, Kim M-H, et al. Microscale core-shell structured $Li[(Ni_{0.8}Co_{0.1}Mn_{0.1})_{0.8}(Ni_{0.5}Mn_{0.5})_{0.2}]O_2$ as positive electrode material for lithium batteries ［J］. Electrochemical and Solid-State Letters, 2006, 9 (3): A171-A174.

［74］ Sun YK, Myung ST, Park BC, et al. High-energy cathode material for long-life and safe lithium batteries ［J］. Nature materials, 2009, 8 (4): 320-324.

［75］ Sun Y-K, Lee B-R, Noh H-J, et al. A novel concentration-gradient $Li[Ni_{0.83}Co_{0.07}Mn_{0.10}]O_2$ cathode material for high-energy lithium-ion batteries ［J］. Journal of Materials Chemistry, 2011, 21 (27): 10108.

［76］ Hou PY, Zhang LQ, Gao XP. A high-energy, full concentration-gradient cathode material with excellent cycle and thermal stability for lithium ion batteries ［J］. Journal of Materials Chemistry A, 2014, 2 (40): 17130-17138.

［77］ Sun YK, Kim DH, Yoon CS, et al. A novel cathode material with a concentration-gradient for high-energy and safe lithium-ion batteries ［J］. Advanced Functional Materials, 2010, 20 (3): 485-491.

［78］ Sun YK, Chen Z, Noh HJ, et al. Nanostructured high-energy cathode materials for advanced lithium batteries ［J］. Nature materials, 2012, 11 (11): 942-927.

［79］ Shi JL, Qi R, Zhang XD, et al. High-Thermal- and air-stability cathode material with concentration-gradient buffer for Li-ion batteries ［J］. ACS Applied Materials & Interfaces, 2017, 9 (49): 42829-42835.

［80］ Cho Y, Lee S, Lee Y, et al. Spinel-layered core-shell cathode materials for Li-ion batteries

177

[J]. Advanced Energy Materials, 2011, 1 (5): 821-828.

[81] Zhang J, Yang Z, Gao R, et al. Suppressing the structure deterioration of Ni-Rich LiNi$_{0.8}$ Co$_{0.1}$Mn$_{0.1}$O$_2$ through atom-scale interfacial integration of self-forming hierarchical spinel layer with Ni gradient concentration [J]. ACS Applied Materials & Interfaces, 2017, 9 (35): 29794-29803.

[82] Oh P, Oh SM, Li W, et al. High-performance heterostructured cathodes for lithium-ion batteries with a Ni-rich layered oxide core and a Li-rich layered oxide shell [J]. Advanced Science, 2016, 3 (11): 1600184.

[83] Tian J, Su Y, Wu F, et al. High-rate and cycling-stable nickel-rich cathode materials with enhanced Li$^+$ diffusion pathway [J]. ACS Applied Materials & Interfaces, 2016, 8 (1): 582-587.

[84] Fu F, Xu GL, Wang Q, et al. Synthesis of single crystalline hexagonal nanobricks of LiNi$_{1/3}$ Co$_{1/3}$Mn$_{1/3}$O$_2$ with high percentage of exposed {010} active facets as high rate performance cathode material for lithium-ion battery [J]. Journal of Materials Chemistry A, 2013, 1 (12): 3860-3864.

[85] Luo D, Li G, Fu C, et al. LiMO$_2$ (M=Mn, Co, Ni) hexagonal sheets with (101) facets for ultrafast charging-discharging lithium ion batteries [J]. Journal of Power Sources, 2015, 276: 238-246.

[86] Tan G, Wu F, Lu J, et al. Controllable crystalline preferred orientation in Li-Co-Ni-Mn oxide cathode thin films for all-solid-state lithium batteries [J]. Nanoscale, 2014, 6 (18): 10611-10622.

[87] Yang C-K, Qi L-Y, Zuo Z, et al. Insights into the inner structure of high-nickel agglomerate as high-performance lithium-ion cathodes [J]. Journal of Power Sources, 2016, 331: 487-494.

[88] Manthiram A, Knight JC, Myung S-T, et al. Nickel-rich and lithium-rich layered oxide cathodes: progress and perspectives [J]. Advanced Energy Materials, 2016, 6 (1): 1501010.

[89] Chen X, Li D, Mo Y, et al. Cathode materials with cross-stack structures for suppressing intergranular cracking and high-performance lithium-ion batteries [J]. Electrochimica Acta, 2018, 261: 513-520.

[90] Wei GZ, Lu X, Ke FS, et al. Crystal habit-tuned nanoplate material of Li[Li$_{1/3-2x/3}$Ni$_x$Mn$_{2/3-x/3}$]O$_2$ for high-rate performance lithium-ion batteries [J]. Advanced Materials, 2010, 22 (39): 4364-4367.

[91] Chen Y, Liu N, Hu F, et al. Thermal treatment and ammoniacal leaching for the recovery of valuable metals from spent lithium-ion batteries [J]. Waste Management, 2018, 75, 469-476.

[92] Li L, Bian Y, Zhang X, et al. Economical recycling process for spent lithium-ion batteries and macro- and micro-scale mechanistic study [J]. Journal of Power Sources, 2018, 377: 70-79.

［93］　Lin C-K，Ren Y，Amine K，et al. In situ high-energy X-ray diffraction to study overcharge abuse of 18650-size lithium-ion battery［J］. Journal of Power Sources，2013，230：32-37.

［94］　Zeng X，Li J. Implications for the carrying capacity of lithium reserve in China［J］. Resources，Conservation and Recycling，2013，80：58-63.

［95］　黎火林，贾颖. 锂离子电池失效机理分析［J］. 第十二届全国可靠性物理学术讨论会论文集，2007：129-132.

［96］　Xia H，Lu L，Meng YS，et al. Phase transitions and high-voltage electrochemical behavior of LiCoO$_2$ thin films grown by pulsed laser deposition［J］. Journal of the Electrochemical Society，2007，154（4）：A337-A342.

［97］　Zheng H，Sun Q，Liu G，et al. Correlation between dissolution behavior and electrochemical cycling performance for LiNi$_{1/3}$Co$_{1/3}$Mn$_{1/3}$O$_2$-based cells［J］. Journal of Power Sources，2012，207：134-140.

［98］　Spotnitz R. Simulation of capacity fade in lithium-ion batteries［J］. Journal of Power Sources，2003，113（1）：72-80.

［99］　Sloop SE，Kerr JB，Kinoshita K. The role of Li-ion battery electrolyte reactivity in performance decline and self-discharge［J］. Journal of Power Sources，2003，119-121：330-337.

［100］　Back CK，Yin R-Z，Shin S-J，et al. Electrochemical properties and gas evolution behavior of overlithiated Li$_2$NiO$_2$ as cathode active mass for rechargeable Li ion batteries［J］. Journal of the Electrochemical Society，2012，159（6）：A887-A893.

［101］　Fu LJ，Endo K，Sekine K，et al. Studies on capacity fading mechanism of graphite anode for Li-ion battery［J］. Journal of Power Sources，2006，162（1）：663-666.

［102］　Shi Y，Chen G，Chen Z. Effective regeneration of LiCoO$_2$ from spent lithium-ion batteries：A direct approach towards high-performance active particles［J］. Green Chemistry，2018，20（4）：851-862.

［103］　Ferreira DA，Prados LMZ，Majuste D，et al. Hydrometallurgical separation of aluminium，cobalt，copper and lithium from spent Li-ion batteries［J］. Journal of Power Sources，2009，187（1）：238-246.

［104］　Jha MK，Kumari A，Jha AK，et al. Recovery of lithium and cobalt from waste lithium ion batteries of mobile phone［J］. Waste Management，2013，33（9）：1890-1897.

［105］　Zeng X，Li J，Shen B. Novel approach to recover cobalt and lithium from spent lithium-ion battery using oxalic acid［J］. Journal of Hazardous Materials，2015，295：112-118.

［106］　Lv W，Wang Z，Cao H，et al. A critical review and analysis on the recycling of spent lithium-ion batteries［J］. ACS Sustainable Chemistry & Engineering，2018，6（2）：1504-1521.

［107］　卫寿平，孙杰，周添，等. 废旧锂离子电池中金属材料回收技术研究进展［J］. 储能科学与技术，2017，6（6）：1196-1207.

［108］　Granata G，Pagnanelli F，Moscardini E，et al. Simultaneous recycling of nickel metal hydride，lithium ion and primary lithium batteries：Accomplishment of European Guidelines by optimizing mechanical pre-treatment and solvent extraction operations [J]. Journal of Power Sources, 2012, 212: 205-211.

[109] Paulino JF, Busnardo NG, Afonso JC. Recovery of valuable elements from spent Li-batteries [J]. Journal of hazardous materials, 2008, 150 (3): 843-849.

[110] He L-P, Sun S-Y, Mu Y-Y, et al. Recovery of lithium, nickel, cobalt, and manganese from spent lithium-ion batteries using l-tartaric acid as a leachant [J]. ACS Sustainable Chemistry & Engineering, 2016, 5 (1): 714-721.

[111] Song D, Wang X, Nie H, et al. Heat treatment of $LiCoO_2$ recovered from cathode scraps with solvent method [J]. Journal of Power Sources, 2014, 249: 137-141.

[112] Li L, Zhai L, Zhang X, et al. Recovery of valuable metals from spent lithium-ion batteries by ultrasonic-assisted leaching process [J]. Journal of Power Sources, 2014, 262: 380-385.

[113] Guo Y, Li F, Zhu H, et al. Leaching lithium from the anode electrode materials of spent lithium-ion batteries by hydrochloric acid (HCl) [J]. Waste Management, 2016, 51: 227-233.

[114] Meshram P, Abhilash, Pandey BD, et al. Acid baking of spent lithium ion batteries for selective recovery of major metals: A two-step process [J]. Journal of Industrial and Engineering Chemistry, 2016, 43: 117-126.

[115] Senćanski J, Bajuk-Bogdanović D, Majstorović D, et al. The synthesis of Li(CoMnNi)O_2 cathode material from spent-Li ion batteries and the proof of its functionality in aqueous lithium and sodium electrolytic solutions [J]. Journal of Power Sources, 2017, 342: 690-703.

[116] He LP, Sun SY, Song XF, et al. Leaching process for recovering valuable metals from the $LiNi_{1/3}Co_{1/3}Mn_{1/3}O_2$ cathode of lithium-ion batteries [J]. Waste Management, 2017, 64: 171-181.

[117] Li X, Zhao X, Wang M-S, et al. Improved rate capability of a $LiNi_{1/3}Co_{1/3}Mn_{1/3}O_2$/CNT/graphene hybrid material for Li-ion batteries [J]. RSC Advances, 2017, 7 (39): 24359-24367.

[118] Sun L, Qiu K. Vacuum pyrolysis and hydrometallurgical process for the recovery of valuable metals from spent lithium-ion batteries [J]. Journal of hazardous materials, 2011, 194: 378-384.

[119] Li L, Dunn JB, Zhang XX, et al. Recovery of metals from spent lithium-ion batteries with organic acids as leaching reagents and environmental assessment [J]. Journal of Power Sources, 2013, 233: 180-189.

[120] Xin B, Zhang D, Zhang X, et al. Bioleaching mechanism of Co and Li from spent lithium-ion battery by the mixed culture of acidophilic sulfur-oxidizing and iron-oxidizing bacteria [J]. Bioresource technology, 2009, 100 (24): 6163-6169.

[121] Xin Y, Guo X, Chen S, et al. Bioleaching of valuable metals Li, Co, Ni and Mn from

spent electric vehicle Li-ion batteries for the purpose of recovery [J]. Journal of Cleaner Production, 2016, 116: 249-258.

[122] Garcia EM, Tarôco HA, Matencio T, et al. Electrochemical recycling of cobalt from spent cathodes of lithium-ion batteries: its application as supercapacitor [J]. Journal of Applied Electrochemistry, 2012, 42 (6): 361-366.

[123] Freitas MBJG, Garcia EM. Electrochemical recycling of cobalt from cathodes of spent lithium-ion batteries [J]. Journal of Power Sources. 2007, 171 (2): 953-959.

[124] Chen X, Xu B, Zhou T, et al. Separation and recovery of metal values from leaching liquor of mixed-type of spent lithium-ion batteries [J]. Separation and Purification Technology, 2015, 144: 197-205.

[125] Chen X, Chen Y, Zhou T, et al. Hydrometallurgical recovery of metal values from sulfuric acid leaching liquor of spent lithium-ion batteries [J]. Waste Management, 2015, 38: 349-356.

[126] Guo X, Cao X, Huang G, et al. Recovery of lithium from the effluent obtained in the process of spent lithium-ion batteries recycling [J]. Journal of Environmental Management, 2017, 198: 84-89.

[127] Kang J, Senanayake G, Sohn J, et al. Recovery of cobalt sulfate from spent lithium ion batteries by reductive leaching and solvent extraction with Cyanex 272 [J]. Hydrometallurgy, 2010, 100 (3-4): 168-171.

[128] Chen L, Tang X, Zhang Y, et al. Process for the recovery of cobalt oxalate from spent lithium-ion batteries [J]. Hydrometallurgy, 2011, 108 (1-2): 80-86.

[129] Zhao JM, Shen XY, Deng FL, et al. Synergistic extraction and separation of valuable metals from waste cathodic material of lithium ion batteries using Cyanex 272 and PC-88A [J]. Separation and Purification Technology, 2011, 78 (3): 345-351.

[130] Kasnatscheew J, Röser S, Börner M, et al. Do increased Ni contents in $LiNi_xMn_yCo_zO_2$ (NMC) electrodes decrease structural and thermal stability of Li ion batteries? A thorough look by consideration of the Li^+ extraction ratio [J]. ACS Applied Energy Materials, 2019, 2 (11): 7733-7737.

[131] Zhang SS. Problems and their origins of Ni-rich layered oxide cathode materials [J]. Energy Storage Materials, 2020, 24: 247-254.

[132] Liu A, Zhang N, Li H, et al. Investigating the effects of magnesium doping in various Ni-rich positive electrode materials for lithium ion batteries [J]. Jouranl of the Electrochemical Society, 2019, 166 (16): A4025-A4033.

[133] Huang Y, Liu X, Yu R, et al. Tellurium surface doping to enhance the structural stability and electrochemical performance of layered Ni-rich cathodes [J]. ACS Applied Materials and Interfaces, 2019, 11 (43): 40022-40033.

[134] Liu X, Wang S, Wang L, et al. Stabilizing the high-voltage cycle performance of $LiNi_{0.8}Co_{0.1}Mn_{0.1}O_2$ cathode material by Mg doping [J]. Journal of Power Sources, 2019, 438: 227017.

[135] Park GT, Ryu HH, Park NY, et al. Tungsten doping for stabilization of $Li[Ni_{0.90}Co_{0.05}Mn_{0.05}]O_2$ cathode for Li-ion battery at high voltage [J]. Journal of Power Sources, 2019, 442: 227242.

[136] Gan Z, Lu Y, Hu G, et al. Surface modification on enhancing the high-voltage performance of $LiNi_{0.8}Co_{0.1}Mn_{0.1}O_2$ cathode materials by electrochemically active $LiVPO_4F$ hybrid [J]. Electrochimica Acta, 2019, 324: 134807.

[137] Cao R, Fan W, Li C. In situ carbon-coated NCM622 through CF_x for lithium-ion batteries with high cycling stability [J]. Journal of the Electrochemical Society, 2019, 166 (14): A3348-A3353.

[138] Xu L, Zhou F, Kong J, et al. Effect of testing temperature on the lectrochemical properties of $Li(Ni_{0.6}Mn_{0.2}Co_{0.2})O_2$ and its $Ti_3C_2(OH)_2$ modification as cathode materials for lithium-ion batteries [J]. Journal of Alloys and Compounds, 2019, 804: 353-363.

[139] Wu L, Tang X, Rong Z, et al. Studies on electrochemical reversibility of lithium tungstate coated Ni-rich $LiNi_{0.8}Co_{0.1}Mn_{0.1}O_2$ cathode material under high cut-off voltage cycling [J]. Applied Surface Science, 2019, 484: 21-32.

[140] Yuan M, Li Y, Chen Q, et al. Surfactant-assisted hydrothermal synthesis of V_2O_5 coated $LiNi_{1/3}Co_{1/3}Mn_{1/3}O_2$ with ideal electrochemical performance [J]. Electrochimica Acta, 2019, 323: 134822.

[141] Bi Y, Liu M, Xiao B, et al. Highly stable Ni-rich layered oxide cathode enabled by a thick protective layer with bio-tissue structure [J]. Energy Storage Materials, 2020, 24: 291-296.

[142] Kong D, Hu J, Chen Z, et al. Ti-gradient doping to stabilize layered surface structure for high performance high-Ni oxide cathode of Li-ion battery [J]. Advanced Energy Materials, 2019, 9 (41): 1901756.

[143] Kim UH, Ryu HH, Kim JH, et al. Microstructure-controlled Ni-rich cathode material by microscale compositional partition for next-generation electric vehicles [J]. Advanced Energy Materials, 2019, 9 (15): 1803902.

[144] Manthiram A, Choi J, Choi W. Factors limiting the electrochemical performance of oxide cathodes [J]. Solid State Ionics, 2006, 177 (26): 2629-2634.

[145] Ghatak K, Basu S, Das T, et al. Effect of cobalt content on the electrochemical properties and structural stability of NCA type cathode materials [J]. Physical Chemistry Chemical Physics, 2018, 20 (35): 22805-22817.

[146] Iqbal A, Chen L, Chen Y, et al. Lithium-ion full cell with high energy density using nickel-rich $LiNi_{0.8}Co_{0.1}Mn_{0.1}O_2$ cathode and SiO-C composite anode [J]. International Journal of Minerals, Metallurgy and Materials, 2018, 25 (12): 1473-14781.

[147] Li Z-Y, Guo H, Ma X, et al. Al substitution induced differences in materials structure and electrochemical performance of Ni-rich layered cathodes for lithium-ion batteries [J]. The Journal of Physical Chemistry C, 2019, 123 (32): 19298-19306.

[148] Zhang M-J, Hu X, Li M, et al. Cooling induced surface reconstruction during synthesis of

high-Ni layered oxides [J]. Advanced Energy Materials, 2019, 9 (43): 1901915.

[149] Zhang Y, Li H, Liu J, et al. LiNi$_{0.90}$Co$_{0.07}$Mg$_{0.03}$O$_2$ cathode materials with Mg-concentration gradient for rechargeable lithium-ion batteries [J]. Journal of Materials Chemistry A, 2019, 7 (36): 20958-20964.

[150] Wang R, Zhang T, Zhang Q, et al. Enhanced electrochemical performance of La and F co-modified Ni-rich cathode [J]. Ionics, 2020, 26 (3): 1165-1171.

[151] Liu Y, Tang L-b, Wei H-x, et al. Enhancement on structural stability of Ni-rich cathode materials by in-situ fabricating dual-modified layer for lithium-ion batteries [J]. Nano Energy, 2019, 65: 104043.

[152] Hou P, Yin J, Li F, et al. High-rate and long-life lithium-ion batteries coupling surface-Al^{3+}-enriched LiNi$_{0.7}$Co$_{0.15}$Mn$_{0.15}$O$_2$ cathode with porous Li$_4$Ti$_5$O$_{12}$ anode [J]. Chemical Engineering Journal, 2019, 378: 122057.

[153] Lu Y, Gan Z, Xia J, et al. Hydrothermal synthesis of tunable olive-like Ni$_{0.8}$Co$_{0.1}$Mn$_{0.1}$CO$_3$ and its transformation to LiNi$_{0.8}$Co$_{0.1}$Mn$_{0.1}$O$_2$ cathode materials for Li-ion batteries [J]. ChemElectroChem, 2019, 6 (22): 5661-5670.

[154] Lei Y, Ai J, Yang S, et al. Effect of flower-like Ni (OH)$_2$ precursors on Li$^+$/Ni^{2+} cation mixing and electrochemical performance of nickel-rich layered cathode [J]. Journal of Alloys and Compounds, 2019, 797: 421-431.

[155] Tan X, Guo L, Liu S, et al. A general one-pot synthesis strategy of 3D porous hierarchical networks crosslinked by monolayered nanoparticles interconnected nanoplates for lithium ion batteries [J]. Advanced Functional Materials, 2019, 29 (34): 1903003.

[156] Müller V, Scurtu R-G, Memm M, et al. Study of the influence of mechanical pressure on the performance and aging of lithium-ion battery cells [J]. Journal of Power Sources, 2019, 440: 227148.

[157] Zhu P, Seifert HJ, Pfleging W. The ultrafast laser ablation of Li(Ni$_{0.6}$Mn$_{0.2}$Co$_{0.2}$)O$_2$ electrodes with high mass loading [J]. Applied Sciences-Basel, 2019, 9 (19): 4067.

[158] Park J, Hyeon S, Jeong S, et al. Performance enhancement of Li-ion battery by laser structuring of thick electrode with low porosity [J]. Journal of Industrial and Engineering Chemistry, 2019, 70: 178-85.

[159] Lee B-S, Wu Z, Petrova V, et al. Analysis of rate-limiting factors in thick electrodes for electric vehicle applications [J]. Journal of the Electrochemical Society, 2018, 165 (3): A525-A533.

[160] Zilberman I, Sturm J, Jossen A. Reversible self-discharge and calendar aging of 18650 nickel-rich, silicon-graphite lithium-ion cells [J]. Journal of Power Sources, 2019, 425: 217-226.

[161] Parikh D, Christensen T, Hsieh C-T, et al. Elucidation of separator effect on energy density of Li-ion batteries [J]. Journal of the Electrochemical Society, 2019, 166 (14): A3377-A3383.

［162］ Song W, Qin Z, Duan B, et al. LiPO$_2$F$_2$ as a LiPF$_6$ stablizer additive to improve the high-temperature performance of the NCM811/SiO$_x$@ C battery ［J］. International Journal of Electrochemical Science, 2019, 14 (9): 9069-9079.

［163］ Lei T, Xue L, Li Y, et al. Enhanced electrochemical performances via introducing LiF electrolyte additive for lithium ion batteries ［J］. Ceramics International, 2019, 45 (14): 18106-18110.

［164］ Kim K, Kim Y, Park S, et al. Dual-function ethyl 4,4,4-trifluorobutyrate additive for high-performance Ni-rich cathodes and stable graphite anodes ［J］. Journal of Power Sources, 2018, 396: 276-287.

［165］ Li J, Li W, You Y, et al. Extending the service life of high-Ni layered oxides by tuning the electrode-electrolyte interphase ［J］. Advanced Energy Materials, 2018, 8 (29): 1801957.

［166］ Wengao Z, Lianfeng Z, Jianming Z, et al. Simultaneous stabilization of LiNi$_{0.76}$Mn$_{0.14}$Co$_{0.10}$O$_2$ cathode and lithium metal anode by LiBOB additive ［J］. ChemSusChem, 2018, 11 (13): 2211-2220.

［167］ Yang T, Fan W, Wang C, et al. 2,3,4,5,6-pentafluorophenyl methanesulfonate as a versatile electrolyte additive matches LiNi$_{0.5}$Co$_{0.2}$Mn$_{0.3}$O$_2$/graphite batteries working in a wide-temperature range ［J］. ACS Applied Materials & Interfaces, 2018, 10 (37): 31735-31744.

［168］ David L, Ruther RE, Mohanty D, et al. Identifying degradation mechanisms in lithium-ion batteries with coating defects at the cathode ［J］. Applied Energy, 2018; 231: 446-455.

［169］ 刘亚飞, 陈彦彬. 锂离子电池正极材料标准解读 ［J］. 储能科学与技术, 2018, 7 (2): 314-326.

［170］ 姜华伟, 刘亚飞, 陈彦彬, 等. 锂离子电池三元正极材料研究及应用进展 ［J］. 人工晶体学报, 2018, 47 (10): 2205-2211.

［171］ Schmuch R, Wagner R, Hörpel G, et al. Performance and cost of materials for lithium-based rechargeable automotive batteries ［J］. Nature Energy, 2018, 3 (4): 267-278.

［172］ 胡正新, 杨帆, 裴皓, 等. 退役三元动力电池储能项目探索与应用 ［J］. 能源研究与利用, 2020 (1): 41-43, 48.

［173］ 葛志浩, 颜辉. 国内动力电池梯次回收利用发展简述 ［J］. 中国资源综合利用, 2020, 38 (5): 91-96.

［174］ 甄文媛. 解密国内首个退役电池整包梯次利用储能项目 ［J］. 汽车纵横, 2019 (9): 43-45.

［175］ 刘彦龙. 中国锂离子电池产业发展现状及市场发展趋势 ［J］. 电源技术, 2019, 43 (2): 181-187.

［176］ Wang Q, Mao B, Stoliarov S I, et al. A review of lithium ion battery failure mechanisms and fire prevention strategies ［J］. Progress in Energy and Combustion Science, 2019, 73 (7): 95-131.

［177］ Su L S, Zhang J B, Wang C J, et al. Identifying main factors of capacity fading in lithium ion cells using orthogonal design of experiments ［J］. Applied Energy, 2016, 163:

201-210.

［178］ Liu J, Duan Q, Ma M, et al. Aging mechanisms and thermal stability of aged commercial 18650 lithium ion battery induced by slight overcharging cycling ［J］. Journal of Power Sources, 2020, 445: 227263.

［179］ Huang Z, Liu J, Zhai H, et al. Experimental investigation on the characteristics of thermal runaway and its propagation of large-format lithium ion batteries under overcharging and over-heating conditions ［J］. Energy, 2021, 233: 121103.

［180］ Lu L G, Han X B, Li J Q, et al. A review on the key issues for lithium-ion battery management in electric vehicles ［J］. Journal of Power Sources, 2013, 226: 272-288.

［181］ Peled E. The electrochemical behavior of alkali and alkaline earth metals in nonaqueous battery systems—The solid electrolyte interphase model ［J］. Journal of The Electrochemical Society, 1979, 126: 2047.

［182］ Goodenough J B, Kim Y. Challenges for rechargeable Li batteries ［J］. Chemistry of Materials, 2010, 22: 587-603.

［183］ 杨光华, 夏兰, 夏永高, 等. 锂离子电池中 SEI 膜的研究进展 ［J］. 电源技术, 2018, 42 (12): 1918-1921, 1932.

［184］ 罗倩. 锂离子电池固体电解质界面膜 (SEI) 的研究 ［D］. 上海: 上海交通大学, 2013.

［185］ 倪江峰, 周恒辉, 陈继涛, 等, 锂离子电池中固体电解质界面膜 (SEI) 研究进展 ［J］. 化学进展, 2004 (3): 335-342.

［186］ 杜强, 张一鸣, 田爽, 等. 锂离子电池 SEI 膜形成机理及化成工艺影响 ［J］. 电源技术, 2018, 42 (12): 1922-1966.

［187］ Vetter J, Novak P, Wagner M R, et al. Ageing mechanisms in lithium-ion batteries ［J］. Journal of Power Sources, 2005, 147: 269-281.

［188］ 邓爽, 王宏伟, 郭少波, 等. 镍钴锰酸锂 (NCM) 三元锂电池的容量衰减加速测试 ［J］. 电池工业, 2019, 23 (5): 244-247.

［189］ Andersson A, Edström K, Rao N, et al. Temperature dependence of the passivation layer on graphite ［J］. Journal of Power Sources, 1999, 81-82: 286-290.

［190］ Liang C, Jiang L, Wei Z, et al. Insight into the structural evolution and thermal behavior of $LiNi_{0.8}Co_{0.1}Mn_{0.1}O_2$ cathode under deep charge ［J］. Journal of Energy Chemistry, 2022, 65: 424-432.

［191］ 吴小兰, 王光俊, 陈炜, 等. 复合三元电池高温循环劣化分析 ［J］. 电池, 2017, 47 (6): 347-350.

［192］ Liu Q Q, Du C Y, Shen B, et al. Understanding undesirable anode lithium plating issues in lithium-ion batteries ［J］. RSC Advances, 2016, 6 (91): 88683-88700.

［193］ Uhlmann C, Illig J, Ender M, et al. In situ detection of lithium metal plating on graphite in experimental cells ［J］. Journal of Power Sources, 2015, 279: 428-438.

［194］ Petzl M, Danzer M A. Nondestructive detection, characterization, and quantification of lith-

185

ium plating in commercial lithium-ion batteries [J]. Journal of Power Sources, 2014, 254: 80-87.

[195] 王洪伟, 杜春雨, 王常波. 锂离子电池的低温性能研究 [J]. 电池, 2009, 39 (4): 208-210.

[196] Waldmann T, Wilka M, Kasper M, et al. Temperature dependent ageing mechanisms in Lithium-ion batteries—A post-mortem study [J]. Journal of Power Sources, 2014, 262: 129-135.

[197] Zhang S S, Xu K, Jow T R. Low temperature performance of graphite electrode in Li-ion cells [J]. Electrochimica Acta, 2002, 48 (3): 241-246.

[198] Mei W, Zhang L, Sun J, et al. Experimental and numerical methods to investigate the overcharge caused lithium plating for lithium ion battery [J]. Energy Storage Materials, 2020, 32: 91-104.

[199] Mei W, Jiang L, Liang C, et al. Understanding of Li-plating on graphite electrode: detection, quantification and mechanism revelation [J]. Energy Storage Materials, 2021, 41: 209-221.

[200] Purushothaman B K, Landau U. Rapid charging of lithium-ion batteries using pulsed currents [J]. Journal of The Electrochemical Society, 2006, 153 (3): A533-A542.

[201] Keil P, Jossen A. Charging protocols for lithium-ion batteries and their impact on cycle life—An experimental study with different 18650 high-power cells [J]. Journal of Energy Storage, 2016, 6: 125-141.

[202] Liu Y H, Teng J H, Lin Y C. Search for an optimal rapid charging pattern for lithium-ion batteries using ant colony system algorithm [J]. IEEE Transactions on Industrial Electronics, 2005, 52 (5): 1328-1336.

[203] Liu Y H, Luo Y F. Search for an optimal rapid-charging pattern for Li-ion batteries using the Taguchi approach [J]. IEEE Transactions on Industrial Electronics, 2010, 57 (12): 3963-3971.

[204] Liu Y H, Hsieh C H, Luo Y F. Search for an optimal five-step charging pattern for Li-ion batteries using consecutive orthogonal arrays [J]. IEEE Transactions on Energy Conversion, 2011, 26 (2): 654-661.

[205] Ye J N, Chen H D, Wang Q S, et al. Thermal behavior and failure mechanism of lithium ion cells during overcharge under adiabatic conditions [J]. Applied Energy, 2016, 182: 464-474.

[206] Jiang L, Luo Z, Wu T, et al. Overcharge behavior and early warning analysis of $LiNi_{0.5}Co_{0.2}Mn_{0.3}O_2/C$ lithium-ion battery with high capacity [J]. Journal of the Electrochemical Society, 2019, 166 (6): A1055-A1062.

[207] Ouyang M G, Ren D S, Lu L G, et al. Overcharge-induced capacity fading analysis for large format lithium-ion batteries with $Li_yNi_{1/3}Co_{1/3}Mn_{1/3}O_2+Li_yMn_2O_4$ composite cathode [J]. Journal of Power Sources, 2015, 279: 626-635.

［208］ Zhang L, Ma Y, Cheng X, et al. Degradation mechanism of over-charged $LiCoO_2$/mesocarbon microbeads battery during shallow depth of discharge cycling ［J］. Journal of Power Sources, 2016, 329: 255-261.

［209］ Liu J, Duan Q, Feng L, et al. Capacity fading and thermal stability of $LiNi_x Co_y Mn_z O_2$/graphite battery after overcharging ［J］. Journal of Energy Storage, 2020, 29: 101397.

［210］ Devie A, Dubarry M, Liaw B Y. Overcharge study in $Li_4 Ti_5 O_{12}$ based lithium-ion pouch cell: I. quantitative diagnosis of degradation modes ［J］. Journal of The Electrochemical Society, 2015, 162 (6): A1033-A1040.

［211］ Devie A, Dubarry M, Wu H-P, et al. Overcharge study in $Li_4 Ti_5 O_{12}$ based lithium-ion pouch cell ［J］. Journal of The Electrochemical Society, 2016, 163 (13): A2611-A2617.

［212］ Jung S K, Gwon H, Hong J, et al. Understanding the degradation mechanisms of $LiNi_{0.5} Co_{0.2} Mn_{0.3} O_2$ cathode material in lithium ion batteries ［J］. Advanced energy materials, 2014, 4 (1): 1300787.

［213］ Kong D, Wen R, Ping P, et al. Study on degradation behavior of commercial 18650 $LiAlNiCoO_2$ cells in over-charge conditions ［J］. International Journal of Energy Research, 2019, 43 (1): 552-567.

［214］ Liang C, Zhang W, Wei Z, et al. Transition-metal redox evolution and its effect on thermal stability of $LiNi_x Co_y Mn_z O_2$ based on synchrotron soft X-ray absorption spectroscopy ［J］. Journal of Energy Chemistry, 2021, 59: 446-454.

［215］ Li W, Zhu J, Xia Y, et al. Data-driven safety envelope of lithium-ion batteries for electric vehicles ［J］. Joule, 2019, 3 (11): 2703-2715.

［216］ Feng X, Ouyang M, Liu X, et al. Thermal runaway mechanism of lithium ion battery for electric vehicles: A review ［J］. Energy Storage Materials, 2018, 10: 246-267.

［217］ Mao B, Chen H, Cui Z, et al. Failure mechanism of the lithium ion battery during nail penetration ［J］. International Journal of Heat and Mass Transfer, 2018, 122: 1103-1115.

［218］ Yamauchi T, Mizushima K, Satoh Y, et al. Development of a simulator for both property and safety of a lithium secondary battery ［J］. Journal of Power Sources, 2004, 136 (1): 99-107.

［219］ Spotnitz R, Franklin J. Abuse behavior of high-power, lithium-ion cells ［J］. Journal of Power Sources, 2003, 113 (1): 81-100.

［220］ Liang C, Jiang L, Ye S, et al. Precise in-situ and ex-situ study on thermal behavior of $LiNi_{1/3} Co_{1/3} Mn_{1/3} O_2$/graphite coin cell: From part to the whole cell ［J］. Journal of Energy Chemistry, 2021, 54 (3): 332-341.

［221］ Li H F, Gao J K, Zhang S L. Effect of overdischarge on swelling and recharge performance of lithium ion cells ［J］. Chinese Journal of Chemistry, 2008, 26 (9): 1585-1588.

［222］ Zhang L, Zhao C, Liu Y, et al. Electrochemical performance and thermal stability of lithium ion batteries after immersion ［J］. Corrosion Science, 2021, 184: 109384.

［223］ Cabrera-Castillo E, Niedermeier F, Jossen A. Calculation of the state of safety (SOS) for lithium ion batteries ［J］. Journal of Power Sources, 2016, 324: 509-520.

[224] Spotnitz R, Franklin J. Abuse behavior of high-power, lithium-ion cells [J]. Journal of Power Sources, 2003, 113 (1): 81-100.

[225] Feng X N, Zheng S Q, Ren D S, et al. Key characteristics for thermal runaway of Li-ion batteries [J]. Energy Procedia, 2019, 158: 4684-4689.

[226] Wang Q, Jiang L, Yu Y, et al. Progress of enhancing the safety of lithium ion battery from the electrolyte aspect [J]. Nano Energy, 2019, 55: 93-114.

第5章

新型锂离子电池

5

5.1 固态电池

5.1.1 固态电池简介

锂离子电池因其能量密度高、输出功率大、无记忆效应和绿色安全等优势，已经在消费电子、交通运输、智能电网、航空航天、国防安全等领域得到了广泛的应用，对于锂离子电池的性能要求也越来越高。各行各业对供能的新需求不断推动着锂离子电池技术的发展。目前成功商业化的锂离子电池多采用有机液体电解质，它与固体电极之间浸润性良好，能够提供优良的电导率，技术相对成熟。但是电解液与电极材料在充放电过程中容易发生副反应，导致电池容量出现不可逆的衰减。更为严重的是，电解液往往具有挥发性和可燃性，在长期服役的过程中，会发生挥发、干涸和泄漏等问题，尤其是在滥用的情况下，极易发生自燃。此外，在循环过程中，负极不可避免产生的锂枝晶会刺穿隔膜到达正极，导致电芯内短路、电池热失控发生起火爆炸等一系列安全问题，这些液态电解液的固有缺陷使液态锂离子电池的安全性大打折扣。

固态电池是在传统锂离子电池的基础上采用固态电解质取代传统的液态电解质，同时根据是否添加液态电解质及其用量，可细分为全固态电池、半固态电池以及准固态电池等。使用固态电解质代替传统液态电解质是提高电池本征安全性，进一步提升能量密度和长循环寿命的最佳途径。对于该方向的研究，主要集中在开发高离子电导率的固态电解质和提高电极材料-固态电解质的兼容性，进而优化全固态电解质结构设计，实现全固态电池的稳定循环。

5.1.2 固态电池技术特点

相比于传统锂离子电池，固态电池主要以固体导电物质（固态电解质）取代了以液态有机溶剂-导电支持盐为主的电解液，同时也取消了电池内部的隔膜。这样，电池内部从电极材料到电解质全部是固体状态，赋予了固态电池相比于液态体系更为突出的优势，主要表现在以下三个方面：

第一，传统液态电解液由于具有挥发性和可燃性，在过度充放电、内短路等极端情况下，可能产热，引发自燃甚至爆炸等热失控风险。而固态电解质因其固态特性具有本质上的优势：不可燃，无腐蚀，不存在挥发、漏液等问题，安全性能较传统锂离子电池大大提升。即使采用半固态或准固态体系，安全性也较液态有大幅提高。

第二，固态电池能量密度高，有望彻底消除电动车续航里程的焦虑。对液态电解液充电至 4.3V 以上后电解液容易发生氧化，同时正极材料表面发生不可逆相变。三元材料 811 型的推广就受到了电解液高压下分解的制约。在材料水平上，固态电解质电化学窗口宽，可达 5V 以上，更易匹配高压正极材料，在充放电过程中脱出/嵌入更多的锂量，提供更高的比容量。负极方面得益于锂枝晶的抑制，可以采用金属锂来获得负极更高的比容量和最低的工作电压（相对标准氢电极电势为 $-3.04V$），电池放电平均电压更高，根据公式：电池能量=电池容量×平均放电电压，可以知道电池的理论能量密度升高。另外，金属锂负极本身可以作为锂源，使得正极材料的选择更为多样，有望进一步实现锂硫或锂空气电池技术。在电池组装水平上，固态电解质同时取代了液态电解质和隔膜（占 40%体积比和 25%质量比），同时，由于固态电解质安全性更高，基于漏液、散热、腐蚀等风险考量的强化电池外壳和冷却系统模块可以简化，电池体积和质量的减小意味着电池质量能量密度和体积能量密度的提升。

第三，固态电池循环性能更好。固态电解质的循环寿命长，其优良的绝缘性能能够很好地将正负极阻隔，避免正负极直接接触发生短路。另外，工作温度区间宽也是固态电池体系的优势所在。

尽管固态电池拥有安全性能高、能量密度高、工作温度区间宽等如此突出的优势，距离其商业化仍然较远，面临很多问题亟待解决。主要问题集中在以下几方面：

1. 正极方面：界面问题导致电池内部离子电导率和电子电导率不足

1）空间电荷层问题：正极活性材料电子电导率较高，而硫化物固态电解质是单一锂离子导体。当正极活性材料和硫化物固态电解质直接接触时，锂离子在两者之间存在较大化学势差，锂离子会从硫化物固态电解质侧流向正极活性材料侧，同时形成空间电荷层。但正极活性材料既有电子又有离子导电性，电子能消除电极侧锂离子浓度梯度使该侧空间电荷层消失。硫化物固态电解质侧的锂离子化学势要达到平衡，必然会继续向正极方向移动，空间电荷层继续生成，最终导致电解质一侧出现贫锂层，形成非常大的界面电阻。高电阻空间电荷层的形成将大大降低界面处的锂离子迁移动力学。

2）物理接触不良：固-固界面的物理接触不够充分，不均匀的接触点增加了锂离子传输的活化能，降低了离子电导率，锂离子在材料表面的脱出/嵌入过程受到明显影响。

3）界面相容性和稳定性：正极活性材料和硫化物固态电解质活性都很高，两者接触处会发生严重副反应，导致正极活性材料和硫化物固态电解质表面结构退化并发生分解。反应副产物形成的中间层阻抗大，界面阻抗升高。电池热加工及循环会伴随正极活性材料和硫化物固态电解质之间元素的相互扩散，形成的界面层同样也会造成界面电阻升高。

2. 负极方面：主要是与金属锂负极之间的兼容性问题

金属锂负极由于表面电流分布不均匀，在循环过程中反复发生锂的沉积和溶解，导致表面生长锂枝晶，对于剪切模量不足的电解质容易发生刺穿，造成电池内短路。同时，由于金属锂具有最低电势，极易还原固态电解质成分，如将 Ti^{4+} 还原为 Ti^{3+}，造成电解质退化，性能衰减。

特别是对于硫化物固态电解质，与金属锂接触后会形成金属锂-硫化物固体界面层。界面层的存在影响固-固界面阻抗和全固态锂电池性能。有研究分别测定了硫化物固态电解质 $Li_{10}GeP_2S_{12}$ 和 $Li_{10}SiP_2S_{12}$ 与金属锂之间界面阻抗随时间的变化规律，发现 $Li_{10}GeP_2S_{12}$ 与锂之间的界面阻抗随时间变化明显大于 $Li_{10}SiP_2S_{12}$。相应地，使用 $Li_{10}SiP_2S_{12}$ 电解质组装全固态锂离子电池具有明显高的循环稳定性。利用原位 X 射线光电子谱（XPS）分别研究硫化物与金属锂之间界面相的形成过程，发现 $Li_7P_3S_{11}$ 与金属锂形成稳定的 SEI 层，界面层产物主要为 Li_2S 和 Li_3P。但是，$Li_{10}GeP_2S_{12}$ 界面层中还存在 Li-Ge 合金，使得电解质与金属锂反应后不易形成稳定的界面相，界面相厚度及界面阻抗均随时间持续增长。金属阳离子的存在降低了界面相的稳定性，相反，添加多种阴离子复合可以提高硫化物固态电解质的化学稳定性，添加卤化物或氧化物等可以有效提升硫化物固态电解质对金属锂的稳定性。

另外，采用金属锂作负极，锂在循环过程中反复沉积和溶解，体积变化幅度大，体积效应明显，在充放电过程中电解质与电极材料之间的接触变得不良，界面阻抗增大，影响固态电池的容量和循环性能。

3. 固态电解质本身：离子电导率偏低而成本较高

锂离子在固态电解质中的迁移能力比在液态电解质中的弱很多，因此固态电解质在室温下的离子电导率比传统的有机液态电解质的离子电导率低很多。另外，固态电解质的成本较高，工业化制备困难也是影响固态电池商业化的重要因素。

针对固态电池的改性工作主要有以下几方面：①可以在固态电解质表面包覆电子绝缘而离子导电的氧化物，这样可以有效地抑制空间电荷层的产生，从而降低界面阻抗；②将活性物质纳米化，因为纳米化可以提高活性物质的比表面积，从而使活性物质与电解质之间的接触面积增大，有利于促进活性物质与固态电解质之间的离子迁移；③制备有机-无机复合的固态电解质，通常是通过把氧化物粉体加入到有机聚合物基体中，降低聚合物材料的结晶度来促进锂离子在电解质中的迁移；④制备复合电极，即在电极材料中加入一定量的固态电解质来减小界面阻抗。

对于界面稳定性问题，一般通过对电极材料进行包覆，防止电极层与电解质层的直接接触，从而发生反应；还可以通过对电解质进行掺杂，使界面更加稳定。当然，更为关键的是制备出室温下离子电导率高的固态电解质材料。

5.1.3　固态电池分类

固态电池根据采用的固态电解质的不同，可以分为聚合物、氧化物和硫化物三大类，其中氧化物和硫化物固态电解质都属于无机陶瓷类物质。此外，为了综合各体系优越性，常采用复合电解质设计来取长补短。

5.1.3.1　聚合物固态电解质

聚合物电解质由极性高分子（如聚氧化乙烯（PEO））和锂盐（如双三氟甲磺酰亚胺锂（LiTFSI），双氟磺酰亚胺锂（LiFSI）或离子液体等）络合形成，如Armand等于1979年基于PEO电解质制备了全固态聚合物锂离子电池，其离子导电主要机理是Li^+与PEO链上的醚氧基发生络合和解离作用，依靠PEO链段运动实现Li^+的迁移，其传输机理如图5-1所示。PEO基聚合物目前是主流的聚合物电解质体系，此外还有聚碳酸酯基和聚硅氧烷基体系也可作聚合物体系基质。导电机理各有不同。

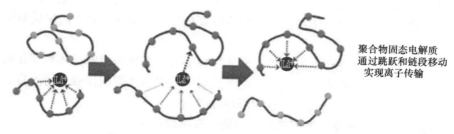

聚合物固态电解质
通过跳跃和链段移动
实现离子传输

图5-1　醚基聚合物固态电解质中 Li^+ 传输机理

聚合物固态电解质具有一系列的优点，如良好的力学性能和成膜性，容易与锂金属形成稳定的界面；另外，杨氏模量足够高的聚合物电解质可以有效防止锂枝晶的形成，稳定锂负极。聚合物固态电解质的聚合物基体材料主要包括聚偏二氟乙烯（PVDF）、聚偏二氟乙烯-六氟丙烯共聚物（PVDF-HFP）、聚甲基丙烯酸甲酯（PMMA）、聚氧化乙烯（PEO）、脂肪族聚碳酸酯（APC）和聚硅氧烷等，但大部分室温离子电导率比较低，约为 10^{-7}S/cm，而且对温度有较大的依赖性，一般需要较高的温度才能正常运行，远不能满足实际需要。虽然可以采用聚合物基体改性或添加无机纳米粒子的方法提高其室温电导率，但仍难以达到高性能二次电池的实用要求。

聚合物基电解质体系可加工性强，界面匹配良好，在学术研究领域已经取得长足进步，发展最为成熟。由于聚合物薄膜具有弹性和黏性，可以使用技术相对成熟的卷对卷的方式量产，成本低廉。因此，聚合物体系是当前量产能力最强的固态电池，已经实现了小规模的量产。目前适合量产的聚合物固态电池材料体系也主要是 PEO-LiTFSI，室温下电导率较高，易加工，成为最先实现产业化的技术方向。

针对基于聚合物电解质的固态电池理论能量密度上限低，且室温下电导率较低的问题，将其与其他无机固态电解质进行复合，改善离子电导率是潜在的发展方向。研究人员从全固态聚合物电解质离子传输的机理出发做了大量的改性工作，包括共混、共聚、开发单离子导体聚合物电解质、高盐型聚合物电解质、加入增塑剂、进行交联、发展有机/无机复合体系等。特别是对于有机-无机复合体系，学术界的研究热情很高。如 Goodenough 等将石榴石型电解质 LLZTO 与 PEO 共混，采用热压法制备复合电解质，并从 0~80wt% 改变 LLZTO 的用量，分别探讨了 ceramic-in-polymer 以及 polymer-in-ceramic 两种类型的复合电解质的性能，研究表明两种类型的电解质都展示了良好的电化学性能，最高的离子电导率在 55℃ 时能超过 10^{-4}S/cm，电化学窗口达到 5V。

目前，聚合物电解质的改性主要有以下几种方法：

1）共混：通过多种高分子聚合物共混，增加聚合物电解质的无定形区，提升链段运动能力，同时也兼顾了多种聚合物的优点，提高电解质的综合性能。例如，将 PEO 与 PMMA 共混，可以提高 PMMA 的柔韧性，减少了脆性，同时也增加了 PEO 的无定形区域，当 PEO 含量为 92wt% 时，电导率比纯 PEO 或 PMMA 提高了 1~2 个数量级。将 PEO 与 PCA 共混后涂布在纤维素膜上，获得的电解质膜具有优异的综合性能、力学性能和热稳定性，4.6V 的电化学窗口，以及良好的倍率性能和界面稳定性。

2）共聚：与共混类似，不同的单体共聚得到共聚物。共聚能够降低聚合物的结晶度，提高链段的运动能力，同时发挥不同嵌段的功能，从而增强聚合物电解质的性能。如将 PE 与 PEO 嵌段，PEO 作为导电嵌段，PE 作为机械性能增强嵌段，使电解质的电导率和机械性能均得到提升，其中 PE 含量越高，综合性能越好，达到 80% 时，性能最佳，室温电导率达到了 3.2×10^{-4} S/cm。

3）单离子导体聚合物电解质：一般来说，聚合物电解质是双离子导体，阳离子与聚合物链上的极性原子配位，会导致阴离子的迁移更快更容易，结果使锂离子迁移数偏低（小于 0.5），造成严重的浓差极化，使电池的循环性能受到影响。为了降低极化，将阴离子共价结合到聚合物主链上，发展单离子导体聚合物电解质体系是一种有效的方法。

4）高盐型聚合物电解质：高盐型聚合物电解质指的是锂盐含量（超过50wt%）高于聚合物基体的一种电解质类型。通过增加锂盐的含量，能够增加载流子的数目，以及产生新的离子传输通道，从而提高离子电导率以及锂离子迁移数。

5）加入增塑剂：增塑剂的加入能够增加聚合物电解质的无定形区域、促进链段的运动以及离子对的解离，进而提高聚合物电解质的离子电导率。增塑剂一般可以分为 3 类，包括低分子量的固体有机物、有机溶剂以及离子液体。用琥珀腈（SN）作为增塑剂，用于 PEO-LiTFSI-LGPS 体系，当 SN 含量为 10% 时，电导率达到 9.1×10^{-5} S/cm（25℃），电化学窗口为 5.5V，在 LiFePO$_4$/Li 电池体系中展示了优异的循环倍率性能，但当 SN 含量超过 10% 时，过量的 SN 会聚集阻碍离子的传输，导致离子电导率的下降。

6）交联：通过构造交联网状结构的聚合物电解质，能够一定程度上抑制聚合物基质的结晶，同时还能显著提高聚合物电解质的机械性能。交联的方式有物理交联、化学交联或辐射交联等。

7）有机/无机复合聚合物电解质：有机/无机复合体系通常指的是聚合物电解质中加入一些无机填料构成的复合体系。无机填料可以分为惰性填料和活性填料两类，惰性填料常见的如 Al$_2$O$_3$、SiO$_2$、TiO$_2$，其不直接参与离子传输的过程，但通过其与聚合物基体以及锂盐的 Lewis 酸碱作用，能够降低聚合物基体的结晶度，促进锂盐的解离，增加自由 Li$^+$ 的数目以及 Li$^+$ 的快速传输通道，从而提高离子电导率。而活性填料通常指的是无机固态电解质（分为氧化物和硫化物），其能直接参与离子传输，提供锂源，进一步提高离子电导率。同时有机/无机复合体系也能结合两者的优势，在综合性能（如机械性能、界面性能）的提高上有一个很大的优势。有报道在聚合物电解质中原位合成 SiO$_2$ 无机填料制备复合电解质。与直接机械物理混合的方法相比，该方法使无机填料的分散性提高，增加了填料 Lewis 酸碱作用的有效表面积，离子电导率获得显著提高，电化学窗口达到 5.5V，组装的 LiFePO$_4$/CPE/Li 电池表现出优异的性能。Goodenough 将石榴石型电解质 LLZTO 与 PEO 共混，采用热压法制备复合电解质，并从 0~80wt% 改变 LLZTO 的用量，分别探讨了 ceramic-in-polymer 以及 polymer-in-ceramic 两种类型的复合电解质的性能，研究表明两种类型的电解质都展现了良好的电化学性能，最高的离子电导率在 55℃时能超过 10^{-4} S/cm，电化学窗口达到 5V，通过组装 $LiFePO_4$/Li 固态电池，发现两种类型的复合电解质都可以发挥良好的性能，ceramic-in-polymer 更适合用于小型柔性器件，而 polymer-in-ceramic 由于其具有更好的安全性能，可以在电动车等大型电池系统中发挥更大的优势。

8）凝胶聚合物电解质：为了进一步改善固态电解质的室温离子电导率，研究人员引入了凝胶聚合物电解质，即在聚合物/锂盐体系中加入大量有机电解液进行增塑，通过一定的方法使聚合物、增塑剂和锂盐形成具有网络结构的凝胶薄膜。一般来讲，凝胶聚合物电解质的制备方法主要有 Bellcore 法、倒相法、浇注法、延流法、丝网印刷法、电纺丝法等，其原理均是利用分子链间存在相互作用力而形成物理交联，再引入电解液后制成凝胶聚合物电解质。然而，当温度升高或长时间放置后，这种聚合物电解质因分子链间作用力减弱而导致电解液溢出，电池性能恶化且上述方法操作难度较大，对于环境的温度、湿度均有一定的要求，并且与现有的电池生产线不匹配，不利于进一步扩大生产。

9）原位聚合：作为一种新型的聚合物电解质成型工艺，在二次电池内部原位聚合生成聚合物电解质，可以使聚合物二次电池具有更好的界面相容性，显著提升电池的性能。原位生成聚合物电解质的制备原理是将聚合物单体、引发剂（部分反应不需要引发剂）和锂（钠、镁）盐等按一定比例混合均匀后组装电池，电池在一定的外界条件（如热引发、伽马射线等）下引发聚合反应，单体聚合后即产生立体骨架结构电解质（凝胶类还需要在引发聚合前加入电解液使之在网状结构的空隙中均匀固化）。一般来说，按照聚合的机理划分，原位生成聚合物电解质的聚合工艺主要包括：自由基聚合、阳离子聚合、阴离子聚合、凝胶因子引发聚合、无引发剂的热化学交联聚合、无引发剂的伽马射线引发聚合和无引发剂的电化学引发聚合等。各自特点如下：①自由基聚合原位生成聚合物电解质，一般引发剂为能产生自由基的化合物，例如偶氮二异丁腈（AIBN），引发条件主要为加热；②阳离子聚合原位生成聚合物电解质，阳离子聚合的引发剂主要包括两大类，即质子酸和 Lewis 酸，引发条件由催化剂反应活性以及单体聚合难度而定，一般为加热和室温条件；③阴离子聚合原位生成聚合物电解质，阴离子聚合反应和阳离子聚合反应同属于离子聚合，但是该反应的催化剂一般为电子给体，如碱、碱金属及其氢化物、氨基化物、金属有机化合物及其衍生物等亲核催化剂。催化条件同样视单体和催化剂活性而定；④凝胶因子引发聚合生成聚合物电解质，该反应的机理不同于上述几种反应，该反应是纯粹的物理变化过程，不涉及化学变化。小分子有机化合物（如糖类衍生物、脂肪酸及其衍生物等）在很低的浓度（通常低于 1wt%）使有机溶剂通过氢键、π-π 键等相互作用，原位聚集组装成三维网络结构，从而使溶剂小分子凝胶化，形成分子凝胶电解质，无机颗粒（如二氧化硅、二氧化钛等）通过溶胶-凝胶过程同样也可以实现有机电解液的凝胶化；⑤其他原位聚合工艺还包括无引发剂的热化学交联聚合、无引发剂的伽马射线引发聚合以及无引发剂的电化学引发聚合等。二次电池中原位生成聚合物电解质区别于传统聚合物电解质的刮膜、电解液浸泡、溶胀形成凝胶等复杂制备流程，而是采用原位一体化制备过程，不仅简化了制备工艺流程，还提升了二次电池的电化学性能（如改善固-固接触阻抗，提升界面相容性；优化 CEI 和 SEI 组成，进而稳定正负极；有效抑制中间过渡产物溶解和过渡金属离子溶出等），并对安全性能的提高起着至关重要的作用。经过科研工作者数十年的辛勤付出，原位生成聚合物电解质的基础研究工作已经取得了长足进步。

由于聚合物电解质在室温下电导率较低（约为 10^{-5} S/cm 或更低），在温度达到 50~80℃时电导率才能勉强上升到 10^{-3} S/cm 水平；此外，PEO 材料的氧化电势为 3.8V，现在仅局限于匹配 $LiFePO_4$ 正极，难以匹配高能量密度的正极材料，使得聚合物体系的能量密度难以突破 300Wh/kg，长期看来，优势并不明显，需要通过多种改性手段复合来整体提升聚合物电解质的综合性能。

5.1.3.2 氧化物固态电解质

氧化物固态电解质按照结晶形态可细分为晶态电解质和玻璃态电解质，晶态电解质主要有石榴石型（$Li_7La_3Zr_2O_{12}$）、钙钛矿型（$Li_{3x}La_{2/3-x}TiO_3$）和 NASICON 型（$Li_{1+x}Al_xTi_{2-x}(PO_4)_3$，$Li_{1+x}Al_xGe_{2-x}(PO_4)_3$ 等），而玻璃态电解质包括反钙钛矿型和 LiPON 薄膜电池用电解质。几种氧化物固态电解质的晶体结构如图 5-2 所示。氧化物电解质的突出特点在于对金属锂负极和高电压正极具有相当的电化学和化学稳定性，电化学窗口宽，离子电导率较高，其对水氧较不敏感也使得大规模制备粉体材料成为可能。虽然氧化物电解质的体相颗粒电导率差强人意，但氧化物电解质与电极界面接触不良，不充分的接触使得界面电阻很高，晶界阻抗较大也导致总电导率常由晶界电导率控制。界面处电流密度分布也不均匀，掺杂可以提高体相电导率，但对晶界电导率提升并不显著，要靠晶界修饰来实现，所以进一步提高离子电导率较困难。此外，钙钛矿材料与金属锂负极兼容较差，这是因为金属锂可以将 Ti^{4+} 还原为 Ti^{3+} 引入电子电导率，导致界面稳定性较差。

根据玻璃态电解质和晶态电解质的差异，一般分别将其用于薄膜型和非薄膜型氧化物固态电解质电池。薄膜型氧化物电解质主要是 LiPON 非晶态氧化物，性能虽佳，但仅限于相对容量小的消费类电子产品。而非薄膜型则指除 LiPON 以外的晶态或非晶态氧化物电解质，包括 $Li_7La_3Zr_2O_{12}$、$Li_{1.3}Al_{0.3}Ti_{1.7}(PO4)_3$、$Li_{0.5}La_{0.5}TiO_3$ 等，其中 $Li_7La_3Zr_2O_{12}$ 的综合性能优异，是目前的热门材料。

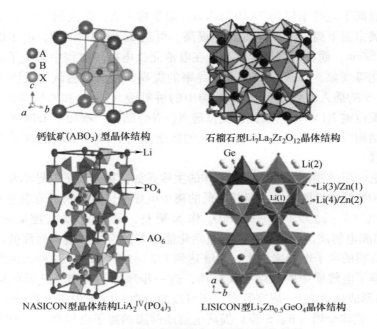

钙钛矿(ABO₃) 型晶体结构

石榴石型Li₇La₃Zr₂O₁₂晶体结构

NASICON型晶体结构LiA₂^{IV}(PO₄)₃

LISICON型Li₃Zn₀.₅GeO₄晶体结构

图 5-2　几种氧化物固态电解质的晶体结构

1. 薄膜型固态电解质

　　微芯片、微机电系统和微型存储器等微电子器件在低能领域的供电需求，使全固态薄膜锂电池成为未来电池微小型化技术和产业发展的重要方向。全固态薄膜锂电池是指电池单元中所有电极、电解质、集流体均为固态薄膜（纳、微米级厚度）形态，其中全固态薄膜金属锂电池是指利用金属锂薄膜充当电池负极的薄膜电池，而全固态薄膜锂离子电池是指利用金属锂以外的薄膜材料充当电池负极的薄膜电池。

　　锂电池的电极材料均为固态材料，可通过薄膜技术实现材料的薄膜化，无机固态电解质的诞生使电解质也可通过薄膜技术实现薄膜化，进而使全固态薄膜电池的制造成为现实。薄膜电解质性能的优劣显著影响薄膜电池的循环稳定性、安全性、耐温性能以及使用寿命等重要特性，性能优异的电解质具有高离子电导率、高电子电阻率、与电极接触良好且电化学性能稳定等基本特征。电解质实质上是离子的通道、电子或中性原子的屏障。如果电解质薄膜存在针孔和裂缝，极易增大自放电，甚至导致正负极接触短路，因此要求电解质薄膜应致密、完全隔离正负极。

　　LiPON 属于氮氧化物型非晶态电解质材料，是目前全固态锂（锂离子）薄膜电池最成熟的电解质材料。未掺 N 的 γ-Li₃PO₄ 为晶态呈四面体结构，它形成的薄膜室温离子电导率仅为 $7×10^{-8}S/cm$，如果掺入 N，得到的 LiPON 呈现非晶态，其薄膜室温下离子电导率得到了提高，可达 $3.3×10^{-6}S/cm$，电子电导率低于 $8×10^{-13}S/cm$，而且机械稳定性高，在电池充放电循环过程中避免了枝晶、裂化、粉末化等现象。掺 N 以后离子电导率的提高，目前普遍认为是因为"氮结合效应"，N 的插入取代了 Li_3PO_4 结构中的桥氧键（-O-）和非桥氧键（=O），形成氮双配位键 N(=N-) 或氮三配位键 N(-N<) 结构，增加了 LiPON 薄膜中的网状交联结构以利于锂离子的传输。N 的掺杂量与 LiPON 薄膜的离子电导率存在一定关联。

纵观电解质薄膜的发展，研究工作的主线是如何提高离子电导率和电化学稳定性。LiPON 综合性能优良，但其较低的离子电导率仍然限制了薄膜电池的进一步发展。以 $(1-x)Li_3PO_4-xLi_2SiO_3$ 作为靶材，采用射频磁控溅射法制备 LiSiPON 薄膜电解质。研究表明，导电活化能随着硅含量的增加而降低，从而导致电解质薄膜的离子电导率增大，能够达到 $1.24×10^{-5}S/cm$。这种改进归因于硅的引入增强了电解质中的网络交联结构，进一步增加了锂离子迁移的通道，即"混合网络形成体效应"。研究发现，还可以通过在 LiPON 中引入过渡金属（Ti、Al、In 等）或非金属（B、S 等）提高电解质薄膜的离子电导率，然而其改性机理目前还没有完全一致的说法。通过优化制备方法也可以起到调整电解质结构的作用。在 Li_3PO_4 靶材中添加 2 倍摩尔比的 Li_2O，制备的 LiPON 薄膜在保持 N/P 比的情况下降低了活化能，获得了 $6.4×10^{-6}S/cm$ 的离子电导率，且薄膜中无 Li_2O 残留。利用其他非晶态氮氧化合物作为全固态薄膜锂电池的电解质也有新的研究进展。采用射频磁控技术在不同的气体组分下制备 LiSON 固态电解质薄膜，其中，$Li_{0.29}S_{0.28}O_{0.35}N_{0.09}$ 薄膜的室温离子电导率可达 $2×10^{-5}S/cm$，且能在 $0\sim5.5V(vs\ Li/Li^+)$ 电压范围内保持电化学稳定。采用反应溅射法制备 LiBON 薄膜电解质，室温离子电导率为 $2.3×10^{-5}S/cm$，对 Pt 的分解电压达到 $5.0V$。利用这种电解质制备的 $Li/LiBON/LiCoO_2$ 全固态薄膜锂电池的放电比容量为 $100mAh/g$。

全固态薄膜电池负极材料一般选择具有低电负性（原子在化学键中吸引电子的趋势）和高电子电导率的轻金属或轻金属化合物。金属锂以其低分子量和低电负性成为常用的负极材料（以金属锂为负极即可得到薄膜金属锂电池）。对于金属锂以外的其他负极材料（可得到薄膜锂离子电池），根据可逆反应机理，一般分为嵌入脱嵌型、锂合金型以及转化型三类。嵌入脱嵌型负极材料主要包括碳材料（如石墨）等；锂合金型负极材料主要包括 Si、Sn、Ge 等；转化型负极材料主要包括过渡族金属氧化物、硫化物和磷化物材料，分子式为 M_xO_y，M=Fe、Co、Ni、Cu、Zn 等。

全固态薄膜锂离子电池储能性能的提升，不仅需要负极薄膜具有良好的

"嵌入/脱嵌"特性，更需要正极薄膜能够提供充足的锂离子。正极薄膜要求在电极变化过程中结构稳定，为了能够快速和有效地转移锂离子，正极必须具有高电子导电性、高扩散性和离子插入能力。正极相对于负极的开路电压越高，则电池的工作电压也越高。其中，过渡族金属锂氧化物 $LiCoO_2$、$LiMn_2O_4$ 及其相应掺杂 Ni 材料的能量密度和开路电压最优，而 TiO_2、V_2O_5、MoO_3 性能略低。

薄膜型固态电解质采用全新制备方式，通过镀膜技术，将材料气化并以原子或分子形式沉积成膜，有效解决固-固界面接触不良的问题。主要具有的优势是：①电极/电解质界面接触紧密、电解质层极薄，可实现快速充放电；②电极材料更为致密，可实现更高的能量密度、更低的自放电率（<1%/年），并具有超长的循环寿命（有文献报道最长达 40000 次，容量保持 95%）；③电池可设计性更高，体积小，与半导体生产工艺匹配，可在电子芯片内集成。

1969 年，Liang 等首次报道了一种 AgI-LiI-Li 薄膜型全固态一次电池，由于其容量较低、无法充电而难以实现广泛应用。1983 年，日本 Hitachi 公司报道了厚度小于 $10\,\mu m$ 的 $TiS_2/Li_{3.6}Si_{0.6}P_{0.4}O_4/Li$ 薄膜型全固态可充电锂电池。然而，由于电池的功率太低，无法驱动当时的电子设备。1993 年，美国橡树岭国家实验室的 Bates 等开发出非晶态电解质 LiPON，并基于 LiPON 电解质薄膜制备出了一系列性能良好的薄膜锂电池，极大地促进了薄膜型全固态锂电池的商业化进程。此后，以 LiPON 作为电解质的薄膜型全固态锂电池的制备工艺及分析技术日趋成熟，其高安全性、长循环寿命、高能量密度等优势受到业界的广泛认可。

虽然国内外涉及全固态薄膜锂（锂离子）电池的电解质材料、正极材料、负极材料的特性研究很多，但距离广泛应用还有一定距离。主要是因为薄膜锂电池是一个多膜层体系结构，呈"（负极集流极/负极/电解质/正极/正极集流极）保护膜"的六层膜系，在制造薄膜电池的过程中，涉及单一膜层的功能特性，以及每层膜及膜层间的界面特性与匹配，这使得整个全固态薄膜电池的电化学反应机理变得极为复杂。另外，负极选用金属锂薄膜时，因金属锂极易与空气发生反应，所以薄膜锂电池的制造条件与封装要求极其苛刻，且金属锂的低熔点（180.7℃）限制了其在集成电路中的应用（回流焊温度为 260℃左右），受制于镀膜工艺限制，目前薄膜电极厚度通常为微米级，单位面积比容量较低。

2. 非薄膜型固态电解质

非薄膜型产品综合性能出色，主要是由于氧化物电解质电化学窗口宽，可达 5V 以上，热稳定性能也比较好。其中晶态电解质主要包括钙钛矿型、NASICON

型、LISICON 型以及石榴石型。目前改善电导率的方法主要是元素替换和异价元素掺杂等。如 $Li_7La_3Zr_2O_{12}$，在 A 位掺杂 Si、Ge 等元素，M 位用 Al 来取代，能够取得室温下 $10^{-6} \sim 10^{-5} S/cm$ 的电导率。这里重点介绍锂镧钛氧和锂镧锆氧。

锂镧钛氧（$Li_{3x}La_{2/3-x}TiO_3$，LLTO）属于钙钛矿型氧化物基固态电解质。钙钛矿结构（ABO_3）具有立方面心结构，由 BO_6 八面体共顶点连接，A 位阳离子占据立方顶点位置。1993 年，Inaguma 等报道 LLTO 电解质室温电导率可以达到 $10^{-3} S/cm$，引起了人们的广泛关注。但是 LLTO 晶界阻抗较大，所以其总离子电导率较低，限制了 LLTO 在固态电池中的应用。

研究人员为了提高 LLTO 的离子电导率，对 Li 位、La 位或者 Ti 位进行掺杂改性，但是效果不明显，因为掺杂改性只能提高 LLTO 的颗粒体相电导率，不能提高其晶界电导率。因此为了提高晶界电导率，研究人员选择对 LLTO 进行晶界修饰。在 LLTO 基体中引入非晶态的 SiO_2，可以有效地消除 LLTO 晶粒外层的各向异性，使其离子电导率在室温下提高到了 $10^{-4} S/cm$。但是 LLTO 会与金属锂发生反应，金属锂可以将 LLTO 中 Ti^{4+} 还原为 Ti^{3+}。为了防止 LLTO 与金属锂直接接触而发生反应，在 LLTO 电解质表面涂覆一层 PEO 聚合物电解质，以 $LiMn_2O_4$ 为正极、金属锂为负极的全固态电池具有优异的循环性能。

锂镧锆氧（$Li_7La_3Zr_2O_{12}$，LLZO）属于通式为 $A_3B_2C_3O_{12}$ 的石榴石型氧化物基固态电解质，其中 La^{3+} 占据 A 位，Zr^{4+} 占据 B 位，Li^+ 占据 C 位。其晶体结构是由 ［LaO_8］十二面体和 ［ZrO_6］八面体共棱组成的三维网络结构，这种结构存在大量的间隙，而 Li^+ 就分布在这些间隙中。LLZO 有立方相和四方相两种晶体结构，区别在于 Li^+ 的分布，在立方结构中，Li^+ 处于无序状态，晶格中还存在大量随机分布的 Li^+ 空位，因此 Li^+ 的迁移比较容易。相反，在四方结构中，Li^+ 高度有序排列，因此就会有较长的锂空位也呈现有序分布，Li^+ 的迁移就会表现出多个离子同步迁移的特性，离子迁移比较困难，室温下四方相的 LLZO 的离子电导率很低，只有 $10^{-7} S/cm$，不能满足固态电池的使用要求。目前，制备 LLZO 的工艺比较复杂，需要长时间的高温烧结，同时烧结过程中，Li 元素会挥发，容易生成 $La_2Zr_2O_7$ 杂相。制备 LLZO 的方法主要有高温固相法、溶胶凝胶法以及场辅助烧结法。

虽然立方相 LLZO 离子电导率比四方相高，但是在高温烧结下，纯立方相结构 LLZO 并不稳定，很容易转换成四方相的 LLZO，一般会通过对 LLZO 中的 Li、La、Zr 位置进行掺杂取代来抑制晶体结构的变化，从而获得电导率更高的立方结构的 LLZO。Rettenwander 等在合成 LLZO 的原料中加入 Fe_2O_3，用高温固相法合成了 $Li_{6.43}Fe_{0.19}La_3Zr_2O_{12}$，用 Fe 取代 LLZO 中的 Li 能够使 LLZO 的立方结构更加稳定，从而提高了其离子电导率；Dumon 等用碱土金属 Sr 对 La 位进行取代，通过传统的固相合成法制备了掺杂的 LLZO，其离子电导率高达 $4.95 \times 10^{-4} S/cm$，而未掺杂的 LLZO 的室温离子电导率仅有 2.1×10^{-4} S/cm；锂镧锆钽氧（$Li_{6.4}$ $La_3Zr_{1.4}Ta_{0.6}O_{12}$）实际就是用 Ta 对 LLZO 结构中的 Zr 进行取代得到，其离子电导率高达 1.6×10^{-3} S/cm。总的来说，石榴石型固态电解质 LLZO 室温下具有较低的电子电导率和较高的离子电导率，而且与金属锂负极的稳定性较好，不会与金属锂发生反应，而且电化学窗口高、成本低，在全固态锂离子电池上具有很好的发展前景。

5.1.3.3　硫化物固态电解质

随着人们对硫化物固态电解质研究的不断深入，硫化物作为固态电解质的电导率也在不断提高，2011 年东京工业大学 Kanno 课题组合成了一种电导率可以与液态电解质相比的新型无机固态电解质材料——$Li_{10}GeP_2S_{12}$，室温下电导率可达 10^{-2} S/cm，对无机固态电解质的发展和在工业上的应用具有极大的推动作用。相比于其他两类电解质，硫化物固态电解质最为显著的特点是具有可以与液态电解质相比的高离子电导率，这是由于 S 的离子半径更大，极化能力强，能够构建更大的锂离子传输通道；S 的电负性比 O 弱，减弱了 Li^+ 与晶格间的键合作用，自由锂离子变多。硫化物比较稳定，不会与金属锂负极发生反应，化学与电化学稳定性良好，其较好的柔性也使得该类电解质易于加工成膜。

硫化物固态电解质可以分为晶态、玻璃态和玻璃陶瓷类固态电解质。晶态电解质主要是 $Li_{10}GeP_2S_{12}$（LGPS），室温下电导率可以达到 10^{-2} S/cm 水平；玻璃态电解质根据成分不同主要有 Li_2S-SiS_2 和 $Li_2S-P_2S_5$，离子电导率较低，约为 $10^{-8}\sim10^{-6}$ S/cm。通过晶化处理形成的玻璃陶瓷相可以显著提升该类电解质的电导率；另外，将卤素以卤化物原料（LiCl、LiI 等）形式掺入玻璃态电解质也可以将该类物质电导率提升至 10^{-3} S/cm。

硫化物固态电解质具有与液态电解质同水平的电导率，也具有较好的力学性能，组成多样，品类多，最有希望应用于电动车用固态电池体系中，但是硫化物固态电解质自身也存在很多缺点，如热稳定性较差，容易吸潮，原料 Li_2S 价格昂贵，与金属锂反应生成阻抗层使得循环性能变差，所以电化学性质和化学性质不稳定，对生产环境要求严苛，量产工艺方面存在难题，技术难度高，制约了其进一步发展。

典型的硫化物固态电解质是 thio-LISICON，是东京工业大学 Kanno 教授较早在 $Li_2S-GeS_2-P_2S$ 体系中发现的，化学组成表示为 $Li_{4-x}Ge_{1-x}P_xS_4$，室温下电导率可达 10^{-3} S/cm。而玻璃态电解质通常是由 P_2S_5、SiS_2、B_2S_3 等基体加 Li_2S 改性物质构成导电网络，组成变化范围宽，室温下电导率高，在高功率和高低温固态电池方面优势突出，是极具潜力的电解质材料。

图 5-3 总结概括了硫化物固态电解质的发展历程。2011 年，Kanno 教授提出 $Li_{10}GeP_2S_{12}$，室温下电导率达到 10^{-2} S/cm 水平，测得该电解质的电化学窗口大

于 5V，由此针对 LGPS 材料的研究大量出现。2012 年 Ceder 教授开展了硫化物固态电解质的稳定性计算，发现 LGPS 材料电化学窗口其实极窄（1.7~2.1V），所以学术界研究人员开始致力于提升其电化学稳定性。2013 年梁成都教授首次采用液相法合成了 β-Li_3PS_4，并且于 2014 年成功合成层状 Li_4SnS_4。2016 年，Kanno 教授合成了 $Li_{9.54}Si_{1.74}P_{1.44}S_{11.7}Cl_{0.3}$，室温下电导率达 $2.5×10^{-2}$ S/cm，是迄今为止报道中离子电导率最高的硫化物固态电解质。不同种类的硫化物固态电解质离子电导率随温度变化情况及排序如图 5-4 所示。可以看出，$Li_7P_3S_{11}$ 电解质具有最高的离子电导率。

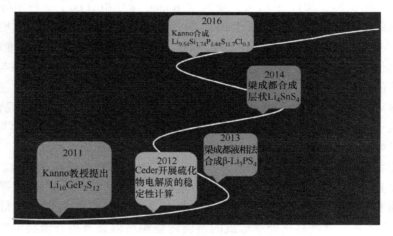

图 5-3　硫化物固态电解质发展历程

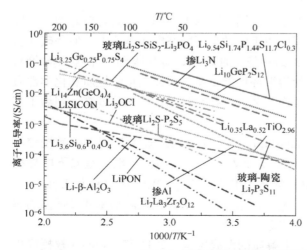

25℃时，无机固态电解质离子电导率排序

序号	固态电解质
1	$Li_7P_3S_{11}$(defined)
2	$Li_{10}GeP_2S_{12}$
3	$Li_{3.25}Ge_{0.25}P_{0.75}S_4$
4	$Li_2S\text{-}SiS_2\text{-}Li_3PO_4$ 玻璃
5	$Li_7P_3S_{11}$

图 5-4　硫化物固态电解质离子导电性对比

1. 二元硫化物固态电解质

Li_2S-P_2S_5 硫化物体系是研究最多的体系，P_2S_5 基硫化物固态电解质电化学稳定性好，电化学窗口宽，离子电导率较高，电子电导率较低，与传统负极石墨材料相容性好，在全固态锂电池中应用前景良好。但目前 Li_2S-P_2S_5 电解质材料仍然存在一些问题，锂离子电导率仍然较低，化学稳定性稍差，活化能较高，同时制备成本较高，难以实现工业化的生产和应用。对应改性的方法主要有添加锂盐，适量增加网络改性物的含量，掺杂氧化物或者形成玻璃-陶瓷复合电解质等。

Li_2S-SiS_2 硫化物固态电解质中，SiS_2 是共价化合物，也是网络改性剂。其中 SiS_2 玻璃大分子是由 $[SiS_4]$ 四面体组成的网络结构，可产生更多可供锂离子迁移的间隙数，提高电导率。Li_2S 是离子化合物，当其中加入 SiS_2 发生化学反应时，$[SiS_4]$ 四面体链状结构断开，增加了许多以离子键结合的锂离子。Li_2S-SiS_2 具有高电导率和玻璃转化温度，热稳定性和电化学性能良好，并且制备简单，成为研究者关注的热点之一。虽然该体系具有较高的电导率，但在工业上与石墨负极材料相容性差，充放电过程中会影响锂离子在石墨层中的嵌入。另外，Li_2S 和 SiS_2 易吸潮，化学稳定性较差，因此进一步提升电化学稳定性越来越引起人们的重视。掺杂改性是一种常见的改善固态电解质性能的方法，可以改变空隙和通道的大小，减弱骨架和迁移离子的作用力，从而提高电导率。如引入 O 元素，使得体系活化能降低，电导率有所提高。引入 Li_3MO_3（M = B、Al 等）使得电导率在室温下提高到 10^{-3}S/cm，同时体系的稳定性也有所提高。

Li_2S-GeS_2 硫化物固态电解质在空气中吸水性不强，所以应用于全固态电池中能减少技术难题。但该体系的电导率不高，氧化物的掺杂是提高电导率的一种有效方法。如引入 GeO_2，当摩尔含量达 5% 时，体系电导率可达 10^{-4}S/cm。

2. 三元硫化物固态电解质

二元硫化物固态电解质体系或多或少存在电导率较低，电化学稳定性较差或化学稳定性较差等问题，限制了其在工业中的应用，这使得加入第三种硫化物网络形成剂成为研究热点。

（1）Li_2S-GeS_2-P_2S_5 硫化物固态电解质

2011 年合成出来的 $Li_{10}GeP_2S_{12}$（LGPS）受到了人们的关注。LGPS 的晶体结构是三维网状结构，由四个基本单元组成：$(Ge_{0.5}P_{0.5})S_4$ 四面体、PS_4 四面体、LiS_4 四面体、LiS_6 八面体。通过球磨法、机械研磨法，结合高温淬火法等合成的该体系电解质电导率屡创新高。但是 Ge 昂贵的价格，使得成本大幅度提高，很多研究致力于寻找新元素来取代 Ge 的位置。

（2）其他三元体系

包括在 $Li_2S-P_2S_5$ 的基础上引入 M_xO_y（M＝Fe、Zn、Bi）纳米颗粒，提高硫化物固态电解质的电化学窗口。经过实验发现，这些含有 M_xO_y 添加剂的电解质试样产生 H_2S 气体的量按照 Fe_2O_3＞ZnO＞Bi_2O_3 的顺序依次减小。其中 Bi_2O_3 的消除效果最好，但是电化学窗口比较窄。玻璃态 $90Li_3PS_4 \cdot 10ZnO$ 的电导率大于 $10^{-4}S/cm$，电化学窗口大于 5V。充放电实验结果表明，以 $90Li_3PS_4 \cdot 10ZnO$ 为电解质组装的 $In/SE/LiCoO_2$ 全固态锂电池具有优良的循环性能，其首次放电比容量为 90mAh/g，70 次充放电循环后，电池的比容量仍能保持在 90mAh/g，库仑效率为 100%。

但是目前存在的问题是，硫化物固态电解质电化学性质不稳定，电压窗口较窄，与正负极匹配存在困难。提高其界面稳定性的主要思路是通过掺杂元素种类及成分调控使界面分解产物具有电子绝缘性，起到"表面钝化"的作用，从而提升其电化学稳定性；此外还可以在固态电解质和电极材料的界面处添加包覆材料，形成物理保护层，抑制电解质的分解反应。

为了改善硫化物固态电解质的缺点，研究者从硫化物固态电解质材料的制备合成方法、掺杂改性和复合改性等入手做了深入的研究。制备方法上不再局限于传统的固态材料制备方法，取而代之的是烧结、球磨和液相法等设备价格较低、方便快捷的工程手段。低活化能，提高体系电导率。作为无机电解质材料中的典型代表，硫化物固态电解质材料由于具有优异的离子电导率、较宽的电化学窗口和稳定的电化学性能而备受关注。通过降低合成电解质成本、简化合成步骤、引入替代元素，充分发挥各个元素的性能和相互协调的作用是未来硫化物固态电解质的发展方向。

5.1.3.4 复合电解质

基于前面所述，一种固态电解质往往功能单一，性能有利有弊，为了取长补短，复合电解质应运而生。与纯聚合物固态电解质相比，复合固态电解质具有更低的熔融温度和玻璃化转变温度。填料的存在能够提高电解质的离子电导率和力学性能，电解质和锂负极稳定兼容。填料种类主要有：无机惰性填料、无机活性填料和有机多孔填料。

1. 无机惰性填料复合固态电解质

在聚合物固态电解质中添加纳米颗粒会影响锂离子的传输方式。纳米颗粒能够抑制聚合物的结晶，提高自由链段的数量和加速链段的运动。就 PEO 基电解质而言，填料能够降低 PEO 的重结晶，增强聚合物链的活动能力。纳米颗粒表面作为 PEO 链段与锂盐阴离子的交联位点，形成锂离子传输通道。填料的酸性表面易于吸附阴离子，增强锂盐的溶解能力，其对应的阳离子则成为可自由移动的导电离子。当纳米颗粒质量分数达到 10%~15%时，电解质的离子电导率显著提高；纳米颗粒添加量高于最优添加量时，由于导电聚合物含量减少，离子传输路径受阻，复合固态电解质的离子电导率反而降低。

2. 无机活性填料复合固态电解质

相比于惰性填料，活性填料具有直接提供 Li^+ 的优点，不仅能提高自由 Li^+ 的浓度，还可增强 Li^+ 的表面传输能力。活性填料的离子传输机制主要有以下 4 种：①活性填料与离子对相互作用，促进离子对的解离，提高导电离子的数量；②复合电解质中，锂盐与纳米填料之间相互作用，纳米填料表面吸附移动的阳离子，增加了离子传输通道；③填料表面吸附阴离子，使得阴离子活动能力降低，促进离子对解离，增加阳离子活动能力；④填料的存在，促进 EO 链段和阴离子交联，改变聚合物链在界面处的结构，为 Li^+ 传输提供更为便捷的通道。

3. 有机多孔填料复合固态电解质

有机填料不仅与电解质基体有好的相容性，而且大分子的孔结构为 Li^+ 离子传输提供了天然的通道。因此，添加有机多孔填料也成为当前的研究热点。使用纳米金属-有机框架制备复合固态电解质，组装的全固态电池具有良好的电化学性能。Goodenough 等制备了一种纳米介孔有机填料，与 PEO 基体复合得到固态电解质，多孔填料的存在能够吸附界面处的小分子，提高电解质与电极间的界面稳定性。这都为新型固态电解质的发展提供了全新的设计思路。

例如，以聚丙烯腈（PAN）/磷酸钛铝锂（LATP）纳米复合纤维为三维骨架，PEO 基聚合物电解质为填充复合固体电解质膜。聚合物纤维可以将 LATP 与金属锂隔绝，实现具有高稳定性的电极/电解质界面。由于三维复合纤维网络骨架的引入，复合电解质膜相比纯聚合物电解质，其拉伸强度、电化学窗口和热稳定性均得到了有效提升。有研究采用聚合物/陶瓷/聚合物三明治夹层结构，将聚乙二醇甲基丙烯酸酯涂覆于 LLZO 陶瓷片表面，聚合物涂层避免了 LLZO 与金属锂的直接接触，在高模量基底材料表面提供了柔软的接触界面，同时实现了锂离子的均匀沉积，抑制了锂枝晶的生长。

设计多相成分均一、各相界面稳定、锂离子电导率高的复合型固态电解质，可以提高固-固界面的物理接触，降低界面阻抗，实现固态电解质与正负极材料之间的稳定兼容。

根据不同固态电解质的分类，可总结其特点见表 5-1。

5.1.4　固态电池产业化现状

美国勒克斯研究（Lux Research）公司发布报告称，2030 年固态电池技术将代替锂离子电池技术，成为电动汽车电池领域的主流。勒克斯研究公司的报告指

表 5-1 固态电解质分类及特点

电解质分类	典型示例	电化学窗口/V	离子电导率/(S/cm)	优点	缺点
聚合物固态电解质	PEO	<4	约 10^{-4}	安全性高，力学柔性和黏弹性好，容易成膜	室温离子电导率低，界面稳定性差，高温下机械强度低
氧化物固态电解质	LLZO（$Li_7La_3Zr_2O_{12}$）	0.05~2.91	约 10^{-4}	化学稳定性高，在大气环境稳定存在，可规模化生产	室温离子电导率低，与电极的相容性差
	LLTO（$Li_{3x}La_{2/3-x}TiO_3$）	1.75~3.71	约 $10^{-6} \sim 10^{-4}$		
	NASICON（$Li_{1+x}Al_xT_{2-x}(PO_4)_3$）	2.17~4.21	约 10^{-3}		
	LISICON（$Li_{2+2x}Zn_{1-x}GeO_4$）	1.44~3.39	10^{-5}		
	LIPON	0.68~2.63	2.3×10^{-6}		
硫化物固态电解质	LGPS（$Li_{10}GeP_2S_{12}$）	1.71~2.14	1.2×10^{-2}	合成温度低，机械延展性优良，界面接触良好，离子电导率高	电化学稳定性差，空气稳定性差
	$Li_7P_3S_{11}$	2.28~2.31	2.5×10^{-3}		
	Li_6PS_5Cl	1.71~2.01	1.7×10^{-4}		

出，固态电池技术研发有望取得突破性进展，在成本、能量密度和生产过程等方面进一步赶超锂离子电池技术。2030 年，锂离子电池将不再是电动汽车电池的主流，但其在某些电子元件领域仍有一席之地。可以说，固态电池是距离产业化最近，也是最具发展潜力的下一代技术，这业已成为产业界与学术界的共识。国内的固态电池研发应用单位和企业总结见表 5-2。根据固态电解质种类划分的不同，其产业化现状分析如下。

表 5-2　国内部分机构固态电池研发进展与应用情况

国内机构	研发进展	应用情况
中国科学院青岛生物能源与过程研究所崔光磊团队	复合聚合物固态电解质研究	已研制出全海深、高能量密度、高安全固态锂电池动力系统，能量密度达 300Wh/kg
中国科学院宁波材料技术与工程研究所许晓雄团队	氧化物、硫化物固态电解质 10Ah 固态单体电池，能量密度达到 260Wh/kg	与赣锋锂业开展产业化合作，赣锋锂业投资 5 亿元筹建年产亿瓦时级固态动力锂电池生产线
中国科学院物理研究所李泓团队	10Ah 软包电芯，能量密度达 310~390Wh/kg	与卫蓝新能源合作，实现 kg 级电解质制备和固态电解质纳米化制备
电子科技大学	凝胶固态锂电池	与珈伟股份合作
中国科学院长春应用化学研究所	柔性固态锂空气电池	—
比亚迪	—	计划在 2022~2027 年推出搭载固态电池的车型
宁德时代	以聚合物和硫化物固态电解质为重点方向，容量 325mAh 的聚合物电芯能量密度达 300Wh/kg，循环 300 周后容量剩余 82%	小规模实验
当升科技	—	新生产线已经完成带料调试，预计 2025 年以后固态锂电池可逐步实现产业化
清陶能源发展有限公司	复合界面一体化成型技术；动力电池实现 240~300Wh/kg 的能量密度，1500 次循环后容量保持 80% 以上；NCM811-复合固态电解质-石墨负极体系固态电池，54Ah 电芯，能量密度达 260Wh/kg	有多款高安全性固态电池产品

5.1.4.1 聚合物固态电解质

PEO 基聚合物固态电解质与锂负极具有良好的兼容性，以及相对较好的化学稳定性，产业化进度最快。国外目前采用 PEO 基电解质生产固态锂电池的公司包括收购 SEEO 公司的德国 Bosch 集团、法国 Bollore 公司以及加拿大魁北克水电研究院。

加拿大魁北克水电研究院始于 1979 年开启 PEO 基固态电解质的研究，累计投入 15 亿美元。第一代固态技术已经转让给法国 Bollore 公司，该公司固态锂电池的能量密度可达 200Wh/kg。截至 2019 年，第二代固态技术也已经成熟，能量密度可达 250Wh/kg（80Ah，3.5V 平台），循环 2000 次（100% DOD）容量保持率为 80%，循环性能极佳。电池采取的技术路线是，负极为厚度 $39\mu m$ 的金属锂，正极为厚度 $66\mu m$ 的 $LiFePO_4$，电解质为 PEO/LiTFSI 聚合物电解质体系。充放电速率为 1/3C，工作温度区间为 $60 \sim 80℃$，电池组能量密度为 150Wh/kg，单次充电续驶里程为 250km，设计寿命为 11 年（按每天行驶 100km 计算）。

聚合物固态电池在法国的商业化以 Bollore 公司为主。法国的 Bollore 公司率先将 PEO 基聚合物固态电解质产业化并应用于固态电池。意大利宾尼法利纳公司与法国 Autolib 汽车公司合作，由 Autolib 为其生产 Bluecar。该款车采用锂金属聚合物固态电池，最高速度可以达到 130km/h，而续驶里程高达 250km，已经于 2011 年进入法国汽车租赁市场，目前总体应用超过 5000 辆。

美国 SEEO 公司在 2015 年被德国 Bosch 集团收购。其技术路线也是基于 PEO 基聚合物固态电解质，正极匹配以 $LiFePO_4$ 材料，电池单元能量密度为 220Wh/kg，电池组能量密度为 $130 \sim 150Wh/kg$，输出电压为 3.42V。SEEO 公司也申请了多项关于 PEO 基聚合物固态电解质的发明专利。

国内企业中，宁德时代在聚合物固态电解质锂电池方面具有研发基础。目前量产的固态电池仍然采用 PEO 基聚合物电解质。宁德时代的研发主要是改进电解质的导电性和加工性能，设计制作容量为 325mAh 的聚合物电芯，高温循环性能良好。同时，在穿刺、剪切、弯折等滥用情况下无起火现象，且仍能继续放电，安全性能表现优异。

5.1.4.2 氧化物固态电解质

1. 薄膜型氧化物固态电解质

目前 Excellatron、ULVAC 等国外企业已率先实现了薄膜型全固态锂电池在无线传感器、射频识别标签、智能卡、物联网设备等低容量需求电子设备上的商业化应用。美国的 Cymbet 公司已实现薄膜型全固态锂电池在微型电子设备上的应用；Front Edge Technology 公司可以实现年产 20 万片 1mAh 的超薄膜电池；意法半导体公司开始限量生产厚度为 220μm 的 EFL700A39 型号薄膜固态电池，面积为 25.7mm×25.7mm。电池容量为 0.7mAh，正常工作电压为 3.9V，充电电压为 4.2V，充电速度快，容量损耗小，使用寿命大约为 10 年（一天一次充电）。Infinite Power Solutions 公司提供的 THINERGY 薄膜微电池标准工作电压为 4.1V，容量为 130μAh，尺寸仅为 12.7mm× 12.7mm×0.2mm。

从国内来看，天津瑞晟晖能科技有限公司依托南京理工大学平台，致力于薄膜型全固态锂电池的制造、封装和系统整合，是国内率先开展薄膜型全固态锂电池研发以及产业化的公司。该公司已成功开发了以金属、玻璃、云母为基底的 $LiCoO_2$-LiPON-Li、$LiMn_2O_4$-LiPON-Li 和 MnO_x-LiPON-Li 等多款薄膜型全固态锂电池样品。

其中，基于不锈钢基底的 $LiCoO_2$-LiPON-Li 电池具有良好的柔性，在 10C 的大电流下放电容量可达 1C 时的 72%，在 0.5C 时工作温度区间可达-40~80℃，5C 倍率下可实现 3000 次以上的稳定循环（84% 的容量保持率）。

但是由于缺乏关键材料研发的技术经验积累，在薄膜电池的大规模制备、电池组的设计制造、电池密封保护层、封装技术、失效机制、性能评估标准等方面也缺乏系统的研究；薄膜电池制备必需的真空镀膜设备等硬件方面以及必需的溅射靶材等原材料方面公开报道较少，而在商业化应用方面也尚无公开报道。总体而言，实现薄膜型全固态锂电池技术与产业的自主化还需进一步研究发力。

2. 非薄膜型氧化物固态电解质

非薄膜型固态电池以 QuantumScape 公司为代表。2018 年德国大众集团宣布与 QuantumScape 公司合作，建立合作公司，在固态电池领域发力。这一类电池整体性能指标较为均衡，离子电导率高于聚合物基固态电池且电池容量高，预计在 2025 年前实现量产化。

国内非薄膜型固态电池以清陶能源发展有限公司的氧化物固态电解质为主要方向。结合氧化物和聚合物两者的优点，开发出具有较高锂离子电导率（室温下约 10^{-4}S/cm）的柔性复合电解质，与 NCM 正极材料和石墨、硅碳、金属锂负极等匹配成固态电池，能量密度可达 240~300 Wh/kg，循环性能好，1500 周循环后仍然保有 80% 的容量，在针刺、热冲击 150℃、2 倍电压过充等滥用情况下均不冒烟不起火，具备优异的安全性能。

5.1.4.3 硫化物固态电解质

从国际来看，硫化物固态电解质颇受日韩企业青睐，主要以丰田、三星、本田为代表，其中以丰田技术最为领先，发布的安时（Ah）级的 Demo 电池电化学性能优良，同时，还以室温电导率较高的 LGPS 作为电解质，制备出较大的电池组。早在 2010 年，丰田就推出了硫化物固态电池，2014 年有消息称丰田实验原型固态电池能量密度已达 400Wh/kg，其固态电池循环稳定性实验室级别可以做到高温 1000 次循环。2017 年 10 月，丰田宣布投入 200 余人加速研发固态电池技术。同年 12 月，丰田联合松下对外宣布，将联合开发全固态电池并计划全面实现全固态电池商业化。

2019 年 2 月在日本东京举行的国际二次电池展上，日立造船展示了基于硫化物系固态电解质的全固态锂电池"AS-LiB"。电池尺寸为 52mm×65.5mm×2.7mm，重量为 25g。额定容量为 140mAh（25℃下 0.1C 恒流放电），放电平均电压为 3.65V，工作温度范围为 -40 ~ 120℃，并且计划在 2025 年后投入汽车市场。

从国内来看，中国科学院宁波材料技术与工程研究所对硫化物研究积累的经验较多。以金属锂作为负极，NCM523 或 NCM622 材料作为正极，利用硫化物与有机物形成的复合隔膜作为电解质，实现近 2.2Ah 的放电容量，测算能够达到 360Wh/kg。

宁德时代以硫化物固态电解质为主要研发方向，通过硫化物掺杂改性提高了其在空气中的稳定性，同时对正极材料进行表面包覆修饰，将改性后的 LCO-LPS 与金属 Li 组装成实验电池，在 0.1C 充放电倍率下循环 200 周容量保持率仍有 80%。

5.2 锂硫电池

5.2.1 锂硫电池概述

锂硫电池的正负极材料分别是硫和金属锂，其中硫的摩尔质量为 32g/mol，在自然界中以 S_8 环状分子形式存在，理论比容量为 1675mAh/g，是已知的固态正极中比容量最高的材料，远高于传统的过渡金属氧化物正极。金属锂具有超高的理论比容量（3860mAh/g），是目前商业化石墨负极的 10 倍，体积能量密度高达 2061mAh/cm^3；最低的电化学电位为 -3.04V（相对于标准氢电极），从而使电池具有更高的工作电压。得益于此，锂硫电池的理论质量能量密度高达 2600Wh/kg。同时锂硫电池的工作电压平均在 2.0V 左右，可以有效避免高电压导致电解液分解的问题,在安全性方面具备一定的优势。此外,硫还具有储量丰富、价格低廉、毒害性低和环境友好等优点。因此,锂硫电池成为近年来电池领域的研究热点。然而,锂硫电池在实际应用中面临着以下问题(见图5-5):

1)正极方面,单质硫(5×10^{-30}S/cm)和其放电产物硫化锂(10^{-13}S/cm)的本征绝缘特性会阻碍电子的传输,从而导致电化学反应缓慢;硫(2.07g/cm^3)和硫化锂(1.66g/cm^3)的不同密度引起的体积应变,将对锂硫电池的安全性和耐久性产生负面影响;在浓度梯度的驱动下,由多级电化学反应生成的可溶性多硫化锂将流向负极并生成不可逆的产物,从而引起"穿梭效应",严重降低了硫的利用率和库仑效率。

2)负极方面,锂离子的不均匀沉积和不稳定的界面是锂金属负极的主要问题。具体而言,Li$^+$沉积/剥离的不均匀会引起锂枝晶生长,从而导致电池内短路;Li$^+$在不断重复沉积和剥离的过程中,伴随着巨大的体积变化问题,进而引发金属锂表面出现裂痕、锂枝晶断裂,导致锂利用率下降;更重要的是,金属锂具有较高的LUMO能级,易与电解液反应生成SEI膜,而金属锂的反复沉积、剥离导致SEI膜不能均匀地覆盖在负极表面。

3)电解液方面,电解液在锂硫电池中比在传统的锂离子电池中起着更重要的作用,其不仅作为离子导体,而且广泛参与锂和硫的转化反应,并最终影响电池的循环寿命和能量密度。首先,负极的工作状态与电解液性能密切相关,包括锂的剥离/沉积行为、SEI膜的生成、锂与溶剂的副反应等;其次,多硫化锂在

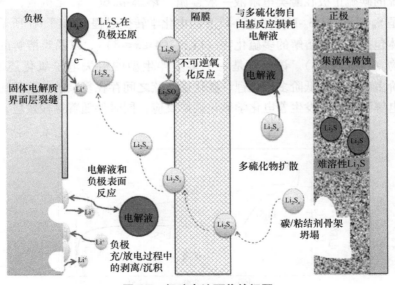

图 5-5　锂硫电池面临的问题

电解液中的溶解度是决定其溶解/穿梭的根本原因,并影响硫电极的反应路径/机理;最后,电解液对多硫化锂的溶解能力是决定其用量(即电解液/硫比)的重要因素。理想中的锂硫电池电解质需要具备以下特征:较好的电化学稳定性和化学性能,在工作电压范围内不发生分解;优异的 Li^+ 传输能力;同时与硫正极和金属锂负极具有优异的相容性;优异的电子绝缘特征;较低的多硫化物溶解度特征;环境友好、成本低廉、毒害性小等。

5.2.2 不同硫正极机制下的锂硫电池

根据硫正极的反应界面和机制,将锂硫电池分为溶解沉积机制、准固相机制和固-固转化机制下的锂硫电池,如图 5-6 所示。

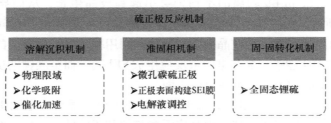

图 5-6 硫正极的反应机制

5.2.2.1 基于溶解沉积机制下的锂硫电池

传统的碳硫正极在醚类电解液一般遵循"溶解-沉积"转化机制,单质硫转化过程是 S_8-Li_2S_8-Li_2S_6-Li_2S_4-Li_2S_2-Li_2S 的电化学转变过程,如图 5-7 所示,其反应中间体包括高阶易溶解的多硫化物(Li_2S_x($4 \leq x \leq 8$)),以及难溶解的反应产物硫化物(Li_2S_2/Li_2S)。该反应是一个多步伴生型的得失电子氧化还原反应,并且高阶多硫化锂和低阶多硫化锂、硫化锂、硫之间存在复杂的歧化反应。多硫化锂在电解液中不断发生着电化学氧化还原反应,同时伴随着穿梭效应,库仑效率较低。

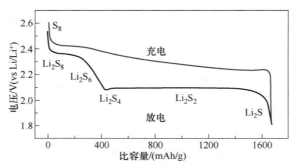

图 5-7 硫物种在不同阶段的理想充放电曲线及其电化学转变过程

过去十几年间，对锂硫电池正极材料的研究飞速发展。基于溶解沉积机制下的锂硫电池主要包括三种性能改善的策略：通过物理限域作用和化学吸附作用进行限硫和固硫，或者通过催化加速硫的氧化还原反应。其中物理限域作用限硫和固硫主要采取非极性的碳材料作为载体，化学吸附作用主要是采取各种极性材料和 Lewis 酸材料等为主。催化加速提升锂硫电池性能则主要以自身具有催化硫电化学反应活性位点的材料为主。

2001 年，王久林等提出了凝胶电解质体系中纳米碳与硫复合正极在锂硫电池长循环工作中高容量保持率的可能性，同时报道了硫化聚丙烯腈新型正极复合材料。2008 年，$LiNO_3$ 作为电解液添加剂的提出解决了锂硫电池库仑效率始终难以冲破 90% 的瓶颈问题，实现了 98% 甚至更高库仑效率的锂硫电池循环。2009 年，Nazar 等提出一种高度有序的介孔碳封装硫的宿主材料，使锂硫电池表现出高的可逆容量和稳定的循环。该工作为锂硫电池的真正复兴吹响了号角，锂硫电池的研究工作和相关报道自此进入井喷时代。此后相继开发了一系列基于碳的硫宿主材料以提高锂硫电池性能，包括碳量子点、一维（1D）碳纳米管、二维（2D）石墨烯/碳纳米片和三维（3D）多孔碳/混合碳。然而，基于碳质材料的物理限域策略对多硫化物穿梭效应的缓解作用并不理想，主要原因是非极性碳对极性多硫化物的吸附作用不强，以及 Li_2S 氧化还原性较弱。化学吸附，如极性-极性相互作用、Lewis 酸碱相互作用、化学键合作用已被广泛用于构建硫宿主中，以最大限度地减少多硫化锂的损失。根据密度泛函理论（DFT），多硫化锂和金属氧化物间具有较高的结合能（2.6~3.5eV），而与聚合物（0.5~1.3eV）和异原子掺杂碳（1.3~2.6eV）的结合能较低。

在碳材料上掺杂异原子可以大幅增加反应活性位点。为了引入异原子，通常需要打断碳碳单键，来掺杂不同电负性的原子，或者在碳材料的表面修饰不同官能团。杂原子掺杂到碳骨架中是一种有效的技术，可以改善碳主体与多硫化锂之间的相互作用，并通过掺杂诱导电荷密度的增加来提高碳的导电性。在所有的异原子掺杂碳材料中，氮掺杂碳是被研究最多的，因为只需将碳材料与氨气或者含氮材料进行简单的退火处理就可以得到氮掺杂碳，通过氮原子在碳中的位置，可将其分为"吡啶氮""吡咯氮"和"石墨氮"三种氮。例如，Pan 制备了具有三维电子导电框架和强相互作用的氮掺杂石墨烯纳米空心结构，增加了硫载量，并在循环过程中保持了结构的完整性。

通过化学固硫方式的 Lewis 酸材料在材料设计时，应具备以下条件：①可溶性的高阶多硫化物可以通过 Lewis 酸碱作用可逆地结合或者释放；②宿主材料拥有较高的硫载量，以提供更高的比容量为将来实用性考虑；③宿主材料应秉承低成本、对环境无污染的特点。Nazar 课题组以 Lewis 酸碱相互作用作为新的化学固硫方式，巧妙地运用 Lewis 酸钛基 MXene 如 Ti_3C_2 和 Ti_3CN 来固定多硫化物。

同时也有许多研究者将金属有机骨架（MOF）材料和多孔材料作为优异的 Lewis 酸材料，其中 MOF 材料上的不饱和金属位点可作为 Lewis 酸与多硫化物发生化学吸附作用。除此之外，含有柔性配体的多孔 MOF 材料还可以通过调节自身的孔径大小和窗口尺寸的方式去限制多硫化物的扩散。Qian 等制备了一种 Zr/Cu 双金属的 MOF-525（Cu）来作为锂硫电池硫宿主材料，在该特殊结构中的每个 Cu^{2+} 能够提供两个 Lewis 酸活性位点。同时，MOF-525（Cu）的多孔结构能够容纳更多的硫分子在孔道中。两者的协同作用以及 MOF 较强的稳定性，使得这样一种新的双金属 MOF 在锂硫电池实际应用中具有较好的电化学性能。但是，以 Lewis 酸的方式作为锂硫电池电极材料时，会增加电池的内阻，同时绝大多数 MOF 材料导电性很差，从而影响电池循环稳定性和倍率性能。

近几年，研究人员开始将目光转移到催化加速在锂硫电池中的应用。目前有大量的研究表明，催化加速多硫化物的转化可以有效限制穿梭效应。在大部分情况下，为了实现硫的高活性，必须保证硫与电解液充分接触，从而使充放电过程中多硫化物的溶解不可避免。研究表明，通过促进可溶性多硫化物向 Li_2S_2/Li_2S 的转化，提高多硫化物的转化动力学可以有效缓解穿梭效应。传统的催化剂主要分为金属催化剂、非金属催化剂、金属化合物催化剂和异质结催化剂等，如图 5-8 所示。

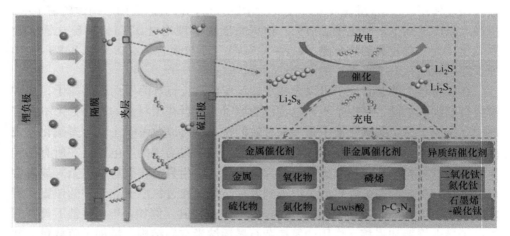

图 5-8　锂硫电池中催化多硫化锂快速转化为 Li_2S_2/Li_2S 及其逆过程的示意图

（1）金属催化剂

在氧气的氧化还原反应中，金属是非常重要且有效的催化剂，特别是过渡族金属和贵族金属。因为氧元素和硫元素属于同一主族，具有类似的电化学特性，因此金属也被广泛应用到锂硫电池体系。Arave 等最早开始铂金属对于多硫化锂氧化还原的催化加速课题研究。在放电过程中，Pt/rGO（还原氧化石墨烯）电极的交

换电流密度为 $3.18mA/cm^2$，而石墨烯电极上的交换电流密度为 $1.18mA/cm^2$。交换电流密度更大表明其具有更快的反应动力学，充分说明铂可以大幅加快多硫化锂的转换。Dong 课题组通过煅烧 Co 基 MOF（ZIF-67）合成出钴/氮掺杂的石墨化碳复合物（Co-N-GC），钴金属不仅促进硫化锂的氧化，而且 Co-N-GC 对多硫化锂表现出较强的吸附作用。因此，后续许多科研工作者开始对钴的催化作用展开更加深入的研究，钴金属不仅可以用来修饰正极材料，而且也可以修饰隔膜，均能发挥很好的作用。此外，金属镍和铱应用于锂硫电池中也表现出很好的催化作用。

（2）非金属催化剂

非金属较小的分子质量可以减少非活性物质的质量占比，从而不会降低电池比能量。非金属一般可以分为无机材料和有机材料。在无机材料中，碳材料是主要候选之一，具有电子电导率高和密度低的优势，但是碳的非极性表面限制了对多硫化物的吸附作用，因此需要通过异质原子掺杂改善碳的表面，进而提高催化作用。另外，应用的非金属无机物主要为黑磷和 C_3N_4。Cheng 和 Koratkar 等研究了黑磷修饰在碳纳米纤维上的催化效果，相比于未修饰的碳纤维，修饰黑磷的碳纳米纤维电极表现出更好的电化学性能。其主要原因是黑磷的高电导率（450S/cm）和磷与硫原子之间的强化学作用力，加快了多硫化物的氧化还原反应动力学。故修饰黑磷的碳纳米纤维的正极表现出 500 周的长循环稳定性和高放电容量。采用自然界储量丰富的有机分子作为催化剂，可以有效地降低成本。例如，Chen 等采用蒽醌（AQ）作为加快多硫化物转化的催化剂，其中 AQ 和 rGO 是通过 π-π 键进行结合，载硫之后作为硫正极材料。AQ 上的酮类官能团与多硫化物之间的强 Lewis 酸碱作用能够提高反应的动力学进而减小极化程度，从而获得优异的倍率性能。

（3）金属化合物催化剂

金属化合物主要包括金属氧化物、金属硫化物、金属碳化物等。金属氧化物通常由极性的金属阳离子和氧阴离子组成，赋予其丰富的极性活性位点来吸附多硫化物。此外，由于金属氧化物相对于碳和有机材料具有较高的正极密度，利用金属氧化物作为正极主体材料将能提高锂硫电池的体积能量密度。斯坦福大学的 Cui Yi 教授提出了 TiO_2 包覆硫的蛋壳-蛋黄中空结构（见图 5-9）。以 TiO_2 作为蛋壳的结构不仅可以缓解硫转化时的体积膨胀问题，而且由于 TiO_2 的极性可以通过化学吸附作用将多硫化物固定在正极。这些无机极性材料多是以纳米片或者纳米颗粒为主，因此比表面积不高，反应活性位点也较少。此外，这些无机极性材料和可溶性多硫化物之间的化学吸附只发生在材料表面，因此只有很少部分的多硫化物可以通过化学吸附固定在正极。最后，考虑到硫和金属氧化物的导电性都较差，因此使用纯金属氧化物作为硫宿主材料并非最佳选择。其他金属氧化物，

如 MnO_2、Fe_2O_3、Fe_3O_4、La_2O_3、Nb_2O_5 和 RuO_2 等也被用于催化多硫化物的转化。

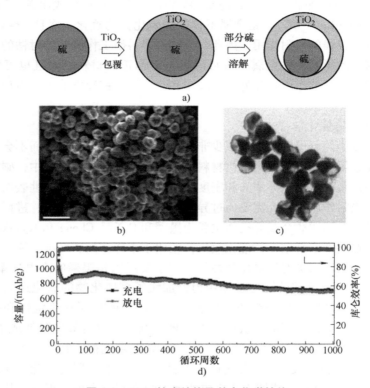

图 5-9　TiO_2 核壳结构及其电化学性能

相比于金属氧化物，金属硫化物具有较高的电导率，甚至部分金属硫化物具有金属或半金属相特性。此外，金属硫化物对含硫物种表现出更强的亲硫性，从而对多硫化物表现出较强的化学锚定能力。Co_3S_4 是一种电导率高（$3.3×10^5 S/m$）、极性金属相的金属硫化物。Jin 等制备了 CNT/Co_3S_4 纳米盒（NB）作为新型硫宿主，图 5-10 展示了 $S@CNT/Co_3S_4$ 纳米盒的三维连续结构。得益于独特的 3D 导电网络，以及 Co_3S_4 纳米盒对硫的物理封装、化学吸附作用，$S@CNT/Co_3S_4$ 具有更高的比容量和更好的循环稳定性。金属氮化物相比对应的氧化物和硫化物具有较高的电导率。虽然金属氮化物在提高锂硫电池的电化学性能方面比金属硫化物更有优势，但金属氮化物的合成过程较为复杂，目前锂硫电池用金属氮化物的开发还处于早期阶段。氮化钛（TiN）是锂硫电池中最常用的金属氮化物，具有 $46 S/cm$ 的高电导率。Goodenough 首先报道了用介孔 TiN 作为硫宿主材料，TiN 较高的孔容和合适的孔径有利于活性硫的分散。在介孔结构中加入硫后，TiN/S

复合材料的电化学性能优于介孔 TiO_2/S 和 C/S 正极，并且 TiN 的电导率比 TiO_2 高，从而改善了电池性能。此外，Co_4N 也被用作硫宿主材料。金属碳化物是另一种极性导电材料，在锂离子电池中具有潜在的应用价值。然而，由于金属碳化物生产条件苛刻，其作为硫宿主的应用尚处于起步阶段。

图 5-10　$S@CNT/Co_3S_4$ 纳米盒合成过程与电镜示意图

　　Yu 等通过简单的金属氧化物涂层和随后的炭化过程，将不同种类的金属碳化物纳米颗粒负载到碳纳米纤维上（见图 5-11）。基于该策略合成了 W_2C-NP-CNF、Mo_2C-NP-CNF 和 TiC-NP-CNF，超细金属碳化物纳米颗粒均匀分布在 CNF 上。DFT 计算模拟这些金属碳化物和 Li_2S_6 之间的相互作用。W_2C 和 Mo_2C 与 Li_2S_6 结合能都高于 TiC。通过 Li_2S_6 对称电池研究了这些金属碳化物对 LiPS 转化的催化作用，其中 W_2C-NP-CNF 对 LiPS 转化的催化性能最好。作为锂硫电池的正极材料，W_2C-NP-CNF/S 电极的电化学性能也优于 Mo_2C-NP-CNF/S 和 TiC-NP-CNF/S 电极。这表明，适度的化学吸附能力对硫物种的扩散和转化至关重要。研究表明，硫在电极表面存在的吸附、扩散的竞争对电池性能的发挥起着积极的作用。当结合能过低时，电极只能捕获少量的硫物种，导致多硫化锂穿梭效应严重，容量下降。当结合能过高时，硫物种在电极上的扩散困难，从而限制了硫的电化学反应和固体 Li_2S 或 S 的沉积。

　　（4）异质结催化剂

　　由于金属氧化物高的极性，对 LiPS 具有很强的吸附作用。但是，金属氧化物表面扩散速度慢和电导率低的两个主要问题使得其应用受限。金属氮化物相比于金属氧化物具有高电导率的特性，但是其与 LiPS 之间的结合能较低，使得对

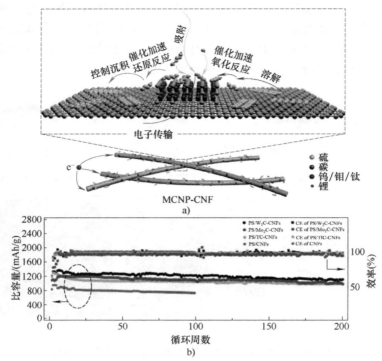

图 5-11　金属碳化物作为锂硫电池硫宿主材料（彩图见插页）

可溶性多硫化物的吸附能力受限。因此，后来 Yang 等提出了 TiO_2-TiN 异质结材料。TiO_2-TiN 异质结材料分为三步来促进 LiPS 的转换。首先，通过强的作用吸附在 TiO_2 表面；其次，吸附的 LiPS 快速扩散到 TiN 表面；最后，由于快速的电荷转移使得 LiPS 很容易转换为 Li_2S。因此，TiO_2-TiN 正极相比于单一的 TiO_2 和 TiN，表现出更加优异的长循环稳定性和倍率性能。其他的异质结催化剂材料还有 VO_2-VN、MoC-MoO_x、Ti-MXene、TiN-S 掺杂的氧化层等，综合吸附位点使其具有更强的硫物种捕获能力，更多的导电位点实现了电荷的快速转移，两者的协同作用极大地加速了 LiPS 的转换动力学。

　　然而，在溶解-沉积机制下通常采用的物理限域、化学吸附和催化加速三类手段很难彻底解决多硫化物溶出问题。因为一旦产生可溶的多硫化物，由于表面溶剂分子的渗透和溶剂化过程，物理限域将无法彻底阻挡多硫化物的溶出；而相对电场作用力下，化学吸附力较弱，无法完全吸附可溶物，实现固硫；动力学加速虽然可以加快可溶性多硫化物的转化，但无法同时降低所有可溶性多硫化物中间体的浓度，在一种长链多硫化物快速转化消耗的同时，会催生更多其他种类的可溶性多硫化物。因此，采用 S_8 分子在溶解-沉积机制下很难从根本上彻底解决多硫化锂溶出的问题，也就无法充分固硫。将活性物质存在形式由传统的硫单质转化为有机硫化合物是一种非常有吸引力且有效的手段。因为硫不是以单质的形式存在，而是以有机物的形式存在，其中的 C-S 键可以有效限制硫损失，从而提高硫利用率和电池的容量保持率。其中，近年来发展起来的硫化聚丙烯腈材料具有可导电的聚吡啶骨架，硫通过 C-S 键以小分子硫形式固定在高分子骨架中，充放电时可以有效避免长链多硫化物的生成。因此，硫化聚丙烯腈基锂硫电池在常用的碳酸酯类电解液中表现出优异的循环稳定性，而在醚类电解液中，由于转化速率慢于溶出速率，有多硫化物溶出，容量衰减较快。最近，Xie 等提出了共熔加速剂的概念，在硫化聚丙烯腈材料中掺入极少量的硒（Se）或碲（Te），可以有效地提高硫正极的电池性能（见图 5-12）。具体而言，通过 S-Se 或 S-Te 键的形成，Se 和 Te 可以与活性物质 S 实现分子级别的均匀分散，同时通过 Se 和 Te 自身的氧化还原反应贡献容量。Te 掺杂和 Se 掺杂的硫化聚丙烯腈应用到锂硫电池中，在醚类和酯类电解质中均表现出优异的循环稳定性和倍率性能。

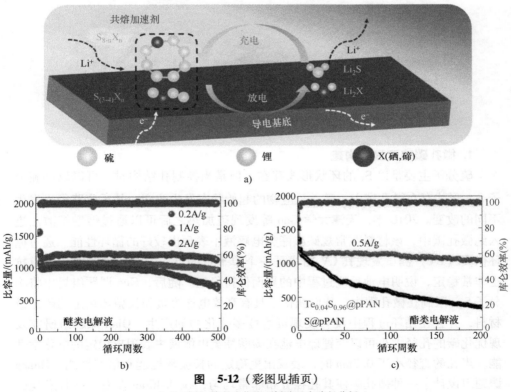

图 5-12（彩图见插页）

a）Se 或 Te 掺杂硫化聚丙烯腈反应路径分析

b）Se 掺杂硫化聚丙烯腈锂硫电池在不同电流密度下的循环性能图

c）Te 掺杂硫化聚丙烯腈锂硫电池在 0.5A/g 电流密度下的循环性能图

5.2.2.2 准固相机制下的锂硫电池

为了从根本上解决"穿梭效应"问题，提升硫正极的长循环性能，研究人员提出了新的方案——构建准固相转化的硫正极，其在充放电过程中不涉及可溶性多硫化物，表现出单平台充放电的特征。如图 5-13 所示，基于准固相机制硫正极的构筑策略主要包括三类：微孔碳硫正极、正极表面构建 SEI 膜和电解液调控。

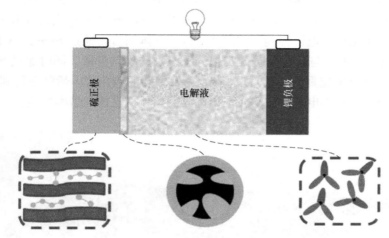

图 5-13　准固相机制硫正极的构筑策略

1. 微孔碳硫正极的构建

硫分子主要是以 S_8 的环状形式存在，但是当控制孔结构时，可以以小硫分子 $S_{2\sim3}$ 形式存在微孔碳中。随着反应物的起始状态发生改变，其反应路径也发生不同的改变。2010 年，天津大学 Gao 等发现硫加热之后可以通过熔融扩散法进入到微孔碳中，该材料在常规碳酸酯类电解液中表现出较好的循环性能。通过循环伏安（CV）测试发现其 CV 曲线是一个单平台的反应过程，同时电化学阻抗也非常稳定，说明电池反应过程中的界面保持稳定。随后，Guo 课题组提出将小分子 $S_{2\sim4}$ 限制在微孔碳中，从而获得了具有高放电比容量和长循环稳定的硫正极材料，并且在循环过程中没有发现可溶性多硫化物的产生。Qian 课题组研究发现优化碳的孔径大小可以使锂硫电池在碳酸酯类电解液中表现出稳定的电化学性能。当孔的直径小于 0.7nm 时，表现出更稳定的长循环性能和倍率性能。Huang 课题组设计了一种微孔碳使其孔径分布非常均匀，在 0.46nm 左右，并且发现这个正极材料在碳酸酯类电解液中的循环性能略微优于醚类电解液。根据硫分子的尺寸计算发现，硫在微孔碳中主要以 $S_{2\sim4}$ 的形式存在，从而提出了一个可能的反应途径：在首周的放电过程中，由于硫原子和碳原子之间相互作用力较弱而断开，进而导致首周的放电过程和后面不同，而且其电位较低；后面充放电过程几乎完全可逆，是链状小硫分子和硫化锂之间的转换反应。

对于微孔碳/硫正极面临的最大问题就是硫含量较低，一般低于 40%，同时准固相机制反应传质和反应动力学都较缓慢。针对以上问题，需要通过调节孔的大小去提高活性物质硫的含量，同时保持优异的长循环稳定性；另外，对于使用加速剂提高硫氧化还原动力学，为了使加速剂与活性物质接触良好，加速剂也必须在孔碳结构中，那么单原子催化剂和共熔加速剂将会是不错的选择。

2. 正极表面构建 SEI 膜

在电池中，负极材料（石墨、锂金属等）表面的 SEI 是重要的组成部分，稳定的 SEI 有助于提高电池的循环稳定性。优异的 SEI 具有电化学稳定性、良好的离子导电性、隔绝电极与电解液的接触等特性。通过以上 SEI 的特性启发，目前人们已经采取了各种策略在正极材料表面原位生成优异的 SEI 膜，或者是通过设计人造 SEI 膜保护硫正极，进而限制多硫化物的溶解。Ai 等提出利用碳酸酯与多硫化物之间的亲核反应，可以在正极表面原位生成传导锂离子、稳定、有效阻止电解液与正极接触的 SEI 膜，碳硫正极表面稳定的 SEI 使得其在醚类电解液呈现单平台放电现象的准固相反应，如图 5-14 所示。通过对比四种碳酸酯溶剂 DMC、FEC、PC 和 VC 与多硫化物之间的可视化反应，发现与 VC 的反应最快，并且在电解液中形成不溶解的固相产物。碳硫正极在常规的醚类电解液中一般是双平台放电特征，对应的是溶解-沉积机制；然而在 PC 电解液中首周表现出长的单平台放电特征，但是电池的可逆性不好，导致可逆容量较低，其原因可能是 PC 与多硫化物之间的亲核反应过程慢，造成表面的 SEI 膜不完整；但是在醚类电解液中加入 VC 后碳硫正极是单平台的准固相转化机制，表现出高的可逆容量和稳定的循环性能。通过不同充放电状态下的固态核磁分析，证明了硫直接生成硫化锂的准固相反应机制。通过 XPS 分析，证明 VC 与多硫化锂之间的亲核反应在表面形成了稳定的 SEI 膜，从而最大程度地抑制多硫化物的溶解。

Sun 等通过分子层沉积（ALD）方法在碳硫正极表面构造了一层人造 SEI 膜，其成分是有机氧化铝复合物，该材料在醚类和碳酸酯类电解液中表现出不同的电化学行为。在醚类电解液中，放电平台仍是明显的双平台特征，但是在碳酸酯类电解液中的充放电曲线与小硫分子在碳酸酯类电解液中的充放电曲线类似。通过原位近边 X 射线谱图发现，在醚类电解液中明显存在着多硫化物特征峰；而在碳酸酯类电解液中，其充放电过程中相比于醚类电解液仅存在 S—S 键和硫化锂的特征峰，而无多硫化物的特征峰，与在微孔碳硫正极中观察到的现象相似，说明该材料在碳酸酯类电解液中的充放电过程是一个准固相反应。

碳硫正极在表面形成 SEI 膜后表现出准固相反应机制，因此在充放电过程中面临着传质缓慢和反应动力学缓慢等问题，可以通过以下两个方面进行优化：

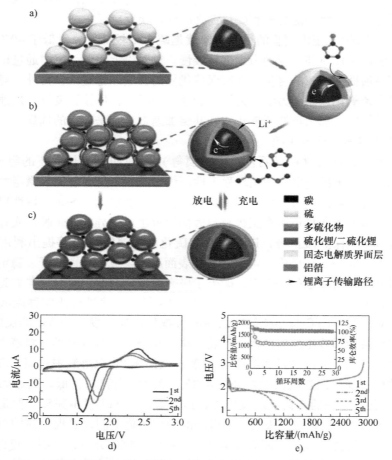

图 5-14 碳硫正极在碳酸酯类/醚类共溶剂中原位生成 SEI 膜和对硫正极充放电
反应机理的影响。图 **a、b、c** 分别为开路状态的 S/C 电极、首周放电状态和形
成 SEI 膜之后的状态。图 **d** 为在 1mol/L LiTFSI+DME/DOL/VC（体积比
为 5：5：1）电解液中的 CV 曲线。图 **e** 为充放电和循环曲线

①表面 SEI 膜，构造具有更加稳定的结构和更好的传导锂离子特性的 SEI 膜，从
而加快离子的传输；②活性材料，通过添加催化剂或加速剂提高硫正极的氧化还
原动力学。

3. 电解液调控

在 Yamada 提出高浓度电解液的概念之后，高浓度电解液体系被广泛地应用
到锂离子电池体系中去保护石墨负极和锂负极及抑制铝集流体的腐蚀行为，并且
可以加快锂离子的传导和提升电池的倍率性能等。Wang 等通过高浓度的概念将

水系电解液的稳定窗口提升至 4.3V。2013 年，Suo 等将 7mol/L LiTFSI 溶解在 DOL/DME 溶剂中的电解液应用于锂硫电池体系中，提出了"溶剂在盐中"的概念，该高浓度电解液具有同离子效应和黏度高的特性，可以有效地抑制多硫化物的溶解及缓解穿梭效应，从而提高了电池的循环稳定性。此后，科研工作者对于高浓度电解液概念在锂硫电池中的运用越来越关注。高浓度电解液随着盐浓度的升高，电解液中溶剂化的锂离子会与自由溶剂分子结合，逐渐变成紧密的离子对，然后随着溶剂分子的减少变成离子团簇。Nazar 等通过调节高浓度电解液的网络结构方式，使得碳硫正极在高浓度电解液中表现出准固相反应，并且高浓度电解液中存在的极少自由溶剂分子可以有效地抑制锂枝晶生长。高浓度电解液中的溶剂分子与锂盐充分配位，几乎没有剩余的自由溶剂分子。即使在碳酸酯类的高浓度电解液中，碳硫正极也可以表现出良好的准固相反应。Liang 等提出了将 LiTFSI 溶解在 EC 和 DEC 混合溶剂中的高浓度电解液，其中 LiTFSI 锂盐用于传质。在将锂盐浓度从 1mol/L 增加到 7mol/L 的过程中，发现 EC 和 DEC 逐渐与锂盐进行配位，没有自由溶剂分子存在，并且 TFSI⁻ 阴离子也与锂离子进行配位。此外，通过增加电解液浓度可以调节溶剂化结构，进而影响锂硫电池的反应机理。

在高浓度电解液体系，选择合适的锂盐和溶剂是重中之重，这对于碳硫正极的反应转化机制具有很大的影响。其中反应动力学缓慢是一个主要限制因素，目前提高电池的倍率性能主要从以下两方面进行优化：①在电解液方面，采用不能溶解锂盐和多硫化物的稀释剂，如 HFE、BTFE 等，可以减小锂盐的用量，从而降低高浓电解液的黏度，加快离子传导；②在硫正极方面，通过使用催化剂或者加速剂将会是一种有效的方法。

然而，微孔碳硫正极受限于硫含量低（一般低于 40%）和传质慢等问题。在碳硫正极表面构建 SEI 膜，可以有效阻挡溶剂分子通过，同时允许锂离子自由进出，从而构建出准固相转化机制的硫正极。这种方式对正极中的硫含量没有限制，有利于高硫含量正极的设计，但是要求 SEI 膜足够致密且具有一定机械性能适应硫正极的体积变化。电解液调控是指使用锂离子络合型电解液，减少自由的溶剂分子，降低其对多硫化物的溶剂化能力，从而阻止多硫化物的溶出。目前，通常采用的是高浓度电解液，但其黏度高导致电解液中传质慢，同时对锂盐需求量大使价格较高等，稀释高浓度或局部高浓度电解液能够很好地解决相关问题。尽管这三种方式都面临一定的挑战，但构建准固相转化机制的硫正极能够有效解决多硫化物溶解的问题，有利于获得稳定的长循环性能，推动锂硫电池的实用化进程。

5.2.2.3　固-固转化机制下的锂硫电池

在液态锂硫电池中，硫的电化学转化历经固态到液态再到固态的多相转变。

其中，中间产物可溶性多硫化物的溶出并在正负极之间形成的"穿梭效应"会极大地导致硫活性成分的流失、库仑效率的降低以及容量的快速衰减。另一方面，充放电过程中生成的"死硫"阻塞电极孔道，进而引发锂硫电池的"突然死亡"。此外，金属锂的不均匀沉积会形成大量的锂枝晶，其会刺穿隔膜，导致电池短路，进而引发起火甚至爆炸。与液态锂硫电池相比，基于固-固转化机制的全固态锂硫电池具有显著的优势有：①硫的转化未涉及可溶性多硫化物，可以从根本上杜绝多硫化物带来的"穿梭效应"；②高杨氏模量固态电解质的使用避免了高活性锂与有机电解液的副反应，从而有效抑制锂枝晶的生长，大幅提升了电池的库仑效率；③高热稳定性固态电解质的使用杜绝了电解液漏液、腐蚀和高温胀气等安全问题的发生，电池的安全性显著增加。与液态锂硫电池中需借助电解液的浸润来实现离子的快速传导不同，固态锂硫电池中的锂离子传导主要通过固态电解质实现。固态电解质在电极中的含量对电池的性能影响很大。一方面，固态电解质的使用会降低正极中导电碳的含量，从而影响电子传导；另一方面，正极中过量的导电剂会降低固态电解质的含量，甚至会加速电解质的分解，最终导致离子传导受阻。因此，如何平衡正极中的电子、离子传导对构建高性能全固态锂硫电池至关重要。开发综合性能优异的固态电解质，并在电极/电解质界面处构建稳定、高效的电子、离子传导网络，对固态锂硫电池的工业化应用具有重要的意义。

将液态电解质完全换为固态电解质后，有可能避免和改善硫正极在液态电解质中的大部分问题，但同时引入了新的问题：如何在电极内、电极层与电解质层之间确保固态电解质与电极活性物质颗粒始终具有较大的接触面积；如何在长期循环过程中，保持良好的固-固接触，控制好体积变化和应力变化；如何避免在制备和服役过程中形成新的更高阻抗的界面层；如何实现固-固体系在低温下的高倍率界面传输特性等。因此，界面问题是全固态锂硫电池的核心科学问题，对全固态锂硫电池界面的研究主要包括：固态电解质本身内部的界面、固态电解质与正负极之间的界面。

电解质/硫正极界面稳定性是开发固态锂硫电池的关键问题之一。在固态锂硫电池中，由于活性物质硫在充放电过程中存在巨大的体积膨胀，由此带来的应力变化会引起材料粉末化，破坏电解质的离子传输通道，界面阻抗大幅增加，电池的循环稳定性降低。不同于液态锂硫电池中电解液良好的浸润性，固态锂硫电池中的电荷传输主要依靠固态电解质和活性材料之间的固-固界面，因此获得良好的界面接触和提高界面稳定性是实现固态锂硫电池优异性能的重要任务。

针对电解质/正极界面，大量研究学者立足于纳米化角度，在正极和界面间构建具有微纳米结构的电极材料，从而提高硫利用率。Nagao 等利用高能球磨法来制备具有纳米尺寸的硫化锂颗粒，然后将其与电解质、导电碳复合得到复合正极。研究发现，球磨后的活性物质在复合正极中均匀分布，可以提供更多的反应活性位点，所得固态电池的循环倍率性能大幅提升，如图 5-15 所示。这主要是因为材料的纳米化结构增大了正极与电解质的接触面积；此外，由于硫化锂和硫的电子绝缘性极大地限制了转化反应的反应深度，而通过构筑纳米通道可以有效提高硫利用率。Han 等采用高孔体积和比表面积的导电碳（BP-2000）载硫，实现了体积膨胀和快速电子传输的双重调节。所得 S@ BP-2000 正极/电解质的稳定性大幅增加，当放电电流密度为 0.2C 时，可以发挥出 1391.3mAh/g 的高比容量，其在高电流密度下仍具有优异的循环稳定性。虽然上述具有高比表面积的活性材料均表现出优异的电化学性能，但本质上并没有提高固-固界面处的离子迁移速率。

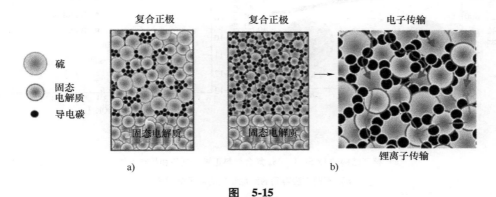

图　5-15

a）全固态锂硫电池正极材料中颗粒大小对电极/电解质界面的影响

b）在界面处的离子与电子传导示意图

在活性材料的表面涂覆或原位生长固态电解质，可以大幅提升固-固界面处的离子迁移速率，改善正极/电解质的相容性，从而降低界面阻抗。起初，Liang 等合成了核壳结构的 $Li_2S@ Li_3PS_4$ 复合材料（见图 5-16），与 Li_2S 相比，25℃时具有高达 6 个数量级以上的离子电导率，该固态电池在 0.1C 和 60℃下循环 100 周，仍具有 594mAh/g 的高比容量。这种原位反应增加了 Li_2S 和 Li_3PS_4 的界面接触，是解决电解质/硫正极界面接触问题的一种有效方法。基于此项研究，大量研究学者报道了更多的改善界面接触的有效策略。Xu 等利用原位液相法在 MoS_2 表面均匀涂覆一层超薄 $Li_7P_3S_{11}$ 固态电解质，得到的 $MoS_2/Li_7P_3S_{11}$ 复合正极在 0.1C 电流密度下的首周放电比容量高达 868.4mAh/g，60 周后仍有 547.1mAh/g。Han 等将 Li_2S、Li_6PS_5Cl 和聚乙烯吡咯烷酮均匀溶解在乙醇溶液中，然后经共沉淀和高温碳化处理，具有纳米尺寸的 Li_2S 和 Li_6PS_5Cl 在软碳基体中原位生长，所得到的纳米复合材料提供了较大的缓冲空间，不仅可以缓解充放电过程中的体积变化，也可以加快锂离子的快速传输，所得固态电池表现出优异的循环稳定性。Aso 等利用玻璃陶瓷态硫化物电解质 $80Li_2S$-$20P_2S_5$ 去包覆 NiS-VGCF 正极，从而改善固-固界面接触，将其与 Li-In 合金组装得到的固态电池在 $1.3mA/cm$ 的电流密度下首周放电比容量为 $590mAh/g$。研究证明，这种在活性物质上包覆快离子导体的方法可以有效改善硫正极/电解质界面。

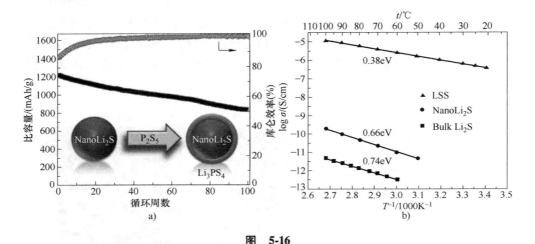

图 5-16

a）核壳结构的 $Li_2S@Li_3PS_4$ 复合材料正极的制备和循环性能图

b）不同方法得到的活性物质的离子电导率

5.2.3 锂金属负极

锂金属是锂硫电池的负极材料，其具有超高的理论比容量（$3860mAh/g$），是目前商业化石墨负极的 10 倍，体积能量密度高达 $2061mAh/L$；最低的电化学电位为 $-3.04V$（相对于标准氢电极），从而使电池具有更高的工作电压。但是在锂硫电池中，锂会与电解液反应，导致电解液分解，并在锂负极表面形成 SEI 层；其次，锂负极在充放电过程中会发生不规则的溶解沉积现象，导致锂枝晶的生成，这些锂枝晶会刺破不稳定的 SEI 层，导致电解液持续与锂反应，而且锂枝晶有可能会刺破隔膜，引起电池短路，造成严重的安全隐患；此外，正极硫在放电过程中形成可溶性多硫离子，会扩散到锂负极与锂直接反应，导致活性物质流失，库仑效率降低，电池性能下降。因此，提高锂负极的稳定性，减少锂枝晶的不规则沉积以及与多硫离子的反应是锂金属负极实际应用中面临的主要挑战。为了解决上述问题，研究人员从影响锂金属负极的根本原因出发，开发了一系列锂金属负极改性策略，主要包括：构造界面保护层、电解质工程、集流体优化设计和其他改性策略。

1. 构造界面保护层

由于锂负极表面的原生 SEI 存在结构不稳定的问题，因此可以通过在锂负极表面直接覆盖一层人造界面保护层作为人工 SEI 以改善锂负极的循环性能。这种人工 SEI 根据成分主要可以分为三类：无机界面保护层、有机界面保护层和混合界面保护层。在锂表面添加无机保护层的研究很多，但根据其作用效果主要有以下三种。

第一种是在锂表面覆盖一层具有高杨氏模量的无机保护层，从而"压"住锂枝晶，使锂尽量在水平方向上沉积。这其中的代表物质便是 LiF，LiF 作为锂负极原生 SEI 中的重要成分，具有良好的电子绝缘性、超高的硬度和高的表面能，能够有效抑制锂枝晶的生长。如图 5-17a 所示，Lynden A. Archer 等使用磁控溅射技术在锂表面覆盖了一层 LiF 保护层，厚度大约为 150nm。电化学测试表明，这种被 LiF 保护的锂片在不同的电解液体系中均可以表现出较好的循环稳定性，并且循环后的锂片表面相比普通锂片更加平整。

第二种是在锂负极表面覆盖一层锂快离子导体，使锂离子在沉积时能够快速地通过固-液界面，从而使锂均匀沉积。这其中的代表物质便是各类锂合金化合物，相较于原始的 SEI，锂合金化合物内部存在大量的锂空位，可以作为锂离子快速传输的通道。如图 5-17b 所示，2017 年，Nazar 等最早提出了使用金属卤化物还原法在锂表面构建合金-卤化物保护层，其中的 Li_yM_x 作为锂快离子导体而 LiCl 作为电子绝缘体。原位光学显微镜观测表明，这种方法处理后的锂片能够有效地抑制锂枝晶的生长。在此之后，越来越多的合金保护层被相继报道，例如 Li-Sn 合金、Li-Ge 合金、Li-Al 合金、Li-Hg 合金等。此外，除了锂合金化合物具有快速传导锂离子的能力外，一些无机锂化物也具有同样的功能，例如 Li_2S、Li_3N、Li_3PS_4 等。

第三种覆盖的无机成分的主要作用是提供亲锂性位点，这类无机成分通常能够与锂离子很好地结合，能够发生锂化作用，可以有效地降低锂的成核过电位，从而调节锂离子在锂表面的沉积动力学，常见的包括石墨烯、Si、MoS_2 等。如图 5-17c 所示，Choi 等通过溅射的方法在锂表面构筑了一层 10nm 厚的 MoS_2 层，在首次循环后，表面的 MoS_2 会被锂化，进而在后续的循环过程中有效地保护锂负极。

相较于无机物的硬且脆，大多数有机物软且韧，因此能够承受较大的体积应变，可以有效地防止 SEI 在多次循环后发生破裂。Wang 等设计了一种新型的有机聚合物作为锂金属的人造皮肤直接涂在原始锂片的表面（厚度大约为 2.2μm），该聚合物分子的聚多环主链可以提供一定的柔韧性，而环状醚侧链中存在的大量 C—O 官能团能够提供锂离子传输的能力。电化学测试表明，具有这种聚合物保护的锂负极不仅能够表现出显著改善的库仑效率（循环 200 周平均

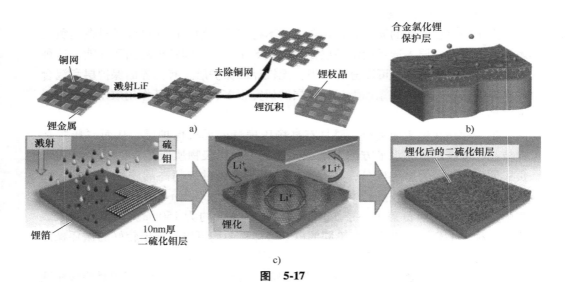

图 5-17

a）LiF 作为锂负极保护层

b）金属卤化物还原法构建合金-卤化物保护层

c）磁控溅射法构建 MoS_2 保护层

库仑效率为 98.3%），而且在全电池测试中也表现出优异的性能提升。混合界面保护层，即有机-无机混合层，兼具了有机物和无机物的优点，既能够提供快速的锂离子传输能力，又能够承受一定的体积应变，能够使锂金属负极在复杂条件下循环时保持稳定。Yu 等使用 $g-C_3N_4$ 作为前驱体，与金属锂在高温下进行反应生成了一层富含 N 元素的有机物和 Li_3N 的混合界面层，其中富含 N 元素的有机物成分能够提供丰富的亲锂位点调控锂沉积的动力学，而 Li_3N 作为锂快离子导体可以进一步促进锂离子的传输过程。这种方法制备的锂负极能够在大的电流密度（高达 $3mA/cm^2$）和大的循环容量（$6mAh/cm^2$）下稳定循环接近 300h，同时在匹配高压三元正极时也表现出显著改善的循环性能。

2. 电解质工程

作为同时与正负极相接触的成分，电解质对锂金属电池的性能有着至关重要的影响。SEI 中的绝大多数成分是来自于电解质的分解，因此锂负极的稳定性很大程度上也取决于电解质。越来越多的研究人员将目光转向电解质的优化，以获得高性能的锂金属电池，这些研究可以统称为电解质工程，主要包括：设计含有各种功能的电解液添加剂和使用高浓度电解液代替普通电解液。FEC 是常用的锂负极成膜添加剂，FEC 具有更低的 LUMO 能级，能够优先被锂负极还原，在锂表面生成大量的 LiF 和多聚碳酸酯类化合物，最终形成了稳定的 SEI（见图 5-18）。类似的成膜添加剂还有很多，如 $LiNO_3$、$SiCl_4$、有机硫化物等。除了使用单一的添加剂，使用两种或以上添加剂有时会获得协同作用效果，从而大大改善了锂负极的性能。Cui 课题组报道了多硫化物和 LiNO$_3$ 对锂负极具有协同保护作用，改性后的电解液对锂负极的库仑效率有极大的提升。这是由于多硫化物与 LiNO$_3$ 的加入会形成特殊的双层 SEI 结构，外层存在大量的 Li$_2$S 和 Li$_2$S$_2$，具有很好的电子绝缘性，并且能够有效地阻挡电解液以抑制副反应的发生，而内层则是 LiNO$_3$ 的还原产物，可以提供快速的锂离子传输能力。

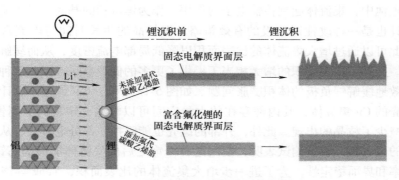

图 5-18　FEC 作为添加剂用于锂金属电池

　　高浓度电解液一般指锂盐浓度大于 2mol/L 的电解液，使用高浓度电解液能够有效地降低电池中的浓差极化，从而在一定程度上抑制锂枝晶的生长。另一方面，使用高浓度电解液会显著降低自由溶剂分子的数量，并增加被还原的锂盐数，从而使锂负极表面生成富含无机物的 SEI，这种 SEI 相比普通的 SEI 具有更好的稳定性，能有效抑制界面处的副反应。Zhang 等报道了一种高浓度电解液，将 4mol/L LiFSI 溶于乙二醇二甲醚（DME）中。发现在这种电解液中沉积的金属锂呈致密的柱状堆积，并且没有枝晶产生，更重要的是，这种高浓度电解液能够使锂负极在电流密度高达 10mA/cm^2 的情况下稳定循环超过 400 周并具有高的库仑效率。类似地，Li 课题组也报道了一种高浓度的 LiFSI/FEC 电解液，其不仅能够生成富含 LiF 的 SEI，从而显著地改善锂负极的循环性能，还能够将电解液的电化学窗口提升至 5V，使其能够应用于高压的 LiNi$_{0.5}$Mn$_{1.5}$O$_4$ 正极，全电池稳定循环超过 120 周。这种策略的有效性已经在许多其他的锂盐/溶剂组合系统中得到验证，如 LiFSI/DMC、LiPF$_6$/DMC、LiTFSI/DOL/DME 等。

　　高浓度电解液虽然能够有效地改善锂负极性能，但是较高的成本和较差的浸润性制约了其实际应用。最近的研究发现，可以通过在高浓度电解液中添加不溶解锂盐的稀释剂来降低电解液的整体浓度并改善电解液的浸润性。2018 年，Zhang 课题组首次报道了使用 2,2,2-三氟乙醚（BTFE）作为 LiFSI/DMC 基碳酸酯类高浓度电解液的稀释剂，得到了新型的局部高浓度电解液。这种电解液不仅具有优异的浸润性和显著降低的表观电解液浓度，而且对金属锂具有超高的循环效率，其库仑效率高达 99.3%。近年来越来越多的稀释剂以及相应的稀释高浓度电解液被相继报道，如 1,1,2,2-四氟乙基-2,2,3,3-四氟丙基醚（TTE）、氟苯、三（三氟乙氧基）甲烷（TFEO）、六氟异丙基甲醚（HFME）、2,2,3,3,4,4,5,5-八氟戊基 1,1,2,2-四氟乙醚（OFE）等。

3. 集流体优化设计

在电池中，集流体起到传输电子的作用，作为锂沉积的基底，对集流体进行优化设计也是一种改性锂负极的有效策略。锂枝晶的生长时间与电流密度成反比，因此可以通过增大集流体的比表面积以降低局部电流密度，从而缓解锂枝晶的生长。此外，比表面积的增大相当于提供了更多的储锂空间，因此这种设计还能够有效地缓解锂负极的体积膨胀问题。如图 5-19 所示，Cui 课题组设计了一种负载碳壳的 Cu 集流体，其内部存在的大量空间可以容纳一定量的金属锂沉积，有效地减少了枝晶的出现。此外，外部的碳壳也能阻挡一部分电解液，从而保护了内部的金属锂。性能测试表明，使用这种修饰之后的集流体能够提高锂沉积/剥离效率和界面稳定性。为了进一步增大集流体的比表面积，Yang 等使用多孔泡沫铜代替传统的铜箔。多孔泡沫铜中存在的大量孔洞能够存储大量的金属锂，测试表明，使用多孔泡沫铜能够实现稳定的锂沉积，并且没有明显的枝晶出现。此外，三维铜网、三维石墨烯框架、三维泡沫镍等都可以作为金属锂的集流体获得类似的改性效果。为了进一步调控锂离子的沉积动力学，如图 5-19 所示，Luo 课题组设计了一种垂直排布的石墨烯框架。这种设计的思路是改变集流体的排布将原来在 y 轴方向上生长的金属锂转为在 x 轴方向上生长，以此来减少锂枝晶刺破隔膜的可能性，并且这种垂直排布的设计同样提供了大量的内部储锂空间，可以有效地缓解体积膨胀。

4. 电解质/负极界面的结构设计

全固态锂硫电池中除了解决正极界面问题外，改善电解质与金属锂负极的界面接触也是提高全固态电池循环稳定性和能量密度的关键。金属锂/电解质的界面问题主要包括电解质和锂之间的不稳定性、界面阻抗大和锂枝晶的生成。锂枝晶对负极/电解质的界面影响很大，甚至大于基于液态电解液的锂硫电池。当充放电电流密度较高时，若采用较为柔软的聚合物类固态电解质，锂枝晶很容易穿透电解质层，引发电池短路。而对于较硬的无机陶瓷类固态电解质，界面处较差的锂离子的扩散速率会导致电荷分布不均，从而引起锂枝晶的快速生长。为了解决固态锂硫电池面临的这些问题，研究学者主要从提高化学稳定性和抑制锂枝晶方面进行改善，具体为采用锂负极保护、电解质表面改性以及使用锂合金等方法以提高机械强度和化学稳定性。

在固态电解质中，$Li_{10}GeP_2S_{12}$（LGPS）的离子电导率高达 12mS/cm，可与液

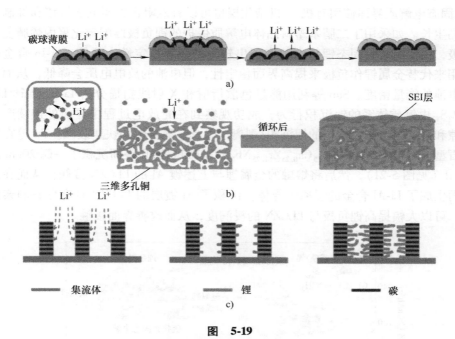

碳球薄膜　Li⁺ Li⁺

SEI层

三维多孔铜

b)

集流体　　锂　　碳

c)

图　5-19

a）锂沉积在负载碳壳的铜基底上
b）锂沉积在多孔泡沫铜中
c）锂沉积在垂直排布的石墨烯框架中

态电解质相媲美。但是，研究发现，LGPS 对金属锂负极的热力学不稳定性可以导致 LGPS 被还原，从而形成电子/离子混合的 $Li_2S-Li_3P-Li_xGe$ 界面，加剧锂枝晶的生长。此外，LGPS 与 Li 负极的反应也会使电解质/Li 界面处产生裂缝，导致界面阻抗显著增加，电池循环寿命快速下降。值得一提的是，$Li_7P_3S_{11}$ 和具有硫银锗矿结构的其他硫化物固态电解质均存在类似的现象。Han 等通过掺杂含锂化合物的方法可控调节硫化物电解质 Li_3PS_4 的结构组成，不仅提高了电解质的离子电导率和化学稳定性，还增强了电解质的结构稳定性，从而有效抑制锂枝晶的生长。

除了优化电解质结构外，构建人工 SEI 也可以有效防止固态电解质和锂金属直接接触导致副反应发生。Liu 等利用原子层沉积技术在固态电解质 LATP 表面涂覆了一层超薄的 Al_2O_3，仅 15nm 厚，其有效避免了 Li 和固态电解质间的副反应，电池循环 600h 仍具有良好的稳定性，而未涂覆处理的 LATP 的锂-锂对称电池的过电势急剧增大。Xu 等在锂负极表面涂覆 LiI（见图 5-20），组装得到的锂-锂对称电池在 $0.5mA/cm^2$ 的电流密度下循环 200 周后仍表现出较低的过电位，表明 LiI 涂层的引入改善了金属锂的界面稳定性。除了上述的无机层外，在锂负极/固态电解质界面使用有机-无机杂化层也可以有效阻止界面电子转移和抑制锂枝晶生长。如采用丁二腈基塑料晶体电解质保护的锂负极匹配硫化聚丙烯腈复合正极，由此组装的固态锂硫电池表现出较好的循环稳定性。此外，Li-In 合金也常用来代替金属锂作负极来提高界面稳定性，但电池的放电电压会降低，从而影响电池的能量密度。Sun 等利用能量色散衍射和 X 射线扫描分析 Li-In 合金/Li$_{10}$SnP$_2$S$_{12}$ 电解质体系的锂沉积行为，成功观察到在充放电过程中界面处连续产生空隙和空穴，造成不均匀的锂沉积/剥离，以及电池容量的快速衰减。Fu 等在石榴石型固态电解质 Li$_7$La$_{2.75}$Ca$_{0.25}$Zr$_{1.75}$Nb$_{0.25}$O$_{12}$（LLCZN）表面沉积了一侧 20nm 厚的 Al（见图 5-21），然后将熔融的金属锂与上述镀 Al 的 LLCZN 接触，从而在其表面生成了 Li-Al 合金的锂离子导体。沉积了 Al 镀层的 LLCZN 具有良好的亲锂性，可以大幅提高锂负极与 LLCZN 的浸润度，从而改善界面接触。

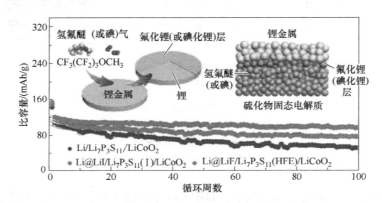

图 5-20　锂负极表面涂覆 LiI 改善界面接触

5.2.4　电解质

1. 液态电解质

电解液是电池的血液，对电池的比能量、比功率、安全性和寿命都具有很大的影响。一般电解液的主要要求是在较宽的温度范围内具有快的锂离子传导和较高的电导率（1~10mS/cm）。由于锂硫电池体系的工作电压平台低于 3V，故不需要较高的氧化稳定性，并且对铝集流体的耐电化学腐蚀性良好，但是锂负极的电化学和化学兼容性还是十分重要的。通常，使用 LiTFSI 和 LiPF$_6$ 分别作为醚类电解液和酯类电解液中的锂盐。

（1）醚类电解液

最经典的醚类电解液成分是将 1mol/L LiTFSI 溶解在 DOL 和 DME 的混合溶剂中，然后添加 0.2mol/L LiNO$_3$。常用的醚类电解液溶剂主要是线状、环状、短

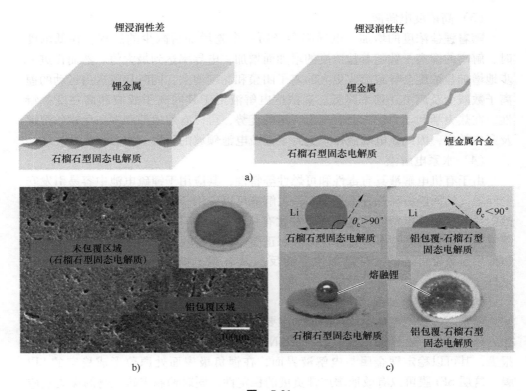

图　5-21

a）Li-Al 合金纳米层改善 Li/LLCZN 界面浸润性示意图

b）包覆 Al 镀层的 LLCZN 陶瓷电解质 SEM 形貌图

c）包覆 Al 镀层前后锂金属的亲锂性试验

链醚和聚醚等，例如 DME（G1）、DOL（DOX，DOXL 或者 DIOX）、THF、DGM（G3）、TEGDME（G4）、三甘醇二甲醚、部分硅烷化醚和 PEGDME 等。其中的 DME 是一种极性溶剂，具有相对较高的介电常数和低的黏度，对多硫化物的溶解度高，可以保证氧化还原反应完全进行。根据报道，DOL 可以通过开环聚合反应在锂负极表面形成 SEI 膜。相比小分子醚类，长链的类似物具有高的闪点、沸点、不可燃性和高电压下的抗氧化等特性，在锂硫电池体系中非常适用。

（2）酯类电解液

常用的碳酸酯类电解液溶剂主要是 EC、PC、DEC 和 DMC 等，可以形成有效的负极钝化膜，具有高的离子电导率和电化学稳定性。由于其与多硫化物之间的亲核反应，使得不能在普通的碳硫正极中应用。如果将小硫分子限制在微孔碳中，或者通过化学键结合在有机骨架上及在其表面形成优异的 SEI 膜，就可以在碳酸酯类电解液中运行。

（3）高浓度电解液

随着锂盐浓度的增加，电导率会经历一个先增加后减少的过程。在低浓度时，解离的锂离子数随着盐浓度的增加而增加，电导率达到最大值。然而再进一步地增加盐浓度会导致形成更大的离子团簇和黏度增大，同时导致自由运动的锂离子数减少及离子迁移率降低。高浓度电解液由于其同离子效应和高黏度等特性，在热力学和动力学方面表现出一定的优势，可以有效地抑制多硫化物的溶解及穿梭效应，因此该电解液体系受到了锂硫电池领域的科研工作者广泛的关注。

（4）水系电解液

由于有机电解液具有毒性和可燃性等特性，其应用于锂硫电池中容易引发安全问题，然而经济环保和不燃的水系电解液可以应用于高安全和低成本的锂硫电池中，并且水系电解液的电导率通常比有机电解液高 1~2 个数量级。在水系电解液中可采用可溶性多硫化锂作为液态正极。同时多硫化锂和固相产物在水系电解液中是高度可溶的，可以加快界面反应及有利于高比容量和高倍率性能的发挥。

（5）电解液添加剂

最常用的锂硫电池电解液添加剂主要有 $LiNO_3$、P_2S_5、氧化还原介质等。

1）$LiNO_3$：在锂硫电池体系中，$LiNO_3$ 是使用最广泛的电解液添加剂，根据报道，其可以稳定锂金属与电解液界面，在锂负极表面处原位形成稳定的 SEI 膜。这层 SEI 膜可以有效地增加锂负极的稳定性，同时抑制多硫化物的穿梭效应和自放电问题。Marzieh 等对 $LiNO_3$ 诱导形成的 SEI 膜进行了深入研究，结合原位 X 射线衍射（XRD）和非原位同步辐射 X 射线吸收谱（sXAS）及电化学数据，发现 $LiNO_3$ 对表面形成稳定的 SEI 膜具有重要贡献。

2）P_2S_5：P_2S_5 是锂硫电池醚类电解液中一个新奇的添加剂。Manthiram 等报道，当 TEGDME 电解液中含有 P_2S_5 时，块状硫化锂颗粒氧化的过电位会变小。

3）氧化还原介质（RM）：氧化还原介质是可逆的氧化还原对，能够在电极表面进行氧化还原，然后扩散到含有活性物质的正极材料中协助进行氧化还原反应，从而显著提高电极和活性物质之间的电子传递速率。例如，添加剂 LiI 可以减小硫化锂正极在首周氧化的过电位，提高循环性能和放电比容量。

2. 固态电解质

固态锂硫电池的核心为固态电解质，现阶段固态电解质主要分为三大类：有机物、氧化物和硫化物固态电解质。有机物固态电解质和硫化物固态电解质是两大类有广泛应用前景的固态电解质。有机物固态电解质工艺成熟、机械性能优异，但室温离子电导率较低制约了其发展。氧化物电解质有较高的室温离子电导率（10^{-4}~10^{-3} S/cm）和空气稳定性，但其机械加工性能较差，晶界阻抗和固-

固界面阻抗较大，因而在固态锂硫电池中应用并不广泛。相比之下，硫化物电解质的室温离子电导率较高（$10^{-3} \sim 10^{-2}$ S/cm，最高可达有机电解质水平）、杨氏模量小、固-固界面接触较好，是最有希望实现高性能全固态锂硫电池的固态电解质之一。硫化物电解质按结构可分为玻璃态、玻璃陶瓷态和晶态电解质。前两者的研究主要针对 Li_2S-P_2S_5 及其类似体系，此类电解质的原材料价格低廉、化学稳定性高、制备工艺简单，有较大的应用前景，但电导率相对较低。而晶态硫化物电解质具有较高的离子电导率，引起了广泛的关注。目前常见的晶态硫化物电解质主要有 thio-LISICON 型、LGPS 型及硫银锗矿（Argyrodite）三类。Ryoji Kanno 教授最早报道 $Li_{4-x}Ge_{1-x}P_xS_4$ 电解质，由于其与氧化物 LISICON 有类似的结构而被命名为 thio-LISICON，室温离子电导率高达 2.2×10^{-3} S/cm。2011 年，该课题组首次合成晶态电解质 $Li_{10}GeP_2S_{12}$（LGPS），室温离子电导率高达 1.2×10^{-2} S/cm，接近液态有机电解质水平。此外，硫化物材料质地较软，可与正负极之间形成有效的固-固界面接触，促进离子传导，对构筑高性能全固态电池至关重要。

固态电解质内部的界面（内界面）直接影响离子电导率。Randau 等指出，全固态电池的发展目标为：电池内阻 $<40\Omega \cdot cm^2$、电解质膜厚度 $<50\mu m$、正极能量密度 >500 Wh/kg 和正极面容量 >5 mAh/cm^2。传统的纯相固态电解质很难满足上述要求，因此复合电解质受到越来越多的重视。在复合电解质中，存在有机/无机相的界面和无机颗粒之间的界面。对于固态电解质内部的固-固界面，在无机/无机复合电解质中，常用的硫化物电解质因其高室温离子电导率而具有较大的前景，但其稳定性较差；而卤化物电解质具有优异的高电压稳定性，两者的复合电解质可以充分发挥其优势。将硫化物和氧化物电解质复合，所得到的复合电解质具有界面稳定、离子电导率高且制备工艺简单的优点。在无机/无机复合电解质中，可以从固态电解质的粒度和含量两方面对界面进行改善。但是低密度硫化物（5.1g/cm^3）和高密度氧化物（5.1g/cm^3）的结合会增大电解质的密度，从而影响电池的能量密度。因此，发展超薄固态电解质膜，以降低非活性物质的含量成为研究重点。

无机-聚合物复合电解质结合了无机固态电解质高离子电导率和聚合物固态电解质力学柔性、易与电极形成良好的接触界面的优点，特别适用于固态锂硫电池的大规模生产。通常情况下，复合电解质采用溶液浇铸法制备，残留的溶剂会显著影响电解质的机械强度，从而不利于锂枝晶的生长。另一方面，广泛使用的溶剂为乙腈、N，N-二甲基甲酰胺，这两种溶剂均会与锂金属发生副反应，进而导致高的界面电阻。近年来，研究人员提出了原位固态化的方法制备聚合物基锂金属电池。该方法通常选用可以被聚合的液态电解质溶剂，一定条件下，引发剂引发单体聚合得到聚合基固态电池，因其前驱体也可作为液态电解质溶剂，因此该方法得到的电解质纯度较高。此外，无溶剂法制备无机/聚合物复合固态电解质材料也受到了广泛的关注，Appetecchi 等使用热压法制备了基于 PEO 聚合物基体和以 $LiCF_3SO_3$ 为锂盐的复合电解质，该电解质在 70℃ 的离子电导率为 $10^{-4}S/cm$。Jeon 等首先采用相转化法制备了 PVDF-HFP 聚合物多孔膜，再将低分子量的 P（EO-EC）共聚物与 $LiCF_3SO_3$ 锂盐混合物灌入上述多孔膜，从而得到了无溶剂方法制备的复合电解质膜，55℃ 下的离子电导率为 $1.6\times10^{-4}S/cm$，电化学窗口为 5V。这种无溶剂方法制备的复合电解质可以通过调节注入多孔膜的聚合物或材料来调节其性能，从而实现良好的电池性能。

5.2.5 隔膜改性

在醚类电解液中多硫化物的溶解流失和穿梭效应严重阻碍了锂硫电池的发展。研究学者发现在朝向正极面的隔膜表面修饰一层材料（隔膜修饰）或在隔膜和正极之间加入一层自支撑的材料（插层），可以有效避免多硫化物的穿梭效应，从而改善电池的电化学性能。隔膜修饰和插层通常是由导电碳材料或者是修饰了吸附剂或催化剂的导电碳材料制备而成，具有多重作用：①物理/化学方式避免多硫化物的溶解，或加快多硫化物的转换；②降低电池的阻抗；③导电基底保证多硫化物的进一步还原和容量的充分发挥。但是，这层材料的引入会增加非活性物质的含量，减小了电池的能量密度，因此，必须要求插层和隔膜修饰层轻量化。

起初隔膜修饰通常选用纳米碳材料，如碳纳米管、石墨烯、生物质碳纳米纤维和碳球等。碳涂层用于阻止多硫化锂的自由迁移和扩散，同时为硫正极提供额外的电子路径，并激活拦截的活性物质实现再利用。Fan 等介绍了一种多功能催化界面，在溶解的多硫化锂、正极和电解质之间，将氮化铌均匀地附着在分层多孔的氮掺杂石墨烯纳米片上，通过化学吸附和电催化作用，促进多硫化锂氧化还原转化，引导 Li_2S 均匀成核-生长-分解。纳米结构化合物，如 TiO_2、Sn_4P_3 和 $VOPO_4$ 纳米颗粒通常具有高的比表面积和对可溶性多硫化物强的化学吸附力，因此可以涂覆在隔膜上。这些材料不仅可以增加隔膜与电解质之间的接触面积，还可以抑制多硫化锂中间体向电解质的溶解。

然而，由于缺乏像碳一样好的离子和电子导电性，多硫化锂在被吸收后的再转换仍然是这些应用材料面临的难题。具有极性和高导电性碳材料的复合涂层是一种较为合理的隔膜改性设计策略。Co_9S_8/CoO-rGO、NbN/rGO 和 $NiCo_2S_4$@rGO 都用作 PP 隔膜修饰层（见图 5-22），在聚丙烯隔膜表面提供亲硫位点，以化学吸附作用固定迁移的多硫化锂，并在隔膜和正极界面催化其氧化还原转化。此外，一些纳米聚合物层也发挥着不可替代的作用。对于工业化隔膜，涂层材料可以扩展隔膜的功能，使其具有离子选择性，有利于缓解穿梭效应。但是，隔膜涂层易导致隔膜的界面阻抗大、相容性差。作为电池不可缺少的组成部分，隔膜优化是实现锂硫电池商业化生产的挑战性前沿问题。

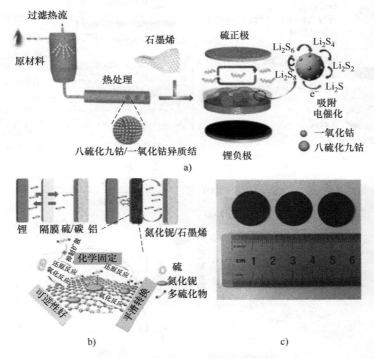

图 5-22　碳复合功能材料修饰隔膜

5.2.6　实用化锂硫电池

5.2.6.1　实用化条件下的锂硫电池发展概况

通常报道的锂硫电池性能是在理想条件下实现的，例如，低硫面载量（大约 $1mg/cm^2$）、高电解液用量（液硫比高于 $10\mu L/mg$）以及过量的锂负极（N/P比超过 150）。这种理想条件有利于提高扣式锂硫电池的比容量和循环稳定性，但不能满足软包锂硫电池对高能量密度的需求。为了充放发挥锂硫电池高能量密度的优势，在电化学性能评估过程中，需要采用具有高硫负载的正极、低液硫比和超薄金属锂负极构筑软包电池。图 5-23 显示了软包锂硫电池的实际能量密度与硫面载量和液硫比之间的关系，为了实现 400Wh/kg 或 500Wh/kg 的软包锂硫电池，应将硫面载量提升至 $5.0mg/cm^2$ 或 $6.0mg/cm^2$，并将液硫比控制在 $4.0\mu L/mg$ 或 $2.5\mu L/mg$ 以下，此外，N/P 比应低于 2.0。

在近几年锂硫电池的研究中，活性材料导电性差，充放电过程中巨大的体积

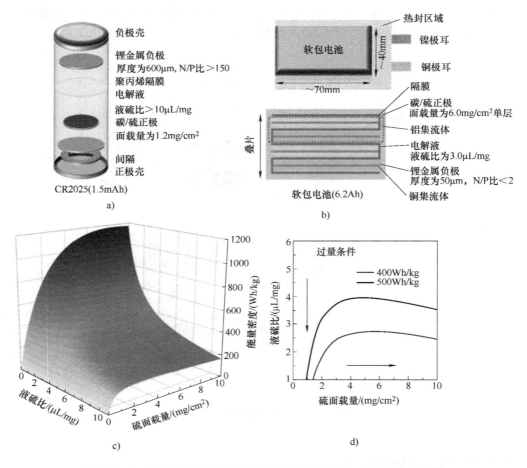

图 5-23　扣式与软包锂硫电池的区别及软包电池实际能量密度的估算

a）扣式锂硫电池的示意图

b）软包锂硫电池的示意图

c）软包锂硫电池的实际能量密度随硫面载量与液硫比的变化

d）软包锂硫电池实现 400Wh/kg 和 500Wh/kg 目标的边界条件

变化以及多硫化物的穿梭等传统问题逐渐得以解决。然而，锂硫电池在实用化条件下却面临着新的挑战（见图 5-24），主要包括：

1）实用化条件下锂硫电池中高浓度的多硫化锂增加了电解液的黏度并显著降低其离子电导率，导致急剧增加的欧姆极化，并可能成为电池失效的主要原因。

2）由于实用化锂硫电池中过低的液硫比，电解液中的多硫化锂浓度超过其溶解极限，从而导致多硫化锂的过早析出。在导电基底上过早沉积的多硫化锂会

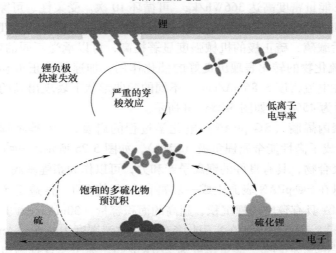

图 5-24　实用化锂硫电池面临的挑战

阻碍离子/电子的传导，并使得电化学反应转变为动力学缓慢的固-固转化，从而给软包电池的电化学动力学带来巨大压力并致使其迅速失效。此外，随着多硫化锂浓度的升高，多硫化物的化学分解和歧化作用更为明显，从而产生更大沉积尺寸的固体产物，这些固体颗粒在循环过程中往往会失去电接触而不再贡献容量。因此，在实用化条件下，锂硫电池在电化学和化学反应之间构建平衡是需要给予重点关注的研究方向。

　　3）与扣式锂硫电池不同，由于金属锂的快速失效，软包锂硫电池的容量在几十次循环后断崖式快速衰退。导致金属锂快速失效并成为软包锂硫电池的循环瓶颈的主要原因有三个方面：①当匹配高硫面载量的正极时，金属锂上被施加更高的实际电流密度和循环容量，从而加剧不均匀的锂沉积和负极体积变化；②较高的多硫化锂浓度和更严重的穿梭效应加速了金属锂的腐蚀；③低 N/P 比无法支持活性锂与电解液组分反应带来的连续不可逆损失。

　　国内外在实用化锂硫电池方面已取得了一定的进展（见图 5-25）。Manthiram 团队利用多层碳硫正极结构、膜修饰和膜结构设计，制备了具有优越电化学性能的柔性软包锂硫电池。Chen 团队设计了硫正极结构，以抑制多硫化物的溶解，并加速多硫化物的转化，从而使软包锂硫电池具有优异的性能。Manthiram 等提出了构建具有低比表面积和优化纳米孔道的导电硫正极的概念，该纳米复合正极表现出优异的电化学性能（硫量为 75wt%，液硫比极低，为 4.0μL/mg）。Li 等提出了一类致密的插层-转化混合正极，将其组装得到了 1Ah 级别软包锂硫电池

（液硫比为 1.2μL/mg，N/P 比为 2），如图 5-25a、b 所示。该软包锂硫电池在 0.5mA/cm² 下能量密度高达 366Wh/kg，可循环 10 次。受柔性、可穿戴锂硫电池的启发，Zhang 等通过简单的碳涂层对三维超对齐碳纳米管（SACNT）基体进行了修饰，然后载硫，硫正极的机械强度显著提高，可以承受不同的弯曲。此外，SACNT 对多硫化物的转化表现出良好的催化作用，加速了硫正极动力学。该柔性软包电池在电流密度 5.86mA/cm²、不同的弯曲形状下表现出高的容量保持率（70 周循环后为 45%），如图 5-25c、d 所示。

受硫化聚丙烯腈（S@pPAN）电化学过程的启发，Xie 等将锂沉积在 S@pPAN 表面合成了高性能金属锂负极（LMA），如图 5-26 所示。S@pPAN 是一种吡啶结构的聚合物，具有良好的锂离子亲和力，可以作为亲锂基底。通过过度锂化过程，可以在 S@pPAN 表面生成一层富含 Li₂S 的 SEI。得益于亲锂基底和稳定的 SEI，LMA 具有致密的锂沉积、超高的面积容量（30mAh/cm²）和高的库仑效率（99.7%）。该软包电池在实用化条件下，电流密度为 0.5mA/cm² 时，85 次循环后容量保持率为 75%，能量密度为 220Wh/kg。为了实现锂硫电池的高能量密度和稳定循环，Xie 等设计了一种改性稀释高浓度电解液（MDHCE）。MDHCE 实现了一个稳定且快速的锂离子传输混合界面，可以增强锂负极和硫正极的可逆性并改善动力学。所得到的软包锂硫电池在低液硫比（3μL/mg）和有限 N/P 比（3）的情况下，40 次循环后的循环保留率为 100%，重量能量密度高达 238Wh/kg。目前，锂硫电池的研究如火如荼，实用化发展还在起步阶段，其推进需要大量的基础研究工作和产业化尝试。此外，目前针对全寿命周期锂硫电池的服役和拆解的安全性问题研究较少，需要后期系统的研究。

高比能锂硫电池新的挑战表明，实用化条件下的锂硫电池与理想条件下具有不同的关键过程和失效机制。为了应对实用化锂硫电池中的这些新挑战，以下四个方面需要投入更多的研究精力并有望在未来取得重大进展：

1）设计适用于实用化锂硫电池的下一代硫正极。应同时考虑硫的载体材料的导电性和极性。此外，在贫电解质条件下更应认真考虑电解质的浸润性，在尽量降低不必要的电解质的同时确保足够的离子输运能力。同时，实用化的高硫面载量条件对基体材料的机械和化学稳定性提出了更高的要求。

2）设计高效的动力学促进剂。对于多硫化物电催化剂应该注意限制其在软包锂硫电池中的质量比并定制合理的空间配置方案，在不影响总能量密度的前提下实现高效的催化性能。对于均相氧化还原介体，应该在保留介导能力的同时着重解决其自身所带来的穿梭效应，并致力于开发宽电压区间的氧化还原介体，以提高实际锂硫电池的性能。

3）设计具有特定离子-溶剂复合结构的电解质。为了同时实现电解液的高离子电导率和抑制多硫化锂溶解，针对锂离子和多硫化锂设计特定的离子-溶剂复

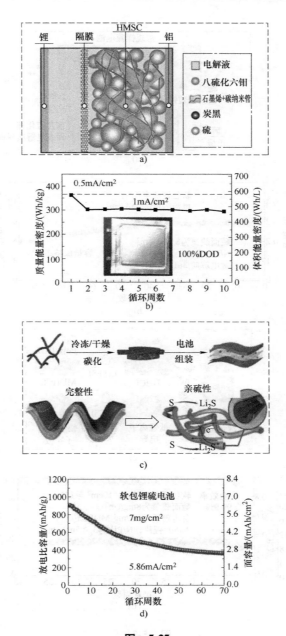

图　5-25

a）含有 HMSC 正极的锂硫电池示意图

b）由 HMSC 正极构建的软包锂硫电池循环性能图（液硫比为 1.2μL/mg，N/P 比为 2）

c）功能型碳增强碳纳米管正极的结构示意图

d）软包锂硫电池在高硫面载量和相对低液硫比下的循环性能图

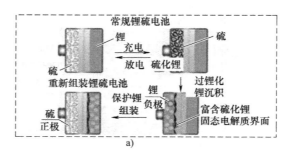

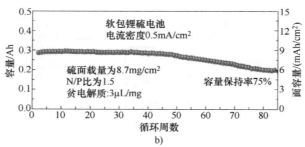

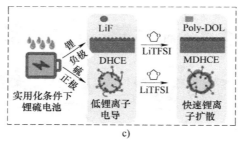

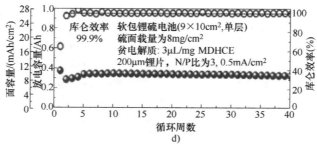

图 5-26

a）有机硫正极过锂化保护锂负极的示意图

b）70mm×90mm 的超厚软包锂硫电池的循环寿命图

c）实际条件下 MDHCE 对锂硫电池的作用机理

d）软包锂硫电池循环性能图

合结构，使它们分别发挥不同的功能，是有效提高实用化锂硫电池性能的重要策略。

4）保护金属锂负极。在当前研究的金属锂保护策略中，除了通过预处理设计人工 SEI 保护层外，设计电解液主导的可持续 SEI 以在循环过程中持续提供保护的策略需要更多的关注。人工 SEI 与电解质衍生的可持续 SEI 策略的组合有望协同延长金属锂的使用寿命。

5.2.6.2　产业化布局

近年来，国内外各大科研院所、电池类公司/实验室等都在开展锂硫电池的研发。其中国外的锂硫电池研发以 Sion Power 和 OXIS 公司最为著名。Sion Power 公司研发的锂硫电池主要涉及 3 个应用领域，分别是无人机、地面车辆和军用便携式电源。2009 年，Sion Power 公司成功获得美国能源部 80 万美元的资金资助，用于开发锂硫电池用的新型电解质。2010 年，Sion Power 公司将锂硫电池应用于大型无人机，打破了三项无人机飞行世界纪录。2011 年，德国 BASF 公司以 5000 万美元收购了 Sion Power 公司股权。2014 年，空中客车公司的"西风7"无人机依靠锂硫电池不间断地飞行了 11 天。而目前的商业化锂离子电池还无法实现无人机在高空低温环境下的长时间滞空。因此，锂硫电池未来会首先应用于无人机领域，尤其是对未来超长航时无人机的发展会起到极大的促进作用。英国 OXIS 公司是国外专注于研发锂硫电池的企业之一。根据报道，目前 OXIS 公司已经开发了标称电压为 2.1V、典型容量为 14.7Ah 的高能量密度型软包锂硫电池，在 0.1C 的放电倍率下质量能量密度达 400Wh/kg，体积能量密度为 300Wh/L，循环性能达到了 60~100 周。该产品计划将在巴西和英国的制造工厂进行量产。与此同时，在公司近期报道的新款锂硫原型电池测试结果中，质量能量密度可以达到 471Wh/kg，该公司宣称在未来一年提升至 500Wh/kg，并计划与客户和合作伙伴一起开发基于固态电解质的锂硫电池，开发目标定为 600Wh/kg。OXIS 公司的研究科学家认为，他们有能力将质量能量密度和体积能量密度扩展到 600Wh/kg 和 800Wh/L，并能显著延长生命周期。2021 年，OXIS 公司在技术成熟度等级 TRL2 的基础上，将其提升至 TRL4（大规模量产是 TRL9）。目前 OXIS 公司正与包括牛津大学、剑桥大学等院校合作开发基于聚合物电解质的锂硫电池，其主要应用于电动车和航空领域，现已与部分欧洲合作商签订电动车用锂硫电池的采购合同。

国内锂硫电池的开发在 2011 年以后成为研究热点。目前包括军事科学院防化研究院、中国科学院大连化学物理研究所、清华大学、北京理工大学、中南大学、中国科学院金属研究所等在内的高校、科研院所均在锂硫电池研究领域获得了突破性的研究成果。中国科学院大连化学物理研究所研制的能量型锂硫电池经第三方检测机构按照国标、军标要求进行测试，能量密度从之前的 520Wh/kg 提高到 609Wh/kg，刷新了二次电池比能量在同领域的领先位置。此次新研制的能量型锂硫电池，还具有优异的环境适应性，在−20℃和−60℃的极寒环境中均表现出了显著优于锂离子电池的低温性能。此外，新开发的功率型锂硫电池的持续放电倍率大于 4C，脉冲可达 10C。目前由中国科学院大连化学物理研究所研制开发的锂硫电池组已完成与太阳能无人机的全系统地面联试，取得了良好效果，并通过了用户验收。军事科学院防化研究院王维坤和王安邦研究团队所制备的2.4Ah 电池，极片硫面载量为 4.8mg/cm²，极片含硫量为 78%，液硫比为 3.3，在 0.2C 充电、0.4C 放电的条件下，比能量达到 390Wh/kg，可以循环 100 周；制备的 8.5Ah 电池，极片硫面载量为 5.2mg/cm²，极片含硫量为 78%，液硫比为 2.2，0.1C 充放电，比能量达到 575Wh/kg；制备的 5Ah 电池，极片硫面载量为 5.2mg/cm²，极片含硫量为 78%，液硫比为 3.5，比能量达到 400Wh/kg，1C放电容量是 0.2C 放电容量的 90%。上海空间电源研究所将单质硫与具有协同效应的电化学活性材料氟化碳复合制备得到双活性正极材料，利用电极热自造孔技术造孔，大幅提升了高硫面载量下电极的放电活性，提高了电极的传质、传荷能力。所得硫碳复合材料的硫含量大于 88%，当极片硫面载量大于 6mg/cm² 时，放电比容量大于 1200mAh/g，电池比能量达到 480Wh/kg 以上。该高比能锂硫电池已完成工程样机研制，技术成熟度等级达到 TRL5。

5.3　锂空气电池

5.3.1　锂空气电池简介

　　锂空气电池，通俗而言就是金属燃料电池，是采用金属锂作负极、氧气作正极的一种锂电池。与目前的锂离子电池相比，可充电锂/空气（或锂/氧气）电池作为一种新型的电池体系，拥有超高的理论比能量，约为 3500Wh/kg，可与汽油媲美。在需求高能量密度电池的领域具有潜在的应用前景，是未来电动汽车重要的候选电源。

　　目前广泛研究的锂空气电池使用金属锂作为负极，多孔空气电极作为正极，正极上往往负载催化剂来降低充放电过程的过电位，电解质采用液体或固体。由于正极反应物为空气中的氧气，可直接从大气中获得，无须存储于电池内部，不仅有效降低了成本，也大大降低了电池的整体重量，从而提高了电池的质量能量密度。

　　锂空气电池的主要优点如下：

　　1）成本低，正极活性物质采用空气中的氧气，不需要存储，也不需要购买成本，空气电极使用廉价碳作为载体。

2）能量密度高，相比传统的锂离子电池，锂空气电池的能量密度达到 5200Wh/kg，不计算氧气的质量，其能量密度更能达到 11140Wh/kg，高出现有电池体系一个数量级。

3）绿色环保，锂空气电池不含铅、镉、汞等有毒物质，是一种环境友好型电池体系。

其主要缺点如下：

1）水分的控制问题。相比于锂离子电池，锂空气电池属于开放体系。在电极反应过程中需要接触及使用空气中的氧，但空气中的水分会同时进入电池与金属锂发生副反应，这是锂空气电池大规模应用的关键问题。

2）氧的催化还原问题。氧的反应速度非常慢，要提高氧的反应活性必须采用高效的催化剂，目前采用的催化剂都是贵金属催化剂，这也一直是制约燃料电池发展的短板，因此必须发展高效廉价的催化剂。

5.3.2　锂空气电池分类

整体上，锂空气电池可以根据采用的电解质不同分成四类：非水系、水系、非水-水混合系和全固态系。几种锂空气电池的结构示意图如图 5-27 所示，表 5-3 给出了几种锂空气电池结构的优缺点并进行对比。

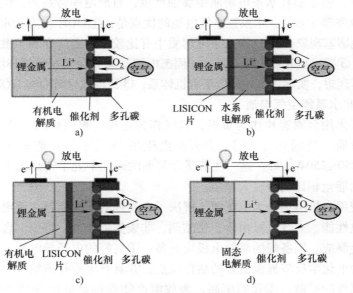

图 5-27　四种锂空气电池的结构示意图

a）非水系　b）水系　c）非水-水混合系　d）全固态系

表 5-3　锂空气电池分类及特点

锂空气电池分类	电解质	优点	缺点
非水系	聚丙烯腈（PAN），溶剂为 PC、EC	解决金属锂腐蚀问题，离子导电性高	反应产物不溶于电解液，阻塞空气电极
水系	不同 pH 值水溶液	反应产物溶于水，不阻塞空气电极	金属锂负极与水反应
非水-水混合系	碱性水溶液＋有机电解质	不仅能抑制锂腐蚀，同时解决反应产物堆积问题	对隔膜耐碱性要求较高，倍率性能差
全固态系	玻璃陶瓷＋聚合物薄层	解决漏液问题，提高安全性	固-固界面电池内阻较大，体系构造复杂

5.3.2.1　水系锂空气电池

　　水系锂空气电池的概念提出得较早，水系锂空气电池的电解质是不同酸碱度的各种水溶液，它不存在有机体系中空气电极反应产物堵塞微孔的问题。在酸性和碱性不同的电解质中，电池发生的化学反应也不同。由于金属锂能与水发生剧烈氧化还原反应，故需要在金属锂表面包覆一层对水稳定的锂离子导通膜，即 NASICON 型超级锂离子导通玻璃膜（LISICON）。但它与锂接触并不稳定，反应产物会使两者的界面阻抗增大，另外 LISICON 在水溶液中的稳定性问题也需要解决。此外，锂金属在水系电解质中腐蚀严重，自放电率特别高，使得电池循环性和库仑效率都非常低。水系锂空气电池的优点是：①LiOH 易溶于水，所以正极孔不会出现堵塞现象；②O_2 在水系电解质中有比较好的溶解度和扩散度，可以更好地反应；③挥发比较弱。缺点是：①固态电解质隔膜在强酸强碱环境下不稳定；②可充性不理想，实际放电容量低于有机体系；③深度放电时会有 LiOH 析出。

5.3.2.2　非水系锂空气电池

　　该体系采用金属锂片作为负极，氧气作为正极，聚丙烯腈（PAN）基聚合物作为电解质（溶剂 PC、EC），其开路电压在 3V 左右，比能量（不计入电池外壳）为 250~350Wh/kg。这一比能量在目前的研究中处于较高水平，但与锂的理论极限比能量相比仍有较大差距。

　　由于使用有机溶剂作为电解液，解决了金属锂的腐蚀问题，该电池展现了良好的充放电性能。空气电极由碳、粘结剂、非碳类催化剂、溶剂混合均匀后涂覆在金属网上制成。制备好的氧气电极应具备：①良好的电子导电性；②大的比表面积，能为电化学反应提供更多的活性位点；③具有多阶孔道结构，方便电解液的渗透和氧气的扩散；④孔隙率高，为放电产物提供足够的存储空间；⑤密度小。对电池性能影响最明显的因素是空气电极的电极材料、氧气还原机理以及相应的动力学参数。

此外，离子液体锂空气电池作为特殊的非水系锂空气电池也被广泛研究。离子液体即有机阳离子和阴离子共同组成的盐溶液，可利用电解质中的阳离子在锂负极和氧正极之间传递电荷。离子液体因具有低可燃性、疏水性、低蒸汽压、宽电化学窗口和高热稳定性而被引入到锂空气电池中，但其黏度高、价格较高，在一定程度上限制了离子液体的进一步应用。非水系锂空气电池的优点是：①有机电解质相对于水系电解质来说可以更好地保护锂；②封装电池简单，危险性较小。缺点是：①有机电解质易挥发，从而影响电池的性能；②正极生成的放电产物 Li_2O_2 不溶于有机电解质，容易造成空气极的堵塞，从而使放电过程终止；③电池的充放电效率不高。

5.3.2.3 水-非水混合系锂空气电池

水-非水混合系锂空气电池的基本形式是，电池中负极金属锂处于有机电解液中，正极空气电极一侧电解液为 KOH 水溶液，中间以 LISICON 隔开。这种新构型锂空气电池的新颖之处在于消除了非水电解质体系中空气电极反应产物堵塞电极微孔的问题，同时水相中的氧气在空气电极上还原成可溶于水的 LiOH。但此技术路线中作为关键部件的隔膜的耐碱性较差，并且其电阻变化与充放电电流密度相关，可能会影响锂空气电池的倍率性能。水-非水混合系锂空气电池的优点是：①相比有机系锂空气电池，放电产物不再是过氧化锂，而是易溶于水的氢氧化锂，这样就避免了放电产物堵塞微孔极易导致放电过程终止现象；②负极采用有机电解液可有效保护锂。缺点是：中间隔膜制作困难，封装电池较复杂。

5.3.2.4 全固态系锂空气电池

全固态系锂空气电池，采用的电解质是由三部分组成的三明治结构，其占比最大的中间层为高耐水性的玻璃陶瓷，靠近锂负极和空气正极的电解质分别为两层不同聚合物材质的薄层。全固态系锂空气电池不存在漏液问题，安全性有所提高，但固态电解质与锂负极、空气电极、包括固态电解质内部的接触，不会像液态电解质那样紧密，这就可能造成电池内阻增大。相比于非水系锂空气电池，该体系构造也较复杂。

全固态系锂空气电池的发展经历了工作温度由高温到中温和室温，电池结构从复杂到简单，电池反应从基于氧离子传输在负极生成放电产物，到基于锂离子传输在正极生成放电产物的过程。尽管如此，由于倍率性能上的巨大差距，目前基于锂离子传输的全固态系锂空气电池有待在电池结构、界面调控、充放电机理等方面取得更进一步的突破。

全固态系锂空气电池的优点是：①固态电解质可以有效阻止锂枝晶的生成；②由于固态电解质耐高温，在 $30\sim105℃$ 具有良好的稳定性，可以增加电池的热稳定性。缺点是：①离子导电性能比较差；②锂负极与固态电解质界面的阻抗大；③由于充放电，锂负极与固态电解质之间容易产生间隙导致短路。

5.3.3 锂空气电池工作原理

锂空气电池是一种用锂作为负极、以空气中的氧气作为正极反应物的电池。锂空气电池比锂离子电池具有更高的能量密度，因为其正极（以多孔碳为主）很轻，且氧气从环境中获取而不用保存在电池里。锂空气电池采用锂作为负极活性材料，采用多孔的气体扩散层电极作为正极材料，按电解质体系主要分为有机电解质体系、水性电解质体系、混合电解质体系和全固态电解质体系。

放电过程是，负极的锂释放电子后成为锂阳离子（Li^+），Li^+穿过电解质材料，在正极与氧气，以及从外电路流过来的电子结合生成氧化锂（Li_2O）或者过氧化锂（Li_2O_2），并留在正极。锂空气电池的开路电压为 2.91V。

锂空气电池的概念最早由 Lockheed 提出，电解液为碱性水溶液。氧气在空气电极上发生氧还原反应，形成氢氧化物。其放电反应方程为

$$4Li+O_2+2H_2O \longrightarrow 4LiOH \tag{5-1}$$

放电过程中 Li、H_2O 和 O_2 被消耗，在 Li 表面生成了一层保护膜而阻碍电化学反应的快速进行。在开路或低功率的状态下，Li 的自放电率很高，并伴随着 Li 的腐蚀反应：

$$Li+H_2O \longrightarrow LiOH + \frac{1}{2}H_2 \tag{5-2}$$

图 5-28 给出了水系锂空气电池反应的原理图，在水系电解质中，金属 Li 极易和水反应，因此对锂离子隔膜的阻水性有很高要求，目前还没有商业化的产品。综合考虑实用性和安全性，水系锂空气电池并非最终实际应用的首选。

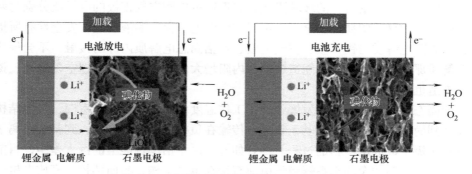

图 5-28　水系锂空气电池的工作原理示意图

非水系锂空气电池使用了含有可溶性锂盐的有机电解质，工作原理是基于 Li_2O_2 的生成与分解：

$$4Li+O_2 \longrightarrow 2Li_2O \tag{5-3}$$

$$2Li+O_2 \longrightarrow Li_2O_2 \tag{5-4}$$

根据式（5-3）计算，锂空气电池的理论能量密度为 5200Wh/kg，在实际应用中，由于氧气来自外界环境，排除氧气后的能量密度高达 11430Wh/kg。上述反应产物中，只有 Li_2O_2 的反应是可逆的，也即为了实现锂空气电池的循环充放能力，需要尽量提高反应中 Li_2O_2 的比例，而降低 Li_2O 的比例，而对于具体的决定产物类型的因素，学界没有统一意见。有的认为空气电极的极化水平影响过氧化物的比例，有的认为催化剂的影响比较大，也有的认为电解质材质在发挥主要作用。目前对于全固态锂空气电池报道较少，其具有稳定性好、循环性能好、避免形成锂枝晶等优点，但其低的导电性、容量和能量密度限制了其发展。每一种电池体系都有其各自的优点，同时也都面临着反应机理和工艺设计的难题。目前对于锂空气电池的研究大多数是采用有机电解质体系。

5.3.4　锂空气电池组成

锂空气电池电芯主体部分主要由金属锂或锂合金负极、空气正极和电解质三部分组成。其中空气正极可以包含活性材料、集流体、粘结剂和催化剂等，电解质主要包括液态电解质和隔膜，也可以是聚合物电解质或者是固态电解质。除此之外，锂空气电池系统如果需要直接使用空气，可能还需要防水透气膜、负极保护层、封装材料、气泵和过滤膜等。本书以非水系锂空气电池电芯为例，简要介绍锂空气电池各个组成部分。

5.3.4.1　锂空气电池正极材料

正极中的固-气-液三相界面是所有反应主要的发生区，直接影响着电池的容量、充放电电压和库仑效率，因此，锂空气电池正极材料选择与制备至关重要。由于在锂空气电池正极生成的电极产物 Li_2O_2 或 Li_2O 较为稳定，在对电池充电时，往往需要较高的电位才能使得逆向反应得以发生（见图 5-29）。因此在锂空气电池的正极材料中，还需要添加合适的催化剂，来促进反应的发生，降低充放电时的过电势，提高效率。锂空气电池的正极空气电极一般由多孔基体、催化剂和粘结剂组成。

多孔基体通常由多孔的碳材料构成，比如炭黑、乙炔黑、活性炭等。对于多孔材料而言，其孔径和孔容至关重要，当多孔基体具有合适的孔径时，电池的放电比容量和孔容量的大小成近似的正相关性。虽然碳材料在锂空气电池中运用非常普遍，但是碳材料在放电过程中容易极化造成过电压升高，当电压超过 3.5V 时就会导致碳基体发生分解，产生 Li_2CO_3 等副产物。为了解决这个问题，也有人尝试用多孔金代替碳材料作为锂空气电池的空气电极，但是多孔金的成本高，且密度大，不利于商业化的大量生产。对于另一种重要成分催化剂而言，通常使用的催化剂包括碳材料催化剂、金属氧化物催化剂、贵金属催化剂和其他可溶性催化剂等，使用不同的催化剂，对锂空气电池的比容量以及充放电电位都会有比

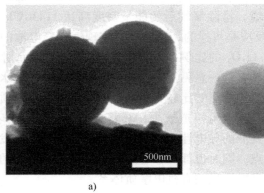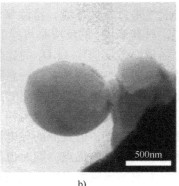

a)   b)

图 5-29 Li_2O_2 粒子的 TEM 图

a) 放电结束   b) 部分充电

较明显的影响。

1. 碳电极

碳材料由于具有成本低、导电性好和吸附性强等特点，作为电极在能源领域被广泛应用；此外，良好的氧还原性和结构的可控合成也使其成为锂空气电池研究最为常用的空气电极材料。随着人们对锂空气电池认识的不断深入，对电极结构的调控也成为人们研究的热点，并且各种经过调控的碳电极也不断被合成出来。通过对碳电极种类的选取，结构孔道的调控使其用于锂空气电池电极时，都展现出了优良的电化学性能。大量的研究表明，具有多级孔的碳材料作为空气正极对锂空气电池性能的提升有很大的帮助。在这之中，小孔道提供反应活性位点，催化反应的进行；大孔道为电解液及氧气提供传输通道，同时也为反应中间物及产物提供寄宿和反应空间，从而保障反应的顺利进行。所以对碳电极结构的设计及对电极孔道的调控对于锂空气电池正极是至关重要的。在放电过程中，大孔道作为氧气的通道可以持续进入电极内部，促进反应的持续进行，而小孔道则为反应提供了良好的三相界面（固-液-气）。该结构很大程度上优化了电极结构，满足空气电极的基本要求，使电池在放电容量及氧还原活性等方面都得到了很大的提升。

2. 介孔炭黑及其复合材料多孔空气正极

商品炭黑如 Norit、Acetylene 和 Super P 等，可用作锂空气电池的碳材料。将碳负载氧化锰（MnO_x/C）用作锂空气电池正极，可得到比商品电解二氧化锰（EMD）电极要高的放电容量。碳材料比表面积的不同会导致催化剂的分散、接触面积和催化活性的不同。用介孔泡沫硅硬模板通过纳米构造的方式制得的介孔碳泡沫作正极，能获得高于商品炭黑（Super P）40%的放电容量。这是由于介孔碳泡沫大的孔体积和超大的介孔结构，能允许更多的锂氧化物在其中沉积。将 KB 分别与 MnO_2、V_2O_5 和 CF_x 做成复合碳材料空气电极，CF_x 高的理论容量、比容量和疏水性提高了基于纯活性炭的空气电极的电化学性能。同时，与 KB 的复合也提高了 CF_x 的电导率和利用率。氮掺杂的碳（C-N）具有更高的比表面积、孔隙率和电催化活性，能减小电荷转移的阻抗并能改善氧还原反应，也可显著地提高锂氧气电池性能。

3. 碳纳米管多孔空气正极

单壁碳纳米管/碳纳米纤维（SWNT/CNF）复合材料作锂空气电池的空气电极，可大大地提高放电容量和循环性能。Zhang 等采用 SWNT/CNF 混合巴基纸（Buckypaper）作空气电极。当空气电极厚度为 20μm、放电电流密度为 $0.1mA/cm^2$ 时，得到的电池放电容量高达 2500mAh/g，同时发现空气电极的厚度和放电电流密度对放电容量影响极大。N-CNT（氮-碳纳米管）用作锂空气电池的正极，能增大放电电容和提高充放电过程的可逆性。MnO_2/MWNT（二氧化锰/多壁碳纳米管）复合材料能够促进氧还原反应和析氧反应，充电电压降为 3.8V，有效地提高了能量效率和循环性能。

4. 石墨烯空气电极

石墨烯是很多领域研究的热点，而在锂空气电池的应用中，更有其突出的优越性。它不仅构成电池的正极材料，更表现出可观的催化活性。Tang 等在研究中发现，相比玻碳电极，还原石墨烯片薄层（rGSF）电极表现出大的背景电流。在 -0.8V 时，在 rGSF 上发生 O_2 还原的电荷迁移速率更快，rGSF 实现了碳表面催化活性的提升。

Li 等将石墨烯纳米片（NGS）用作锂空气电池正极材料，得到的电池放电容量为 8705.9mAh/g。NGS 独特的结构形成了三维三相的电化学界面以及供电解质和 O_2 扩散的通道，这就增加了催化反应的效率。他们还发现，NSG 边缘的反应活性位点显著地提高了 O_2 还原反应的电催化活性。同样，Sun 等通过研究 NGS 作烷基碳酸酯电解质的锂空气电池的正极催化剂，发现 NGS 电极拥有比 Vulcan XC-72 碳电极更好的循环性能和更低的过电势，NGS 可以用作锂空气电池的一种高效的催化剂。石墨烯装载 $CoMn_2O_4$ 尖晶石纳米颗粒对氧还原与析氧反应均有可观的催化活性。Dong 等合成了氮化钼/氮杂化石墨烯片（MoN/NGS），得到了较高的放电电压（约 3.1V）和可观的比容量（1490mAh/g，计算基于碳+电催化剂）。

Xiao 等用基于分层结构的功能化石墨烯（不含催化剂）作空气电极，得到的锂空气电池具有高达 15000mAh/g 的比容量。原因在于这种功能化的石墨烯具有特殊的缺陷和官能团，构成的电极具有独特的相互连通的有序多孔体系，不仅具有促进 O_2 快速扩散的微米级多孔通道，而且为 Li-O_2 反应提供反应空位的高密度纳米级气孔（2~50nm），有利于形成孤立的纳米级 Li_2O_2 颗粒，从而防止空气电极的空气阻塞。

综上所述，锂空气电池的空气正极材料探索得比较广泛，主要朝着减少锂氧化物对空气正极的阻塞、减小电极阻抗、提高电极电导率和 O_2 的扩散速率等方面进行。由于放电产物的绝缘性和钝化带来的阻抗很大，使得充电过程的电压越来越高，以致威胁到电解质。因此在空气正极材料的研究中，进一步减小放电产物的钝化非常关键。

尽管碳电极材料在锂空气电池领域得到广泛的应用，但是从目前来看，碳电极的应用仍然存在着很多问题。碳材料在高电位下的不稳定性以及自身与放电产物 Li_2O_2 的反应等依然是制约碳作为空气电极的重要因素。对此，很多科研工作者也开展了相关研究。McCloskey 等通过各种手段包括同位素标记、X 射线光电子能谱（XPS）和差分电化学质谱（DEMS）等对电极表面的各种反应进行分析。研究结果表明，在电池反应过程中，会在 Li_2O_2 和碳界面生成 Li_2CO_3，推测其形成机理为

$$2Li_2O_2+C \longrightarrow Li_2O+Li_2CO_3 , \quad \Delta G = -533.6 kJ/mol$$

$$Li_2O_2+C+\frac{1}{2}O_2 \longrightarrow Li_2CO_3 , \quad \Delta G = -542.4 kJ/mol$$

在碳表面生成的碳酸盐会阻止 Li_2O_2 和碳的进一步反应，所以生成的碳酸盐也是有限的，但是这有限的碳酸盐会阻碍电池进一步的催化放电反应，最终导致电池性能的下降。界面碳酸盐问题在锂空气电池碳电极上是普遍存在的，并且这一问题也直接限制了碳作为空气电极的应用。当然，碳电极的不稳定不仅表现在其与放电产物的反应，研究发现，在高的电位下碳电极本身也会分解。Thotiy 等采用同位素标记和 DEMS 等研究手段对碳电极的稳定性进行了相关研究。结果表明，碳电极在电压高于 3.5V 时会发生分解，并且证明当电极具有亲水性质时，碳电极的分解更为严重，这为人们在今后实验研究中对碳材料的选择提供了一个很好的理论指导。虽然对碳电极上发生的一些寄生反应已有一定的认识，但除了碳自身的因素外，还需考虑外部环境、电解液以及催化剂等一系列因素的影响，所以在实际运行的锂空气电池中，碳电极的寄生反应是相当复杂的，需要进一步更深入的研究。

5. 非碳电极

鉴于碳材料在锂空气电池电极应用的局限性，非碳空气电极的研究越来越引起人们的关注，其最终可能会替代碳空气电极成为今后研究的热点。目前，常用的非碳空气电极材料主要有金属氧化物、金属碳化物及贵金属等。

金属氧化物电极由于其结构和形貌便于调控等特点在锂空气电池研究中已经被广泛应用。此外，该电极也具有合成方法简单、易于操作等一系列的优点。目

前报道最多的是 Co_3O_4 空气电极，由于该空气电极具有催化性能好、形貌结构可控、合成方法简单等特点被广泛地应用在锂空气电池领域。Cui 等通过化学方法在泡沫镍基底上成功地合成了 Co_3O_4 纳米线阵列，阵列结构的空气电极在锂空气电池中的应用有一定的优势。阵列之间的空隙为电池的反应提供了充足的反应空间，在电池充放电过程中很好地缓解了电极的体积效应。体现在电池性能上的则是倍率和循环性能的提升，由于体积效应较小，电极也体现了一定的结构稳定性。在此之后，各种形貌的 Co_3O_4 不断地在基底材料上被合成出来作为锂空气电池用空气电极。Ahmer Riaz 等同样用化学方法在泡沫镍上成功合成了各种形貌的 Co_3O_4，如纳米片、纳米针及纳米花等，并且将其直接作为空气正极使用，同样得到了很好的应用效果。最近，Liu 等首次采用电化学沉积方法在碳纤维纸上成功合成 Co_3O_4 纳米片阵列，将其直接应用于锂空气电池电极，也使其达到高容量长循环的目的。

在以上工作中，Co_3O_4 既作为空气电极，又充当催化剂的角色，为一种催化剂电极，这种电极不但提高了电池的放电容量，而且作为催化剂也明显地降低了反应充电电位，这一系列优势将会使 Co_3O_4 空气电极成为今后空气电极发展的方向及研究热点。此外也可以从中发现，目前文献报道的金属氧化物空气电极都为自支撑的一体化的电极，这样就避免了制备普通电极所常用的有机粘结剂。因为粘结剂在锂空气电池体系中不稳定，在电池运行过程中会发生分解反应。此外，由于电极基底与电极材料直接接触，电子可以直接从基底进入正极材料，这样就极大地提高了电极的导电性。值得注意的是，金属氧化物作为空气电极避免了使用碳电极带来的一系列问题，在一定程度上提高了电极的化学稳定性。虽然金属氧化物在锂空气电池中的应用避免了由碳基电极所带来的诸多问题，然而在使用金属氧化物作为电极时也有一定的弊端，其中导电性问题直接制约了其用作锂空气电池电极的应用。增加材料的导电性可以通过表面处理、氢化等各种物理化学手段来实现，然而这些策略的应用是否会对空气电极的催化性能或者电化学性能产生影响还有待进一步进行研究。

相对于金属氧化物，金属碳化物在形貌上的研究不是很多，由于具有很高的化学稳定性，与盐酸、硫酸几乎不起化学反应，有望替代碳成为下一代新型空气正极。Bruce 课题组在国际顶级材料类期刊 *Nature Materials* 发表了一篇关于碳化钛电极的论文：当用碳化钛作为空气正极时，电池能稳定循环 100 周，近乎 100% 的可逆循环，其中几乎没有副反应发生，足见其优良的催化活性及化学稳定性。由此可见，寻找化学及结构稳定的空气电极也是下一步空气电极发展的方向。

贵金属由于具有优良的导电性能及催化活性，其在催化领域已被广泛地应用。考虑到成本等问题，贵金属作为空气电极在锂空气电池中的应用还处于最基础的研究阶段。到目前为止，研究报道的贵金属空气电极被应用的也只有金电极，一方面由于金电极具有优良的化学稳定性，另一方面则是金电极在设计和合成上有一定的优势。由于金电极本身优良的化学稳定性，避免了电池反应过程中电极自身氧化或者分解等带来的一系列副反应，所以也是到目前为止研究锂空气电池反应机理最为理想的正极材料。Peng 等使用金电极在不同电解液体系中进行锂空气电池测试，发现 DMSO/LiClO$_4$ 电解液体系具有良好的稳定性，首次实现了锂空气电池真正意义上的可逆循环，100 周循环后仍然保持 95% 以上的容量，这在锂空气电池领域的意义是至关重大的，以金电极为基础材料来研究电解液的稳定性、催化剂的活性以及电池内部的反应机理等都有着重大的参考价值。虽然金电极在锂空气电池中有着以上诸多优势，但考虑到成本问题，其也只能作为基础研究来使用。

非碳电极在锂空气电池领域的研究有一定的进展，但从目前文献报道可以看出，发展非碳电极相对碳电极在一定程度上解决了电极稳定性的问题，但是相比碳电极还有一系列问题需要解决，比如电极的比重、导电性、催化活性以及将来商业化时的成本等问题。发展轻质多孔的轻金属及轻金属合金可能是将来锂空气电池正极发展的方向。

目前锂空气电池的空气电极仍然有较大的不足，比如难以大功率充放电、循环稳定性还不够理想、过电势较高等。距离真正的实用化，目前的空气电极研究仍然任重而道远。

5.3.4.2　空气电极的结构对锂空气电池性能影响

锂空气电池作为一种全新的电池体系，在多孔空气电极上，氧气在固-液-气三相界面还原成 O_2^{2-} 或 O^{2-}，接着与电解液中的 Li^+ 结合产生 Li_2O_2 或 Li_2O。由于两者均不溶于有机电解液，放电产物只能在空气电极上沉积，从而堵塞空气电极孔道，导致放电终止。锂空气电池的正极反应不仅传输大部分的电池能量，而且大部分的电压降也发生在正极，空气正极几乎承担了整个空气电池的电压降。由此可见，空气正极是影响锂空气电池性能的关键因素。好的空气电极必须具有氧气扩散快、好的电导性、高比表面积、稳定的电极组成、快的离子传导性等特点。电极表面孔隙与电池容量密切相关。电极反应发生时，沉淀物阻塞的不是活性电荷转移中心，而是电极表面孔隙。电池容量与碳多孔材料的比表面积无关，而与平均孔径和孔容积密切相关。随着平均孔径和孔容积的增大，放电时间和比容量随之增大。而电极材料的阻抗测试结果进一步证实了这个结论。Younesi 等发现多孔碳材料与粘结剂按照一定的比例混合后，过多的粘结剂会阻塞空气电极的孔隙，导致电池容量急剧下降。

总之，锂空气电池的空气电极材料，不仅要保证氧气和锂离子的正常传输，而且要保证不阻塞电极表面孔隙，进而容纳更多的锂氧化物。介孔碳材料和大孔碳材料能很好地满足以上要求。因此有关空气电极材料的研究，主要集中在多孔碳材料、碳纳米管、石墨烯等方面（见图 5-30、图 5-31）。

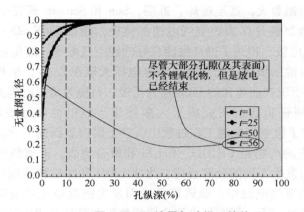

图 5-30　沉淀量与孔纵深的关系

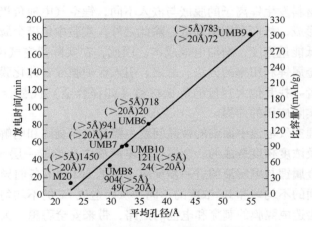

图 5-31　放电时间、比容量与平均孔径的关系

5.3.4.3　负极材料

由于金属锂的质量非常小且具有最低的氧化还原电位，所以它非常适合应用于锂空气电池以取得较高的能量密度。一些锂合金材料，如锂铝合金和锂硅合金等也取得了一些研究进展，但是其较大的体积形变限制了它们的应用。因此，目前的锂空气电池基本上是使用金属锂负极。金属锂负极的引入，一方面由于其质量轻、电位低，提高了锂空气电池的能量密度，另一方面锂的高活性也带来了严重的安全隐患。金属锂表面锂离子传导速率的差异，或者表面锂离子浓度的不同、锂表面的不均匀（如缺陷、晶界等），会导致在充电过程中锂的不均匀沉积，有些地方会产生枝晶。当枝晶生长到一定程度会发生折断，造成不可逆的"死锂"（dead lithium），更严重的是，枝晶会穿过隔膜，引起电池短路，产生大量的热，从而导致电池着火，甚至爆炸。近期，Sun 和 Scrosati 研究小组用锂-硅合金代替了传统的金属锂片作为锂空气电池的负极，辅以 $LiCF_3SO_3/G4$ 电解液和 Super P 炭黑空气电极，得到了循环性能良好的锂空气电池。这是首次将锂-硅合金应用于锂空气电池的负极，而且电池放电电压大概在 2.4V，估算能量密度可达 980Wh/kg，高于现在商业化的 $LiCoO_2$ 为正极、石墨为负极的锂离子电池的 384Wh/kg。目前金属锂负极的研究成果大多数基于锂电池和锂硫电池领域。Amine 研究小组研究了锂空气电池工作过程中负极金属锂表面的变化。封闭体系下金属锂和乙醚反应的产物是 CH_3OLi、CH_3Li 和聚合物膜。而有氧气存在的情况下，金属锂表面会发生不同的分解反应，生成 LiOH 和碳酸盐等副产物。由此可见，在半开放的锂空气电池中，金属锂片表面发生的反应更加复杂。总体而言，在氧气甚至空气氛围下，锂空气电池金属锂负极在循环过程中的变化还缺乏系统研究。此外，金属锂的低利用率也是限制锂负极应用的一大问题。在充放电过程中，电极材料发生锂离子的脱嵌与嵌入不同，锂空气电池负极侧的反应是金属锂的溶解和形成，故而利用率较低。除此之外，实验中负极金属锂通常是过量的，这样会降低能量密度，增加电池成本。因此，在实际锂空气电池的设计中，需要寻求提高金属锂利用率的方法。总之，引入保护膜或者钝化膜抑制金属锂枝晶的生长，或者寻找其他大容量的负极材料（如锂合金）代替金属锂，将是锂空气电池走向实际应用的前提。

金属锂在锂空气电池中面临的枝晶问题主要是由锂金属和电解质界面上不均匀的电流密度及浓度梯度造成的。金属锂在电解液中会形成一层 SEI 膜，SEI 膜的形成阻止了金属锂与电解液的进一步反应，但是 SEI 膜的各向异性及不均匀性容易引起锂表面的不均匀和 Li^+ 浓度的不同，从而造成 Li^+ 的不均匀沉积。随着锂枝晶的生长，会造成隔膜的刺穿和电池的短路，带来安全隐患。为了提高锂负极的安全性，一些解决方法被提出：①在锂金属表面镀上一层均匀的高锂离子导电的保护层。Seeo 公司发现聚合物电解质具有缓解锂枝晶的作用，他们使用聚苯乙烯作为骨架保持一定的机械稳定性，使用 PEO/锂盐混合物来提高离子电导率，这一思路在可充放锂/聚合物电解质/$LiFePO_4$ 电池中已经得到验证；②使用高锂离子电导率的玻璃或陶瓷材料作为固体电解质，如 Visco 等使用 LISICON 材料包裹金属锂，从而防止锂枝晶的生长，但是该类材料容易与金属锂反应，需要在中间插入一层稳定的导电材料（如 Li_3N 或者 Li_3P），该材料具有良好的阻隔性能，但是易碎且增大电池内阻；③使用陶瓷和聚合物复合材料作为锂空气电池电解质，该材料可以满足上述两种材料的优势，既具有较好的柔韧性，又具有较好的阻隔性能。

如果金属锂的保护技术能够开发成功，空气电极对于透氧膜的需求可以减少甚至免除，那么，在复杂环境中锂空气电池金属锂的循环性、安全性也可以得到显著改善。

5.3.4.4　电解液

与锂离子电池一样，锂空气电池电解液的主要作用也是锂离子传输的媒介。因此，它除了满足锂离子电池电解质的基本性质（高的电导率和锂离子迁移数，低的黏度，高的化学和电化学稳定性）外，还需要满足如下要求：①对锂空气电池中间产物氧气比较稳定；②蒸汽压较低，在使用过程中不易挥发；③氧气在其中具有一定的溶解度和扩散速度。非水有机液体电解质首先采用的是锂离子电池中常用的碳酸酯体系，然后发展出了更稳定的醚类电解质体系。此外，一些新型的电解液体系也被发现在锂空气电池中比较稳定。锂空气电池中电解液担负着传导电极间锂离子的作用，性能优异的电解液是电池稳定运行和高能量输出的保障。电解液一般由高纯度的有机溶剂和电解质锂盐按一定比例配制而成。碳酸酯类电解液（EC，PC 等）在锂离子电池上取得的成功，使其也成为早期锂空气电池的电解液。但是，与锂离子电池不同，锂空气电池的空气电极直接暴露在空气（或者氧气）中，放电过程生成 O_2^- 等活性物质，使得碳酸酯类电解液极易分解。2010 年 Mizuno 等研究证实，碳酸酯类电解液在 O_2^- 的环境中容易分解生成 Li_2CO_3 和其他的烷基碳酸盐，而不是期待的反应产物 Li_2O_2。Bruce 研究小组综合利用 X 射线衍射（XRD）、核磁共振（NMR）、傅里叶变换红外光谱（FTIR）、表面增强拉曼光谱（SERS）、质谱仪（MS）等表征手段，系统地研究了碳酸酯类、醚类和酰胺类电解液的性能。研究结果表明，碳酸酯类、醚类和酰胺类电解液均不能支持电池充放电反应的稳定进行，都存在一定程度的电解液分解。该研究小组还根据反应产物提出了可能的分解机理。需要指出的是，这里并没有考虑到锂盐、催化剂、放电深度等对溶剂的影响。因此，锂空气电池电解液除了需满足锂离子电池的要求（高离子电导率、高介电常数、宽电化学窗口等）外，还需满足：①在氧气氛围下，尤其是 O_2^- 存在下有足够的化学和电化学稳定性；②有一定的氧气溶解度和扩散速率，以保证锂空气电池的倍率性能；③较低的蒸汽压。锂空气电池不像锂离子电池封装在密闭的体系内，较低的蒸汽压能够保证电解液在电池工作时不易挥发。

2012 年，Sun 和 Scrosati 研究小组利用 $LiCF_3SO_3$/G4（三氟甲基磺酸锂/四乙二醇二甲醚，物质的量比为 1：4）作为电解液，通过容量控制的方法，可以得到循环稳定、性能优异、比容量高达 5000mAh/g 的锂空气电池（见图 5-32）。通过飞行时间二次离子质谱仪（TOF-SIMS）并没有发现 Li_2CO_3 的存在。Bruce 研究小组用 0.1mol/L 的 $LiClO_4$/DMSO 作为电解液，纳米多孔金电极作为空气电极，组装锂空气电池的充放电容量几乎不衰减，100 周循环后容量仍保持 95%。

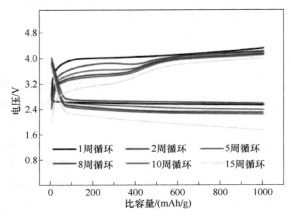

图 5-32　锂化硅-碳复合材料作负极的锂空气电池循环性能（彩图见插页）

FTIR、SERS、NMR、DEMS 等表征手段表明，放电后只有微量的 Li_2CO_3 和 HCO_2Li 生成，但是在充电阶段皆能可逆分解。需要指出的是，金属锂可以与 DMSO 直接反应，所以实验之前金属锂已经用 0.1mol/L 的 $LiClO_4$/PC 进行了钝化处理。最近，该小组又在 1mol/L 的 $LiClO_4$/DMSO 电解液里加入了氧化还原介体四硫富瓦烯（TTF）。在充电过程中，TTF 会在空气电极表面被氧化成 TTF^+，TTF^+ 将进一步氧化放电产物 Li_2O_2，自身被还原成 TTF。TTF 的加入，可以有效氧化电子导电性很差的 Li_2O_2，从而实现在更高电流密度下的充电反应，并且循环可达 100 周。该实验采用充电的 $LiFePO_4$ 代替金属锂片作为锂空气电池负极，避免了由于金属锂的高活泼性引发的副反应，有利于电池循环性能的提高。Addison 等首次用 1mol/L $LiNO_3$/DMA（N，N-二甲基乙酰胺）作为电解液，所得锂空气电池可以在电流密度 $0.1mA/cm^2$ 下工作超过 2000h，循环达到 80 周。实验证明，充电阶段只有 O_2 放出，即只发生 Li_2O_2 的分解。此外，电解液的性能不仅与溶剂有关，也与电解液浓度有关。

周豪慎课题组研究了不同浓度的 LiTFSA/G3（三乙二醇二甲醚）和 LiTFSA/G4 作为电解液的锂空气电池的电化学性能，实验结果表明，当 LiTFSA 与 G3、G4 的物质的量比均为 1∶5 时，电池的循环性能最佳。Bruce 研究小组分别采用了电压控制法和容量控制法进行充放电实验。对于锂空气电池来说，控制电压的放电实验即全放电过程，可以获得最大的放电容量，即空气电极中会产生最大量的 Li_2O_2。一方面，Li_2O_2 的电子导电性很差，大量 Li_2O_2 的生成会增大电极的阻抗，从而引起充电电压极化增大。另一方面，大量的 Li_2O_2 会严重堵塞空气电极内部的孔道，甚至破坏电极的微观结构，导致电池循环性能恶化。因此，利用控制电压法进行锂空气电池的全充全放实验，对于空气电极的结构稳定性和催化活性都是很大的挑战。Bruce 研究小组采用电压控制法进行的充放电实验可以实现上百周循环，这主要得益于纳米多孔金电极相对刚性的结构、较好的催化活性和良好的导电性。与上述电压控制法不同，容量控制法限制了电池的放电深度，生成 Li_2O_2 的数量相对较少，有利于获得良好的循环性能和储能效率。Bruce 研究小组用 α-MnO_2 纳米线作为空气电极的催化剂，分别在电压控制和容量控制下研究了电池前 10 周的循环性能。结果表明，电压控制实验中电池容量衰减很快，而容量控制实验可以获得很好的循环性能。可见，不同的测试方法对锂空气电池的电化学性能影响很大。近年来电解液的研究已经取得了一些进展，但电解液分解的问题还没有得到完善解决。电解液的分解产物 Li_2CO_3 在循环过程中逐渐积累，堵塞了空气电极的孔道，增大了电极极化，严重影响了电池的循环性能。稳定的有机电解液，不仅需要电化学窗口宽，在高电位下不分解，更要能抵抗 O_2^- 等活性物质的攻击。在锂空气电池的实际运行中，电解液的环境将更加复杂，还需考虑空气电极的材料、微观结构、催化剂等对电解液性能的影响。同时，稳定性较好的凝胶电解质和无机固态电解质也具有重要的研究意义和应用前景。总之，寻找适合的电解液是阐明锂空气电池工作机理和提升其性能的前提，也是当下锂空气电池研究的首要任务。

电解液组成根据成分不同可分成以下几类：

（1）碳酸酯类

锂空气电池早期的电解液都是基于锂离子电池中常用的碳酸酯体系，其中丙烯碳酸酯（PC）由于具有宽的电化学窗口、低的挥发性和宽的液程，被研究得最为广泛。尽管 Aurbach 等很早就发现 PC 体系不稳定，但是并没有引起人们足够的重视。直到 2010 年，Mizuno 等用直接的证据指出 PC 体系中放电产物是 Li_2CO_3 和其他的烷基碳酸盐，而不是人们希望看到的 Li_2O_2，碳酸酯体系电解质在氧化还原过程中的不稳定性才被人们重视。Bruce 等通过对放电产物进行红外光谱、质谱、表面增强拉曼光谱和核磁共振谱等研究发现，在烷基碳酸酯类电解液中，锂空气电池的主要放电产物是甲酸锂、乙酸锂和碳酸锂，红外光谱观察不到 Li_2O_2 的存在。在充电过程中，这些产物能够被分解，释放出 CO_2 气体。因此在碳酸酯体系锂空气电池中，其反应主要是电解液不断地不可逆氧化分解。关于碳酸酯类电解液分解的原因，Bryantsev 等通过第一性原理计算认为是活泼的中间产物 O_2^{2-} 导致的。这些研究使锂空气电池的反应机制更加清晰，为寻找稳定的电解液指出了方向。

（2）醚类

认识到了碳酸酯体系的不稳定性，众多研究者开始通过实验和计算寻找在 O_2^{2-} 存在下更稳定的电解质体系。其中醚类电解质引起了大家的关注，乙二醇二甲醚（DME）和四乙二醇二甲醚（TEGDME）是两种比较稳定的体系，并且具有较高的氧化稳定性、不可燃性和高的热稳定性。研究发现，使用醚类电解质时，锂空气电池的放电产物主要是 Li_2O_2。但是经过进一步的研究，McCloskey 等发现 DME 也不稳定，它会与放电产物 Li_2O_2 发生反应生成醛基、羧基化合物和 LiOH 等产物，并且 DME 具有很高的挥发性，不能长时间循环。而长链的 TEG-DME 不仅与 DME 一样在 O^{2-} 存在下具有较高的稳定性，而且不易挥发，放电产物主要是 Li_2O_2，近些年在锂空气电池中取得了广泛的应用。但是 Bruce 等发现随着循环的进行，放电产物中 Li_2O_2 的比例越来越低，证明醚类电解液并不适合作为锂空气电池的电解液。在研究 TEGDME 的过程中，Jung 等发现锂盐的选择也是非常重要的，三氟甲基磺酸锂（$LiCF_3SO_3$）比 $LiPF_6$ 具有更好的性能。

（3）其他体系电解液

除了上述两种电解液体系之外，锂空气电池电解液的研究还包括乙腈（ACN）、二甲基亚砜（DMSO）、二甲基甲酰胺（DMA）、苯甲醚和离子液体等体系，其中效果最好的是 DMSO 体系。彭章泉等报道了一个非常稳定的锂空气电池，使用 $LiClO_4$/DMSO 作为电解液，多孔金作为正极。该电池具有非常好的循环性能和容量保持率，通过 FTIR、Raman、NMR 和 DEMS 等测试手段确定放电产物是 Li_2O_2，该产物在充电过程中能够可逆完全分解。但是 DMSO 与负极锂片兼容性较差，需要对锂片进行保护。乙腈虽然具有非常好的抗氧化稳定性，但是其挥发性较高且毒性较大，限制了它的实际应用。

在锂离子电池中混合溶剂乙烯碳酸酯（EC）和二甲基碳酸酯（DMC）表现出较好的性能，所以在锂空气电池中研究者也希望通过混合溶剂的使用取得理想的效果。关于混合溶剂的报道首先是由 Scrosati 等提出的，他们使用 TEGDME 和 N-甲基-n-丁基吡咯烷双（三氟甲基磺酰）亚胺盐（PYR14TFSI）的混合物作为溶剂，LiTFSI 作为锂盐，发现相比于 TEGDME 体系，电导率提高了 4 倍，电解液氧化电位接近 4.8V vs Li^+/Li，电池充电电位降低了 0.5V。

此外，聚合物电解质和全固态电解质由于具有较高的安全性、能够保护锂电极并抑制锂枝晶，也被应用于锂空气电池中，虽然其电解质电导率、接触电阻等问题需要显著改善，但这也是重要的研究方向。

（4）电解液添加剂

添加剂的特点是用量少但是能显著改善电解液某一方面的性能。商品锂离子电池一般包含 10 种以上的添加剂，它们的作用一般为提高电解液的电导率、提高电池的循环效率、增大电池的可逆容量、改善电极的成膜性能等。与锂离子电池不同，有关锂空气电池电解液添加剂的研究目前还比较少，其主要作用是增大电池的比容量和降低电池的充放电过电位等。

由于锂空气电池放电产物 Li_2O_2 在电解液中溶解度较差，随着放电过程的进行和产物的累积，正极孔被堵塞，致使放电过程无法继续进行。因此，Li_2O_2 的累积限制了电池的比容量。中国科学院物理研究所的谢斌博士首先发现硼基阴离子受体化合物三（五氟苯基）硼烷（TPFPB）能够促进 Li_2O_2 和 Li_2O 在有机溶剂中的溶解。Qu 等发现 TPFPB 能够与 O_2^{2-} 络合，提高 Li_2O_2 的溶解度，并能够降低 Li_2O_2 的氧化电位，提高其氧化动力学。但是 Xu 等经过实验验证，发现随着 TPFPB 浓度的增加，电解液的黏度增加，电导率降低。因此，要很好地控制 TPFPB 的加入量，避免带来不利的影响。锂空气电池充放电电位差较大，导致其能量效率较低（60%~80%），为了提高能量效率，降低充放电过电位是非常必要的。Bruce 等发现 TTF 可以作为一种氧化还原媒介，它的加入可以大幅降低锂空气电池充电过电位，并提高电池的倍率性能。在低的充电电位下，TTF 可以被氧化形成 TTF^+，然后 TTF^+ 氧化 Li_2O_2，又被还原为 TTF，TTF 的反复作用可以促进充电过程的进行。最近，Kang 等发现一种效果更好的氧化还原媒介 LiI，它的作用机制与 TTF 一样，具有更低的氧化电位，能够显著降低充电过电位。

关于该类针对充电过程中能够促进 Li_2O_2 分解的氧化还原媒介（redox mediator）的选择，Kang 等提出了 3 条标准：①氧化电势需要与 Li_2O_2 的电位相匹配，略高于 Li_2O_2 形成的平衡电位；②氧化还原媒介被氧化后的产物可以有效地分解 Li_2O_2；③在电解液中稳定性高，不会带来其他副反应。由于 LiI 及其氧化产物 I_2 的强烈腐蚀性，LiI 还不是理想的氧化还原媒介。但之前积累的这些研究结果为理解锂空气电池过电位的主要起因、降低分解正极反应物过电位提供了重要的思路。

5.3.4.5　锂空气电池用催化剂

式（5-3）和式（5-4）反应的标准电位分别为 $E_0 = 3.10V$ 和 $E_0 = 2.90V$，由于两个反应过程的标准电位非常接近，因此可知，在锂空气电池工作时两个反应过程都会发生，同时产生反应产物 Li_2O_2 和 Li_2O。然而 Abraham 和 Bruce 等通过拉曼光谱的研究，发现 Li_2O_2 是放电过程的主要产物。空气电极作为放电产物 Li_2O_2 形成和分解的主要场所，在锂空气电池中受到广泛的研究。根据充放电反应的机理，可以将空气电极设计为以下四种主要功能：①催化 Li_2O_2 在表面活性位点的形成和分解；②将多孔通道中的锂离子和氧气输送到活性位点；③作为放电产物 Li_2O_2 的存储空间；④诱导 Li_2O_2 在电极表面的生长和形态演变。然而在空气电极中，Li_2O_2 生成和分解的反应由于反应动力学的迟滞性，并不能很快地进行反应，因此会导致锂空气电池在充放电过程中出现较大的过电压，如图 5-33 所示。充放电过程中的较大的过电压差会导致锂空气电池极化明显，导致该体系的能量效率维持在较低水平。因此在锂空气电池工作过程中需要反应催化剂的加入来促进反应进程。目前催化层主要是多孔碳材料负载催化剂。首先，碳的比表面积较大，可以负载更多的催化剂，提供足够的活性位置；其次，碳的多孔结构可以为放电产物提供存储空间；再者，碳材料本身也具有一定的催化活性。此

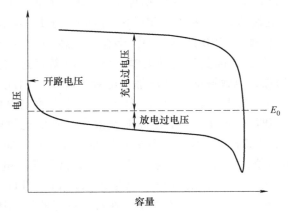

图 5-33   锂空气电池典型充放电曲线

外，碳材料的结构优化有利于锂空气电池性能的提升。夏永姚课题组以介孔泡沫硅为硬模板制备具有大量介孔的泡沫碳，应用于锂空气电池空气电极，实验结果表明，与 Super P 炭黑相比，介孔结构的碳能存储更多的放电产物，从而提高了锂空气电池的比容量。最近，Bruce 等研究发现，当充电电压小于 3.5V 时，碳材料比较稳定，当充电电压高于 3.5V 时，碳材料会被氧化生成 Li_2CO_3，而且碳材料会促进电解液（G4 和 DMSO）的分解。Yang Shao-horn 团队研究了以 DME 为电解液、不含粘结剂垂直排列的碳纳米管为空气电极的锂空气电池，通过 X 射线吸收近边结构（XANES）发现，在碳纳米管和 Li_2O_2 的界面上有 Li_2CO_3，但是在 Li_2O_2 接触电解液的部分并未发现，由此推断空气电极的碳会与 Li_2O_2 或者其他放电中间产物反应。虽然生成的 Li_2CO_3 会在首周循环充电后分解，但是通过选区电子衍射（SAED）和 TEM 发现，Li_2CO_3 会在循环过程中积累，导致电池性能下降。周豪慎课题组也提出了碳材料有可能在电池运行中发生的一系列副反应（见图 5-34）。催化剂的重要性显而易见。有机电解液型锂空气电池的放电电压在 2.7V 左右，而充电电压高达 4.0~4.5V，电池的充放电效率小于 70%，远低于锂离子电池。采用合适的催化剂，能有效降低充放电的过电压，提高能量利用率。锂空气电池放电的过电压远小于充电过电压，而且碳具有一定的氧气还原催化性能，故催化剂的作用主要体现在充电阶段，即氧气析出过程。目前来说，锂空气电池的催化剂大致可分为碳材料、贵金属、过渡金属氧化物以及其他金属化合物。

1. 碳材料

炭黑，例如 Super P、Ketjen black、Vulcan XC-72 等，电子导电性好，比表面积大，孔隙率高，具有良好的催化活性。另外，碳纳米管和石墨烯由于优异的

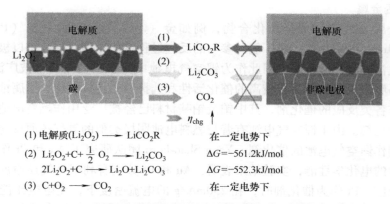

(1) 电解质(Li_2O_2) $\longrightarrow$ $LiCO_2R$　　　在一定电势下

(2) $Li_2O_2 + C + \frac{1}{2}O_2 \longrightarrow Li_2CO_3$　　　$\Delta G = -561.2kJ/mol$

　　　$2Li_2O_2 + C \longrightarrow Li_2O + Li_2CO_3$　　　$\Delta G = -552.3kJ/mol$

(3) $C + O_2 \longrightarrow CO_2$　　　在一定电势下

图 5-34　在锂空气电池电极和电解液界面上可能发生的反应

性能也有希望成为锂空气电池的空气电极。Yang Shao-horn 等利用化学气相沉积（CVD）方法在多孔氧化铝衬底上沉积碳纳米纤维作为空气电极，锂空气电池的能量密度可达 2500Wh/kg，功率达 100W/kg（基于碳和 Li_2O_2 的总质量）。Cui 等利用管状结构的亲水纳米聚吡咯制成空气电极，具有大量的氧气传输通道和反应位置，大大提升了锂空气电池的容量、循环效率、稳定性和倍率性能。二维结构的石墨烯具有较高的电子电导率和极高的比表面积，而且较多的边缘和缺陷位置有助于电化学反应的发生。周豪慎课题组首次利用不含金属的石墨烯纳米片作为组合电解液型锂空气电池的空气电极，所得电池的放电电压接近于 Pt 作为催化剂的电池。Xiao 等用基于分层结构的功能化石墨烯作空气电极，锂空气电池比容量高达 15000mAh/g。

碳材料由于其自身的多孔性，能够允许空气的进入，因此主要被用作锂空气电池的正极材料，但是当采用掺杂手段等对碳材料进行处理后，掺杂进材料中的杂原子能够给 Li_2O_2 形成和分解提供反应位点，因此其不仅能够作为锂空气电池的空气正极，还可以作为催化剂单独使用。例如 Yang 等合成一种独特分级的碳结构（HOM-AMUW）作为锂空气电池正极材料，这种材料中的大孔孔径大约为 250nm，并且高度有序，同时大量的中孔结构分布于正极材料的超薄壁上。这种碳结构在不同的充放电电流密度下具有超高的放电比容量。他们使用低结晶度的钌（Ru）纳米团簇对空气电极材料进一步官能化之后作为锂空气电池正极进行应用，研究发现锂空气电池的充放电过电压明显得到抑制，同时锂空气电极的循环稳定性提升明显。显著的性能增强主要归因于其独特的分级多孔结构，其中有序大孔和超薄中孔壁显著增强了氧气和锂离子的扩散能力，并且大孔有利于容纳更多的放电产物，从而实现更大的容量。此外，分级多孔结构将放电产物的形态调制为具有高电荷传输能力的三维多孔结构，这也有助于电化学反应的进行。

2. 贵金属

贵金属及其部分贵金属化合物，例如金（Au）、铂（Pt）、钯（Pd）、钌（Ru）、RuO_2 和 IrO_2 等，对于氧气参与的反应过程催化作用明显，可以极大促进锂空气电池的电化学反应，因此作为锂空气电池中的正极催化剂已被广泛研究。贵金属易吸附反应物，具有较高的催化活性和选择性，且抗氧化、耐腐蚀，很早就被用作各类反应的催化剂，其中铂及铂基材料已经被广泛用作燃料电池阴极氧气还原催化剂。由于锂空气电池有着与燃料电池阴极类似的氧气还原反应，贵金属也被用作锂空气电池的催化剂。Yang Shao-horn 团队研究了 Au 和 Pt 作为催化剂时电池的电化学性能，实验结果表明，Au 和 Pt 分别有利于氧气还原反应和氧气析出反应，Pt 作为催化剂时，在 250mA/g 的电流密度下，充电电压能有效降至 3.8V。而多孔碳负载 Pt-Au 合金纳米粒子作催化层的锂空气电池的充电电压只有 3.4~3.8V，充电过电压大大降低。该团队进一步研究了不同贵金属的催化活性，结果显示对氧气还原的催化活性依次为 Pd>Pt>Ru≈Au。最近，Jung 等利用还原氧化石墨烯分别负载钌（Ru）和水合氧化钌（$RuO_2 \cdot 0.64H_2O$）作锂空气电池的催化层，在 500mA/g 的电流密度下充电电压降低至 3.7V 和 3.9V。同时一般贵金属催化剂在使用过程中需要搭载碳材料作为载体。Liao 等通过将白杨木碳化、活化之后负载上 RuO_2 纳米颗粒，将其应用于锂空气电池正极催化剂（RuO_2/WD-C）。这种负载了 RuO_2 纳米颗粒的可再生的木材衍生空气正极具有高度有序的细长微通道，可以用于高性能锂空气电池空气正极材料。通过简单的水洗过程去除掉生成的副产物 Li_2O 后，在深度充放电循环或 100 周容量循环中制备的 RuO_2/WD-C 正极可以完全再生。同时再生得到的 RuO_2/WD-C 正极的面积比容量与初始正极的性能相当。即使再次进行再生，RuO_2/WD-C 正极与初始电极的电化学性能相比仍相差不大，证明制备的这种 RuO_2/WD-C 正极仍具有较高的循环稳定性以及良好的可再生性。

碳材料的加入会导致氧气在反应过程中催化碳发生副反应，导致电池性能下降，因此可以直接制备多孔的贵金属多孔电极取代碳材料，不仅能够实现碳材料的多孔性，同时能够催化电极的反应过程。有序多孔的 RuO_2 材料可以通过二氧化硅微球作为模板进行制备，根据不同孔结构参数的 RuO_2 材料选取用作锂空气电池的非碳正极材料，对其电化学性能进行测试表征，结果表明，RuO_2 材料的比表面积和孔径决定了锂空气电池非碳正极材料的比容量和库仑效率，如果孔径太小，会导致在充放电过程中产生的 Li_2O_2 和 Li_2O 副产物对多孔材料的孔结构进行堵塞，从而阻碍锂离子和氧气在电极中的扩散，导致放电比容量降低，同时由于反应动力学的减弱导致较高的过电势的出现；如果孔太大，则会导致多孔 RuO_2 正极材料的机械性能下降，相比于传统的 RuO_2 正极纳米颗粒来说，大孔径的存在势必导致 RuO_2 正极材料的结构不稳定，发生机械挤压时会出现结构坍塌等问题，导致孔径减少和坍缩，从而导致电化学反应过程中锂空气电池的容量迅速下降。

除了单纯的贵金属及其氧化物外，其他过渡金属氧化物或磷化物可以与贵金属催化剂连用，从而起到催化锂空气电池电极反应的目的。例如，可将 Co_2P 和 Ru 纳米颗粒混合组成高催化活性的空气电极催化剂。将 Co_2P 和 Ru 催化剂均匀分散在碳材料正极上可以有效地调节 Li_2O_2 在放电/充电过程中的形成和分解行为，从而改善 Li_2O_2 的电子导电性差的问题，同时这种复合催化剂与反应产物 Li_2O_2 的界面处比较稳定，能够形成稳定界面层，从而降低界面处的阻抗。在复合催化剂中，Co_2P 和 Ru 的协同效应大大改善了 ORR（氧还原反应）/OER（析氧反应）动力学，Co_2P/Ru/CNT 电极提供更高的氧还原触发起始电位及更高的 ORR 和 OER 电流。基于 Ru/Co_2P/CNT 电极的锂空气电池显示出改善的 ORR/OER 过电位（为 0.75V），在 1A/g 下具有 12800mAh/g 的优异倍率性能，并且在电流密度为 100mA/g、截止容量为 1000mAh/g 时，可以稳定循环 185 周以上，显示出优异的循环性能。Shen 等研究设计并制备了一种氮掺杂空心碳球，并用铱（Ir）纳米粒子进一步修饰，作为锂空气电池中的正极催化剂。通过对含胺基有机前体的高温碳化处理，不仅实现了原位氮掺杂，而且确保了掺杂的均匀性，并因此改善了该催化剂的电化学活性。中孔（约 60nm）与超薄中孔壳结合，显著改善了传质能力。空心碳球的大空腔（直径约 250nm）为放电产物 Li_2O_2 提供了足够的容纳空间，并且约 505.6 m^2/g 的大比表面积提供了大量的活性位点，从而可以提高电化学反应速率，进而增强锂空气电池的倍率性能。此外，均匀分布的 Ir 纳米颗粒可以显著降低充电过电位并改善锂空气电池的循环稳定性。

3. 非贵金属化合物

尽管贵金属基材料对 Li_2O_2 形成/分解表现出优异的催化活性，但是它们的高成本和稀缺性，以及它们与有机电解质的副反应，目前都难以克服。因此，开发价格低、储量大、制备简单的非贵金属催化剂便成为解决这些问题的可能策略。此外，通过调整非贵金属催化剂的形貌结构可以得到更多的传输通道和更大的存储放电产物的空间，这些优势都是传统贵金属基材料所不具备的。

（1）金属氧化物

虽然贵金属具有较高的催化活性和稳定性，但是由于贵金属资源匮乏、价格昂贵，必然会大大提高锂空气电池的成本。而过渡金属氧化物由于其具有相对低廉的价格和良好的催化活性，有望成为贵金属催化剂的替代品。2007 年，Bruce 等综合研究了贵金属 Pt、钙钛矿型 $Li_{0.8}Sr_{0.2}MnO_3$ 和不同过渡金属氧化物作为催化剂对锂空气电池性能的影响。研究结果表明，Fe_3O_4、CuO 和 $CoFe_2O_4$ 作为催化剂时电池有相当好的容量保持率，而 Co_3O_4 作为催化剂时既能提高比容量，又能改善电池的循环性能。虽然当时使用的仍是碳酸酯类电解液，即电池运行中伴随着电解液的分解，但是实验结果依旧有着重要的借鉴意义。

Zhao 等通过简单水热法成功合成出海胆形状的 NiO-$NiCo_2O_4$ 微球，以 100mA/g 的电流密度进行充放电时，容量可达到 9231/8349mAh/g，以 500mA/g 的电流密度进行充放电时，容量可达 3711/2254mAh/g，表现出较好的倍率性能，在电流密度为 100mA/g 且截止容量为 600mAh/g 时，可稳定工作 80 周循环。这种优异的电催化性能源于 NiO-$NiCo_2O_4$ 的独特海胆状结构（见图 5-35）。它可以促进循环过程中氧气传输和电荷传输，并为 Li_2O_2 的沉积和分解提供足够的反应位点和场所。Nazar 等利用还原的氧化石墨烯负载纳米颗粒 Co_3O_4，与 Ketjen black 炭黑 3∶7 混合作为催化层，在 140mA/g 的电流密度下能有效降低充电电压至 3.5 ~ 3.75V，比 Ketjen black 炭黑低 400mV。张新波课题组合成了多孔纳米管结构的 $La_{0.75}Sr_{0.25}MnO_3$（PNT-LSM）作为锂空气电池的催化剂，PNT-LSM 能够有效降低充电过电压，提高充放电效率，并且 PNT-LSM 的中空孔道结构有利于提高电池容量，改善电池倍率性能和循环性能（见图 5-36）。Zhang 等将 CoO-Co_3O_4 纳米颗粒锚定在氮掺杂碳球上，并将其作为锂空气电池的正极材料。结果显示该电池具有较高的催化性能，在电流密度为 300mA/g 时可获得 24265mAh/g 的超高放电容量，在 1000mA/g 的电流密度下比容量可达 3622mAh/g。截止容量为 500mAh/g 时，应用 N-HC@ CoO-Co_3O_4 电极的电池可以达到 112 周以上的循环。这是由于氮掺杂的空心碳球不仅确保了用于容纳 Li_2O_2 放电产物的超高比表面积，而且还提供了更多的反应活性位点。负载在氮掺杂空心碳球表面的 CoO-Co_3O_4 纳米粒子可以有效地催化蠕虫状 Li_2O_2 的形成和分解。

图 5-35　海胆状 NiO-$NiCo_2O_4$ 的场发射扫描电镜照片

Qiao 等通过牺牲模板法制备出具有多孔壁的新型 3D 空心 α-MnO_2 骨架，并将其应用于锂空气电池阴极材料，结果显示在 100mA/g 的电流密度下实现了 8583mAh/g 的高比容量，在 300mA/g 下具有 6311mAh/g 的优异比容量，并且在

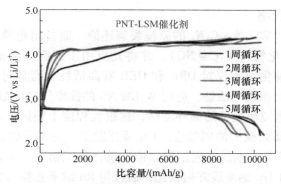

图 5-36　0.025mA/cm² 的电流密度下 PNT-LSM 作催化剂的锂空气电池充放电曲线（彩图见插页）

200mA/g 的电流密度下具有 170 周循环的良好循环稳定性。这是由于独特的 3D 空心骨架结构为锂空气电池提供了一些特有的性能，包括 α-MnO_2 的固有高催化活性，3D α-MnO_2 纳米线在 3D 骨架上的催化活性位点，以及连续空心网络和丰富的孔隙度，这些特性都有利于放电产物的存储聚集和氧扩散。

（2）金属硫化物

Long 等以硝酸铜、硝酸钴等为原料，采用一步水热法，直接在泡沫镍上生长出 $CuCo_2S_4$，将其应用于锂空气电池正极，在电流密度为 100mA/g，时，电池比容量可达 9673mAh/g，并且在电流密度为 200mA/g 且截止容量为 500mAh/g 时，电池可稳定工作 164 周循环而没有严重极化，表明该电池具有优异的循环性能。进一步研究发现，性能提升主要来自于以下几个方面：①$CuCo_2S_4$ 纳米片的独特阵列结构可以促进气体扩散并同时保持足够的氧浓度和电解质浸入；②$CuCo_2S_4$ @ Ni 的大比表面积可为 ORR 和 OER 提供丰富的催化位点，并为容纳放电产物提供充足的空间；③$CuCo_2S_4$ 纳米片的均匀分布可以有效地减轻电池充放电期间的体积变化。

Yin 等报道了在导电碳纸上包覆 $NiCo_2S_4$ @ NiO 核-壳阵列 3D 分层异质结构作为锂空气电池的自支撑阴极，表现出较低的过电位（0.88V），以及优异的倍率性能和循环性能。独特的分层阵列结构可以构建用于氧扩散和电解质浸渍的多维通道。$NiCo_2S_4$ 和 NiO 之间的内置界面电位可以显著增强界面电荷转移动力学。根据密度泛函理论计算，$NiCo_2S_4$ 和 NiO 固有的 Li_2O_2 亲和特性对促进大颗粒 Li_2O_2 的形成具有重要的协同作用，有利于构建低阻抗 Li_2O_2/阴极接触界面。Kim 等通过原位液相氧化还原嵌入和剥离的方法，将 1T-MoS_2 与功能化的碳纳米管（CNT）杂化，作为不含粘结剂的自支撑空气电极。结果表明，其具有优异的电化学性能，在 200mA/g 的电流密度、500mAh/g 的截止容量条件下可以稳定循环 100 周。

（3）金属碳化物

Gao 等通过对 $WO_3@ g-C_3N_4$ 的原位裂解还原，制备出超薄 N 掺杂的缺陷碳层包封的 W_2C 杂化物（$W_2C@ NC$），并将其应用于锂空气电池的正极催化剂。结果显示，这种催化剂不仅对 ORR 和 OER 有高活性，而且对不需要的副产物 Li_2CO_3 的分解也显示出高活性。应用 $W_2C@ NC$ 的锂空气电池显示出更高的初始容量、更低的过电位和更长的循环寿命，这很大程度上归因于超细 W_2C 纳米粒子和几乎单层 N 掺杂碳的协同效应。Liu 等开发了一种基于碳化钛（TiC）的碳基正极，独立的 TiC 纳米线阵列正极原位生长在碳织物上，覆盖其暴露的表面。与没有 Ru 改性的 TiC 纳米线阵列相比，通过与 Ru 纳米颗粒的沉积，TiC 纳米线阵列显示出增强的氧还原/进化活性和可循环性。

（4）金属氮化物

Liao 等报道了一种新型的氮化钛（TiN）纳米棒阵列阴极，其制备方法是首先通过在碳纸（CP）上生长 TiN 纳米棒阵列，然后在 TiN 纳米棒上沉积 MnO_2 超薄片或 Ir 纳米粒子以形成良好的有序、三维（3D）和独立的结构阴极：TiN@ MnO_2/CP 和 TiN@ Ir/CP。两种阴极都表现出良好的比容量和优异的循环稳定性。它们的放电比容量分别高达 2637mAh/g 和 2530mAh/g。在 100mA/g 的电流密度下可以稳定循环 200 周。

Choi 等报道了以嵌段共聚物为模板，制备出具有 2D 六方结构的介孔氮化钛（m-TiN），并将其作为锂空气电池的阴极催化剂。由于 TiN 具有良好排列的孔结构和良好的导电性，使电池拥有较好的可逆性，可以稳定循环 100 周以上。Yang 等通过原位化学气相沉积（CVD）制备活化的钴-氮掺杂的碳纳米管/碳纳米纤维复合物（Co-N-CNT/CNF），并将其作为锂空气电池正极。该电极的独特结构有助于氧气扩散和电解质渗透。同时，氮掺杂的碳纳米管/碳纳米纤维（N-CNT/CNF）和 Co/CoN_x 用作促进放电产物的形成/分解的反应位点。Co-N-CNT/CNF 阴极的锂空气电池在放电平台（2.81V）和低电荷过电位（0.61V）方面表现出优异的电化学性能。此外，锂空气电池还具有较高放电容量（在 100mA/g 下为 11512.4mAh/g），以及较长的循环寿命（130 周循环）。同时，Co-N-CNT/CNF 正极还具有优异的柔韧性，因此具有 Co-N-CNT/CNF 的组装柔性电池可以在各种弯曲条件下正常工作并保持良好的容量保持率（见图 5-37）。

（5）MOF

Shao 等报道了一种新型 Ru-金属-有机骨架（MOF）衍生的碳复合材料，其特征在于在碳基质内实现 Ru 纳米颗粒立体的分布，应用于锂空气电池的催化剂，500mA/g 的电流密度下具有高达 800 周（约 107 天）的稳定充电-放电循环，以及较低的放电/电荷过电势（约 $0.2/0.7V$ vs Li/Li^+）。Wang 等通过 3D 打印技术，制备出含 Co 的自支撑多孔碳骨架结构的新型阴极材料。该新型材料具有良

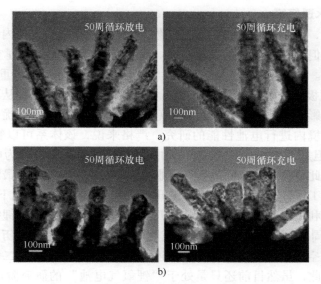

图 5-37　锂空气电池正极材料充放电前后的 TEM 图像
a) TiN@ MnO_2/CP　b) TiN@ Ir/CP

好的导电性和机械稳定性，此外，多孔骨架由在 Co-MOF 衍生的碳薄片内组成，薄片内有丰富的微米尺寸的中孔和微孔，这些孔有利于 Li_2O_2 颗粒的有效沉积和分解，从而可以显著提高锂空气电池的充放电容量和循环性能（见图 5-38）。

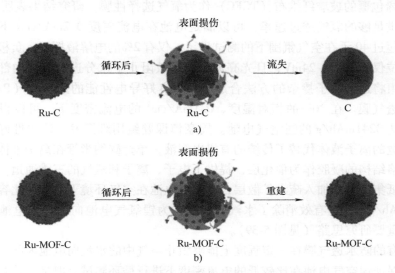

图 5-38　催化剂在锂空气电池中长期循环后的示意图
a) 常规 Ru-C 催化剂　b) MOF 衍生的 Ru-MOF-C 催化剂

5.3.4.6 防水透气膜

如前所述，锂空气电池的正极活性物质氧气并不存储在电池内，而是直接从空气中获取。但是，空气中的其他成分，例如 H_2O 和 CO_2，对锂空气电池的性能有显著影响。H_2O 会与负极金属锂反应生成 H_2，从而带来严重的安全问题，而 CO_2 会与正极的放电产物 Li_2O_2 反应，生成难分解的 Li_2CO_3，从而堵塞氧气传输通道，严重影响电池的性能。为了避免 H_2O、CO_2 等气体的干扰，目前往往在干燥的纯氧环境内进行电池性能的研究。严格来说，该体系可以暂时称为"锂氧气电池"。但是，在未来锂空气电池的实际应用中，并不可能为电池专门配置氧气罐，因为此举会严重降低锂空气电池的能量密度。该体系的最终目标是能够在空气环境中工作，而且已有研究小组开始研究电池在空气环境下运行的性能。周豪慎课题组利用固态电解质和凝胶电极，在空气环境下实现了锂空气电池的稳定循环（100 周），并根据产物提出了充放电过程中经历的反应历程。Lim 等研究了 CO_2 对锂空气电池性能的影响，阐述不同电解液下锂-氧气/二氧化碳电池的反应机理。因此，虽然目前还只是处于"锂氧气电池"的研究阶段，但是"锂空气电池"是未来的发展趋势和应用方向。若要实现"锂氧气电池"向"锂空气电池"的跨越，开发性能优异的防水透气膜是关键。

Zhang 课题组采用一种可热封的聚合物薄膜作为防水透气膜，应用于锂空气电池。在氧气分压为 0.21atm、相对湿度为 20% 的环境下，锂空气电池可以工作超过一个月，并且比能量可达 362Wh/kg（基于电池的总质量）。Crowther 等用聚四氟乙烯包覆的玻璃纤维布（TCFC）作为氧气选择性膜，研究结果表明，TCFC能够提供足够的氧气透过速率，可以满足电池在电流密度 $0.2mA/cm^2$ 下的充放电，而超过 40 天在空气氛围下的测试显示，仅有 2% 的电解液挥发，负极金属锂的过电位仅增加 13~24mV，且光亮如新，有效阻止了水分进入电池内部。余爱水课题组将通过质子掺杂的方法合成、具有良好导电性能的聚苯胺（PAN）作为防水透气膜。在 20% 的相对湿度、$0.1mA/cm^2$ 的电流密度下，可以得到放电比容量达 3241mAh/g 的锂空气电池。周豪慎课题组用难挥发、疏水性好、电化学窗口宽的离子液体代替了传统的有机电解液，单壁碳纳米管在离子液体中交联形成网络结构的凝胶作为催化层，提供了电子、离子和氧气的三维通道，在催化层和碳纸集流体间加入疏水扩散层，锂空气电池在空气环境下运行的比容量高达10730mAh/g，并且有效消除了水汽的影响，为锂氧气电池向锂空气电池的转变提供了重要研究思路（见图 5-39）。

现有的防水透气膜在一定程度上能够阻止空气中的水汽向电池内部渗透，并且能够保证锂空气电池在比较低的电流密度下进行循环测试。但是，若要实现防水透气膜的实用化，还需从以下几方面进行提高：①高的氧气选择性。在空气环境下运行，防水透气膜必须能够阻挡住 H_2O、CO_2、N_2 等杂质气体的进入，而只

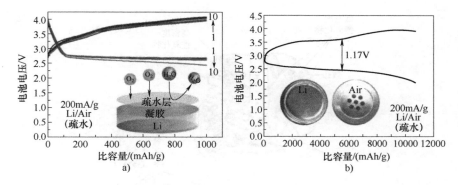

图　5-39

a）空气环境下含疏水层的锂空电池的循环性能

b）2.0~4.0V 电压区间的锂空电池充放电曲线

能允许氧气透过；②高的氧气透过速率。为满足锂空气电池在大电流密度下的充放电，作为反应物质的氧气在防水透气膜中必须有足够的透过速率；③高的电子电导率。常用的聚四氟乙烯（PTFE）膜电子电导率低，增加了电池的极化，影响了电化学性能；④减缓电解液挥发。毕竟锂空气电池是在"半开放"的体系下运行，一般的有机电解液极易挥发，而电解液的减少意味着电池性能的降低和寿命的衰减。最后，防水透气膜的稳定性和耐久性也有待验证和提升。

5.3.5　锂空气电池问题及解决方案

锂空气电池目前面对的主要问题如下：

1）锂空气电池放电过程中同时存在 ORR 和 OER，反应过程很难发生，需要催化剂协助。效果较好的贵金属催化剂成本较高；大环化合物能发挥类似的催化作用，但由于生产过程复杂，同样面临成本的问题。因此高效低价的催化剂是重要的研究对象。

2）空气电极载体形貌、孔径、孔隙率、比表面积等因素对锂空气电池能量密度、倍率性能以及循环性能都有较大影响。非水系锂空气电池中存在放电产物堵塞氧气扩散通道的风险，可能因此导致放电较快终止。锂氧化物在空气电极不同孔径中的沉淀情况如图 5-40 所示。因此，对于空气电极载体的物理特性的优化可能是解决这方面问题的方向。

3）电解质中有机溶剂的稳定性存在问题，碳酸酯和醚等有机溶剂虽然具有较宽的电化学窗口，但是在活性氧存在的情况下很容易被氧化分解，反应生成烷基锂、二氧化碳和水等物质。有机溶剂的分解直接导致电池容量衰减以及循环寿命迅速下降。因此寻找稳定、兼容性好的有机溶剂是锂空气电池另一个迫切需要

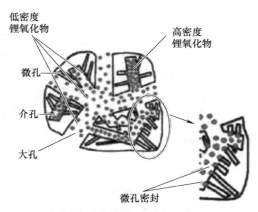

图 5-40　锂空气电池中锂氧化物在空气电极不同孔径中的沉淀情况

解决的问题。

4）由于锂空气电池在敞开环境中工作，空气中的水蒸气以及二氧化碳等气体对锂空气电池危害极大。水蒸气渗透到负极腐蚀金属锂，从而影响电池的放电容量、使用寿命；二氧化碳能与放电产物反应生成碳酸锂，而碳酸锂的电化学可逆性非常差。因此，需要研制氧气选择性好的隔膜来防止水蒸气的渗透以及电解液的挥发。

为解决锂空气电池存在的上述问题，科学界针对空气电极、催化剂和电解质这三个锂空气电池的关键部件做出大量的研究和探索，以期找到最优的可用材料。

其一，锂空气电池中空气电极和催化剂旨在减少过电压，提高能效，增强倍率性能并提高自稳定性。碳材料由于其高导电性、大比表面积、高孔体积和低成本而成为空气电极的主要选择。碳材料中的缺陷会催化 ORR 过程多孔碳材料（例如，Super P、Ketjen black 和 Vulcan 碳），因此已被用作空气电极。由于具有大孔体积和有序通道的多孔碳材料可以改善锂空气电池的性能，因此通过设计新的碳材料结构，可以进一步提高其性能。复旦大学的夏永姚课题组证明了有序介孔通道在促进电子转移过程和 Li^+ 扩散方面的积极作用。大孔被有序的介孔通道包围，以便为 Li_2O_2 的形成/分解和 O_2 的扩散提供足够的空间。

其二，尽管仍不确定催化剂是否可以改善电池的整体性能，它们在增强 OER 和/或 ORR 工艺的反应动力学上的优势已经被发现，金属氧化物和金属是锂空气电池中常用的催化剂。MnO_2 具有良好的 ORR 活性，因此 Bruce 等仔细研究了 MnO_2 的晶体结构和形态对增强电池性能的影响。另外，氧化铱和氧化钌还因其出色的 OER 活性而引起了人们的极大兴趣。与此同时有学者还尝试了金属，例如铂、钯、金及其杂化物。麻省理工学院的 Yang Shao-Horn 等利用 PtAu 合金纳米颗粒提高往返效率，并降低过电压，从而改善了锂空气电池中 ORR 和 OER 的动力学。

其三，电解质方面已有许多研究表明，电解质的稳定性是非质子锂空气电池性能的关键因素。因此寻找在富含 O_2 的电化学环境中保持稳定的电解质是当前的研究重点。由于中间放电的含氧物质的催化活性，碳酸盐类电解质非常不稳定。而在中间放电的含氧物质的存在下，醚类电解质显示出极好的稳定性；但是它们的电化学稳定性在长期循环中仍然存在问题。目前，二甲基亚砜（DMSO）和四甘醇二甲醚（TEGDME）是锂空气电池中的常见溶剂。除了溶剂以外，锂盐和电解液添加剂对电解质的稳定性也有重要影响。$LiPF_6$、$LiNO_3$、$LiClO_4$、$LiCF_3SO_3$、$LiN(SO_2C_2F_5)_2$ 和 $LiN(SO_2CF_3)_2$ 等已被研究用于锂空气电池，其中阴离子提供了增强电池电化学稳定性的新途径。添加剂通常是氧化还原介体，可在 OER 过程中热力学上降低过电压，而阴离子受体则可增加 O_2 的溶解度。阴离子受体添加剂包括强 Lewis 酸或氟化化合物，例如三（五氟苯基）硼烷（TPFPB）、甲基九氟丁基醚（MFE）。氧化还原介体，例如 2,5-二叔丁基-1,4-苯醌（DBBQ）和四硫富瓦烯（TTF），可以降低过电压。

此外，有研究从多方面入手以期解决锂空气电池所存在的问题。中国科学院长春应用化学研究所张新波研究员带领的科研团队通过抑制锂空气电池电解液分解，调控空气电极固-液-气三相界面以及优化锂空气二次电池体系与结构，成功将锂空气电池循环寿命从文献报道的最长 100 次提高至 500 次。英国剑桥大学将过氧化锂转变为更易处理的氢氧化锂，还向系统中添加了碘化锂，并用石墨烯制作了渗透性极好的"蓬松"电极。研制出的锂空气电池能够循环充电 2000 次以上。该电池在理论上的能量使用效率超过 90%。剑桥大学科学家将这种"锂空气"电池称为"终极电池"，其实这种设计几十年前就出现了，但传统的过氧化锂设计被证明是不稳定的，而且不支持多次充电。采用新的化学成分替代氢氧化锂能减少耗电化学反应的次数，使得电池可以反复充电 2000 次以上。美国伊利诺伊大学芝加哥分校、美国阿贡国家实验室和加利福尼亚州立大学北岭分校的研究人员在锂空气电池的研究方面达成了突破，在 *Nature* 期刊上发文表示，成功制成了可在类空气气氛中循环超 700 次的电池，很好地解决了之前很多体系只能与纯氧反应、循环寿命很差（常常只有几十次）的问题，在该领域的科学研究层面取得了重大进展。这项工作的主要特点包括锂金属负极的新保护涂层（该保护涂层可防止正极与氧发生反应从而引起电池性能恶化），以及允许电池在空气中运行的新型电解质混合物。研究人员对电池正负极及电解质的改进大大提升了电池效率，这种全新的电池设计思路也极大地拓展了锂空气电池的实际应用领域。美国伊利诺伊大学研究人员研发了多款二维（2D）材料，用这些 2D 材料做锂空气电池的电极催化剂时或许能够使电动车的续航里程提升到 800km，这也将彻底解决里程焦虑问题。由于它的质量更轻，也能够使得电动汽车的轻量化有质的提升。2020年韩国大邱庆北科学技术院的Shanmugam教授研发了一个由镍钴硫化物纳米薄片制成的正极，该纳米薄片放置于掺杂了硫的多孔石墨烯上。研究人员发现，即使经过2个多月，该电池的性能还保持与原来一样。

目前，尽管已研究了许多方法来解决锂空气电池的问题，但该电池体系仍处于起步阶段。当前许多论文中报道的锂空气电池的循环寿命和容量仍远远不适合实际应用。从长远来看，增加对正极中化学和电化学反应机理的基本了解是最重要但也是最困难的任务。尽管锂空气电池在实际应用中还有很长的路要走，但它们仍是未来高能量密度要求下最有前景的电池体系。

5.3.6　锂空气电池产业化现状

2009年，IBM公司宣布与美国阿贡国家实验室合作共同开展"将锂空气电池应用于电动汽车"的研发项目，从此掀起了锂空气电池基础研究的热潮。同年，日本产业技术综合研究所能源技术研究部门能源界面技术研究小组组长周豪慎和日本学术振兴会（JSPS）外籍特别研究员王永刚共同开发出了新构造的大容量锂空气电池作为高容量动力电池，有望彻底解决电动汽车电池容量不足的问题。

2012年，IBM公司再次宣布与日本Asahi Kasei公司和Central Glass公司合作共同开发"Battery-500"项目，进一步拓展锂空气电池应用方面的研发。2013年，IBM公司与宝马汽车共同合作开发锂空气电池，计划于2020年年底前实现锂空气二次电池的商业化。从此，锂空气电池研究开启了继锂离子二次电池之后的"后锂离子二次电池充电技术"的新时代。在电池性能方面，三菱计划借助中日韩三国在锂空气电池方面的研究，在2030年希望能够达到500Wh/kg，因此续航里程也将从2010年的180km，逐步提升到2020年的300km，再到2030年的480km。

自2008年以来，我国政府也将锂空气电池研究列入国家重点研究计划资助项目。2017年，新型纳米结构的高能量长寿命锂/钠复合空气电池项目启动，拟研制5种以上关键纳米电极材料，研制出20Ah级单体电池以及100Ah级电池组，电池能量密度≥600Wh/kg，并具有良好的循环寿命，为开发下一代高比能量金属空气电池提供科学与技术支撑。

5.4　本章小结

综合来看，按材料体系划分目前的固态电池可以分为三种技术路线：聚合物、氧化物和硫化物路线。三种技术路线的发展进程各不相同。聚合物电解质体系的固态电池技术较为成熟，走在前列，短期发展前景良好，但是室温电导率低是制约其进一步发展的瓶颈，与氧化物电解质复合使用是未来潜在的发展方向。氧化物电解质基固态电池中，薄膜型已经初步实现产业化，但受制于容量低和镀膜制备成本高等因素，容量扩充和规模化生产成为该体系的重要研究方向，未来增厚活性物质负载厚度可以通过开发三维微纳结构，与聚合物电解质复合等途径构建一体化的薄膜电池，最大程度增强界面接触，缩短离子扩散路径，提升器件性能。非薄膜型氧化物电解质固态电池由于电导率较低，可以通过元素掺杂和取代增强导电性，增强电导率进而提升体相型电池的能量密度。硫化物电解质室温下电导率较好，能够与液态电解液相比，是最有希望应用于电动车领域的电解质体系，但是电化学性质和化学性质不稳定依然是难题，对生产环境提出了严苛的要求，技术水平较不成熟，成功解决安全问题和界面问题可以大大推动硫化物电解质固态电池的市场化应用。

通过对国内外锂硫电池主要科研机构和相关企业的研究进展可以看出，目前锂硫二次电池的质量能量密度可以达到 $400 \sim 600Wh/kg$（$<0.1C$），体积能量密度一般小于 $500Wh/L$，循环寿命一般小于 100 周。循环性差主要是由于硫巨大的体积膨胀变化等因素导致正极在循环过程中结构容易崩塌。此外，高面容量的金属锂在循环过程中体积变化大，且直接与液态电解质反应，电芯容量容易跳水。循环性差和容量容易跳水成为制约锂硫二次电池产业化发展的瓶颈之一。同时，硫正极具有高的孔隙率，导致电芯注液量高（$30\% \sim 50\%$）。硫及其放电产物均为高的电子绝缘体，倍率性能也较差。上述问题是否能够解决，能解决到什么程度，目前还需要大量的基础科学研究。一些重要的策略，例如，硫正极与过渡金属硫化物复合，负极改为锂碳复合，隔膜改为功能陶瓷涂层或凝胶隔膜，并尝试引入硫化物固态电解质，都有可能分别解决上述技术问题。此外，全寿命周期和不同工况下的安全性、高水平的电源管理技术、最优化的电芯结构设计等都还需要进一步开发，才有可能应用。同时，锂硫二次电池也面临着采用高容量嵌入化合物类氧化物正极与金属锂组成的可充放金属锂二次电池的竞争。这类电池能够达到 $500Wh/kg$，同时还具有超高的体积能量密度（$1000Wh/L$），正负极的面容量和体积变化相对于锂硫电池都更小，如 Licerion 电池，循环性显著优于锂硫电池。据此可以初步判断，除非是对成本敏感的应用领域，否则在 $600Wh/kg$以下，锂硫二次电池目前还没有明显的竞争优势。与此同时，超高能量密度的锂硫一次电池有可能在消费类电子产品电源、备用电源和动力电源等一些特殊领域替代现有的 $Li/SOCl_2$、Li/MnO_2 等一次电池，具有潜在的应用价值。

锂空气电池在理论上具有与化石能源相媲美的能量密度，因此在现阶段对高能量密度目标的追求下得到长足的发展。但是锂空气电池只能在实验室中进行充放电实验，未能实现大规模的商业化应用。主要是由锂空气电池本身固有的问题导致的，反应机理的不确定性、反应动力学的迟滞性以及工作环境的严苛性都在考验锂空气电池的商业化前景。目前的锂空气电池能量密度相较于传统三元类电池并没有突跃式的进步，因此商业化前景并不明显，同时由于目前使用的高效催化剂价格远超电池本身，导致成本问题也制约其商业化。然而锂空气电池在能量密度方面的极大优势使之成为未来最具研究潜力的锂离子电池之一。目前全球的锂空气电池基本都处于研发阶段，总的来说，我国在锂空气电池方向的研究还不是很深入，目前还没有企业正式提出锂空气电池的研发和生产计划，因此需要加大对该领域的研究力度，并在未来的锂离子电池领域实现弯道超车。

参 考 文 献

［1］ 国务院. 中国制造 2025［Z］. 2015.

［2］ 中国汽车工程学会. 节能与新能源汽车技术路线图［R］. 2016.

［3］ 工业和信息化部，国家发展改革委，科技部. 汽车产业中长期发展规划［Z］. 2017.

［4］ 南策文. 固态电池规模化进展及挑战［C］. 宁波：第五届全国固态电池研讨会，2019.

［5］ 温兆银. 固态电池及其电池策略［C］. 宁波：第五届全国固态电池研讨会，2019.

［6］ 郭向欣. 实用化锂镧锆氧固态电池［C］. 宁波：第五届全国固态电池研讨会，2019.

［7］ Chen L，Li Y，Li S-P，et al. PEO/garnet composite electrolytes for solid-state lithium batteries：From "ceramic-in-polymer" to "polymer-in-ceramic"［J］. Nano Energy，2018，46：176-184.

［8］ Kanno R，Murayama M. Lithium ionic conductor thio-LISICON：The Li_2S-GeS_2-P_2S_5 system ［J］. Journal of The Electrochemical Society，2001，148（7）：A742-A746.

［9］ 刘丽露，吴凡，李泓，等. 硫化物固态电解质电化学稳定性研究进展［J］. 硅酸盐学报，2019，47（10）：1367-1385.

［10］ 陈龙，池上森，董源，等. 全固态锂电池关键材料——固态电解质研究进展［J］. 硅酸盐学报，2018，46（1）：21-34.

［11］ 李林. LiPON 固态电解质与全固态薄膜锂离子电池制备及特性研究［D］. 兰州：兰州大学，2018.

［12］ 叶明，谢军，廖萃，等. 硫化物固态电解质的研究进展［J］. 江西化工，2018（4）：14-16.

［13］ Manthiram A，Yu X，Wang S. Lithium battery chemistries enabled by solid-state electrolytes ［J］. Nature Reviews Materials，2017，2：16103.

［14］ Zheng J，Kan W H，Manthiram A. Role of Mn content on the electrochemical properties of nickel-rich layered $LiNi_{0.8-x}Co_{0.1}Mn_{0.1+x}O_2$（$0.0 \leqslant x \leqslant 0.08$）cathodes for lithium-ion batteries ［J］. ACS Applied Materials & Interfaces，2015，7（12）：6926-6934.

［15］ Liang C，et al. Unraveling the origin of instability in Ni-rich $LiNi_{1-2x}Co_xMn_xO_2$（NCM）cathode materials［J］. The Journal of Physical Chemistry C，2016，120（12）：6383-6393.

［16］ Wang Y, Cao G. Developments in nanostructured cathode materials for high-performance lithium-ion batteries ［J］. Advanced Materials, 2008, 20 (12): 2251-2269.

［17］ Manthiram A, Knight J, Seung-Taek Myung, et al. Nickel-rich and lithium-rich layered oxide cathodes: Progress and perspectives ［J］. Advanced Energy Materials, 2016, 6 (1): 1501010.

［18］ Yabuuchi N, Makimura Y, Ohzuku T. Solid-state chemistry and electrochemistry of $LiCo_{1/3}Ni_{1/3}Mn_{1/3}O_2$ for advanced lithium-ion batteries: Ⅲ. Rechargeable capacity and cycleability ［J］. Journal of The Electrochemical Society, 2007, 154: A314-A321.

［19］ Kondrakov A O, et al. Anisotropic lattice strain and mechanical degradation of high-and low-nickel NCM cathode materials for Li-ion batteries ［J］. Journal of Physical Chemistry, 2017, 121 (6): 3286-3294.

［20］ Radin M D, et al. Narrowing the gap between theoretical and practical capacities in Li-ion layered oxide cathode materials ［J］. Advanced Energy Materials, 2017, 7 (20): 1602888.

［21］ Zhang S, Ma J, Hu Z, et al. Identifying and addressing critical challenges of high-voltage layered ternary oxide cathode materials ［J］. Chemistry of Materials, 2019, 31 (16): 6033-6065.

［22］ Adam Tornheim, SorooshSharifi-Asl, Juan C Garcia. Effect of electrolyte composition on rock salt surface degradation in NMC cathodes during high-voltage potentiostatic holds ［J］. Nano Energy, 2019, 55: 216-225.

［23］ Choi N-S, et al. Challenges facing lithium batteries and electrical double-layer capacitors ［J］. Angewandte Chemie International Edition, 2012, 51 (40): 9994-10024.

［24］ Xu H, et al. Overcoming the challenges of 5V Spinel $LiNi_{0.5}Mn_{1.5}O_4$ cathodes with solid polymer electrolytes ［J］. ACS Energy Letters, 2019, 4 (12): 2871-2886.

［25］ Zhu Y, He X, Mo Y. Origin of outstanding stability in the lithium solid electrolyte materials: Insights from thermodynamic analyses based on first-principles calculations ［J］. ACS Applied Materials & Interfaces, 2015, 7 (42): 23685-23693.

［26］ Miyashiro H, et al. All-solid-state lithium polymer secondary battery with $LiNi_{0.5}Mn_{1.5}O_4$ by mixing of Li_3PO_4 ［J］. Electrochemistry Communications, 2005, 7 (11): 1083-1086.

［27］ Zhou W, et al. Double-layer polymer electrolyte for high-voltage all-solid-state rechargeable batteries ［J］. Advanced Materials, 2019, 31 (4): 1805574.

［28］ Wang G, He P, Fan L. Asymmetric polymer electrolyte constructed by metal-organic framework for solid-state, dendrite-free lithium metal battery ［J］. Advanced Functional Materials, 2020, 31 (3): 2007198.

［29］ Duan H, et al. Extended electrochemical window of solid electrolytes via heterogeneous multi-layered structure for high-voltage lithium metal batteries ［J］. Advanced Materials, 2019, 31 (12): 1807789.

［30］ Cai D, et al. Ionic-liquid-containing polymer interlayer modified PEO-based electrolyte for stable high-voltage solid-state lithium metal battery ［J］. Chemical Engineering Journal,

2021, 424: 130522.

[31] Li Y, Chen J, Cai P, et al. An electrochemically neutralized energy-assisted low-cost acid-alkaline electrolyzer for energy-saving electrolysis hydrogen generation [J]. Journal of Materials Chemistry A, 2018, 6 (12): 4948-4954.

[32] Li S, et al. Progress and perspective of ceramic/polymer composite solid electrolytes for lithium batteries [J]. Advanced Science, 2020, 7 (5): 1903088.

[33] Zhou Q, Ma J, Dong S, et al. Intermolecular chemistry in solid polymer electrolytes for high-energy-density lithium batteries. Advanced Materials, 2019, 31: 1902029.

[34] Li L, Deng Y, Chen G. Status and prospect of garnet/polymer solid composite electrolytes for all-solid-state lithium batteries [J]. Journal of Energy Chemistry, 2020, 50: 154-177.

[35] Lin D, et al. A silica-aerogel-reinforced composite polymer electrolyte with high ionic conductivity and high modulus [J]. Advanced Materials, 2018, 30 (32): 1802661.

[36] Kun Kelvin Fu, et al. Flexible, solid-state, ion-conducting membrane with 3D garnet nanofiber networks for lithium batteries [J]. Proceedings of the National Academy of Sciences of the United States of America, 2016, 113 (26): 7094-7099.

[37] Chen G, Zhang F, Zhou Z, et al. A flexible dual-ion battery based on PVDF-HFP-modified gel polymer electrolyte with excellent cycling performance and superior rate capability [J]. Advanced Energy Materials, 2018, 8 (25): 1801219.

[38] Lin X, et al. Ultrathin and non-flammable dual-salt polymer electrolyte for high-energy-density lithium-metal battery [J]. Advanced Functional Materials, 2021, 31 (17): 2010261.

[39] Chai J, et al. In situ generation of poly (vinylene carbonate) based solid electrolyte with interfacial stability for $LiCoO_2$ lithium batteries [J]. Advanced Science, 2017, 4: 1600377.

[40] Tan S-J, et al. In-situ encapsulating flame-retardant phosphate into robust polymer matrix for safe and stable quasi-solid-state lithium metal batteries [J]. Energy Storage Materials, 2021, 39: 186-193.

[41] Yan Y, et al. In situ polymerization permeated three-dimensional Li^+-percolated porous oxide ceramic framework boosting all solid-state lithium metal battery [J]. Advanced Science, 2021, 8 (9): 2003887.

[42] Besli M M, et al. Mesoscale chemomechanical interplay of the $LiNi_{0.8}Co_{0.15}Al_{0.05}O_2$ cathode in solid-state polymer batteries [J]. Chemistry of Materials, 2019, 31 (2): 491-501.

[43] Bucci G, Swamy T, ChiangY-M, et al. Modeling of internal mechanical failure of all-solid-state batteries during electrochemical cycling, and implications for battery design [J]. Journal of Materials Chemistry A, 2017, 5 (36): 19422-19430.

[44] Hayashi A, Muramatsu H, Ohtomo T, et al. Improvement of chemical stability of Li_3PS_4 glass electrolytes by adding M_xO_y (M=Fe, Zn, and Bi) nanoparticles [J]. Journal of Materials Chemistry A, 2013, 1 (21): 6320-6326.

[45] Bruce P G, Freunberger S A, Hardwick L J, et al. $Li-O_2$ and Li-S batteries with high energy storage [J]. Nature Materials, 2011, 11 (1): 19-29.

278

［46］　Yang Y, Zheng G, Cui Y. Nanostructured sulfur cathodes［J］. Chemical Society Reviews, 2013, 42（7）: 3018-3032.

［47］　Wild M, O'Neill L, Zhang T, et al. Lithium sulfur batteries, a mechanistic review［J］. Energy & Environmental Science, 2015, 8（12）: 3477-3494.

［48］　Seh Z W, Sun Y, Zhang Q, et al. Designing high-energy lithium-sulfur batteries［J］. Chemical Society Reviews, 2016, 45（20）: 5605-5634.

［49］　Wang J, Yang J, Xie J, et al. A novel conductive polymer-sulfur composite cathode material for rechargeable lithium batteries［J］. Advanced Materials, 2002, 14（13-14）: 963-965.

［50］　Zhang S S. Role of LiNO₃ in rechargeable lithium/sulfur battery［J］. Electrochimica Acta, 2012, 70: 344-348.

［51］　Ji X, Lee K T, Nazar L F. A highly ordered nanostructured carbon-sulphur cathode for lithium-sulphur batteries［J］. Nature Materials, 2009, 8: 500-506.

［52］　Tang H, Yang J, Zhang G, et al. Self-assembled N-graphene nanohollows enabling ultrahigh energy density cathode for Li-S batteries［J］. Nanoscale, 2018, 10（1）: 386-395.

［53］　Liang X, Rangom Y, Kwok C Y, et al. Interwoven MXene nanosheet/carbon-nanotube composites as Li-S cathode hosts［J］. Advanced Materials, 2017, 29（3）: 1603040.

［54］　Wang Z, Li X, Cui Y, et al. A metal-organic framework with open metal sites for enhanced confinement of sulfur and lithium-sulfur battery of long cycling life［J］. Crystal Growth & Design, 2013, 13（11）: 5116-5120.

［55］　Al Salem H, Babu G, Rao C V, et al. Electrocatalytic polysulfide traps for controlling redox shuttle process of Li-S batteries［J］. Journal of The American Chemical Society, 2015, 137（36）: 11542-11545.

［56］　Li Y J, Fan J M, Zheng M S, et al. A novel synergistic composite with multi-functional effects for high-performance Li-S batteries［J］. Energy & Environmental Science, 2016, 9（6）: 1998-2004.

［57］　Li L, Chen L, Mukherjee S, et al. Phosphorene as a polysulfide immobilizer and catalyst in high-performance lithium-sulfur batteries［J］. Advanced Materials, 2017, 29（2）: 1602734.

［58］　Li G, Wang X, Seo M H, et al. Chemisorption of polysulfides through redox reactions with organic molecules for lithium-sulfur batteries［J］. Nature Communications, 2018, 9: 1-10.

［59］　Seh Z W, Li W, Cha J J, et al. Sulphur-TiO₂ yolk-shell nanoarchitecture with internal void space for long-cycle lithium-sulphur batteries［J］. Nature Communications, 2013, 4: 1-6.

［60］　Chen T, Zhang Z, Cheng B, et al. Self-templated formation of interlaced carbon nanotubes threaded hollow Co₃S₄ nanoboxes for high-rate and heat-resistant lithium-sulfur batteries［J］. Journal of The American Chemical Society, 2017, 139（36）: 12710-12715.

［61］　Cui Z, Zu C, Zhou W, et al. Mesoporous titanium nitride-enabled highly stable lithium-sulfur batteries［J］. Advanced Materials, 2016, 28（32）: 6926-6931.

［62］　Zhou F, Li Z, Luo X, et al. Low cost metal carbide nanocrystals as binding and electrocatalytic sites for high performance Li-S batteries［J］. Nano Letters, 2018, 18（2）:

1035-1043.

[63] Li S, Zhang W, Zeng Z, et al. Selenium or tellurium as eutectic accelerators for high-performance lithium/sodium-sulfur batteries [J]. Electrochemical Energy Reviews [J]. 2020, 3: 613-642.

[64] Chen X, Peng L, Wang L, et al. Ether-compatible sulfurized polyacrylonitrile cathode with excellent performance enabled by fast kinetics via selenium doping [J]. Nature Communications, 2019, 10 (1): 1021.

[65] Zhang B, Qin X, Li G, et al. Enhancement of long stability of sulfur cathode by encapsulating sulfur into micropores of carbon spheres [J]. Energy & Environmental Science, 2010, 3 (10): 1531-1537.

[66] Xin S, Gu L, Zhao N H, et al. Smaller sulfur molecules promise better lithium-sulfur batteries [J]. Journal of The American Chemical Society, 2012, 134 (45): 18510-18513.

[67] Hu L, Lu Y, Li X, et al. Optimization of microporous carbon structures for lithium-sulfur battery applications in carbonate-based electrolyte [J]. Small, 2017, 13 (11): 1603533.

[68] Li Z, Yuan L, Yi Z, et al. Insight into the electrode mechanism in lithium-sulfur batteries with ordered microporous carbon confined sulfur as the cathode [J]. Advanced Energy Materials, 2014, 4 (7): 1301473.

[69] He F, Wu X, Qian J, et al. Building a cycle-stable sulphur cathode by tailoring its redox reaction into a solid-phase conversion mechanism [J]. Journal of Materials Chemistry A, 2018, 6 (46): 23396-23407.

[70] Li X, Banis M, Lushington A, et al. A high-energy sulfur cathode in carbonate electrolyte by eliminating polysulfides via solid-phase lithium-sulfur transformation [J]. Nature Communications, 2018, 9: 1-10.

[71] Suo L, Borodin O, Gao T, et al. "Water-in-salt" electrolyte enables high-voltage aqueous lithium-ion chemistries [J]. Science, 2015, 350: 938-943.

[72] Suo L, Hu Y S, Li H, et al. A new class of solvent-in-salt electrolyte for high-energy rechargeable metallic lithium batteries [J]. Nature Communications, 2013, 4: 1-9.

[73] Yamada Y, Wang J, Ko S, et al. Advances and issues in developing salt-concentrated battery electrolytes [J]. Nature Energy, 2019, 4: 269-280.

[74] Huang F, Gao L, Zou Y, et al. Akin solid-solid biphasic conversion of a Li-S battery achieved by coordinated carbonate electrolytes [J]. Journal of Materials Chemistry A, 2019, 7 (20): 12498-12506.

[75] Nagao M, Hayashi A, Tatsumisago M. High-capacity Li_2S-nanocarbon composite electrode for all-solid-state rechargeable lithium batteries [J]. Journal of Materials Chemistry, 2012, 22 (19): 10015-10020.

[76] Han Q, Li X, Shi X, et al. Outstanding cycle stability and rate capabilities of the all-solid-state Li-S battery with a $Li_7P_3S_{11}$ glass-ceramic electrolyte and a core-shell S@ BP2000 nanocomposite [J]. Journal of Materials Chemistry A, 2019, 7 (8): 3895-3902.

[77]　Lin Z, Liu Z, Dudney N J, et al. Lithium superionic sulfide cathode for all-solid lithium-sulfur batteries [J]. ACS Nano, 2013, 7 (3): 2829-2833.

[78]　Xu R, Wang X, Zhang S, et al. Rational coating of $Li_7P_3S_{11}$ solid electrolyte on MoS_2 electrode for all-solid-state lithium ion batteries [J]. Journal of Power Sources, 2018, 374: 107-112.

[79]　Han F, Yue J, Fan X, et al. High-performance all-solid-state lithium-sulfur battery enabled by a mixed-conductive Li_2S nanocomposite [J]. Nano Letters, 2016, 16 (7): 4521-4527.

[80]　Aso K, Sakuda A, Hayashi A, et al. All-solid-state lithium secondary batteries using NiS-carbon fiber composite electrodes coated with Li_2S-P_2S_5 solid electrolytes by pulsed laser deposition [J]. ACS applied materials & interfaces, 2013, 5 (3): 686-690.

[81]　Fan L, Zhuang H L, Gao L, et al. Regulating Li deposition at artificial solid electrolyte interphases [J]. Journal of Materials Chemistry A, 2017, 5 (7): 3483-3492.

[82]　Liang X, Pang Q, Kochetkov I R, et al. A facile surface chemistry route to a stabilized lithium metal anode [J]. Nature Energy 2017, 2 (9): 1-7.

[83]　Cha E, Patel M D, Park J, et al. 2D MoS_2 as an efficient protective layer for lithium metal anodes in high-performance Li-S batteries [J]. Nature Nanotechnology, 2018, 13 (4): 337-344.

[84]　Gao Y, Zhao Y, Li Y C, et al. Interfacial chemistry regulation via a skin-grafting strategy enables high-performance lithium-metal batteries [J]. Journal of The American Chemical Society, 2017, 139 (43): 15288-15291.

[85]　Ye S, Wang L, Liu F, et al. g-C_3N_4 derivative artificial organic/inorganic composite solid electrolyte interphase layer for stable lithium metal anode [J]. Advanced Energy Materials, 2020, 10 (44): 2002647.

[86]　Li W, Yao H, Yan K, et al. The synergetic effect of lithium polysulfide and lithium nitrate to prevent lithium dendrite growth [J]. Nature Communications, 2015, 6: 1-8.

[87]　Zhang X Q, Cheng X B, Chen X, et al. Fluoroethylene carbonate additives to render uniform Li deposits in lithium metal batteries [J]. Advanced Functional Materials 2017, 27 (10): 1605989.

[88]　Qian J, Henderson W A, Xu W, et al. High rate stable cycling of lithium metal anode [J]. Nature Communications, 2015, 6: 1-9.

[89]　Suo L, Xue W, Gobet M, et al. Fluorine-donating electrolytes enable highly reversible 5-V-class Li metal batteries [J]. Proceedings of the National Academy of Sciences 2018, 115 (6): 1156-1161.

[90]　Chen S, Zheng J, Mei D, et al. High-voltage lithium-metal batteries enabled by localized high-concentration electrolytes [J]. Advanced Materials, 2018, 30 (21): 1706102.

[91]　Zheng G, Lee S W, Liang Z, et al. Interconnected hollow carbon nanospheres for stable lithium metal anodes [J]. Nature Nanotechnology, 2014, 9: 618-623.

[92]　Yun Q, He Y B, Lv W, et al. Chemical dealloying derived 3D porous current collector for

Li metal anodes [J]. Advanced Materials, 2016, 28 (32): 6932-6939.

[93] Wang A, Zhang X, Yang Y W, et al. Horizontal centripetal plating in the patterned voids of Li/graphene composites for stable lithium-metal anodes [J]. Chem, 2018, 4 (9): 2192-2200.

[94] Han F, Westover A S, Yue J, et al. High electronic conductivity as the origin of lithium dendrite formation within solid electrolytes [J]. Nature Energy, 2019, 4 (3): 187-196.

[95] Liu Y, Sun Q, Zhao Y, et al. Stabilizing the interface of NASICON solid electrolyte against Li metal with atomic layer deposition [J]. ACS Applied Materials & Interfaces, 2018, 10 (37): 31240-31248.

[96] Xu R, Han F, Ji X, et al. Interface engineering of sulfide electrolytes for all-solid-state lithium batteries [J]. Nano Energy, 2018, 53: 958-966.

[97] Sun F, Dong K, Osenberg M, et al. Visualizing the morphological and compositional evolution of the interface of InLi-anode | thio-LISION electrolyte in an all-solid-state Li-S cell by in operando synchrotron X-ray tomography and energy dispersive diffraction [J]. Journal of Materials Chemistry A, 2018, 6: 22489-22496.

[98] Fu K K, Gong Y, Liu B, et al. Toward garnet electrolyte-based Li metal batteries: An ultrathin, highly effective, artificial solid-state electrolyte/metallic Li interface [J]. Science Advances, 2017, 3 (4): e1601659.

[99] Barghamadi M, Djuandhi L, Sharma N, et al. In situ synchrotron XRD and sXAS studies on Li-S batteries with ionic-liquid and organic electrolytes [J]. Journal of The Electrochemical Society, 2020, 167 (10): 100526.

[100] Zu C, Klein M, Manthiram A. Activated Li_2S as a high-performance cathode for rechargeable lithium-sulfur batteries [J]. Journal of Physical Chemistry Letters, 2014, 5 (22): 3986-3991.

[101] Kamaya N, Homma K, Yamakawa Y, et al. A lithium superionic conductor [J]. Nature Materials, 2011, 10 (9): 682-686.

[102] Appetecchi G B, Croce F, Hassoun J, et al. Hot-pressed, dry, composite, PEO-based electrolyte membranes: I. Ionic conductivity characterization [J]. Journal of Power Sources, 2003, 114 (1): 105-112.

[103] Jeon J D, Kwak S Y, Cho B W. Solvent-free polymer electrolytes: I. Preparation and characterization of polymer electrolytes having pores filled with viscous [J]. Journal of The Electrochemical Society, 2005, 152: A1583.

[104] Fan S, Huang S, Pam M E, et al. Design multifunctional catalytic interface: Toward regulation of polysulfide and Li_2S redox conversion in Li-S batteries [J]. Small, 2019, 15 (51): 1906132.

[105] Wang N, Chen B, Qin K, et al. Rational design of Co_9S_8/CoO heterostructures with well-defined interfaces for lithium sulfur batteries: A study of synergistic adsorption-electrocatalysis function [J]. Nano Energy, 2019, 60: 332-339.

［106］ Shi H, Sun Z, Lv W, et al. Efficient polysulfide blocker from conductive niobium nitride@ graphene for Li-S batteries ［J］. Journal of Energy Chemistry, 2020, 45：135-141.

［107］ Huang C, Sun T, Shu H, et al. Multifunctional reaction interfaces for capture and boost conversion of polysulfide in lithium-sulfur batteries ［J］. Electrochimica Acta, 2020, 334：135658.

［108］ Zhao M, Li B Q, Zhang X Q, et al. A perspective toward practical lithium-sulfur batteries ［J］. ACS Central Science, 2020, 6 (7)：1095-1104.

［109］ Wang W, Yue X, Meng J, et al. Lithium phosphorus oxynitride as an efficient protective layer on lithium metal anodes for advanced lithium-sulfur batteries ［J］. Energy Storage Materials, 2019, 18：414-422.

［110］ Ye Y, Wu F, Liu Y, et al. Toward practical high-energy batteries：A modular-assembled oval-like carbon microstructure for thick sulfur electrodes ［J］. Advanced Materials, 2017, 29 (48)：1700598.

［111］ Chung S H, Manthiram A. Designing lithium-sulfur batteries with high-loading cathodes at a lean electrolyte condition ［J］. ACS Applied Materials & Interfaces, 2018, 10 (50)：43749-43759.

［112］ Xue W, Shi Z, Suo L, et al. Intercalation-conversion hybrid cathodes enabling Li-S full-cell architectures with jointly superior gravimetric and volumetric energy densities ［J］. Nature Energy, 2019, 4 (5)：374-382.

［113］ Jia L, Wang J, Chen Z, et al., High areal capacity flexible sulfur cathode based on multi-functionalized super-aligned carbon nanotubes ［J］. Nano Research, 2019, 12 (5)：1105-1113.

［114］ Jiang Z, Guo H J, Zeng Z, et al. Reconfiguring organosulfur cathode by over-lithiation to enable ultrathick lithium metal anode toward practical lithium-sulfur batteries ［J］. ACS Nano, 2020, 14 (10)：13784-13793.

［115］ Jiang Z, Zeng Z, Hu W, et al. Diluted high concentration electrolyte with dual effects for practical lithium-sulfur batteries ［J］. Energy Storage Materials, 2021, 36：333-340.

［116］ Cheng H, Scott K. Carbon-supported manganese oxide nanocatalysts for rechargeable lithium-air batteries ［J］. Journal of Power Sources, 2010, 195 (5)：1370-1374.

［117］ Lu J, Li L, Park J B, et al. Aprotic and aqueous Li-O$_2$ batteries ［J］. Chemical Reviews, 2014, 114 (11)：5611-5640.

［118］ Chen W, Gong Y F, Liu J H. Recent advances in electrocatalysts for non-aqueous Li-O$_2$ batteries ［J］. Chinese Chemical Letters, 2017, 28 (4)：709-718.

［119］ Tang C, Titirici M M, Zhang Q. A review of nanocarbons in energy electrocatalysis：Multifunctional substrates and highly active sites ［J］. Journal of Energy Chemistry, 2017, 26 (6)：1077-1093.

［120］ Cheng H, Scott K. Carbon-supported manganese oxide nanocatalysts for rechargeable lithium-air batteries ［J］. Journal of Power Sources, 2010, 195 (5)：1370-1374.

[121] Xiao J, Wang D, Xu W, et al. Optimization of air electrode for Li/air batteries [J]. Journal of The Electrochemical Society, 2010, 157 (4): A487-A492.

[122] Lu Y C, Gasteiger H A, Crumlin E, et al. Electrocatalytic activity studies of select metal surfaces and implications in Li-air batteries [J]. Journal of The Electrochemical Society, 2010, 157 (9): A1016-A1025.

[123] Guo Z, Zhou D, Dong X L, et al. Ordered hierarchical mesoporous/macroporous carbon: A high-performance catalyst for rechargeable Li-O$_2$ batteries [J]. Advanced Materials, 2013, 25 (39): 5668-5672.

[124] Débart A, Paterson A J, Bao J, et al. α-MnO$_2$ nanowires: A catalyst for the O$_2$ electrode in rechargeable lithium batteries [J]. Angewandte Chemie International Edition, 2008, 47 (24): 4521-4524.

[125] Lu Y C, Xu Z, Gasteiger H A, et al. Platinum-gold nanoparticles: A highly active bifunctional electrocatalyst for rechargeable lithium-air batteries [J]. Journal of The American Chemical Society, 2010, 132 (35): 12170-12171.

[126] Walker W, Giordani V, Uddin J, et al. A rechargeable Li-O$_2$ battery using a lithium nitrate/N, N-dimethylacetamide electrolyte [J]. Journal of The American Chemical Society, 2013, 135 (6): 2076-2079.

[127] Veith G M, Nanda J, Delmau L H, et al. Influence of lithium salts on the discharge chemistry of Li-air cells [J]. Journal Of Physical Chemistry Letters, 2012, 3 (10): 1242-1247.

[128] Nasybulin E, Xu W, Engelhard M H, et al. Effects of electrolyte salts on the performance of Li-O$_2$ batteries [J]. Journal of Physical Chemistry C, 2013, 117 (6): 2635-2645.

[129] Zhang S S, Read J. Partially fluorinated solvent as a co-solvent for the non-aqueous electrolyte of Li/air battery [J]. Journal of Power Sources, 2011, 196 (5): 2867-2870.

[130] Gao X, Chen Y, Johnson L, et al. Promoting solution phase discharge in Li-O$_2$ batteries containing weakly solvating electrolyte solutions [J]. Nature Materials, 2016, 15 (8): 918.

[131] Chen Y, Freunberger S A, Peng Z, et al. Charging a Li-O$_2$ battery using a redox mediator [J]. Nature Chemistry, 2013, 5 (6): 489-494.

[132] Li Y, Wang X, Dong S, et al. Recent advances in non-aqueous electrolyte for rechargeable Li-O$_2$ batteries [J]. Advanced Energy Materials, 2016, 6 (18): 1600751.

[133] Jin L, Xu L, Morein C, et al. Titanium containing γ-MnO$_2$ (TM) hollow spheres: One-step synthesis and catalytic activities in Li/air batteries and oxidative chemical reactions [J]. Advanced Functional Materials, 2010, 20 (19): 3373-3382.

[134] Cao D, Zhang S, Yu F, et al. Carbon-free cathode materials for Li-O$_2$ batteries [J]. Batteries & Supercaps, 2019, 2 (5): 428-439.

[135] Zhu C, Du L, Luo J, et al. A renewable wood-derived cathode for Li-O$_2$ batteries [J]. Journal of Materials Chemistry A, 2018, 6 (29): 14291-14298.

284

[136] Yang W, Qian Z, Du C, et al. Hierarchical ordered macroporous/ultrathin mesoporous carbon architecture: A promising cathode scaffold with excellent rate performance for rechargeable Li-O$_2$ batteries [J]. Carbon, 2017, 118: 139-147.

[137] Zheng M B, Jiang J, Lin Z X, et al. Stable voltage cutoff cycle cathode with tunable and ordered porous structure for Li-O$_2$ batteries [J]. Small, 2018, 14 (47): 1803607.

[138] Shen J, Wu H, Sun W, et al. In-situ nitrogen-doped hierarchical porous hollow carbon spheres anchored with iridium nanoparticles as efficient cathode catalysts for reversible lithium-oxygen batteries [J]. Chemical Engineering Journal, 2018, 358: 340-350.

[139] Zhao W, Li X, Yin R, et al. Urchin-like NiO-NiCo$_2$O$_4$ heterostructure microsphere catalysts for enhanced rechargeable non-aqueous Li-O$_2$ batteries [J]. Nanoscale, 2018, 11 (1): 50-59.

[140] Feng L, Li Y, Sun L, et al. Heterostructure CoO-Co$_3$O$_4$ nanoparticles anchored on nitrogen-doped hollow carbon spheres as cathode catalysts for Li-O$_2$ batteries [J]. Nanoscale, 2019, 11 (31): 14769-14776.

[141] Bi R, Liu G, Zeng C, et al. 3D hollow α-MnO$_2$ framework as an efficient electrocatalyst for lithium-oxygen batteries [J]. Small, 2019, 15 (10): 1804958.

[142] Long J, Hou Z, Shu C, et al. Free-standing three-dimensional CuCo$_2$S$_4$ nanosheet array with high catalytic activity as an efficient oxygen electrode for lithium-oxygen batteries [J]. ACS Applied Materials & Interfaces, 2019, 11 (4): 3834-3842.

[143] Wang P, Li C, Dong S, et al. Hierarchical NiCo$_2$S$_4$@ NiO core-shell heterostructures as catalytic cathode for long-life Li-O$_2$ batteries [J]. Advanced Energy Materials, 2019, 9 (24): 1900788.

[144] Sadighi Z, Liu J, Zhao L, et al. Metallic MoS$_2$ nanosheets: multifunctional electrocatalyst for the ORR, OER and Li-O$_2$ batteries [J]. Nanoscale, 2018, 10 (47): 22549-22559.

[145] Liu C, Qiu Z, Brant W R, et al. A free standing Ru-TiC nanowire array/carbon textile cathode with enhanced stability for Li-O$_2$ batteries [J]. Journal of Materials Chemistry A, 2018, 6 (46): 23659-23668.

[146] Leng L, Li J, Zeng X, et al. Enhanced cyclability of LiO$_2$ batteries with cathodes of Ir and MnO$_2$ supported on welldefined TiN arrays [J]. Nanoscale, 2018, 10 (6): 2983-2989.

[147] Kim B G, Jo C, Shin J, et al. Ordered mesoporous titanium nitride as a promising carbon-free cathode for aprotic lithium-oxygen batteries [J]. ACS Nano, 2017, 11 (2): 1736-1746.

[148] Meng X, Liao K, Dai J, et al. Ultralong cycle life Li-O$_2$ battery enabled by a MOF-derived ruthenium-carbon composite catalyst with a durable regenerative surface [J]. ACS Applied Materials & Interfaces, 2019, 11 (22): 20091-20097.

[149] Liu T, Leskes M, Yu W, et al. Cycling Li-O$_2$ batteries via LiOH formation and decomposition [J]. Science, 2015, 350 (6260): 530-533.

[150] Asadi M, Sayahpour B, Abbasi P, et al. A lithium-oxygen battery with a long cycle life in

an air-like atmosphere [J]. Nature, 2018, 555 (7697): 502-506.

[151] Majidi L, Yasaei P, Warburton R E, et al. New class of electrocatalysts based on 2D transition metal dichalcogenides in ionic liquid [J]. Advanced Materials, 2019, 31 (4): 1804453.

[152] Hyun S, Son B, Kim H, et al. The synergistic effect of nickel cobalt sulfide nanoflakes and sulfur-doped porous carboneous nanostructure as bifunctional electrocatalyst for enhanced rechargeable $Li-O_2$ batteries [J]. Applied Catalysis B: Environmental, 2020, 263: 118283.

[153] Ottakam Thotiyl M M, Freunberger S A, Peng Z, et al. The carbon electrode in nonaqueous $Li-O_2$ cells [J]. Journal of The American Chemical Society, 2013, 135 (1): 494-500.

[154] Gallant B M, Mitchell R R, Kwabi D G, et al. Chemical and morphological changes of $Li-O_2$ battery electrodes upon cycling [J]. Journal of Physical Chemistry C, 2012, 116 (39): 20800-20805.

[155] Li F J, Zhang T, Zhou H S. Challenges of non-aqueous $Li-O_2$ batteries: Electrolytes, catalysts, and anodes [J]. Energy & Environmental Science, 2013, 6 (4): 1125-1141.

[156] Mitchell R R, Gallant B M, Thompson C V, et al. All-carbon-nanofiber electrodes for high-energy rechargeable $Li-O_2$ batteries [J]. Energy & Environmental Science, 2011, 4 (8): 2952-2958.

[157] Xiao J, Mei D, Li X, et al. Hierarchically porous graphene as a lithium-air battery electrode [J]. Nano Letters, 2011, 11 (11): 5071-5078.

[158] Lu Y C, Gasteiger H A, Parent M C, et al. The influence of catalysts on discharge and charge voltages of rechargeable Li-oxygen batteries [J]. Electrochemical and Solid-State Letters, 2010, 13 (6): A69-A72.

[159] Lu Y C, Xu Z, Gasteiger H A, et al. Platinum-gold nanoparticles: a highly active bifunctional electrocatalyst for rechargeable lithium-air batteries [J]. Journal of the American Chemical Society, 2010, 132 (35): 12170-12171.

[160] Lu Y C, Gasteiger H A, Shao-Horn Y. Catalytic activity trends of oxygen reduction reaction for nonaqueous Li-air batteries [J]. Journal of the American Chemical Society, 2011, 133 (47): 19048-19051.

[161] Jung H G, Jeong Y S, Park J B, et al. Ruthenium-based electrocatalysts supported on reduced graphene oxide for lithium-air batteries [J]. Acs Nano, 2013, 7 (4): 3532-3539.

[162] Débart A, Bao J, Armstrong G, et al. An O_2 cathode for rechargeable lithium batteries: The effect of a catalyst [J]. Journal of Power Sources, 2007, 174 (2): 1177-1182.

[163] Black R, Lee J H, Adams B, et al. The role of catalysts and peroxide oxidation in lithium-oxygen batteries [J]. Angewandte Chemie International Edition, 2013, 52 (1): 392-396.

[164] Xu J J, Xu D, Wang Z L, et al. Synthesis of perovskite-based porous $La_{0.75}Sr_{0.25}MnO_3$ nanotubes as a highly efficient electrocatalyst for rechargeable lithium-oxygen batteries [J]. Angewandte Chemie International Edition, 2013, 52 (14): 3887-3890.

[165] Shui J L, Karan N K, Balasubramanian M, et al. Fe/N/C composite in $Li-O_2$ battery:

studies of catalytic structure and activity toward oxygen evolution reaction [J]. Journal of The American Chemical Society, 2012, 134 (40): 16654-16661.

[166] McCloskey B D, Scheffler R, Speidel A, et al. On the efficacy of electrocatalysis in nonaqueous Li-O_2 batteries [J]. Journal of The American Chemical Society, 2011, 133 (45): 18038-18041.

[167] Girishkumar G, McCloskey B, Luntz A C, et al. Lithium-air battery: promise and challenges [J]. Journal of Physical Chemistry Letters, 2010, 1 (14): 2193-2203.

[168] Zhang T, Zhou H. A reversible long-life lithium-air battery in ambient air [J]. Nature Communications, 2013, 4 (1): 1-7.

[169] Lim H K, Lim H D, Park K Y, et al. Toward a lithium- "air" battery: the effect of CO_2 on the chemistry of a lithium-oxygen cell [J]. Journal of the American Chemical Society, 2013, 135 (26): 9733-9742.

[170] Zhang J G, Wang D, Xu W, et al. Ambient operation of Li/Air batteries [J]. Journal of Power Sources, 2010, 195 (13): 4332-4337.

[171] Crowther O, Keeny D, Moureau D M, et al. Electrolyte optimization for the primary lithium metal air battery using an oxygen selective membrane [J]. Journal of Power Sources, 2012, 202: 347-351.

[172] Zhang T, Zhou H. From Li-O_2 to Li-air batteries: carbon nanotubes/ionic liquid gels with a tricontinuous passage of electrons, ions, and oxygen [J]. Angewandte Chemie International Edition, 2012, 51 (44): 11062-11067.

[173] Hassoun J, Jung H G, Lee D J, et al. A metal-free, lithium-ion oxygen battery: a step forward to safety in lithium-air batteries [J]. Nano Letters, 2012, 12 (11): 5775-5779.

[174] Assary R S, Lu J, Du P, et al. The effect of oxygen crossover on the anode of a Li-O_2 battery using an ether-based solvent: insights from experimental and computational studies [J]. ChemSusChem, 2013, 6 (1): 51-55.

第6章

6

锂离子电池建模及应用

6.1 锂离子电池建模

锂离子电池工作过程中涉及电化学反应、质量传递、电荷传递以及热量传递等多个相互耦合的过程，具有强烈的非线性动态特性。锂离子电池电特性模型用于描述电池在工作过程中的电流、电压响应关系，可大致分为三类：电化学模型、等效电路模型和黑箱模型。其中，电化学模型复杂度最高，常应用于电池设计。等效电路模型复杂度和精确度较为均衡，在电池管理系统领域中应用最为广泛。黑箱模型计算效率高，但模型泛化能力较差，实际应用仍有一定局限性。

除了电特性以外，锂离子电池的热特性也一直受到广泛关注。温度是影响电池性能的关键因素：一方面，低温会导致电池内部扩散速度和反应速度降低，电池内阻增大，充放电功率降低；另一方面，过高的温度会引发/加速电池内部副反应，加快电池老化，甚至引发热失控。因此，对于锂离子电池的优化设计和管理，尤其是大容量锂离子电池，建立精准的电-热耦合模型是关键途径之一。

此外，电特性模型、电-热耦合模型中的参数会随着电池的老化而不断变化，导致基于新电池建立的模型预测性能降低。因此，为保证模型在电池全生命周期内的可靠性，需从使用寿命的角度出发，建立热、机械应力引起的电池老化模型，并以适当方式与电-热模型耦合，或者采用适当策略对老化相关的电、热参数实施在线调整。

6.1.1 电特性模型

锂离子电池电特性模型主要用于描述电池的内外电特性关系。在前已述及的三类电特性模型中，电化学模型从电池反应/传递耦合作用机理出发，利用控制方程进行电池行为描述。等效电路模型采用理想电路元件等效电池内部电化学过程的方式表征电池充放电特性。黑箱模型从外特性出发，基于充放电特性曲线，建立黑箱模型描述电流-电压动态关系。

1. 电化学模型

Newman 等[1]提出的伪二维（Pseudo Two Dimensional，P2D）模型是最为著名的锂离子电池电化学模型，也被称为 Doyle-Fuller-Newman 模型，如图 6-1 所示。P2D 模型采用偏微分方程描述固相和液相的质量守恒和电荷守恒，并采用 Butler-Volmer（B-V）方程来描述活性物质/电解液界面的电化学反应。相关方程可参考文献，此处不再赘述。

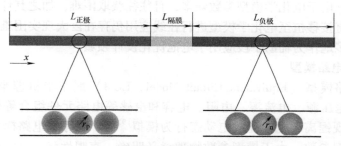

图 6-1　锂离子电池 P2D 模型示意图

考虑到相较于电池内活性物质和电解液，集流体电导率往往较高，P2D 模型假设电流在集流体内呈均匀分布。该假设有助于简化模型复杂度，但无法描述电极平面区域的非均匀特性。为解决这一问题，研究者提出了两条途径，并将传统 P2D 模型扩展至更高维度。一是采用多个 P2D 子模型，其中各 P2D 子模型并联在正、负集流体之间。该方法认为子模型之间没有质量传递，通过利用各 P2D 子模型的电流和电压与集流体的电荷守恒方程实现耦合[2]。二是将原始的控制方程扩展到三维，此时，离子和电子不仅可以在电极厚度方向上转移，还可以在电极平面方向转移[3]。虽然扩展 P2D 模型提高了计算复杂度，但为研究电极平面方向的电流密度分布和活性材料的非均匀利用提供了可能。基于该模型，可对电池设计参数（如极耳设计、电池尺寸等）的影响进行研究考察。此外，也可通过重建多孔电极微观结构，建立电池的介尺度电化学模型。

由于电化学模型复杂度高、求解时间长，为实现模型在线应用，研究者提出了多种简化策略。其中，以单颗粒（Single Particle，SP）模型研究最为广泛[4]。该模型假设固相电导率足够高，液相中的锂离子浓度均匀分布。此时，同一电极上的活性物质颗粒具有相同性质，电极的响应特性可采用单个活性物质颗粒描述。在 SP 模型中，根据所施加电流以及电极表面积可直接得到粒子表面电流密度，各电极上的电化学反应由 B-V 方程描述。电解液、集流体等组件的电压降采用集总欧姆内阻进行描述[5,6]。考虑电解液浓度具有非均匀性，尤其在大倍率下，液相浓度呈现显著分布，有研究者提出将液相质量守恒方程和电荷守恒方程重新加入控制方程，以提高 SP 模型在大倍率下的模型精度[7]。

为实现 P2D 模型的高效求解，各类数值计算方法先后被提出。其中，有限差分法应用最早，已在 Dualfoil 中实现[8]。此外，有限体积法和有限元法也得到了广泛关注。虽然这些数值方法的实现涉及数学、计算机等多个学科，但受益于商业计算软件的发展，ANSYS、COMSOL 等仿真软件已发展了相关的 P2D 模块，极大地方便了相关研究。对于 SP 模型，除了上述数值方法外，在某些特定操作条件下，可采用多项式近似法对固相扩散方程中的锂离子浓度进行分析求解。需要指出的是，由于电化学模型参数众多，且往往获取困难，加之其计算复杂度仍相对较高，直接移植至电化学模型进行在线应用仍存在巨大现实困难。因此，该类模型仍更多地作为辅助手段应用于电池优化设计领域。

2. 等效电路模型

等效电路模型（Equivalent Circuit Model，ECM）属于半机理半经验模型。该方法利用电压源、电流源、电阻、电容和电感等电路元件组合等效电池电化学特性，实现锂离子电池充放电动态行为模拟[9,10]。在等效电路模型中，电路元件即为模型参数。由于模型参数物理意义明确，直观性强，且能在系统级别上与控制算法结合，一直以来是电特性模型研究的热点。根据模型参数辨识来源不同，锂离子电池等效电路模型可分为频域等效电路模型和时域等效电路模型。

频域等效电路模型又称阻抗模型。该方法以电化学阻抗谱（Electrochemical Impedance Spectroscopy，EIS）为依据，通过图谱曲线特征分析，结合等效电路元件频率响应特性，建立模型谱特征与测量图谱特征相同的电特性模型[11,12]。频域等效电路模型在描述电池充放电特性时，往往需将频域模型转化为时域模型。为合理简化这一过程，研究者提出了两条途径：一是近似等效电路简化[13,14]，二是频率范围简化[15,16]。频域等效电路模型能精确模拟锂离子电池充放电动态行为，并深入描述温度、荷电状态（State of Charge，SOC）和电流等非线性因素对各电化学过程的影响。但该方法中，等效电路匹配过程复杂，且涉及大量频域-时域转化，计算时间较长。此外，参数检测过程中，需配备专用 EIS 设备，并且低频区测试受到测试时间和直流电流限制。因此，频域等效电路电池模型在实际应用中仍存在较大局限。

时域等效电路模型是基于锂离子电池充放电特性曲线构建的电特性模型。当出现负载时，锂离子电池充放电特性曲线可表示为图 6-2，电池压降呈现非线性变化[9]。其中，第一部分压降来自欧姆电阻，由电极材料、电解液、隔膜电阻及各部分零件接触电阻组成，与电池尺寸、结构、电极成型方式、隔膜材质和装配紧密度相关。该压降与电流同步产生。第二部分压降来自电池正负极在电化学反应进行中的极化，称为极化内阻。通常，电流密度越大，极化越严重。根据极化过程产生原因不同，可进一步分为电化学极化和浓差极化。电化学极化由电极-电解质界面层中电荷传递过程阻滞造成，浓差极化由锂离子扩散过程迟缓形成。与电荷转移过程相比，扩散过程时间常数通常高出几个数量级。极化内阻与活性物质性质、电极结构和电池制造工艺有关，同时受到温度、电流、循环次数等电池工作条件影响[17]。

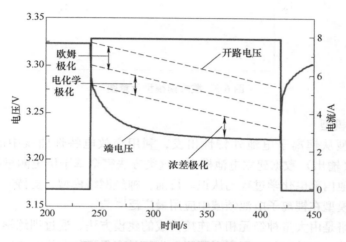

图 6-2　锂离子电池充放电特性曲线

　　时域等效电路模型通过采用适当的电路元件组合等效各压降产生的电化学过程后，即可实现充放电特性曲线模拟。目前，相关研究方向主要包括两方面：一是考察 RC 阶数对模型精度和模型复杂度的影响，进行最优模型结构选择；二是基于温度、迟滞效应、自放电、老化等因素与参数的关系，进行模型参数校正，扩大模型适用范围。戴维南模型是目前应用最为广泛的一类等效电路模型，如图 6-3 所示[10,18]。当存在负载时，模型中的 R_0 和 RC 网络可分别体现电池端电压变化的突变性和渐变性，从而一定程度上描述电池动态特性。在戴维南模型的基础上，为更精确地描述锂离子电池极化过程和动态响应行为，又发展了二阶 RC 模型、三阶 RC 模型及其他更高阶的 RC 模型[9,19,20]。大量研究结果表明，增加 RC 阶数能在一定程度上提高模型精度，但当 RC 阶数达到 2 阶后，模型精度提高已非常有限，但模型复杂度和计算时间显著增加。

　　时域等效电路模型作为一类发展较为成熟的电池模型，能以较小的计算代价实现锂离子电池充放电行为精确模拟，且经验依赖度较低，扩展性和可靠性较好，被认为最具在线应用潜力，但仍有诸多实际应用问题亟待解决。例如，如何同时满足在线应用中的精度要求和计算效率要求，如何解决电池不一致性和电池老化带来的模型参数失配问题，如何实现模型快速构建等。

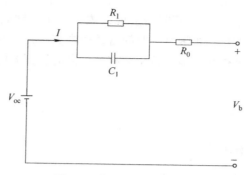

图6-3　戴维南模型示意图

3. 黑箱模型

黑箱模型从锂离子电池外特性出发，利用充放电特性曲线中的电流（输入）、电压（输出）数据建立电池模型。这类方法完全基于历史测量数据，并不依赖于对电池内部电化学过程的认识。目前，神经网络模型、支持向量机模型以及模糊逻辑模型在锂离子电池领域中应用最广泛[21-24]。

神经网络是由大量神经元相互连接构成的建模方法，通过训练学习，能实现数据自动归纳，有效进行时间序列预测。由于具有很强的非线性映射关系逼近能力，近年来，各类神经网络方法（传播神经网络、径向基神经网络、递归神经网络等）先后被应用于锂离子电池建模领域。在神经网络模型构建中，输入层、隐含层以及输出层的层数和节点选择对于模型性能至关重要。通常，输入层节点为电压和电流，也有研究提出加入温度和内阻；输出层节点为SOC或者电池容量。隐含层的层数及节点个数选取依赖于训练样本数量、样本噪声大小及数据复杂程度，通常采用交叉验证法进行确定。

支持向量机是通过非线性变换将输入空间映射到一个高维特征空间，得到输入变量和输出变量之间非线性关系的建模方法。该方法能根据电流、温度及SOC对端电压进行精确预测，所建健康状态模型在实际运行过程中的复杂工况下表现出良好性能。与传统神经网络相比，支持向量机引入了结构风险最小化原则，能有效提高模型泛化能力，减少训练时间，并适用于高维度非线性系统。但在惩罚项和核参数等模型参数选择中，通常存在较强主观性。

模糊逻辑是通过模仿人脑的不确定性概念判断和推理思维方式，运用无穷连续值的模糊集合研究模糊对象的一类建模方法。通过选择适当的模糊逻辑系统参数和规则，所建模型能精确描述电流、SOC与电压间的非线性动态关系，以及温度的影响。该方法实时性强，但参数权重值选择依赖于经验，无定性规则可供参考。对于实际运行过程中的复杂工况，模糊规则难以建立完备，因而在工程应用中存在困难。

近年来，随着各类机器学习技术的发展，黑箱模型被越来越多地应用于锂离子电池建模领域。这类模型能够避免考虑电池内部复杂的电化学过程，计算效率高，但该类模型无法对映射关系进行机理性解释，并且模型预测精度与训练集范围密切相关。当训练数据量不够多或者包含条件不充分时，所得模型泛化能力和预测精度会显著降低。由于电池实际应用场景中存在诸多不确定因素，训练数据难以全覆盖，因此，离实际应用仍有一段距离。

6.1.2　热特性模型

在锂离子电池工作过程中，电池内部的传递与反应现象总是伴随着热效应的发生，加之电池所处环境温度与散热条件不断变化，电池温度往往表现出波动性。电池温度的变化不仅会影响其内部反应与传递特征，也会影响电流、电压响应以及电池内部各类副反应速度，从而影响电池的老化进程。此外，温度往往是引发电池安全问题的重要因素。因此，针对锂离子电池，尤其是大容量锂离子电池开展热特性仿真十分必要。

Bernardi 等[25]最初针对 LiAl/FeS 电池，开展了内部产热机理研究，包括电池内化学反应焓变引起的热量变化，电解质溶液浓度相关的混合焓变引起的热量变化，电解质结晶相关的相变热引起的热量变化，电力做功引起的热量变化，以及运行过程中电池本身比热容改变对温度特性的影响。之后，该方法被引入到锂离子电池研究领域。在锂离子电池热特性建模过程中，考虑到其自身运行特性，通常可对电解质溶液的混合焓变，电解质结晶焓变，以及电池本身比热容的变化进行简化处理[26]，并最终将电池内部热源可归为可逆热、不可逆热两项[27]。这种简化后的电池热量守恒方程已被广泛应用于各类体系锂离子电池。

根据模型维度的不同，锂离子电池热特性模型可分为集总热模型，一维、二维以及三维热模型，其计算复杂度随着维度的升高而升高，所获取信息量也相应增加。集总热模型仅可获取电池在运行中的平均温度信息[28]，建立在沿电芯厚度方向上的一维热模型则可模拟电池中心到表面的温度分布信息，针对方形/软包电池所建的二维热模型则可获取电池极耳以及电极平面的温度分布信息[29,30]，针对圆柱形锂离子电池的二维热模型则可获取电池轴向切面的温度分布信息[31]，三维热模型则可以较为全面地反映电池各部分温度分布[32]。

电池热特性建模一直以来是电池管理系统领域与电池设计领域的研究热点。由于电池产热特性与电池所处工况息息相关，单纯的热特性模型往往难以对产热速率准确建模，导致模型泛化能力较差，因此，通常需要通过适当的方式与电特性模型结合，建立电-热耦合模型，以实现电池电、热特性的准确模拟。

6.1.3 多物理场耦合模型

1. 电-热耦合模型

为进一步提高锂离子电池的电特性、热特性仿真精度，以上述模型为基础，又发展了电-热耦合模型。如图 6-4 所示，在电-热耦合模型中，电特性模型用于仿真电池的电流电压响应特性，并将计算所得相关产热速率传递到热特性模型中；热特性模型依据电池的产热速率以及电池的散热条件，对电池温度信息进行仿真，并反馈到电特性模型中，更新温度相关的电特性模型参数。目前，电-热耦合模型主要包括两类：等效电路-热耦合模型和电化学-热耦合模型。在这两类模型中，等效电路模型和电化学模型均可扩展至高维度；热特性模型可依据应用需求采用集总热模型、一维热模型、二维热模型和三维热模型等形式。一般来说，随着维度的增加，模型精度会有所提高，但计算成本也会相应增加。因此，在实际应用中，需综合考虑模型精度和计算时间需求，对电特性模型维度、热特性模型维度以及电、热模型耦合策略进行选择。

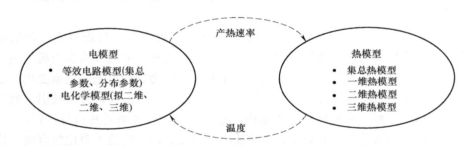

图 6-4　锂离子电池电-热耦合模型构建示意图

在等效电路-热耦合模型中，集总参数等效电路-热耦合模型因其计算效率高，被认为最具在线应用潜力[33]。为更好地描述锂离子电池的热分布特性，也有研究提出采用集总等效电路-三维热模型对电池电压响应和温度分布进行仿真[34]。此外，针对大容量锂离子电池电流、电压分布特性，有研究发展了二维等效电路-二维热耦合模型[35]和二维等效电路-三维热模型[36]，其中二维等效电路模型用于描述电极平面的电势和电流密度分布。

在 P2D 电化学-热耦合模型中，有研究提出了 P2D 电化学-集总热耦合模型，并试图将其进行在线应用。由于该模型数值求解耗时长，能否在线应用很大程度上取决于模型简化方法和求解算法[37,38]。P2D 电化学-热耦合模型中由于考虑了电极结构参数，可将操作参数与电池性能进行关联，用于电池设计。在辅助电池设计和优化时，为保证模型精度和可靠性，常采用高维度热特性模型描述电池温度分布特性，高维度电化学模型描述电极平面的电压、电流等分布特性[39]。

SP 电化学-集总热耦合模型是研究最广泛的 SP 电化学-热耦合模型。相较于 P2D 电化学-集总热耦合模型，该模型复杂度低，更具有在线应用潜力[40]。此外，也有部分研究建立了更高维度的 SP 电化学-热耦合模型，用于考察电池设计参数对性能的影响[41]。

2. 电-老化耦合模型

为准确模拟电池的长期运行特性，需将电池老化特性纳入考虑。电池老化原因通常十分复杂，例如，SEI 膜、活性物质分解、机械应力等均可引起老化。一些研究将副反应视为老化的主要来源，并将该过程与电特性模型进行耦合。例如，在 SP 电化学模型中耦合 SEI 膜生长机制，实现电池长期电特性仿真[42,43]；在 P2D 电化学模型基础上，耦合正极材料溶解等相关副反应和负极 SEI 膜生长机制，建立电池长期老化模型[44]。此外，也有研究提出，锂离子在活性物质中嵌入/脱出过程中的应力变化是造成电池老化的重要原因，通过建立锂离子电池电化学-应力耦合模型也可辅助分析机械应力对电池长期循环性能影响[45]。

3. 电-热-老化耦合模型

为更好地描述锂离子电池在全生命周期内的电、热特性，近年来发展了锂离子电池电-热-老化耦合模型[46]。其中，电特性模型多采用电化学模型，热特性模型采用集总热模型或一维热模型，老化模型包括副反应模型和应力模型。在求解过程中，除了集总参数等效电路-集总热耦合模型可进行离散求解，其他耦合模型几乎都包含复杂的偏微分方程，需采用有限差分、有限元和有限体积法等数值计算方法进行求解。由于电-热-老化耦合模型复杂度高，不仅在线应用困难，而且对于电池设计而言，计算成本也显得过高。因此，如何降低模型复杂度，开发有效的模型简化方法，还需要大量工作。

6.2　基于模型的电池设计

锂离子电池的设计参数优化对电池性能的提升具有重要意义。目前，最常用的方式是试错法，即在反复实验的基础上优化设计参数。该方法直观性强，但实验成本高，耗时长。近年来，随着电池仿真技术不断发展，基于电池模型和优化算法实施电池设计参数优化已成为另一有效途径。值得注意的是，为了满足不同的应用需求，锂离子电池的优化设计通常需要在不同的电池性能标准之间进行平衡，如能量密度、功率密度、使用寿命和安全性等。此外，为了满足不同的设计要求，需要根据设计规模，即电极、电芯和电池组，选择适当的电池模型。P2D 电化学模型通常可用于研究电极厚度和孔隙率对电池比能量和比功率的影响。三维电热耦合模型可用于研究极片尺寸、极耳尺寸和位置对电热一致性以及比能量

295

和比功率的影响。同时，耦合电池模型还可用于热管理系统的优化设计。基于模型的优化设计策略不仅可以提高电池的整体性能，还能极大地降低电池设计时间和成本。

6.2.1 电极尺度设计参数优化

一般来说，多孔电极尺度上的参数主要包含正、负极多孔电极的厚度和孔隙率，以及颗粒大小分布。多孔电极尺度参数优化通常基于 P2D 电化学模型进行。由于等效电路模型不考虑电极尺度参数，SP 电化学模型又忽略了电极厚度方向上的非均匀性，因此这两类模型在多孔电极设计参数优化中很少使用。根据电池性能提升要求的不同，电极尺度的优化参数主要包括电极厚度、电极孔隙率、电极正负容量比、颗粒尺寸等。

为最大限度地提高比能量或放电容量，很多研究在 P2D 电化学模型的基础上，通过优化电极厚度和孔隙率，最大化电池在特定应用场景下的比能量或放电容量[47,48]。也有研究借助于 P2D 电化学模型，研究孔隙率分布对提升电池性能的可行性[49]。在进行活性物质的粒径优化时，P2D 模型需要与应力模型或副反应模型进行耦合，否则由于减小粒径有利于降低固体扩散极化，优化算法将给出可选最小粒径。有研究采用 P2D 电化学-应力耦合模型，通过考虑锂在活性物质中嵌入、脱出的应力，并施加相应约束，以控制容量衰减速度[50]。也有研究采用 P2D 电化学-老化耦合模型，通过优化电极厚度、电极孔隙率和颗粒大小，同时最大化比能量和比功率，最小化容量损失[51]。此外，一些研究还尝试对电极微观结构进行设计[52]，但应用于工业化生产仍有相当的难度。对于大容量锂离子电池，还需要考虑电极尺度参数对电池热性能的影响。利用敏感性分析，可考察电极厚度、电极孔隙率和颗粒大小对电池电化学性能和热性能的影响[53]。

6.2.2 单体尺度设计参数优化

单体尺度的设计参数主要包括电极尺寸、叠片数量以及极耳的数目、大小和位置等。通常情况下，随着电池容量的增加，电池的电分布和热分布的不均匀性会越发显著，严重影响电池的充放电性能和使用寿命。因此，单体尺度的设计策略对于锂离子电池性能，特别是大容量锂离子电池至关重要。

一般来说，单体尺度的设计参数优化可采用二维或三维模型进行。基于等效电路-热耦合模型，可以研究电极尺寸、极耳位置、极耳尺寸等设计参数对集流体电势、电流密度和温度分布的影响[54-56]。基于电化学-热耦合模型，可研究电极尺寸、极耳尺寸和极耳位置等对电池电流密度、电压、温度、应力、老化分布特性的影响[57-60]。需要指出的是，在采用基于等效电路的耦合模型时，仅能对单体尺度设计参数进行优化；采用基于电化学的模型，理论上能够实现多尺度设计参数的同步优化，但相关研究还尚未见于公开文献中。

目前，单体尺度设计参数优化通常基于参数化研究实现，很少明确采用优化算法来进行设计优化。主要原因在于，针对电池单体建立的二维或三维耦合模型计算复杂度高，导致优化算法实施困难。此外，由于设计目标往往包含能量密度、使用寿命、均匀性和成本等多个性能指标，优化难度进一步加大。因此，对于这种复杂的多目标电池设计优化问题，还需开发更为高效的全局优化算法。

6.2.3　电池组尺度设计参数优化

一个电池组通常由几十块甚至上百块电池组成，这就使得电池组的热相关问题更加突出。为了保证电池安全运行、延长电池使用寿命，电池组的设计至关重要。在电池组的设计过程中，不仅要避免局部热量积累，还要提高单体电池之间的温度一致性。在电池组尺度设计优化上，通常需要同时优化单体电池布置和散热策略。一般情况下，采用简单的电热耦合模型，甚至经验模型来模拟单体电池的发热特性[61]。通过这种简单的热特性模型与计算流体力学仿真相结合，可对电池之间的间距、空气或液体的流动速度进行优化，提高温度分布的均匀性，降低最大温升。虽然这些简化的电池模型有助于降低计算复杂度，但其推广能力和优化电池组设计方案的有效性还需要进一步验证。

为提高设计优化结果的可靠性，有研究引入了更为精确的电池模型，以协助电池组尺度的优化设计，如电化学-热耦合模型[62]、等效电路-热耦合模型[63]等。此外，也有研究提出通过改变电池冷却模式，调整电池组内电池排列方式，为电池组的设计方案优化提供指导。

6.3　基于模型的电池管理

电池管理系统（Battery Management System，BMS）是所有涉及电池运行操作管理的统称。其功能设置取决于电池类型、电池规模以及应用环境。BMS 主要功能包括：电池参数检测、电池状态估计、充/放电管理、电池均衡、热管理、故障诊断、电池安全控制与报警、网络通信、信息存储和电磁兼容等。在诸多BMS 功能中，电池状态估计至关重要，是实现电池均衡、故障诊断、电池安全控制以及报警、充/放电控制等其他功能的关键参数，如图 6-5 所示。精准 SOC/健康状态（State of Health，SOH）/功率状态（State of Power，SOP）估计对于提升 BMS 整体性能，保障储能系统安全、高效、长期运行意义重大。

目前，BMS 行业处于硬件实现向软件功能完善的过渡期，BMS 产品大多只进行部分功能配置。通常，安全控制与报警、电池均衡、充/放电管理和故障诊

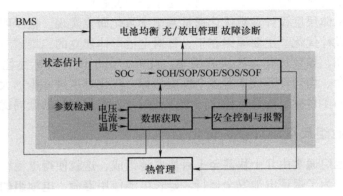

图 6-5　BMS 各功能实现间的关系

断等功能实施仅基于电压、电流、温度的检测信息，并非对参数检测信息和电池状态信息的综合考量。在具有电池状态估计功能的电池管理系统中，信息有效性和可靠性通常较低。可以预见，随着市场需求逐步细分，精细化电池管理要求会日趋迫切，BMS 开发将不局限于硬件实现能力，而会更多关注与电池状态估计等功能相关的软件能力。

6.3.1　SOC 估计

SOC 是表征电池剩余容量的指标，可定义为

$$SOC = \frac{C_{residual}}{C_{actual}} \tag{6-1}$$

式中，$C_{residual}$ 表示电池剩余容量，C_{actual} 表示电池实际容量，与温度、电池老化等因素有关。目前，SOC 估计方法主要包括安时积分法、开路电压法和基于模型的在线估计法三类，如图 6-6 所示。

安时积分法通过计算电池工作过程中的累积电量变化进行 SOC 估计[64,65]。该方法简单、直接且成本低，是目前工业应用最为广泛的一类方法。但安时积分法作为一个纯积分过程，难以消除初始 SOC 估计误差，且测量电流误差会在运行过程中不断产生累积，因此鲁棒性较差、精度较低。特别对于剧烈电流波动工况，误差更大。

开路电压（Open Circuit Voltage，OCV）法是基于 OCV-SOC 曲线进行 SOC 估计的一类方法[66]。为获得某个 SOC 条件下的开路电压，传统开路电压法通常需将电池搁置若干小时，无法适用于实际复杂工况下的实时 SOC 估计。为解决传统开路电压法中的长时间搁置问题，改进开路电压法被提出，通过建立端电压-开路电压关系，实施 SOC 估计[67,68]。由于该方法中开路电压的获取基于测量端

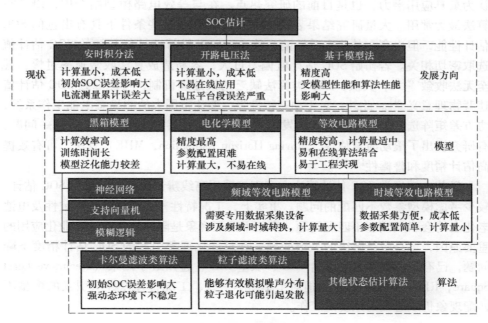

图 6-6　SOC 估计方法

电压进行，可有效满足在线估计需求。但在应用于磷酸铁锂电池时，电压平台段 SOC 估计误差往往较大。

模型类 SOC 估计法是指以包含 SOC 与可测参数关系的电池模型为基础，结合在线估计算法进行 SOC 估计的一类方法。在模型方面，主要包括机理模型、等效电路模型和数据驱动法；在状态估计算法方面，主要包括卡尔曼滤波类算法和粒子滤波类算法。在基于机理模型进行 SOC 估计方面，发展了伪二维模型与扩展卡尔曼滤波（Extended Kalman Filter, EKF）算法、粒子滤波算法、龙贝格观测器相结合的方式[69-71]，以及单颗粒模型与反步法相结合的方式[72]等。在基于等效电路模型进行 SOC 估计方面，Plett 最早系统研究了扩展卡尔曼滤波算法与一阶、二阶、迟滞一阶等效电路相结合的方法[73]。之后，无迹卡尔曼滤波、中心差分卡尔曼滤波、自适应扩展卡尔曼滤波、联合扩展卡尔曼滤波、双重扩展卡尔曼滤波等算法先后被应用[74,75]。此外，粒子滤波类算法，包括标准粒子滤波、重采样粒子滤波、扩展卡尔曼粒子滤波、无迹卡尔曼粒子滤波等也经常与等效电路模型结合，进行锂离子电池 SOC 估计[76-78]。数据驱动法将电池作为黑箱模型处理进行 SOC 估计，其中神经网络算法、支持向量机算法以及模糊逻辑算法最为常用。该方法效率高，但需要大量训练数据且泛化能力较为有限。

综合考量模型精度和计算代价，基于时域等效电路模型的 SOC 估计方法被认为最具应用潜力,也是目前的研究热点。在与等效电路模型结合中,EKF 类算法最为常用。大量研究结果表明,EKF 类算法在某些条件下具有出色的 SOC 估计性能,但也存在某些本质缺陷。首先,EKF 类算法性能与初始 SOC 估计值选取密切相关。若初始 SOC 估计值偏差过大,容易造成算法收敛速率过慢,甚至无法收敛[79,80];其次,EKF 类算法缺乏约束处理机制,可能导致 SOC 估计值违背物理意义[81]。此外,对于动态特性强、变化范围大的非稳态电池工作系统,协方差矩阵选择困难,算法容易发生不稳定现象,甚至失效。为解决这一问题,有研究提出了滚动时域估计(Moving Horizon Estimation,MHE)算法,可有效提高估计精度和鲁棒性[82,83]。

目前,模型类 SOC 估计算法大多直接采用离线辨识所得参数进行 SOC 估计,较少考虑模型参数不匹配的问题。事实上,工况特性差异、电池不一致性及电池老化会均会引发模型不匹配问题。模型不匹配现象是阻碍该类方法商业化应用的重要原因,也是亟待解决的关键问题。针对老化现象引起的 SOC 估计精度下降问题,已有研究提出采用联合 EKF、双重 EKF、递归最小二乘(Recursive Least Square,RLS)等解决方案,但对于单体不一致、工况特性差异所引发的模型不匹配现象仍缺乏较为系统的工作。

6.3.2　SOH 估计

SOH 是表征电池老化状态的指标。在进行 SOH 估计时,健康特征参数选取至关重要。健康特征参数主要包括内特征参数与外特征参数两大类。前者主要指电池内部的物理、化学参数,后者主要是指放电容量和内阻。

当采用内特征参数评价 SOH 时,需先选取可体现老化趋势的关键特征参数,例如,活性物质体积分数[84]、SEI 膜电阻[85]、液相电导率[86]等,再基于机理模型并进行参数辨识。虽然内特征参数可直接反映电池老化过程中内部相关物理、化学过程退化情况,但关键参数确认困难且计算时间较长,大多作为电池内部老化机理分析手段。

外特征参数主要是指充放电测试曲线、电池放电容量和电池内阻。其中,充放电测试曲线既可直接使用,也可作为进行电池放电容量、电池内阻辨识的测试数据。当直接提取放电测试数据特征时,可通过计算样本熵[87]、香农熵[88]、概率密度函数[89]、IC 曲线[90]等进行 SOH 评价。容量衰退和内阻增加是目前较为常用的两类 SOH 评价指标,特别是容量衰退指标,应用最为普遍。当采用电池放电容量作为健康特征参数时,SOH 可定义如下:

$$SOH = \frac{C_{max}}{C_{fresh}} \tag{6-2}$$

式中,C_{max} 表示当前电池最大放电容量,C_{fresh} 表示新鲜电池最大放电容量。该类

SOH 估计方法的关键在于当前放电容量估计和内阻估计，通常可采用以下三种方式：①基于频域等效电路模型，对欧姆内阻、电荷传递内阻和扩散阻抗等进行辨识，并结合状态估计算法，对 SOH 进行估计[91,92]；②基于时域等效电路模型，结合不同的状态估计算法进行 SOH 估计。例如，采用粒子滤波算法实施放电容量估计[93,94]，采用联合 EKF 算法[95]、双重 EKF 算法[96]实施 SOC/SOH 同步估计；③基于神经网络算法、支持向量机算法、模糊逻辑算法等数据驱动方法实施放电容量、电池内阻估计。

由于电池老化过程受到温度、充放电电流、充放电截止电压、充放电循环次数等多重耦合因素的影响，虽然已有大量研究，但很多机理仍尚不明确。如何解耦各影响因素对老化过程的影响，并将该影响进行定量化描述是当前的研究难点，也是今后的研究重点。

6.3.3　SOP 估计

SOP 是表征电池在未来一段时间内能承受的最大持续充放电功率的指标。在外部系统需要储能系统放电时，SOP 可告知系统电池能否满足功率需求；在外部系统需要储能系统接受电能时，SOP 可告知系统在不损坏电池的前提下所能够回收的最大功率[97]；此外，SOP 对于系统整体性能的最优匹配及控制策略优化也至关重要。但在现有 BMS 中，SOP 估计功能往往缺失。

目前，SOP 估计方法主要包括三类：查表法[98]、数据驱动法[99,100]和电池模型法[101-103]。其中，查表法简单直观，但是只适用于稳态电池，实用性较差。数据驱动法在估计 SOP 时将电池作为黑箱模型处理。模型的输出一般为电池 SOP 或 SOP 与其他电池状态参数的组合，输入为电压、电流和温度。常用数据驱动方法包括支持向量机、神经网络算法等。

电池模型法利用电池模型描述电压电流关系，通过计算特定时间段内的各时刻 SOC 值、电压值及功率值，并综合 SOC、电压、电流、功率条件约束，获得 SOP 值。该方法性能决定于电池模型和功率确定方法两个方面。在电池模型方面，Plett 首先提出将只包含内阻的等效电路模型应用于 SOP 估计[101]。之后，为提高估计精度，包含多个 RC 元件的等效电路模型被先后应用[104,105]。这些研究结果表明，相较于电化学模型，等效电路模型因计算效率较高，更适用于在线 SOP 估计。

在功率确定方法方面，主要包括单约束法[106,107]和多约束法[108-110]两类。单约束法只考虑单个设计参数约束，并将该约束下的功率值作为 SOP。该方法实施简单，但由于约束参数往往会随着操作区间和老化阶段的变化而变化，因此精度较低。多约束法是目前最常用的一类方法，其实施过程通常包括两步：先分别计算电压约束、电流约束和 SOC 约束下的电池功率，再结合功率约束值，选择其中的最小值作为 SOP 值。该方法在多数情况可有效进行 SOP 估计，但受制于电池的强非线性动态特性，SOP 可能并不在设计参数约束边界上，因此存在失效的可能性。为解决这一问题，优化算法因其天然具有同步处理多约束的能力，被提出用于 SOP 估计中[111]。

相较于 SOC 估计和 SOH 估计，SOP 估计研究一直相对较少，特别是在测试及验证方面，还缺乏较为系统的方法。此外，由于 SOP 估计精度受到 SOC 估计精度、SOH 估计精度、模型精度、温度、工况等诸多因素影响，如何实现精确、及时的 SOP 在线估计仍有巨大困难。

6.3.4 内部温度估计

在大多数现有的 BMS 中，电池的温度是由电池表面的传感器测量直接决定的。然而，在实际应用中，特别是在大电流等极端工作条件下，电池内部温度与表面温度可能存在巨大差异。这意味着即使表面温度处于允许区域，内部仍可能存在过热现象，导致副反应的发生。因此，为延长电池寿命，降低热失控风险，需对电池内部温度进行实时监测。

为获得电池内部温度，有研究者尝试在电池内部直接嵌入式热电偶或光纤传感器[112,113]。该方法虽然直观，但装配难度较大，且对电池性能具有一定的负面影响，实用性较低。另外，一些非侵入式的方法，如电化学阻抗谱也被提出[114]，但由于电化学阻抗谱测试程序复杂，设备昂贵，实际应用范围十分有限。近年来，基于模型的内部温度估计法开始得到关注。考虑到一维、二维和三维热模型计算复杂度高，难以满足在线应用需求，集总参数热模型被认为最适合用于电池内部温度估计。与一般集总参数热模型不同的是，用于内部温度估计的集总热模型需要能够描述电池内部与外表面的传热过程，所建立集总热模型往往包括电池内部和表面温度，因此也被称为双状态集总热模型[115]。也有部分研究采用等效热阻网络来描述电池内部的传热过程，基于此建立集总热模型用于内部温度估计[116]。

6.4 本章小结

随着锂离子电池应用场景的日益丰富和细化，如何实施精准电池建模并应用模型开展电池优化设计与管理已受到越来越多的关注。近年来，虽然相关研究已取得较多理论研究进展，但在进行实际应用时仍面临诸多问题。

在电池模型研究方面，相较于单独的电特性建模和热特性建模，多物理场耦合模型研究相对较少，且多针对新电池。为解决这一问题，一方面要从机理研究出发，深入挖掘电、热、老化间的耦合关系；另一方面，要从应用需求出发，围绕不同场景下的计算复杂度和精确度需求，发展合理有效的模型简化方法。此外，针对锂离子电池模型特性，发展高效精确的参数辨识方法也至关重要。

在基于模型的电池设计方面，现有研究通常采用不同模型对电极尺度、单体尺度以及电池包尺度上的设计参数实施单独优化。实际上，不同尺度设计参数对电池性能的影响往往相互耦合，只有对各尺度设计参数进行综合考量，才能使得电池性能达到最优。因此，需要发展不同尺度设计参数的协同优化策略，以提高优化设计结果的有效性；此外，由于电池设计参数众多，且性能评价指标复杂，如何发展合适的多目标优化方法，提高优化设计效率，仍待进一步研究。

在基于模型的电池管理方面，现有状态估计方法大多针对单体电池。但在实际使用中，由于电池不一致性及工作环境差异等问题，单体特性和实际成组特性并不完全相同。因此，在由单体状态估计向电池组状态估计拓展时，发展合理的模组简化模型和状态估计算法是未来重要的研究方向。同时，考虑到电池老化行为，如何提高状态估计算法在线校正能力，减少模型不匹配带来的性能恶化，仍有待进一步研究。

参 考 文 献

[1] Doyle M, Fuller T F, Newman J. Modeling of galvanostatic charge and discharge of the lithium/polymer/insertion cell [J]. Journal of The Electrochemical Society, 1993, 140 (6): 1526-1533.

[2] Rieger B, Erhard S V, Kosch S, et al. Multi-dimensional modeling of the influence of cell design on temperature, displacement and stress inhomogeneity in large-format lithium-ion cells [J]. Journal of The Electrochemical Society, 2016, 163 (14): A3099-A3110.

[3] Samba A, Omar N, Gualous H, et al. Impact of tab location on large format lithium-ion pouch cell based on fully coupled tree-dimensional electrochemical-thermal modeling [J]. Electrochimica Acta, 2014, 147: 319-329.

[4] Jokar A, Rajabloo B, Désilets M, et al. Review of simplified Pseudo-two-Dimensional models of lithium-ion batteries [J]. Journal of Power Sources, 2016, 327: 44-55.

[5] Santhanagopalan S, Guo Q, Ramadass P, et al. Review of models for predicting the cycling performance of lithium ion batteries [J]. Journal of Power Sources, 2006, 156 (2): 620-628.

[6] Zhang D, Popov B N, White R E. Modeling lithium intercalation of a single spinel particle under potentiodynamic control [J]. Journal of The Electrochemical Society, 2000, 147 (3): 831-838.

[7] Kemper P, Kum D. Extended single particle model of Li-ion batteries towards high current applications [C]//2013 IEEE Vehicle Power and Propulsion Conference (VPPC). IEEE, 2013: 158-163.

［8］ Fuller T F, Doyle M, Newman J. Simulation and optimization of the dual lithium ion insertion cell ［J］. Journal of The Electrochemical Society, 1994, 141（1）: 1-10.

［9］ Hu X, Li S, Peng H. A comparative study of equivalent circuit models for Li-ion batteries ［J］. Journal of Power Sources, 2012, 198: 359-367.

［10］ Liaw B Y, Nagasubramanian G, Jungst R G, et al. Modeling of lithium ion cells—A simple equivalent-circuit model approach ［J］. Solid State Ionics, 2004, 175（1）: 835-839.

［11］ Andre D, Meiler M, Steiner K, et al. Characterization of high-power lithium-ion batteries by electrochemical impedance spectroscopy. I. Experimental investigation ［J］. Journal of Power Sources, 2011, 196（12）: 5334-5341.

［12］ Dong T K, Kirchev A, Mattera F, et al. Dynamic modeling of Li-ion batteries using an equivalent electrical circuit ［J］. Journal of The Electrochemical Society, 2011, 158（3）: A326-A336.

［13］ Buller S, Thele M, De Doncker R W A A, et al. Impedance-based simulation models of supercapacitors and Li-ion batteries for power electronic applications ［J］. IEEE Transactions on Industry Applications, 2005, 41（3）: 742-747.

［14］ Fleischer C, Waag W, Heyn H-M, et al. On-line adaptive battery impedance parameter and state estimation considering physical principles in reduced order equivalent circuit battery models part 2. Parameter and state estimation ［J］. Journal of Power Sources, 2014, 262: 457-482.

［15］ Moss P L, Au G, Plichta E J, et al. An electrical circuit for modeling the dynamic response of Li-ion polymer batteries ［J］. Journal of The Electrochemical Society, 2008, 155（12）: A986-A994.

［16］ Dong T K, Kirchev A, Mattera F, et al. Dynamic modeling of Li-ion batteries using an equivalent electrical circuit ［J］. Journal of The Electrochemical Society, 2011, 158（3）: A326-A336.

［17］ Dong T K, Kirchev A, Mattera F, et al. Dynamic modeling of Li-ion batteries using an equivalent electrical circuit ［J］. Journal of The Electrochemical Society, 2011, 158（3）: A326-A336.

［18］ 魏增福, 董波, 刘新天, 等. 锂电池动态系统 Thevenin 模型研究 ［J］. 电源技术, 2016, 40（2）: 291-293, 415.

［19］ Dubarry M, Liaw B Y. Development of a universal modeling tool for rechargeable lithium batteries ［J］. Journal of Power Sources, 2007, 174（2）: 856-860.

［20］ Hu Y, Yurkovich S. Linear parameter varying battery model identification using subspace methods ［J］. Journal of Power Sources, 2011, 196（5）: 2913-2923.

［21］ Lipu M S H, Hannan M A, Hussain A, et al. Data-driven state of charge estimation of lithium-ion batteries: Algorithms, implementation factors, limitations and future trends ［J］. Journal of Cleaner Production, 2020, 277: 124110.

［22］ Xie S, Hu X, Qi S, et al. An artificial neural network-enhanced energy management strategy for plug-in hybrid electric vehicles [J]. Energy, 2018, 163: 837-848.

[23] Tian H, Wang X, Lu Z, et al. Adaptive fuzzy logic energy management strategy based on reasonable SOC reference curve for online control of plug-in hybrid electric city bus [J]. IEEE Transactions on Intelligent Transportation Systems, 2017, 19 (5): 1607-1617.

[24] Klass V, Behm M, Lindbergh G. Capturing lithium-ion battery dynamics with support vector machine-based battery model [J]. Journal of Power Sources, 2015, 298: 92-101.

[25] Bernardi D, Pawlikowski E, Newman J. A general energy balance for battery systems [J]. Journal of The Electrochemical Society, 1985, 132 (1): 5-12.

[26] Rao L, Newman J. Heat-generation rate and general energy balance for insertion battery systems [J]. Journal of The Electrochemical Society, 1997, 144 (8): 2697-2704.

[27] Gu W B, Wang C Y. Thermal-electrochemical modeling of battery systems [J]. Journal of The Electrochemical Society, 2000, 147 (8): 2910-2922.

[28] Hariharan K S. A coupled nonlinear equivalent circuit-Thermal model for lithium ion cells [J]. Journal of Power Sources, 2013, 227: 171-176.

[29] Kim U S, Yi J, Shin C B, et al. Modelling the thermal behaviour of a lithium-ion battery during charge [J]. Journal of Power Sources, 2011, 196 (11): 5115-5121.

[30] Samba A, Omar N, Gualous H, et al. Development of an advanced two-dimensional thermal model for large size lithium-ion pouch cells [J]. Electrochimica Acta, 2014, 117: 246-254.

[31] Jeon D H, Baek S M. Thermal modeling of cylindrical lithium ion battery during discharge cycle [J]. Energy Conversion and Management, 2011, 52 (8-9): 2973-2981.

[32] Chacko S, Chung Y M. Thermal modelling of Li-ion polymer battery for electric vehicle drive cycles [J]. Journal of Power Sources, 2012, 213: 296-303.

[33] Wang Q K, He Y J, Shen J N, et al. A unified modeling framework for lithium-ion batteries: An artificial neural network based thermal coupled equivalent circuit model approach [J]. Energy, 2017, 138: 118-132.

[34] Du S, Jia M, Cheng Y, et al. Study on the thermal behaviors of power lithium iron phosphate (LFP) aluminum-laminated battery with different tab configurations [J]. International Journal of Thermal Sciences, 2015, 89: 327-336.

[35] Kwon K H, Shin C B, Kang T H, et al. A two-dimensional modeling of a lithium-polymer battery [J]. Journal of Power Sources, 2006, 163 (1): 151-157.

[36] Goutam S, Nikolian A, Jaguemont J, et al. Three-dimensional electro-thermal model of Li-ion pouch cell: Analysis and comparison of cell design factors and model assumptions [J]. Applied Thermal Engineering, 2017, 126: 796-808.

[37] Bizeray A M, Zhao S, Duncan S R, et al. Lithium-ion battery thermal-electrochemical model-based state estimation using orthogonal collocation and a modified extended Kalman filter [J]. Journal of Power Sources, 2015, 296: 400-412.

[38] Northrop P W C, Ramadesigan V, De S, et al. Coordinate transformation, orthogonal collocation, model reformulation and simulation of electrochemical-thermal behavior of lithium-ion

battery stacks [J]. Journal of The Electrochemical Society, 2011, 158 (12): A1461-A1477.

[39] Ghalkhani M, Bahiraei F, Nazri G A, et al. Electrochemical-thermal model of pouch-type lithium-ion batteries [J]. Electrochimica Acta, 2017, 247: 569-587.

[40] Guo M, Sikha G, White R E. Single-particle model for a lithium-ion cell: Thermal behavior [J]. Journal of The Electrochemical Society, 2010, 158 (2): A122-A132.

[41] Darcovich K, MacNeil D D, Recoskie S, et al. Coupled electrochemical and thermal battery models for thermal management of prismatic automotive cells [J]. Applied Thermal Engineering, 2018, 133: 566-575.

[42] Safari M, Morcrette M, Teyssot A, et al. Multimodal physics-based aging model for life prediction of Li-ion batteries [J]. Journal of The Electrochemical Society, 2008, 156 (3): A145-A153.

[43] Pinson M B, Bazant M Z. Theory of SEI formation in rechargeable batteries: capacity fade, accelerated aging and lifetime prediction [J]. Journal of The Electrochemical Society, 2012, 160 (2): A243-A250.

[44] Lin X, Park J, Liu L, et al. A comprehensive capacity fade model and analysis for Li-ion batteries [J]. Journal of The Electrochemical Society, 2013, 160 (10): A1701-A1710.

[45] Laresgoiti I, Käbitz S, Ecker M, et al. Modeling mechanical degradation in lithium ion batteries during cycling: Solid electrolyte interphase fracture [J]. Journal of Power Sources, 2015, 300: 112-122.

[46] Xie Y, Li J, Yuan C. Multiphysics modeling of lithium ion battery capacity fading process with solid-electrolyte interphase growth by elementary reaction kinetics [J]. Journal of Power Sources, 2014, 248: 172-179.

[47] Srinivasan V, Newman J. Design and optimization of a natural graphite/iron phosphate lithium-ion cell [J]. Journal of The Electrochemical Society, 2004, 151 (10): A1530-A1538.

[48] Appiah W A, Park J, Song S, et al. Design optimization of $LiNi_{0.6}Co_{0.2}Mn_{0.2}O_2$/graphite lithium-ion cells based on simulation and experimental data [J]. Journal of Power Sources, 2016, 319: 147-158.

[49] Dai Y, Srinivasan V. On graded electrode porosity as a design tool for improving the energy density of batteries [J]. Journal of The Electrochemical Society, 2015, 163 (3): A406-A416.

[50] Golmon S, Maute K, Dunn M L. A design optimization methodology for Li^+ batteries [J]. Journal of Power Sources, 2014, 253: 239-250.

[51] Liu C, Liu L. Optimal design of Li-ion batteries through multi-physics modeling and multi-objective optimization [J]. Journal of The Electrochemical Society, 2017, 164 (11): E3254-E3264.

[52] Cobb C L, Blanco M. Modeling mass and density distribution effects on the performance of co-extruded electrodes for high energy density lithium-ion batteries [J]. Journal of Power

Sources, 2014, 249: 357-366.

[53] Zhao R, Liu J, Gu J. The effects of electrode thickness on the electrochemical and thermal characteristics of lithium ion battery [J]. Applied Energy, 2015, 139: 220-229.

[54] Wu B, Li Z, Zhang J B. Thermal design optimization of laminated lithium ion battery based on the analytical solution of planar temperature distribution [J]. Scientia Sinica Technologica, 2014, 44 (11): 1154-1172.

[55] Kim U S, Shin C B, Kim C S. Effect of electrode configuration on the thermal behavior of a lithium-polymer battery [J]. Journal of Power Sources, 2008, 180 (2): 909-916.

[56] Kosch S, Rheinfeld A, Erhard S V, et al. An extended polarization model to study the influence of current collector geometry of large-format lithium-ion pouch cells [J]. Journal of Power Sources, 2017, 342: 666-676.

[57] Rieger B, Erhard S V, Kosch S, et al. Multi-dimensional modeling of the influence of cell design on temperature, displacement and stress inhomogeneity in large-format lithium-ion cells [J]. Journal of The Electrochemical Society, 2016, 163 (14): A3099.

[58] Mei W, Chen H, Sun J, et al. Numerical study on tab dimension optimization of lithium-ion battery from the thermal safety perspective [J]. Applied Thermal Engineering, 2018, 142: 148-165.

[59] Zhang X, Chang X, Shen Y, et al. Electrochemical-electrical-thermal modeling of a pouch-type lithium ion battery: An application to optimize temperature distribution [J]. Journal of Energy Storage, 2017, 11: 249-257.

[60] Samba A, Omar N, Gualous H, et al. Impact of tab location on large format lithium-ion pouch cell based on fully coupled tree-dimensional electrochemical-thermal modeling [J]. Electrochimica Acta, 2014, 147: 319-329.

[61] Chen D, Jiang J, Li X, et al. Modeling of a pouch lithium ion battery using a distributed parameter equivalent circuit for internal non-uniformity analysis [J]. Energies, 2016, 9 (11): 865.

[62] Tong W, Somasundaram K, Birgersson E, et al. Numerical investigation of water cooling for a lithium-ion bipolar battery pack [J]. International Journal of Thermal Sciences, 2015, 94: 259-269.

[63] Sun H, Dixon R. Development of cooling strategy for an air cooled lithium-ion battery pack [J]. Journal of Power Sources, 2014, 272: 404-414.

[64] Ng K S, Moo C S, Chen Y P, et al. Enhanced coulomb counting method for estimating state-of-charge and state-of-health of lithium-ion batteries [J]. Applied Energy, 2009, 86 (9): 1506-1511.

[65] Aylor J H, Thieme A, Johnso B. A battery state-of-charge indicator for electric wheelchairs [J]. IEEE transactions on industrial electronics, 1992, 39 (5): 398-409.

[66] Xing Y, He W, Pecht M, et al. State of charge estimation of lithium-ion batteries using the open-circuit voltage at various ambient temperatures [J]. Applied Energy, 2014, 113: 106-115.

［67］ Lee S J，Kim J H，Lee J M，et al. The state and parameter estimation of an Li-ion battery using a new OCV-SOC concept ［C］. 2007 IEEE Power Electronics Specialists Conference，2007：2799-2803.

［68］ 徐欣歌，杨松，李艳芳，等. 一种基于预测开路电压的 SOC 估算方法 ［J］. 电子设计工程，2011，19（14）：127-129.

［69］ Bizeray A M，Zhao S，Duncan S R，et al. Lithium-ion battery thermal-electrochemical model-based state estimation using orthogonal collocation and a modified extended Kalman filter ［J］. Journal of Power Sources，2015，296：400-412.

［70］ Tulsyan A，Tsai Y，Gopaluni R B，et al. State-of-charge estimation in lithium-ion batteries：A particle filter approach ［J］. Journal of Power Sources，2016，331：208-223.

［71］ Han X，Ouyang M，Lu L，et al. Simplification of physics-based electrochemical model for lithium ion battery on electric vehicle. Part II：Pseudo-two-dimensional model simplification and state of charge estimation ［J］. Journal of Power Sources，2015，278：814-825.

［72］ Moura S J，Chaturvedi N A，Krstic M. PDE estimation techniques for advanced battery management systems-Part I：SOC estimation ［C］. 2012 American Control Conference（Acc），2012：559-565.

［73］ Plett G L. Extended Kalman filtering for battery management systems of LiPB-based HEV battery packs-Part 1. Background ［J］. Journal of Power Sources，2004，134（2）：252-261.

［74］ Ramadan H S，Becherif M，Claude F. Extended kalman filter for accurate state of charge estimation of lithium-based batteries：a comparative analysis ［J］. International Journal of Hydrogen Energy，2017；42（48）：29033-29046.

［75］ He H，Xiong R，Zhang X，et al. State-of-charge estimation of the lithium-ion battery using an adaptive extended Kalman filter based on an improved Thevenin model ［J］. IEEE Transactions on Vehicular Technology，2011，60（4）：1461-1469.

［76］ Zheng L，Zhu J，Wang G，et al. Differential voltage analysis based state of charge estimation methods for lithium-ion batteries using extended Kalman filter and particle filter ［J］. Energy，2018，158：1028-1037.

［77］ Ye M，Guo H，Xiong R，et al. A double-scale and adaptive particle filter-based online parameter and state of charge estimation method for lithium-ion batteries ［J］. Energy，2018，144：789-799.

［78］ Walker E，Rayman S，White R E. Comparison of a particle filter and other state estimation methods for prognostics of lithium-ion batteries ［J］. Journal of Power Sources，2015，287：1-12.

［79］ Yang F，Xing Y，Wang D，et al. A comparative study of three model-based algorithms for estimating state-of-charge of lithium-ion batteries under a new combined dynamic loading profile ［J］. Applied Energy，2016，164：387-399.

［80］ He W，Williard N，Chen C，et al. State of charge estimation for electric vehicle batteries using unscented kalman filtering ［J］. Microelectronics Reliability，2013，53（6）：840-847.

[81] He H, Qin H, Sun X, et al. Comparison study on the battery SoC estimation with EKF and UKF algorithms [J]. Energies, 2013, 6 (10): 5088-5100.

[82] Shen J N, He Y J, Ma Z F, et al. Online state of charge estimation of lithium-ion batteries: A moving horizon estimation approach [J]. Chemical Engineering Science, 2016, 154: 42-53.

[83] Shen J N, Shen J J, He Y J, et al. Accurate state of charge estimation with model mismatch for Li-ion batteries: a joint moving horizon estimation approach [J]. IEEE Transactions on Power Electronics, 2018, 34 (5): 4329-4342.

[84] Han X B, Ouyang M G, Lu L G, et al. A comparative study of commercial lithium ion battery cycle life in electrical vehicle: Aging mechanism identification [J]. Journal of Power Sources, 2014, 251: 38-54.

[85] Fu R J, Choe S Y, Agubra V, et al. Modeling of degradation effects considering side reactions for a pouch type Li-ion polymer battery with carbon anode [J]. Journal of Power Sources, 2014, 261: 120-135.

[86] Schmidt A P, Bitzer M, Imre A W, et al. Model-based distinction and quantification of capacity loss and rate capability fade in Li-ion batteries [J]. Journal of Power Sources, 2010, 195 (22): 7634-7638.

[87] Hu X S, Li S E, Jia Z Z, et al. Enhanced sample entropy-based health management of Li-ion battery for electrified vehicles [J]. Energy, 2014, 64: 953-960.

[88] Zheng Y J, Han X B, Lu L G, et al. Lithium ion battery pack power fade fault identification based on Shannon entropy in electric vehicles [J]. Journal of Power Sources, 2013, 223: 136-146.

[89] Saha B, Goebel K, Poll S, et al. Prognostics Methods for Battery Health Monitoring Using a Bayesian Framework [J]. IEEE Transactions on Instrumentation and Measurement, 2009, 58 (2): 291-296.

[90] 姜久春, 马泽宇, 李雪, 等. 基于开路电压特性的动力电池健康状态诊断与估计 [J]. 北京交通大学学报, 2016, 40 (4): 92-98.

[91] Buschel P, Troltzsch U, Kanoun O. Use of stochastic methods for robust parameter extraction from impedance spectra [J]. Electrochimica Acta, 2011, 56 (23): 8069-8077.

[92] Eddahech A, Briat O, Bertrand N, et al. Behavior and state-of-health monitoring of Li-ion batteries using impedance spectroscopy and recurrent neural networks [J]. International Journal of Electrical Power & Energy Systems, 2012, 42 (1): 487-494.

[93] 张金, 高安同, 韩裕生, 等. 一种基于粒子滤波的锂离子电池健康预测算法 [J]. 电源技术, 2015, 39 (7): 1377-1380.

[94] Miao Q, Xie L, Cui H, et al. Remaining useful life prediction of lithium-ion battery with unscented particle filter technique [J]. Microelectronics Reliability, 2013, 53 (6): 805-810.

[95] Hu C, Youn B D, Chung J. A multiscale framework with extended Kalman filter for lithium-ion battery SOC and capacity estimation [J]. Applied Energy, 2012, 92: 694-704.

309

［96］ Lee S, Kim J, Lee J, et al. State-of-charge and capacity estimation of lithium-ion battery u-sing a new open-circuit voltage versus state-of-charge ［J］. Journal of Power Sources, 2008, 185 (2): 1367-1373.

［97］ Lai X, He L, Wang S, et al. Co-estimation of state of charge and state of power for lithium-ion batteries based on fractional variable-order model ［J］. Journal of Cleaner Production, 2020, 255: 120203.

［98］ Belt J R, Jorgensen S W. INL/EXT-12-27620: Battery test manual for low-energy storage system for power-assist hybrid electric vehicles ［S］. Idaho National Laboratory: US DoE, 2013.

［99］ Zheng F, Jiang J, Sun B, et al. Temperature dependent power capability estimation of lithi-um-ion batteries for hybrid electric vehicles ［J］. Energy, 2016, 113: 64-75.

［100］ Hussein A A. Adaptive artificial neural network-based models for instantaneous power estima-tion enhancement in electric vehicles' Li-ion batteries ［J］. IEEE Transactions on Industry Applications, 2018, 55 (1): 840-849.

［101］ Plett G L. High-performance battery-pack power estimation using a dynamic cell model ［J］. IEEE Transactions on Vehicular Technology, 2004, 53 (5): 1586-1593.

［102］ Pei L, Zhu C, Wang T, et al. Online peak power prediction based on a parameter and state estimator for lithium-ion batteries in electric vehicles ［J］. Energy, 2014, 66: 766-778.

［103］ Mohan S, Kim Y, Stefanopoulou A G. Estimating the power capability of Li-ion batteries u-sing informationally partitioned estimators ［J］. IEEE Transactions on Control Systems Tech-nology, 2015, 24 (5): 1643-1654.

［104］ Sun F, Xiong R, He H, et al. Model-based dynamic multi-parameter method for peak power estimation of lithium-ion batteries ［J］. Applied Energy, 2012, 96: 378-386.

［105］ Farmann A, Sauer D U. Comparative study of reduced order equivalent circuit models for on-board state-of-available-power prediction of lithium-ion batteries in electric vehicles ［J］. Applied Energy, 2018, 225: 1102-1122.

［106］ Sun F, Xiong R, He H, et al. Model-based dynamic multi-parameter method for peak power estimation of lithium-ion batteries ［J］. Applied Energy, 2012, 96: 378-386.

［107］ Wik T, Fridholm B, Kuusisto H. Implementation and robustness of an analytically based battery state of power ［J］. Journal of Power Sources, 2015, 287: 448-457.

［108］ Wang Y, Pan R, Liu C, et al. Power capability evaluation for lithium iron phosphate bat-teries based on multi-parameter constraints estimation ［J］. Journal of Power Sources, 2018, 374: 12-23.

［109］ Hu X, Xiong R, Egardt B. Model-based dynamic power assessment of lithium-ion batteries considering different operating conditions ［J］. IEEE Transactions on Industrial Informatics, 2013, 10 (3): 1948-1959.

［110］ Waag W, Fleischer C, Sauer D U. Adaptive on-line prediction of the available power of lithium-ion batteries ［J］. Journal of Power Sources, 2013, 242: 548-559.

[111]　Lu J, Chen Z, Yang Y, et al. Online estimation of state of power for lithium-ion batteries in electric vehicles using genetic algorithm [J]. IEEE Access, 2018, 6: 20868-20880.

[112]　Nascimento M, Ferreira M S, Pinto J L. Real time thermal monitoring of lithium batteries with fiber sensors and thermocouples: A comparative study [J]. Measurement, 2017, 111: 260-263.

[113]　Raijmakers L H J, Danilov D L, Eichel R A, et al. A review on various temperature-indication methods for Li-ion batteries [J]. Applied Energy, 2019, 240: 918-945.

[114]　Srinivasan R, Carkhuff B G, Butler M H, et al. Instantaneous measurement of the internal temperature in lithium-ion rechargeable cells [J]. Electrochimica Acta, 2011, 56 (17): 6198-6204.

[115]　Lin X, Perez H E, Siegel J B, et al. Online parameterization of lumped thermal dynamics in cylindrical lithium ion batteries for core temperature estimation and health monitoring [J]. IEEE Transactions on Control Systems Technology, 2012, 21 (5): 1745-1755.

[116]　Dai H, Zhu L, Zhu J, et al. Adaptive Kalman filtering based internal temperature estimation with an equivalent electrical network thermal model for hard-cased batteries [J]. Journal of Power Sources, 2015, 293: 351-365.

储能中最常用的锂离子电池包括磷酸铁锂电池、钛酸锂电池和三元电池三类，表7-1对这三类电池的关键技术指标进行了总结与对比。

表7-1 储能用锂离子电池性能对比

电池类型	三元电池	钛酸锂电池	磷酸铁锂电池
	Li（NiCoMn）$_{1/3}$O$_2$/C	Li（NiCoMn）$_{1/3}$O$_2$/Li$_4$Ti$_5$O$_{12}$	LiFePO$_4$/C
电压/V	3.6	2.3	3.2
电池能量密度/（Wh/kg）	200~300	70~100	120~180
电池价格/（元/Wh）	0.8~1.5	3.0~4.0	0.5~1.0
循环寿命/次	1000~3000	10000~20000	5000~8000
适用温度/℃	-20~45	-40~55	-10~60
安全性能	较好	好	好

三元电池的核心材料是层状镍钴锰复合材料正极，其中镍、钴、锰三种过渡金属元素的比例有多种搭配选择的可能，可以通过改变元素的比例调节电池性能参数。三元电池目前广泛用于传统3C电子产品、电动工具、电动汽车等，也是未来电动汽车的主流发展方向，能量密度高是其突出优点。在储能领域，三元电池的低温性能较好，储能系统占地面积小，但其在高温特性与循环稳定性方面有待改进。

钛酸锂电池采用"零应变"、高放电电位的钛酸锂负极材料，拥有10000~20000次的超长循环寿命，同时在安全性能、低温性能和功率特性方面均有较好的表现，主要应用于电动汽车和储能领域。钛酸锂电池的缺点主要是成本高且能量密度偏低，其在储能中的应用可针对电池特点，适配特定的应用场景，例如高寒环境下的辅助调频服务等。

磷酸铁锂晶体中的 P-O 键稳固，不易分解，即便在高温或过充时也不会发生结构崩塌、发热或是形成强氧化性物质，良好的安全性对其在储能系统中的应用具有重要意义。此外，磷酸铁锂电池的循环寿命较长，成本也较低，目前已在可再生能源并网、火电厂储能联合、电网侧储能电站等领域实现了工程应用。考虑核心技术经济指标，在各类储能电池中磷酸铁锂电池综合性能最好，是电力储能领域应重点关注的电池体系。

7.2　展望

未来电力储能的发展趋势将是以磷酸铁锂电池为主的体系，从电池本体、系统集成、储能应用等方面进一步优化其性能，同时促进动力型电池向储能专用型磷酸铁锂电池的技术转变。建议储能电池的技术发展方向考虑以下几部分：

1. 改进关键材料和电池本体性能

为更好地适应储能需求，电池本体性能应向着长寿命化、高安全化、低成本化发展。从基础研究的角度深入分析电池的失效机理，对电极、电解液、SEI 膜等影响寿命的核心材料进行改性，同时结合储能场景下的运行模式与外部环境因素，延长电池的循环与日历寿命。储能系统包含海量的电池单体，电池安全性能优化是储能技术发展的重点方向之一，需针对热失控过程及影响热失控的关键因素，发展提升电池本征安全特性的技术（例如，研制耐高温隔膜和固体电解质材料、引入电解液添加剂等），有效避免极端滥用条件下的热失控。目前锂离子电池已通过大规模产业化实现了成本的降低，未来可通过电芯结构设计、开发高比能正负极材料等技术手段，进一步降低储能电池成本。

2. 优化储能电池系统

电池系统优化包括电池精细化管理和系统高效集成两方面。电池精细化管理应着力发展电池管理系统（BMS）技术，具体包括：实时传感技术，在线精确测量并传输电池电压、电流、温度、阻抗等关键参数信息；状态估计方法，通过各类电、热模型和基于海量样本的神经网络状态估计算法等，对电池状态进行准确评估；热管理技术，启动加热/冷却处理，优化限额降功率处理以及故障报警、温度保护处理等；均衡策略，深入研究电池主动、被动均衡策略；安全管理，发展故障预警、安全保护、消防联动技术；智能运维，运用云计算、大数据处理等技术实现电池系统合理高效运维。系统高效集成可从模块与集装箱两个层面开展，通过模块结构设计、集装箱标准化与可移动设计，同时配合全尺寸热仿真技术，提高系统集成效率。

3. 完善测试技术与评价标准

针对储能电池材料与器件的表征分析需求，建议开发融合不同基础学科、面向工程应用的高精度测试分析技术，以现有测试技术为基础，探索新的检测与分析方法。目前大多数测试都为离线状态下操作，可以发展在线测试以及准原位/原位分析检测技术，同时运用多尺度仿真、人工智能、大数据分析等手段，辅助理化测试技术，开展储能电池全寿命周期关键特征参数的在线检测技术。建议全面分析现有锂离子电池储能标准体系架构，结合电力储能标准现状，研究储能电池标准的适用性与局限性，完善标准体系，伴随着储能技术的不断进步，逐步发展与电化学储能相关的基础通用、规划设计、设备试验、施工验收、并网检测和运行维护各类标准。

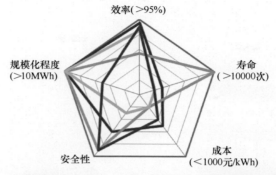

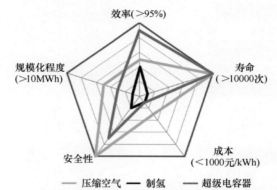

——储能期望值——锂离子电池——液流电池——钠硫电池——铅炭电池

——压缩空气——制氢——超级电容器

图 1-18 储能技术现状雷达图

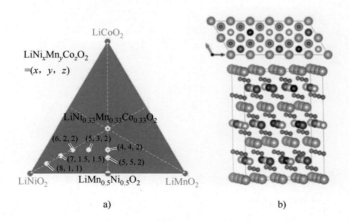

a)   b)

图   4-4

a）层状三元材料 $LiNi_xMn_yCo_zO_2$（NCM）的组合相图

b）$LiNi_{0.5}Mn_{0.3}Co_{0.2}O_2$ 晶体结构的俯视图和侧视图，绿色代表 Li，

红色代表 O，银色代表 Ni，紫色代表 Mn，蓝色代表 Co[7]

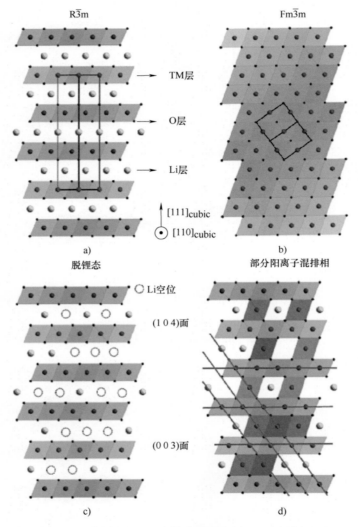

図 4-5 层状 LiMO₂ 材料有序相和无序相以及结构转变示意图

（黄色代表锂，红色代表过渡金属，深蓝色代表氧）[8]

a）R3̄m 有序结构　b）Fm3̄m 阳离子无序或阳离子混排结构

c）具有锂空位的高充电态 R3̄m 结构　d）部分阳离子混排相

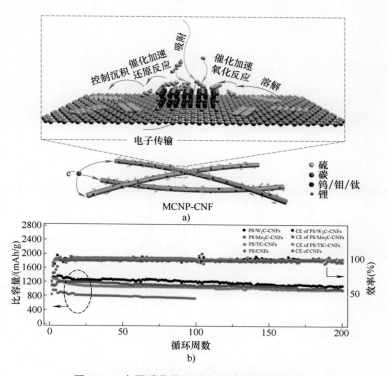

图 5-11 金属碳化物作为锂硫电池硫宿主材料

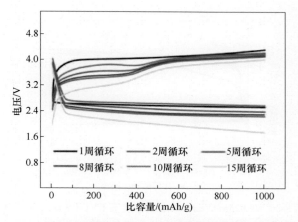

图 5-32 锂化硅-碳复合材料作负极的锂空气电池循环性能

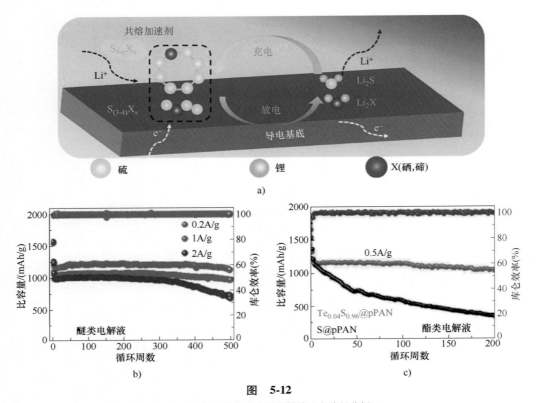

图　5-12

a）Se 或 Te 掺杂硫化聚丙烯腈反应路径分析

b）Se 掺杂硫化聚丙烯腈锂硫电池在不同电流密度下的循环性能图

c）Te 掺杂硫化聚丙烯腈锂硫电池在 0.5A/g 电流密度下的循环性能图

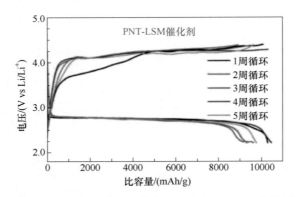

图 5-36　0.025mA/cm^2 的电流密度下 PNT-LSM 作催化剂的
锂空气电池充放电曲线